Springer-Lehrbuch

Werner Rupprecht

Signale und Übertragungssysteme

Modelle und Verfahren für die Informationstechnik

Mit 129 Abbildungen

Springer-Verlag

Berlin Heidelberg NewYork
London Paris Tokyo
Hong Kong Barcelona Budapest

Prof. Dr.-Ing. Werner Rupprecht
Lehrstuhl für Nachrichtentechnik
Universität Kaiserslautern
Erwin-Schrödinger-Straße
67663 Kaiserslautern

ISBN-13: 978-3-540-56853-7   e-ISBN-13: 978-3-642-95711-6
DOI: 10.1007/978-3-642-95711-6

Satz: Reproduktionsfertige Vorlage des Autors

60/3020 - 5 4 3 2 1 0 - Gedruckt auf säurefreiem Papier

Vorwort

Informationstechnik umfaßt Informatik und Telekommunikation. In der internationalen Fachliteratur wird das mit "Computers and Communications" bezeichnet. An der Universität Kaiserslautern ist seit einigen Jahren die zweiteilige Vorlesung "Grundlagen der Informationstechnik" fester Bestandteil des Grundstudiums im Studiengang Elektrotechnik. Teil I dieser Vorlesung behandelt Informatikgrundlagen [6]. Sie wird von meinem Kollegen Prof. S. Wendt für Hörer im 2. Semester gehalten. Ich selber halte für Hörer im 3. Semester den Teil II dieser Vorlesung. Sie ist den Grundlagen der Theorie der Signale und Übertragungssysteme gewidmet. Dieses Gebiet bildet zusammen mit der Theorie der Vermittlungsnetze, welche nicht behandelt wird, die Hauptsäule der Telekommunikation. Inhalt meiner Informationstechnik–Vorlesung, die einen Umfang von 3 Semesterwochenstunden (SWS) einschließlich Übungen hat, sind die Kapitel 1 bis 9 des vorliegenden Buches.

Ein besonderes Kennzeichen der Theorie der Signale und Übertragungssysteme besteht darin, daß die Inhalte in starkem Maß aufeinander aufbauen. Der Inhalt meiner Informationstechnik–Vorlesung ist Voraussetzung für meine daran anknüpfende 4SWS–Vorlesung "Nachrichtentheorie" für Hörer im 5. Semester. Die ersten 30% dieser Vorlesung befassen sich mit dem Stoff der Kapitel 10 bis 12 des vorliegenden Buches. Die anderen 70% handeln hauptsächlich von der Theorie zufälliger Signale und der Modulationstheorie. Die Nachrichtentheorie–Vorlesung ist wiederum Voraussetzung für meine 3SWS–Vorlesung "Übertragung digitaler Signale" für Hörer des 6. Semesters. Auf dieser Vorlesung bauen dann meine 2SWS–Spezialvorlesung "Adaptive Datensignalentzerrung" im 7. Semester und darauf die 2SWS–Vorlesung "Viterbi–Empfänger für verzerrte Datensignale" meines Wissenschaftlichen Mitarbeiters Dr. W. Sauer-Greff im 8. Semester auf, womit das terminliche Ende von zulässigen Vorlesungsfolgen erreicht ist. Die dargelegte Genealogie–Linie ist nur eine unter mehreren.

Damit meine Vorlesung "Grundlagen der Informationstechnik II", d.h. der Inhalt dieses Buches, eine möglichst tragfähige Basis für viele darauf aufbauende Inhalte abgeben kann, habe ich mich um eine sinnvolle Auswahl und geeignete Darstellung des Stoffs sehr bemühen müssen. Einerseits waren Anforderungen an Grundlagen, die von fortgeschrittenen Vorlesungen (z.B. Übertragung digitaler Signale) herrühren, zu berücksichtigen. Andererseits muß der Stoff für die Vermittlung in einem möglichst niedrigen Semester geeignet sein. Infolgedessen resultierte ein Konzept, für das ich kein Vorbild vorfand. Zwar gibt es über das Gebiet "Signale und Übertragungssysteme", das vielfach auch mit dem Begriff "Systemtheorie" bezeichnet wird, nicht wenige Bücher. Die meisten richten sich mit ihren die Signalübertragung betreffenden Inhalten aber an Studierende im Hauptstudium und an Fachleute und sind deshalb m. E. für Vorlesungen im Grundstudium weniger geeignet. Wichtige Begriffe wie Kreuzenergie, Korrelationsfaktor und weitere werden erst im Zusammenhang mit zufälligen Signalen eingeführt. Mir ging es aber darum, solche Begriffe mit möglichst wenigen und elementaren Voraussetzungen frühzeitig klarzumachen. Das erlaubt kürzere Abhandlungen in späteren Semestern, wodurch für die Vermittlung moderner Theorien, z.B. des Mobilfunks, überhaupt erst der zeitliche Platz im Studienplan geschaffen werden kann.

Im einzelnen waren für die Stoffaufbereitung folgende Gesichtspunkte maßgeblich:

Ein erster Punkt betraf die Herausarbeitung des methodischen Ansatzes bei der Beschreibung des äußeren Verhaltens zusammengesetzter Systeme. Die primäre Methode, deren Grundzüge der Student bereits im 1. Semester lernt, ist die Systemanalyse, bei welcher ausgehend von den Eigenschaften der Elemente, aus denen sich das System zusammensetzt, die Eigenschaften des Systems hergeleitet werden. Diese Vorgehensweise kann aber sehr aufwendig sein und ist nicht selten, z.B. bei der Beschreibung des Übertragungsverhaltens von Richtfunksystemen, überhaupt nicht in allen Details durchführbar. Hier setzt die große Leistung von K. Küpfmüller ein, der das Konzept einer Beschreibung des äußeren Verhaltens von Systemen entwickelt hat [20], ohne daß dazu deren innere Zusammensetzung betrachtet wird. Dieses Konzept wird aber nur verständlich, wenn die Existenz gewisser Grundphänomene bekannt ist, vor allem das Phänomen der trägen Reaktion und des Einschwingens bei dynamischen Systemen. Zur Erläuterung dieses und weiterer Sachverhalte dient das einführende 1. Kapitel. Leser mit hinreichenden Kenntnissen der Analyse dynamischer Netzwerke können das 1. Kapitel überschlagen.

Ein zweiter Gesichtspunkt betraf die möglichst gleichgewichtige Behandlung einerseits von zeitkontinuierlichen und andererseits von zeitdiskreten Signalen und Systemen. Die Behandlung der zeitkontinuierlichen Theorie ist selbstverständlich, weil physikalisch reale Übertragungssysteme zeitkontinuierliche Signale übertragen, auch im Fall der Übertragung digitaler Signale. Die zeitdiskrete Theorie ist aber ebenso wichtig geworden, und zwar auch deshalb weil der Entwurf und die Optimierung hochentwickelter Übertragungssysteme heute ganz wesentlich auf der Rechnersimulation beruht. Die Konzeption von modernen Richtfunksystemen bei Mehrwegeausbreitung, von Mobilfunksystemen bei zeitvarianten Übertragungsmedien, von Satellitenfunkverbindungen mit nichtlinearen Senderendstufen usw. ist ohne Rechnersimulation gar nicht mehr denkbar. Die Gewinnung brauchbarer Simulationsergebnisse setzt aber nicht nur hinreichend genaue zeitkontinuierliche Modelle voraus, sondern auch das Wissen, wie das zeitkontinuierliche physikalische Verhalten effizient mit zeitdiskreten Methoden berechnet werden kann. In diesem Buch werden in den Kapiteln 3, 4 und 5 die zeitkontinuierliche Theorie einerseits und in den Kapiteln 6, 7 und 8 die zeitdiskrete Theorie andererseits als zunächst eigenständige und voneinander unabhängige Theorien eingeführt. Im Kapitel 9 wird dann die Brücke zwischen beiden Theorien hergestellt und aufgezeigt, unter welchen Bedingungen beide Theorien zu numerisch gleichen Ergebnissen führen.

Ein dritter Gesichtspunkt betraf dann die Stoffabfolge im Detail. Dabei wurde angestrebt, zentrale Ergebnisse jeweils unter möglichst wenigen Voraussetzungen herzuleiten, und zwar in einer solchen Reihenfolge, daß sich die Fragestellungen, die zu den behandelten Einzelthemen führen, in einer natürlichen Weise quasi von selbst einstellen. Mir ging es also nicht nur um die Darstellung von nachvollziehbaren Formalismen, sondern auch und ganz besonders um die Herausarbeitung der tieferen inneren Logik der Theorie. Bei dieser Absicht müssen natürlich Zeitbereichsbetrachtungen im Vordergrund stehen. So wird z.B. bezüglich des Übertragungsverhaltens zeitkontinuierlicher Systeme zunächst das Faltungsintegral sehr ausführlich hergeleitet, wobei außer der Linearität und Zeitinvarianz (und der Definition des Riemann–Integrals) keine weiteren Voraussetzungen gemacht werden. Anhand des Faltungsintegrals wird dann gezeigt, daß die komplexe Exponentialschwingung Eigenschwingung des linearen zeitinvarianten Systems ist und daß infolgedessen die spektrale Darstellung von Signalen äußerst zweckmäßig ist. Die Beobachtung, daß spektrale Vorgaben leicht eine Verletzung der Kausalität zur Folge haben können, führt dann wie selbstverständlich zur Hilbert–Transformation und zur Übertragung komplexwertiger und analytischer Signale, die grundlegend für die Modulationstheorie sind. In den Kapiteln 13 und 14 wird schließlich eine Erweiterung auf lineare zeitvariante und auf nichtlineare Systeme vorgenommen. Parallel zur logischen Kette bei der Systembetrachtung wird eine logische Kette bezüglich der Signalbetrachtung entwickelt. Weil es sich schon zu Beginn zeigt, daß für die Signalübertragung über ein dynamisches System eine von Null verschiedene Energie notwendig ist, liegt eine eingehendere Betrachtung der Begriffe Energie und mittlere Leistung nahe. Diese führt dann unmittelbar auf die Begriffe Kreuzenergie, Kreuzleistung, Korrelationsfaktor und Orthogonalität sowie auf die Besonderheiten bei komplexwertigen Signalen. Die gewonnenen Erkenntnisse erfordern es geradezu, allgemeinere Signalverläufe sinnvollerweise aus unkorrelierten oder orthogonalen Elementarsignalen zusammenzusetzen. Weil die komplexen Exponentialschwingungen unterschiedlicher Frequenzen orthogonal und zugleich auch, wie gesagt, Eigenschwingungen linearer zeitinvarianter Systeme sind, folgt zwangsläufig die herausragende Bedeutung der Fourier–Darstellung. Die Betrachtungen werden in gleicher Abfolge bei zeitkontinuierlichen und bei zeitdiskreten Signalen und Systemen durchgeführt, wobei deutlich gemacht wird, daß fast alle zeitkontinuierlichen Beziehungen ihr zeitdiskretes Gegenstück besitzen, das kontinuierliche Faltungsintegral die diskrete Faltungssumme, die kontinuierliche Fourier–Transformation die diskrete Fourier–Transformation usw. Als Bindeglied zwischen beiden Theorien erweist sich die Fourier–Reihe, welche Funktionen einer kontinuierlichen Variablen Funktionen einer diskreten Variablen zuordnet und umgekehrt.

Die Erfahrung hat gezeigt, daß die Behandlung der Kapitel 1 bis einschließlich 9 dieses Buches in einer dreistündigen Vorlesung, von der noch nahezu eine Semesterwochenstunde für Übungen abgeht, zu einer ziemlich konzentrierten Präsentation zwingt, die manche Studenten frustriert. Gerade auch wegen dieser Studenten wurde dieses Buch zum Gebrauch neben der Vorlesung geschrieben. Ich hoffe, daß der Text hinreichend ausführlich und verständlich ausgefallen ist. Zwar könnte die konzentrierte Darstellung durch ein langsameres Vorgehen gemildert werden. Das würde aber bedeuten, daß die Vorlesung schon vor Kapitel 9 endet und daß damit nicht mehr ein sinnvolles Ganzes vermittelt wird. Die andere Lösung wäre die Zubilligung einer höheren Stundenzahl. Eine solche verbietet sich aber, weil das Elektrotechnik–Grundstudium mit etwa 100 SWS an vorgeschriebenen Pflichtstunden bereits übervoll ist. Der einzige Ausweg, den ich sehe, liegt in der Schaffung eines eigenständigen Informationstechnik–Studiengangs. Vielleicht trägt dieses Buch dazu bei, die Bedenken, welche überregionale Studienreform–Ausschüsse dagegen vorbringen, auszuräumen, vgl. [28].

Nachzutragen wäre noch eine Bemerkung zu den Kapiteln 13 und 14, die in keiner der eingangs erwähnten Vorlesungen behandelt werden. In der Tat fielen diese Inhalte, deren Kerne früher einmal Bestandteile meiner Vorlesung "Grundlagen der Informationstechnik II" waren, einer "Entrümpelung" zum Opfer. Das heißt aber nicht, daß diese Inhalte unwichtig geworden wären. Im Gegenteil, sie sind für Mobil– und Satellitenfunk eminent wichtig. Aber es ist nun mal so, daß man sich in einer zu klein geschnittenen Wohnung, wenn Kinder dazukommen, sogar von einem kostbaren Mahagoni–Büffet trennen muß.

Das vorliegende Buch und die diesem Buch vorausgegangenen Skripten wurden auf dem Textverarbeitungssystem IWS geschrieben. Bei der Eingabe des Textes, der Bilder, der vielen Änderungen und Korrekturen haben im Verlauf mehrerer Jahre Generationen von studentischen Hilfskräften mitgearbeitet. Es ist nicht möglich, alle beteiligten Personen aufzuführen, aber nennen möchte ich wegen ihrer besonders großen Anteile doch die Herren Doetsch, Ostermayer, Schilpp sowie Frau Kunz und Frau Scholz. Sie wurden eingewiesen von meinem Wissenschaftlichen Mitarbeiter Dipl.–Ing. K. Achtmann, der die Seele des gesamten Herstellungsprozesses war, und der mir auch beim Korrekturlesen geholfen hat. Wertvolle Hinweise habe ich ebenfalls von vielen anderen Personen, besonders auch aus der eigenen Familie, erhalten, die das Manuskript oder Teile davon kritisch gelesen haben. An dieser Stelle möchte ich allen, die bei der Erstellung der Druckvorlagen und bei der Verbesserung der Darstellung geholfen haben, vielmals danken. Mein Dank gilt auch dem Springer–Verlag für sein Interesse und Entgegenkommen.

Kaiserslautern, im März 1993 Werner Rupprecht

Inhaltsverzeichnis

X

1 Einführung

Bild 1.1 zeigt das grundlegende Blockschaltbild für die Übertragung von Signalen vom Ort (A) zum Ort (B). Es setzt sich zusammen aus den Blöcken Sender (oder Signalquelle), Übertragungsweg (oder Übertragungssystem), Empfänger (oder Signalsinke).

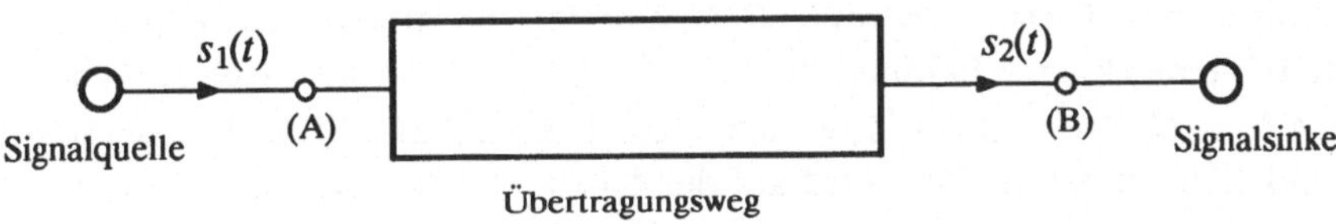

Bild 1.1   Schema der Simplex–Signalübertragung

Da die Signalübertragung nur in Richtung (A) → (B) erfolgt, spricht man von Simplex–Signalübertragung. Bei einer Übertragung in beiden Richtungen (A) ↔ (B) würde man von Duplex–Signalübertragung sprechen. Eine solche erfordert auf jeder Seite neben dem Sender und dem Empfänger noch eine Einrichtung zur Trennung der unterschiedlich gerichteten Signale.

Die Signale $s(t)$ sind Funktionen der Zeit t und können Sprache, Daten oder sonstige Informationen transportieren.

Bild 1.2a zeigt einen speziellen Fall, bei dem das von der Quelle gelieferte Signal eine Spannung, das Übertragungssystem eine lange Doppeldrahtleitung und die Sinke ein ohmscher Abschlußwiderstand ist.

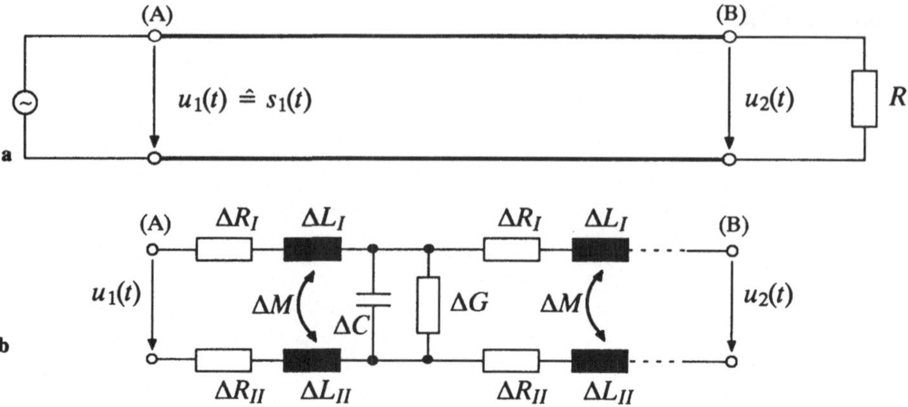

Bild 1.2   **a** Übertragung eines Spannungs–Signals über eine Doppeldrahtleitung
b Elektrisches Ersatzschaltbild der Doppeldrahtleitung

Wenn die Doppeldrahtleitung sehr lang ist, dann sind die zeitlichen Spannungsverläufe $u_1(t)$ am Ort (A) und $u_2(t)$ am Ort (B) verschieden. Das wird durch die Indizes 1 und 2 zum Ausdruck gebracht. Die Ursachen für die unterschiedlichen Verläufe liegen in den ohmschen Widerständen R_I und R_{II} der Drähte, im Leitwert G der Isolation zwischen den Drähten und in der von der Leitung gebildeten Kapazität C und Induktivität L. Letztere setzt sich aus den Selbstinduktivitäten L_I und L_{II} der Drähte und der Gegeninduktivität M zusammen. Diese vier Größen R, G, C und L sind längs der Leitung kontinuierlich verteilt. Für einen kurzen Leitungsabschnitt der Länge Δl haben sie entsprechend kleine Werte ΔR, ΔG, ΔC und ΔL. Das elektrische Ersatzschaltbild der Doppeldrahtleitung zeigt Bild 1.2b. In diesem Text wird auf die genaue Analyse der Schaltung in Bild 1.2b verzichtet. Einzelheiten darüber sind z. B. in [1] dargestellt. Stattdessen wird in den nachfolgenden Abschnitten dieses Einleitungskapitels lediglich der Fall eines sehr einfachen Leitungsmodells eingehend analysiert. Zuvor seien aber einige allgemeine Gesichtspunkte besonders hervorgehoben.

Mit Bild 1.1 wird ein außerordentlich allgemeines Konzept dargestellt. Es besteht in der Unterscheidung der folgenden drei Begriffe:

  * von der Quelle geliefertes Sendesignal $s_1(t)$

  * Übertragungssystem, kurz: System

  * an die Sinke geliefertes Empfangssignal $s_2(t)$

Das Empfangssignal $s_2(t)$ ist abhängig vom Sendesignal $s_1(t)$ und vom Übertragungssystem.

In Bild 1.1 könnte die Quelle z.B. auch eine Lichtquelle sein (z.B. ein Laser), der Übertragungsweg ein Lichtwellenleiter (Glasfaserkabel) und die Sinke eine Photodiode. Bei wieder einem anderen Beispiel wäre das Übertragungssystem eine Richtfunkstrecke einschließlich Sende– und Empfangsantenne. Die Anwendungen des allgemeinen Konzepts von Bild 1.1 sind keineswegs auf die Kommunikationstechnik beschränkt. Bei einem Beispiel aus der Medizin mögen das Übertragungssystem der menschliche Brustkorb und das Sendesignal ein mechanisches Klopfen sein. Das Empfangssignal ist dann die mit dem Stethoskop abgehorchte akustische Reaktion, die Auskunft über den Gesundheitszustand liefert.

Obgleich die Anwendungen aus sehr unterschiedlichen Bereichen stammen, lassen sich alle Übertragungssysteme mit einer gleichartigen Theorie beschreiben. Diese Theorie liefert den quantitativen Zusammenhang zwischen dem Eingangssignal und dem Ausgangssignal. Dieser Zusammenhang ist häufig durch eine träge, d. h. relativ langsame und nachschwingende Änderung des Ausgangssignals gekennzeichnet, wenn das Eingangssignal sprungartig geändert wird. Ein solches Systemverhalten wird *dynamisch* genannt; man spricht auch vom *Einschwingen* des Ausgangssignals. Weitere wichtige Eigenschaften, die ein System besitzen kann, heißen *linear* und *zeitinvariant*. Es wird sich zeigen, daß das Verhalten eines dynamischen linearen zeitinvarianten Systems eindeutig durch seine Reaktion (oder Antwort) auf den sogenannten Dirac–Impuls beschrieben werden kann.

1.1 Einfaches Leitungsmodell und seine Differentialgleichung

Die klassische und auch sehr anschauliche Methode zur Beschreibung des dynamischen Verhaltens eines Übertragungssystems geht von der Aufstellung und Lösung einer Differentialgleichung aus. Der Weg über Differentialgleichungen führt aber in komplizierteren Fällen sehr rasch zu kaum noch handhabbaren Darstellungen, weshalb in solchen Fällen von übergeordneten Theorien Gebrauch gemacht wird, die ab Kapitel 3 eingeführt werden.

Das technisch einfache System in Bild 1.2a kann bereits ein elektrisch recht kompliziertes System darstellen, was durch Bild 1.2b deutlich wird. Deshalb wird hier lediglich das in Bild 1.3 wiedergegebene einfache Modell einer (verlustlosen) Leitung für rasch veränderliche Signale näher untersucht. Anhand dieses einfachen Falls lassen sich bereits das wichtige Phänomen des Einschwingverhaltens und die Konsequenzen von Linearität und Zeitinvarianz studieren. Diskutiert werden die Anwendung der Superposition und die Zweckmäßigkeit der Einführung des Dirac–Impulses. Die dabei gewonnenen Erkenntnisse sind grundlegend für spätere Kapitel.

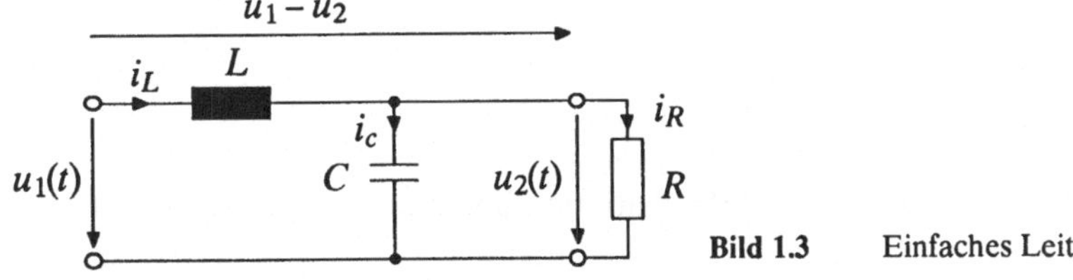

Bild 1.3   Einfaches Leitungsmodell

Ziel der folgenden Berechnungen ist das Aufstellen der Differentialgleichung (Dgl.) zwischen $u_1(t)$ und $u_2(t)$. Aus Bild 1.3 liest man ab

$$u_1 - u_2 = L \cdot \frac{di_L}{dt}, \tag{1.1}$$

$$i_L = i_C + i_R = C \cdot \frac{du_2}{dt} + \frac{u_2}{R}. \tag{1.2}$$

Aus (1.2) folgt durch Differentiation

$$\frac{di_L}{dt} = C \cdot \frac{d^2 u_2}{dt^2} + \frac{1}{R} \cdot \frac{du_2}{dt}. \tag{1.3}$$

Durch Einsetzen von (1.3) in (1.1) ergibt sich die gesuchte Dgl. zu

$$u_1(t) - u_2(t) = LC \cdot \frac{d^2 u_2}{dt^2} + \frac{L}{R} \cdot \frac{du_2}{dt} \tag{1.4}$$

oder

$$\boxed{u_1(t) = LC \cdot \frac{d^2 u_2}{dt^2} + \frac{L}{R} \cdot \frac{du_2}{dt} + u_2(t)} \quad . \tag{1.5}$$

Bei (1.5) handelt es sich um eine Dgl. 2. Ordnung mit konstanten Koeffizienten. Vorgegeben sind die Konstanten L, C und R und die erregende Funktion $u_1(t)$ für alle t. Gesucht ist die Funktion $u_2(t)$ dergestalt, daß (1.5) für alle t erfüllt wird.

Wie man sofort sieht, ist für die Erregung z.B. mit

$$u_1(t) = u_1^{(1)}(t) = K = \textit{konst}. \tag{1.6}$$

die Funktion

$$u_2(t) = u_2^{(1)}(t) = K = \textit{konst}. \text{ für alle } t \tag{1.7}$$

eine Lösung der Dgl. (1.5), weil die Differentiation der Konstanten den Wert Null ergibt.
Für die Erregung z.B. mit

$$u_1(t) = u_1^{(2)}(t) = \sin \frac{t}{\sqrt{LC}} \tag{1.8}$$

ist die Funktion

$$u_2(t) = u_2^{(2)}(t) = -R \sqrt{\frac{C}{L}} \cos \frac{t}{\sqrt{LC}} \tag{1.9}$$

eine Lösung von (1.5), was man durch Differentiation und Einsetzen in (1.5) leicht kontrollieren kann.

Würde man mit der Summe $u_1^{(1)}(t) + u_1^{(2)}(t)$ erregen, dann wäre eine Lösung von (1.5) offensichtlich durch die Summe $u_2^{(1)}(t) + u_2^{(2)}(t)$ gegeben sein. Man sagt hierzu: "Das Superpositionsprinzip wird erfüllt".

Für eine vorgegebene Erregung gibt es im allgemeinen mehrere Lösungen einer Dgl. So ist bei beiden soeben betrachteten Erregungen $u^{(i)}(t)$, $i = 1, 2$ auch z.B. die Funktion

$$u_2(t) = u_2^{(i)}(t) + A\,e^{st} \qquad \text{mit} \qquad s = \sqrt{\frac{1}{(2RC)^2} - \frac{1}{LC}} - \frac{1}{2RC} \qquad (1.10)$$

eine Lösung, was sich ebenfalls durch Differenzieren und Einsetzen in (1.5) überprüfen läßt. A ist eine beliebige Konstante.

In konkreten technischen Situationen kann es jedoch nur eine einzige Lösung einer Dgl. geben. Diese ist durch die Vorgabe bestimmter *Anfangsbedingungen* festgelegt. In den Abschnitten 1.2 und 1.3 wird die Dgl. (1.5) für spezielle Erregungsfunktionen $u_1(t)$ gelöst, für welche das dynamische Einschwingverhalten besonders deutlich wird. Dabei werden dann auch spezielle Anfangsbedingungen vorgeschrieben.

Zunächst seien aber noch die für die allgemeine Lösungsfindung wichtigen Eigenschaften von Differentialgleichungen diskutiert, nämlich die Eigenschaften *linear, zeitinvariant, inhomogen* und *reell*, die bei (1.5) allesamt vorliegen.

A.   *Linearität*

Eine Dgl. ist *linear*, wenn das *Superpositionsprinzip* und das *Proportionalitätsprinzip* zugleich erfüllt werden.

   a)   Das Superpositionsprinzip besagt folgendes:

Wenn eine spezielle Erregung mit $u_1(t) = u_1^{(a)}(t)$ die Lösung $u_2^{(a)}(t)$ liefert, und eine andere spezielle Erregung mit $u_1(t) = u_1^{(b)}(t)$ die Lösung $u_2^{(b)}(t)$ liefert, dann muß eine Erregung mit der Summe $u_1(t) = u_1^{(a)}(t) + u_1^{(b)}(t)$ die Lösung $u_2^{(a)}(t) + u_2^{(b)}(t)$ liefern. In Kurzschreibweise ausgedrückt heißt das:

$$\text{Wenn} \qquad u_1^{(a)}(t) \to u_2^{(a)}(t)$$

$$\text{und} \qquad u_1^{(b)}(t) \to u_2^{(b)}(t)\,,$$

$$\text{dann} \qquad u_1^{(a)}(t) + u_1^{(b)}(t) \to u_2^{(a)} + u_2^{(b)}(t)\,. \qquad (1.11)$$

Bei Linearität muß das Superpositionsprinzip für beliebig wählbare Erregungen $u_1^{(a)}(t)$ und $u_1^{(b)}(t)$ erfüllt sein.

β) Das Proportionalitätsprinzip besagt:

$$\text{Wenn} \qquad u_1(t) \rightarrow u_2(t) \, ,$$
$$\text{dann} \qquad a \cdot u_1(t) \rightarrow a \cdot u_2(t) \, ,$$

wobei a eine beliebig wählbare Konstante ist. $\qquad\qquad$ (1.12)

Wenn das Superpositionsprinzip oder das Proportionalitätsprinzip nicht zutrifft, dann ist die Dgl. *nichtlinear*. Dasselbe gilt, wenn beide Prinzipien nicht zutreffen.

Die Dgl. (1.5) ist linear, weil bei ihr beide Prinzipien zutreffen.

Ein Beispiel für eine nichtlineare Dgl. ist

$$u_1(t) = LC \cdot \frac{d^2 u_2}{dt^2} + \frac{L}{R} \cdot \frac{du_2}{dt} + u_2^2(t) \, . \qquad\qquad (1.13)$$

Für diese Dgl. gilt wegen $u_2^2(t)$ das Superpositionsprinzip nicht, weil

$$\left[u_2^{(a)}(t) \right]^2 + \left[u_2^{(b)}(t) \right]^2 \neq \left[u_2^{(a)}(t) + u_2^{(b)}(t) \right]^2 \, .$$

B. *Zeitinvarianz*:

Eine Dgl. der Zeitvariablen t heißt *zeitinvariant*, sofern sie folgende Eigenschaft hat:

$$\text{Wenn} \qquad u_1(t) \rightarrow u_2(t) \, ,$$
$$\text{dann} \qquad u_1(t - T) \rightarrow u_2(t - T) \qquad\qquad (1.14)$$

für einen beliebigen aber festen Wert T. Andernfalls ist die Dgl. *zeitvariant*.

Obige Dgl. (1.5) ist zeitinvariant, denn die Substitution $t + T = x$ liefert wegen $dt = dx$ für die Erregung $u_1(x - T)$ die Lösung $u_2(x - T)$.

Ein Beispiel für eine zeitvariante Dgl. ist

$$u_1(t) = LC \cdot \frac{d^2 u_2}{dt^2} + \frac{L}{R(t)} \cdot \frac{du_2}{dt} + u_2(t) \qquad . \qquad\qquad (1.15)$$

Wegen des zeitabhängigen Widerstands $R(t) \neq R(t - T)$ liefert die zeitverschobene Erregung $u_1(t - T)$ jetzt nicht mehr die Lösung $u_2(t - T)$.

C. *Inhomogenität*

Eine lineare Dgl. heißt *homogen*, wenn der Erregungsterm $u_1(t) \equiv 0$ gesetzt wird. Im Fall einer nicht identisch verschwindenden Erregung heißt die Dgl.(1.5) *inhomogen*.

D. *Reellwertigkeit*

Eine Dgl. der reellen Zeitvariablen t heißt *reell*, wenn
alle in der Dgl. auftretenden Koeffizienten reell sind.

Die Dgl.(1.5) ist reell, weil alle Koeffizienten L, C, R als reell vorausgesetzt werden.

Soviel zu einigen allgemeinen Eigenschaften gewöhnlicher Differentialgleichungen. Die hier interessierende spezielle Dgl.(1.5) besitzt alle diese Eigenschaften linear, zeitinvariant, reell und inhomogen bei nichtverschwindender Erregung. Sie lassen sich nutzbringend für die Lösungsfindung verwenden, wie nachfolgend deutlich wird:
Wenn eine inhomogene lineare Differentialgleichung die spezielle Lösung $u_{2p}(t)$ besitzt, dann muß sie wegen des Superpositionsprinzips offensichtlich auch die Lösung.

$$u_2(t) = u_{2p}(t) + u_{2h}(t) \tag{1.16}$$

besitzen, wobei $u_{2h}(t)$ eine beliebige Lösung der entsprechenden homogenen Dgl. ist, bei welcher die Erregung identisch null ist. In der Tat können sich bei gegebener Erregung zwei beliebige Lösungen der inhomogenen Dgl. nur durch eine Lösung der zugehörigen homogenen Dgl. unterscheiden. (1.16) beschreibt daher die Struktur der allgemeinen Lösung einer linearen Differentialgleichung. Darin bedeutet $u_{2p}(t)$ eine spezielle oder partikuläre Lösung der inhomogenen Dgl. und $u_{2h}(t)$ die allgemeine Lösung der zugehörigen homogenen Dgl. Von der Beziehung (1.16) wird in den Folgeabschnitten Gebrauch gemacht, wobei für $u_{2p}(t)$ eine möglichst einfach zu bestimmende Lösung verwendet wird.

Bei einer reellen linearen Dgl. der reellen Zeitvariablen t dürfen, wie sich unten bestätigt, die reellwertigen Funktionen $u_1(t)$ und $u_2(t)$ durch komplexwertige Funktionen

$$\underline{u}_1(t) = u_1^{(r)}(t) + ju_1^{(i)}(t) \quad \text{bzw.} \quad \underline{u}_2(t) = u_2^{(r)}(t) + ju_2^{(i)}(t) \tag{1.17}$$

ersetzt werden. Der hochgestellte Index *(r)* bzw. *(i)* kennzeichnet dabei den Real– bzw. Imaginärteil mit $j = \sqrt{-1}$.
Hat man für eine komplexwertige Erregung $\underline{u}_1(t)$ eine komplexwertige Lösung $\underline{u}_2(t)$ gefunden, dann ist wegen der Reellwertigkeit der linearen Dgl. der Realteil $u_2^{(r)}(t)$ eine Lösung für die reelle Erregung $u_1^{(r)}(t)$ und der Imaginärteil $u_2^{(i)}(t)$ eine Lösung für die imaginäre Erregung $u_1^{(i)}(t)$. Dies gilt deshalb, weil reelle Funktionen nach Differentiation reell bleiben und Proportionalitätsprinzip und Superpositionsprinzip gelten.

$$u_1^{(r)}(t) \rightarrow u_2^{(r)}(t)$$

$$u_1^{(i)}(t) \rightarrow u_2^{(i)}(t)$$

$$\underline{u}_1(t) = u_1^{(r)}(t) + ju_1^{(i)}(t) \quad \rightarrow \quad u_2^{(r)}(t) + ju_2^{(i)}(t) = \underline{u}_2(t). \tag{1.18}$$

Die soweit betrachteten Schlußfolgerungen aus Linearität, Inhomogenität und Reellwertigkeit werden nun in Abschnitt 1.2 auf ein konkretes Problem angewendet. Von der Eigenschaft der Zeitinvarianz wird erst später in Abschnitt 1.3 Gebrauch gemacht.

1.2 Übertragung eines Spannungssprungs

In diesem Abschnitt wird der spezielle Fall betrachtet, daß in (1.5) die Spannung $u_1(t)$ zum Zeitpunkt $t = 0$ unstetig von 0 auf U springt, siehe Bild 1.4. Diese Erregung ist besonders geeignet, das dynamische Verhalten des Leitungsmodells in Bild 1.3 deutlich zu machen.

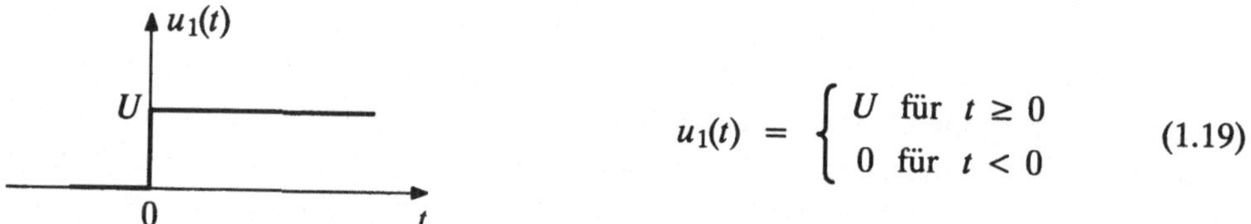

$$u_1(t) = \begin{cases} U & \text{für } t \geq 0 \\ 0 & \text{für } t < 0 \end{cases} \qquad (1.19)$$

Bild 1.4   Spannungssprung bei $t = 0$

Durch Einsetzen von (1.19) in (1.5) folgt:

$$U = LC \cdot \frac{d^2 u_2}{dt^2} + \frac{L}{R} \cdot \frac{du_2}{dt} + u_2(t) \quad \text{für } t \geq 0 . \qquad (1.20)$$

Durch Lösen der Dgl.(1.20) erhält man den Verlauf von $u_2(t)$ für $t \geq 0$. Entsprechend gewinnt man den Verlauf von $u_2(t)$ für $t < 0$ dadurch, daß man in (1.5) $u_1(t) = 0$ und die damit entstandene homogene Dgl. löst. Eine mögliche Lösung dafür ist

$$u_2(t) = 0 \text{ für } t < 0. \qquad (1.21)$$

Neben (1.21) wären im Prinzip noch andere Lösungen für $t < 0$ möglich. Macht man jedoch die Vorgabe, daß vor dem Einsetzen des Spannungssprungs sich das ganze System in Ruhe befindet, also die Energiespeicher L und C leer sind, d. h. $i_L(t) = 0$ und $u_C(t) = 0$ für $t < 0$, dann ist (1.21) die einzig mögliche Lösung für $t < 0$. Da sich Induktivitätsstrom $i_L(t)$ und Kapazitätsspannung $u_C(t)$ nicht unstetig ändern können, wenn die Induktivitätsspannung $u_L(t)$ und Kapazitätsstrom $i_C(t)$ endlich bleiben, gilt weiter:

$$i_L(0) = 0 , \qquad (1.22)$$

$$u_C(0) = u_2(0) = 0 . \qquad (1.23)$$

Die Lösung von (1.20) für $t > 0$ besitzt, wie früher diskutiert, die Struktur (1.16). Offensichtlich wird die Dgl. (1.20) durch die partikuläre Lösung

$$u_2(t) = u_{2p}(t) = U \quad \text{für} \quad t > 0 \tag{1.24}$$

erfüllt, da die Ableitungen der Konstanten U verschwinden.

Das so gefundene Resultat, wonach $u_2(t)$ für $t < 0$ gleich 0 und für $t > 0$ gleich U ist, kann noch nicht ganz richtig sein, weil die richtige Lösung für $u_2(t)$ auch für $t = 0$ die Dgl. (1.5) erfüllen muß. In Frage kommt eine Funktion $u_2(t)$, die bei $t = 0$ stetig ist, dort eine stetige erste Ableitung hat und deren zweite Ableitung bei $t = 0$ den Sprung der Höhe U/LC hat, der von der erregenden Funktion $u_1(t)$ dort vorgegeben ist. Eine solche Funktion für $u_2(t)$ wird dadurch gefunden, daß zu dem durch (1.21) und (1.24) gegebenen Verlauf noch eine geeignete Lösungsfunktion der homogenen Dgl. überlagert wird.

Im folgenden wird deshalb die allgemeine Lösung $u_{2h}(t)$ der homogenen Dgl.

$$LC \cdot \frac{d^2 u_{2h}}{dt^2} + \frac{L}{R} \cdot \frac{d u_{2h}}{dt} + u_{2h}(t) = 0 \tag{1.25}$$

bestimmt. Dazu macht man den Ansatz

$$u_{2h}(t) = A \cdot e^{st} \; . \tag{1.26}$$

In diesem Ansatz sind die Konstanten A und s zunächst noch unbekannt. Durch Einsetzen des Ansatzes (1.26) in (1.25) erhält man

$$LCs^2 A e^{st} + \frac{L}{R} s A e^{st} + A e^{st} = (s^2 LC + \frac{sL}{R} + 1) \cdot A e^{st} = 0 \; . \tag{1.27}$$

Der Ansatz erfüllt also bei $A \neq 0$ die Dgl. (1.25) für solche Werte von s, die der als *charakteristische Gleichung* bezeichneten Beziehung

$$s^2 LC + \frac{sL}{R} + 1 = 0 \tag{1.28}$$

genügen. Diese hat die zwei Lösungen (oder Nullstellen) :

$$s_{1,2} = -\frac{1}{2RC} \pm \sqrt{\frac{1}{(2RC)^2} - \frac{1}{LC}} \; , \tag{1.29}$$

von denen eine bereits in (1.10) benutzt wurde. Falls der Ausdruck unter der Wurzel negativ ist, sind die Lösungen der charakteristischen Gleichung komplex :

$$s_{1,2} = -\frac{1}{2RC} \pm j \underbrace{\sqrt{\frac{1}{LC} - \frac{1}{(2RC)^2}}}_{\omega_0} = \sigma_0 \pm j\omega_0 \ . \qquad (1.29a)$$

Mit den beiden im allgemeinen von Null verschiedenen Nullstellen s_1 und s_2 der charakteristischen Gleichung ergeben sich auch zwei verschiedene Lösungen für die homogene Dgl. (1.25). Wegen der Linearität ist auch die mit beliebigen Proportionalitätsfaktoren gewichtete Superposition der beiden Lösungen $e^{s_1 t}$ und $e^{s_2 t}$ wieder eine Lösung. Weil ansonsten keine weitere Lösung der Dgl. (1.25) existiert (was hier nicht bewiesen werden kann), folgt als allgemeine Lösung der homogenen Dgl. (1.25) für $s_1 \neq s_2$:

$$u_{2h}(t) = A_1 e^{s_1 t} + A_2 e^{s_2 t} \quad \text{für } t \geq 0 \ . \qquad (1.30)$$

Der Fall $s_1 = s_2$ wird später gesondert betrachtet.

Die allgemeine Lösung der vollständigen (inhomogenen) Dgl. (1.20) ergibt sich mit (1.16), (1.24) und (1.30) für $s_1 \neq s_2$ zu

$$u_2(t) = u_{2p}(t) + u_{2h}(t) = U + A_1 e^{s_1 t} + A_2 e^{s_2 t} \quad \text{für } t \geq 0 \ . \qquad (1.31)$$

In dieser Lösung sind die Größen s_1 und s_2 durch (1.29) gegeben, während die konstanten Faktoren A_1 und A_2 solche Werte haben müssen, daß $u_2(t)$ bestehend aus (1.21) und (1.31) die Dgl. (1.5) für alle t erfüllt. Dazu wird zunächst $u_{2p}(t) = U$ auch für $t = 0$ gesetzt, was in (1.31) bereits geschehen ist. Hiernach werden A_1 und A_2 mit Hilfe der Anfangsbedingungen (1.22) und (1.23) bestimmt.

a) Berücksichtigung der Anfangsbedingung (1.23) .

  $u_2(0) = 0$ in (1.31) eingesetzt liefert $U + A_1 + A_2 = 0$ und damit

$$A_2 = -U - A_1 \ . \qquad (1.32)$$

b) Berücksichtigung der Anfangsbedingung (1.22) .

  $i_L(0) = 0$ wird in der Beziehung für den Induktivitätsstrom in (1.2) verwendet. Durch Einsetzen von (1.31) in (1.2) folgt zunächst

$$i_L = C \cdot \frac{du_2}{dt} + \frac{u_2}{R} = \underbrace{CA_1 s_1 e^{s_1 t} + CA_2 s_2 e^{s_2 t}}_{C\frac{du_2}{dt}} + \underbrace{\frac{U}{R} + \frac{A_1}{R} e^{s_1 t} + \frac{A_2}{R} e^{s_2 t}}_{\frac{u_2}{R}} \ . \qquad (1.33)$$

Mit (1.22) und (1.32) folgt daraus weiter

$$i_L(0) = 0 = CA_1\,s_1 + CA_2\,s_2 + \frac{U}{R} + \frac{A_1}{R} + \frac{A_2}{R}$$

$$= CA_1\,s_1 - CU\,s_2 - CA_1\,s_2 + \frac{U}{R} + \frac{A_1}{R} - \frac{U}{R} - \frac{A_1}{R} = A_1C(s_1 - s_2) - UCs_2$$

also

$$A_1 = U \cdot \frac{s_2}{s_1 - s_2} \qquad \text{für } s_1 \neq s_2. \tag{1.34}$$

Durch Einsetzen von A_1 in (1.32) ergibt sich:

$$A_2 = -U - A_1 = -U - U \cdot \frac{s_2}{s_1 - s_2}$$

$$= -U \cdot \left[1 + \frac{s_2}{s_1 - s_2} \right] = -U \cdot \frac{s_1 - s_2 + s_2}{s_1 - s_2}$$

also

$$A_2 = U \cdot \frac{s_1}{s_2 - s_1} \qquad \text{für } s_1 \neq s_2. \tag{1.35}$$

Mit den jetzt bekannten Größen A_1 und A_2 erhält man für (1.20) die vollständige Lösung

$$u_2(t) = U\left[1 + \frac{s_2}{s_1 - s_2}\,\mathrm{e}^{s_1 t} + \frac{s_1}{s_2 - s_1}\,\mathrm{e}^{s_2 t} \right] \qquad \text{für} \quad t \geq 0 \quad \text{und} \quad s_1 \neq s_2. \tag{1.36}$$

Die Richtigkeit dieser Lösung läßt sich dadurch bestätigen, daß $u_2(t)$ und ihre Ableitungen $\mathrm{d}u_2/\mathrm{d}t$ und $\mathrm{d}^2u_2/\mathrm{d}t^2$ in die Dgl. (1.20) eingesetzt werden. Bei $t = 0$ sind wegen (1.21) $u_2(t)$ und $\mathrm{d}u_2/\mathrm{d}t$ stetig, während $\mathrm{d}^2u_2/\mathrm{d}t^2$ dort unstetig ist, was wegen der sprungförmigen Erregung in Bild 1.4 auch so sein muß, vergl. Text nach (1.24).

Auch für den Fall, daß die Nullstellen s_1 und s_2 der charakteristischen Gleichung (1.28) komplex sind, ist die vollständige Lösung (1.36) der Differentialgleichung (1.20) dennoch reell. Durch Einsetzen von $s_{1,2} = \sigma_0 \pm \mathrm{j}\omega_0$ von (1.29a) in (1.36) folgt unter Verwendung der Beziehung (A 1.11) und (A 1.12) im Anhang

$$u_2(t) = U\left[1 + \frac{\sigma_0 - \mathrm{j}\omega_0}{\mathrm{j}2\omega_0}\,\mathrm{e}^{\sigma_0 t + \mathrm{j}\omega_0 t} - \frac{\sigma_0 + \mathrm{j}\omega_0}{\mathrm{j}2\omega_0}\,\mathrm{e}^{\sigma_0 t - \mathrm{j}\omega_0 t} \right]$$

$$= U\left[1 + \frac{\sigma_0}{\omega_0}\,\mathrm{e}^{\sigma_0 t}\underbrace{\frac{1}{\mathrm{j}2}\left(\mathrm{e}^{\mathrm{j}\omega_0 t} - \mathrm{e}^{-\mathrm{j}\omega_0 t}\right)}_{\sin \omega_0 t} - \underbrace{\mathrm{e}^{\sigma_0 t}\frac{1}{2}\left(\mathrm{e}^{\mathrm{j}\omega_0 t} + \mathrm{e}^{-\mathrm{j}\omega_0 t}\right)}_{\cos \omega_0 t} \right] . \tag{1.37}$$

Es ergibt sich also unter Berücksichtigung von (1.21) das Ergebnis

$$u_2(t) = U\left[1 - e^{\sigma_0 t}\left(\cos \omega_0 t - \frac{\sigma_0}{\omega_o}\sin \omega_0 t\right)\right] \quad \text{für} \quad t \geq 0$$

$$\text{mit} \quad \sigma_0 = -\frac{1}{2RC} \quad , \quad \omega_0 = \sqrt{\frac{1}{LC} - \frac{1}{(2RC)^2}} \; .$$

$$u_2(t) = 0 \quad \text{für } t < 0 \; .$$

(1.38)

Die imaginären Anteile heben sich in (1.37) heraus. Die graphische Auswertung von (1.38) zeigt Bild (1.5).

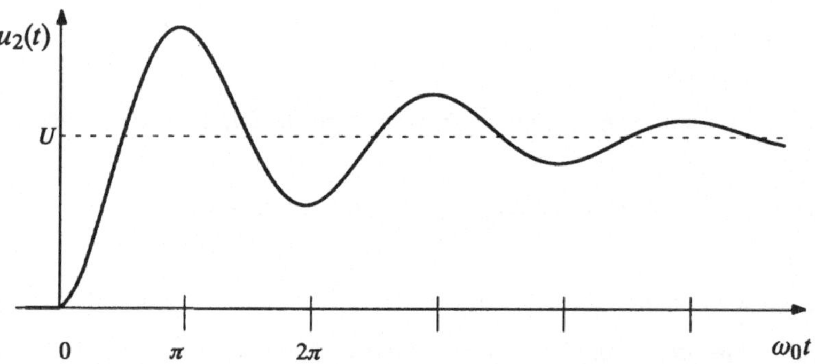

Bild 1.5   Antwort des Systems der Dgl. (1.5) auf den Spannungssprung der Höhe U im Fall ungleicher komplexer Nullstellen der charakteristischen Gleichung, siehe (1.29)

Der Verlauf von $u_2(t)$ in Bild 1.5 ist ein sehr charakteristisches Ergebnis, welches zur Bezeichnung *Einschwingverhalten* geführt hat. Aufgrund der Trägheit beim Aufbau des elektrischen bzw. magnetischen Feldes in der Kapazität C bzw. Induktivität L pendelt sich der Wert von $u_2(t)$ erst allmählich auf den Wert U ein, auf den die Spannung $u_1(t)$ abrupt springt. Bei $t = 0$ ist die zweite Ableitung von $u_2(t)$ unstetig.

Das in Bild 1.5 dargestellte oszillatorische Einschwingen ergibt sich im Fall komplexer Nullstellen $s_{1,2}$ der charakteristischen Gleichung. Für den Fall, daß die charakteristische Gleichung zwei unterschiedliche reelle Nullstellen $s_1 \neq s_2$ hat, siehe (1.29), resultiert aus (1.36) für $u_2(t)$ ein Verlauf, der sich asymptotisch dem Wert U von unten her nähert.

Bis hierher wurde lediglich der Fall $s_1 \neq s_2$ betrachtet. Nun sei der Fall der doppelten Nullstelle der charakteristischen Gleichung

$$s_1 = s_2 = -\frac{1}{2RC} = -\frac{1}{\sqrt{LC}} \qquad (1.39)$$

nachgetragen, siehe (1.29).

Hierfür werden zwei Vorgehensweisen dargestellt:

1) Untersuchung des Falls, daß beide Nullstellen beliebig dicht beieinander liegen

$$\text{Wir setzen:} \qquad s_1 = s = -\frac{1}{2RC}, \qquad (1.40)$$

$$s_2 = s + \Delta s \ , \text{ dann } \Delta s \to 0 \,. \qquad (1.41)$$

Für $\Delta s \neq 0$ ergibt sich aus (1.31)

$$u_2(t) = U\left[1 + \frac{s + \Delta s}{s - s - \Delta s}\,e^{st} + \frac{s}{s + \Delta s - s}\,e^{(s+\Delta s)t}\right]$$

$$= U\left[1 - \frac{s}{\Delta s}\,e^{st} - e^{st} + \frac{s}{\Delta s}\,e^{st}\cdot e^{\Delta st}\right]$$

$$= U\left[1 - e^{st} + \frac{s}{\Delta s}\,e^{st}\cdot(e^{\Delta st} - 1)\right]\Bigg|_{\Delta s \to 0} \,. \qquad (1.42)$$

Für sehr kleine Werte von Δs gilt

$$e^{\Delta st} = \sum_{\nu=0}^{\infty} \frac{(\Delta st)^{\nu}}{\nu!} \approx 1 + \Delta st \,. \qquad (1.43)$$

Durch Einsetzen von (1.43) in (1.42) folgt

$$u_2(t) = U\left[1 - e^{st} + \frac{s}{\Delta s}\,e^{st}\cdot \Delta st\right]$$

$$= U\left[1 - e^{st} + ste^{st}\right] = U\left[1 - (1 - st)e^{st}\right] \,, \qquad (1.44)$$

und daraus durch Einsetzen von (1.40)

$$u_2(t) = U\left[1 - \left(1 + \frac{t}{2RC}\right)e^{-t/2RC}\right] \text{ für } t \geq 0 \,. \qquad (1.45)$$

2) Bei der ersten Vorgehensweise wurde s_2 beliebig dicht an $s_1 = s$ gelegt. Bei der zweiten Vorgehensweise wird jetzt streng $s_2 = s_1 = s$ gesetzt. In diesem Fall erhält man mit (1.39) für die homogene Dgl. (1.25)

$$LC\frac{d^2 u_{2h}}{dt^2} + \frac{L}{R}\,\frac{du_{2h}}{dt} + u_{2h}(t) = LC\frac{d^2 u_{2h}}{dt^2} + 2\sqrt{LC}\,\frac{du_{2h}}{dt} + u_{2h}(t) = 0 \,.$$

$$(1.46)$$

(1.46) wird erfüllt sowohl durch den Ansatz Ae^{st} als auch durch den Ansatz Ate^{st}.
Durch Superposition folgt der allgemeine Ansatz

$$u_{2h}(t) = (A_1 + A_2 t)e^{st} \ . \tag{1.47}$$

Mit der partikulären Lösung (1.24) resultiert die allgemeine Lösung der vollständigen (inhomogenen) Dgl. (1.20) bei doppelter Nullstelle zu

$$u_2(t) = u_{2p}(t) + u_{2h}(t) = U + (A_1 + A_2 t)e^{st} \quad \text{für } t \geq 0 \ ; \quad s = -\frac{1}{2RC} \ . \tag{1.48}$$

Hierin müssen – ähnlich wie vorher in (1.31) – die Konstanten A_1 und A_2 so bestimmt werden, daß $u_2(t)$ beschrieben durch (1.21) und (1.48) die Dgl. (1.5) für alle t erfüllt. Dazu wurde zunächst in Ergänzung zu (1.24) $u_{2p}(t) = U$ auch für $t = 0$ gesetzt und in (1.48) berücksichtigt. Hiernach werden A_1 und A_2 mit Hilfe der Anfangsbedingungen (1.22) und (1.23) bestimmt:

a) $\quad u_C(0) = u_2(0) = 0$ in (1.48) eingesetzt liefert $0 = U + A_1$ und damit

$$A_1 = -U \ . \tag{1.49}$$

b) $\quad i_L(0) = 0$ wird in (1.2) berücksichtigt. Durch Einsetzen von (1.48) in (1.2) folgt zunächst

$$i_L \ = C\frac{\mathrm{d}u_2}{\mathrm{d}t} + \frac{u_2}{R}$$

$$= CA_1 s e^{st} + CA_2 \underbrace{\frac{\mathrm{d}}{\mathrm{d}t}(te^{st})}_{ste^{st} + e^{st}} + \frac{U}{R} + \frac{1}{R}(A_1 + A_2 t)e^{st} \ . \tag{1.50}$$

$$\underbrace{\hphantom{CA_1 s e^{st} + CA_2 \frac{\mathrm{d}}{\mathrm{d}t}(te^{st})}}_{\textstyle C\frac{\mathrm{d}u_2}{\mathrm{d}t}} \quad \underbrace{\hphantom{\frac{U}{R} + \frac{1}{R}(A_1 + A_2 t)e^{st}}}_{\textstyle \frac{u_2}{R}}$$

Unter Beachtung von (1.22) und (1.49) folgt daraus

$$i_L(0) = 0 = CA_1 s + CA_2 + \frac{U}{R} + \frac{A_1}{R} = -CUs + CA_2 + \frac{U}{R} - \frac{U}{R} \ ,$$

also $A_2 = sU \ .$ $\tag{1.51}$

Mit den jetzt bekannten Größen A_1 und A_2 folgt aus (1.48) als vollständige Lösung dasselbe Ergebnis wie unter 1) , also (1.45),

$$u_2(t) = U + (-U + sUt)e^{st} = U\left[1 - (1 - st)e^{st}\right] \ .$$

Zusammen mit (1.40) und (1.21) erhält man

$$u_2(t) = U\left[1 - \left(1 + \frac{t}{2RC}\right)e^{-t/2RC}\right] \quad \text{für } t \geq 0 \; .$$
$$u_2(t) = 0 \quad \text{für } t < 0$$

(1.52)

Nachfolgend sei die Lösung (1.52) noch näher diskutiert:

Das Produkt RC heißt *Zeitkonstante*, weil es die physikalische Dimension *Zeit* hat. Das folgt aus den Dimensionen für R und C:

$$R \mathrel{\hat{=}} \frac{\text{Spannung}}{\text{Strom}}, \qquad\qquad C \mathrel{\hat{=}} \frac{\text{Strom}}{\text{Spannung}} \cdot \text{Zeit} \; .$$

Die graphische Auswertung von (1.52) ist in Bild 1.6 dargestellt. Im Unterschied zu Bild 1.5 ergibt sich hier für $u_2(t)$ ein Verlauf, der sich asymptotisch dem Wert U von unten her nähert, ähnlich wie das auch im Fall zweier unterschiedlicher reeller Nullstellen $s_1 \neq s_2$ erfolgt.

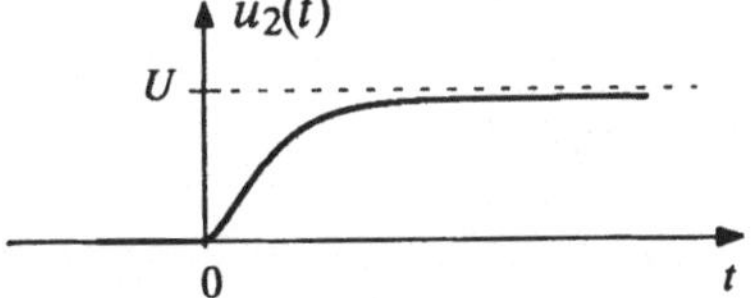

Bild 1.6 Antwort des Systems der Dgl (1.15) auf den Spannungssprung in Höhe U im Fall einer doppelten reellen Nullstelle

Es wird noch besonders darauf hingewiesen, daß sowohl in Bild 1.5 als auch in Bild 1.6 die Funktion $u_2(t)$ eine horizontale Tangente im Ursprung $t = 0$ besitzt. Für Bild 1.6 errechnet sich aus (1.52)

$$\frac{du_2}{dt} = \frac{U \cdot t}{(2RC)^2} e^{-t/2RC} \quad \text{für } t \geq 0$$

(1.53)

An der Stelle $t = 0$ ergibt sich

$$\frac{du_2}{dt}(0) = 0 \; .$$

(1.54)

In diesem Abschnitt 1.2 wurde die Lösung der Dgl. (1.5) für die in Bild 1.4 dargestellte Sprungerregung für alle t bestimmt. Im Fall zweier unterschiedlicher Nullstellen der charakteristischen Gleichung (1.28) ergab sich (1.38), im Fall der doppelten Nullstelle ergab sich (1.52).

In vielen praktischen Fällen interessiert man sich lediglich für die Lösung einer Dgl. für Zeitwerte $t > 0$. Wie der durchgeführte Rechengang deutlich gemacht hat, hängt im obigen Beispiel $u_2(t)$ für $t > 0$ von der Erregung $u_1(t)$ für $t > 0$ und von Kapazitätsspannung

15

und Induktivitätsstrom zum Zeitpunkt $t = 0$, also von $u_C(0)$ und $i_L(0)$ ab, siehe (1.31) und (1.48). Kapazitätsspannung und Induktivitätsstrom bezeichnet man deshalb als *Zustandsgrößen*.

Allgemein sind Zustandsgrößen solche Größen, die das *Gedächtnis* eines dynamischen Systems repräsentieren. Für Zustandsgrößen muß folgendes gelten:

Die Werte der Zustandsgrößen zum Zeitpunkt $t = 0$ und der Verlauf der erregenden Größe für $t > 0$ bestimmen vollständig den Verlauf der Reaktion für $t > 0$ und auch die Werte der Zustandsgrößen für $t > 0$. Dementsprechend gilt für einen späteren Zeitpunkt $t_0 > 0$, daß die Werte der Zustandsgrößen zum Zeitpunkt $t = t_0$ und der Verlauf der erregenden Größe für $t > t_0$ vollständig den Verlauf der Reaktion für $t > t_0$ und auch die Werte der Zustandsgrößen für $t > t_0$ bestimmen. Die Beschreibung des Systemverhaltens mit Zustandsgrößen setzt voraus, daß das System *kausal* ist, daß also eine Reaktion zeitlich nicht vor der Ursache auftreten kann. Gegenwärtige Werte von Zustands– und Ausgangsgrößen können bei kausalen Systemen nicht von zukünftigen Werten der Erregung abhängen.

1.3 Übertragung von Rechteckimpuls und Dirac–Impuls

Im vorangegangenen Abschnitt 1.2 wurden zur Lösung der Differentialgleichung (1.5) bzw. (1.20) von den Eigenschaften *linear*, *inhomogen,* und (implizit) *reell* Gebrauch gemacht. Letzteres geschah dadurch, daß in (1.36) komplexe Werte für s_1 und s_2 überhaupt zugelassen wurden. In diesem Abschnitt werden die Betrachtungen dahingehend erweitert, daß zusätzlich noch die Eigenschaft *zeitinvariant* benutzt wird. Ein Rechteckimpuls der Dauer T und der Höhe U läßt sich durch Überlagerung einer Sprungfunktion mit einer um T verschobenen negativen Sprungfunktion darstellen, siehe Bild 1.7a. Weil die Dgl. (1.5) des Leitungsmodells die Eigenschaften der Linearität und Zeitinvarianz besitzt, läßt

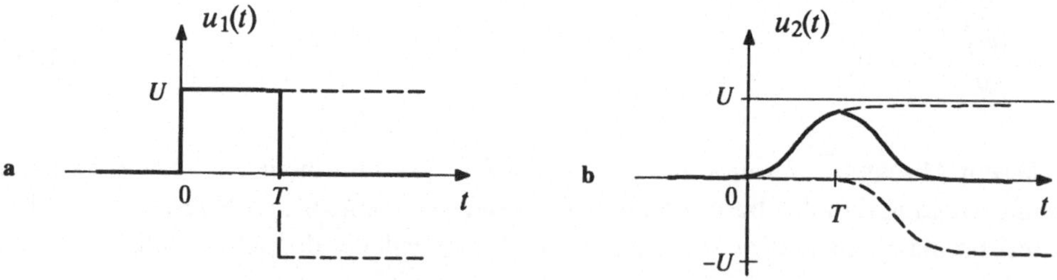

Bild 1.7 **a** Konstruktion eines Rechteckimpulses durch Superposition zweier gegeneinander um T verschobener Sprungfunktionen entgegengesetzter Polarität

b Konstruktion der Rechteckimpulsantwort durch Superposition der zu Bild a korrespondierenden Sprungantworten.

sich die Antwort auf einen Rechteckimpuls durch Überlagerung der entsprechenden Sprungantworten konstruieren, siehe Bild 1.7b. Der bequemeren Zeichnung und Rechnung wegen wird das Übertragungssystem von Bild 1.3 für den Fall betrachtet, daß die Werte von L, C, und R eine doppelte Nullstelle der charakteristischen Gleichung (1.28), siehe auch (1.39), ergeben und die Sprungantwort den Verlauf in Bild 1.6 besitzt.

Ausgehend von der Sprungantwort (1.52) ergibt sich der mit Bild 1.7b konstruierte Verlauf der Rechteckimpulsantwort zu

$$u_2(t) = \begin{cases} U \cdot \left[1 - \left(1 + \dfrac{t}{2RC} \right) \cdot e^{-t/2RC} \right] , & \text{für} \quad 0 \le t \le T \\[4ex] U \cdot \left[1 - \left(1 + \dfrac{t}{2RC} \right) \cdot e^{-t/2RC} \right] \\[2ex] \quad - U \cdot \left[1 - \left(1 + \dfrac{t-T}{2RC} \right) \cdot e^{-(t-T)/2RC} \right] , & \text{für} \quad t \ge T \end{cases} \tag{1.55}$$

Für $t < 0$ ist $u_2(t) = 0$.

Der Verlauf von $u_2(t)$ ist nur abschnittsweise durch analytische Formelausdrücke beschreibbar. An den Stellen $t = 0$ und $t = T$ hat $u_2(t)$ eine unstetige zweite Ableitung.

Den Verlauf der Rechteckimpulsantwort einer realen Leitung, wie sie in Bild 1.2 dargestellt ist, zeigt Bild 1.8. Der Verlauf ist von der in Bild 1.7b gezeigten Antwort nicht sehr verschieden.

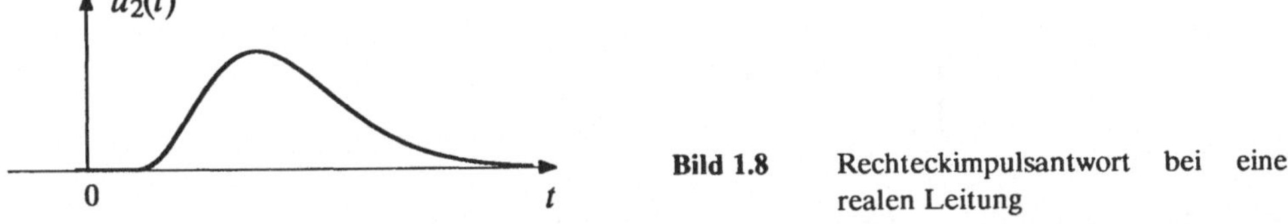

Bild 1.8 Rechteckimpulsantwort bei einer realen Leitung

Mit Hilfe der Rechteckimpulsantwort lassen sich die Antworten auf praktisch beliebige Erregungen konstruieren, weil sich jede beliebige Erregungsfunktion durch hinreichend kurze Rechteckimpulse beliebig genau approximieren läßt, siehe z.B. Bild 3.6 im Kapitel 3.

Die Antwort auf einen Rechteckimpuls ist aber noch in anderer Hinsicht von besonderem Interesse. Wie das Beispiel von Bild 1.7b und auch die Beziehung (1.55) zeigen, ist eine Reaktion $u_2(t)$ des Systems auch dann noch vorhanden, wenn die Erregung $u_1(t)$ schon wieder beendet ist. Würde man den Aufbau der Schaltung in Bild 1.3 nicht kennen, sondern nur die Verläufe von $u_1(t)$ und $u_2(t)$ in Bild 1.7, dann hätte man allein mit dem Reaktionsanteil für $t > T$ bereits einen Beleg dafür, daß das System mindestens einen Speicher enthalten muß – man sagt auch: ein Gedächtnis haben muß. Systeme mit Gedächtnis werden – wie bereits erwähnt – als *dynamisch* bezeichnet. Bei dynamischen Systemen hängt der momentane Wert der Reaktion zum Zeitpunkt t_0, das ist hier $u_2(t_0)$, nicht nur davon ab, welchen Wert die Erregung zum gleichen Zeitpunkt t_0 hat, sondern auch davon, welche Werte die Erregung $u_1(t)$ zu anderen Zeitpunkten $t \neq t_0$ hat. Ein dynamisches System muß nicht kausal sein.

Die umgekehrte Frage, zu welchen Zeiten t die Reaktion $u_2(t)$ abhängig ist vom Funktionswert der Erregung $u_1(t_0)$ am festen Zeitpunkt t_0, führt auf die Untersuchung der Antwort auf einen extrem kurzen Rechteckimpuls, der zum Zeitpunkt t_0 auf den Eingang des Systems gegeben wird. Wie die Betrachtung von Bild 1.7b vermuten läßt und sich sogleich bestätigen wird, geht aber mit zunehmender Verkürzung des erregenden Rechteckimpulses auch die Reaktion gegen Null. Einen Ausweg aus dieser Situation bietet das Konzept des sogenannten *Dirac–Impulses*.

Nachfolgend werden ausgehend vom Rechteckimpuls und der zugehörigen Rechteckimpulsantwort der Dirac–Impuls und die vom Dirac–Impuls erzeugte Impulsantwort entwickelt. Dies geschieht wieder am Beispiel von Bild 1.3 mit der Reaktion in Bild 1.7. Das Konzept des Dirac–Impulses wird sich später in Kapitel 3 als grundlegend für die gesamte Theorie linearer zeitinvarianter Übertragungssysteme erweisen.

Die Umformung der in (1.55) angegebenen Antwort $u_2(t)$ liefert für den Abschnitt $t \geq T$

$$u_2(t) = U \cdot \left\{ 1 - (1 + \frac{t}{2RC}) \cdot e^{-t/2RC} - \left[1 - (1 + \frac{(t-T)}{2RC}) \cdot e^{-(t-T)/2RC} \right] \right\}$$

$$= U \cdot e^{-t/2RC} \left[-1 - \frac{t}{2RC} + e^{T/2RC} + \frac{t-T}{2RC} \cdot e^{T/2RC} \right] \Bigg|_{T \to 0} \to 0 \quad . \quad (1.56)$$

Wenn die Dauer T des erregenden Impulses immer kürzer wird, geht die Antwort $u_2(t) \to 0$ für alle t. Das liegt daran, daß dabei auch die Fläche des erregenden Impulses gegen den Wert Null geht. Es handelt sich hier um ein Beispiel des folgenden, in Abschnitt 3.3 näher begründeten Satzes:

> Ein dynamisches lineares zeitinvariantes Übertragungssystem liefert auf eine Erregungsfunktion mit verschwindendem Flächenbetrag keine Reaktion.

Wie unten gezeigt wird, geht die Antwort $u_2(t)$ nicht gegen den Wert Null für alle t, wenn mit der Verkürzung der Impulsdauer zugleich die Impulshöhe in dem Maß vergrößert wird, daß die Impulsfläche konstant bleibt. Bild 1.9 zeigt eine Folge solcher Rechteckimpulse konstanter Fläche mit kürzer werdender Dauer. Für eine verschwindende Dauer $T \to 0$ ergibt sich der bereits erwähnte Dirac-Impuls der Fläche UT.

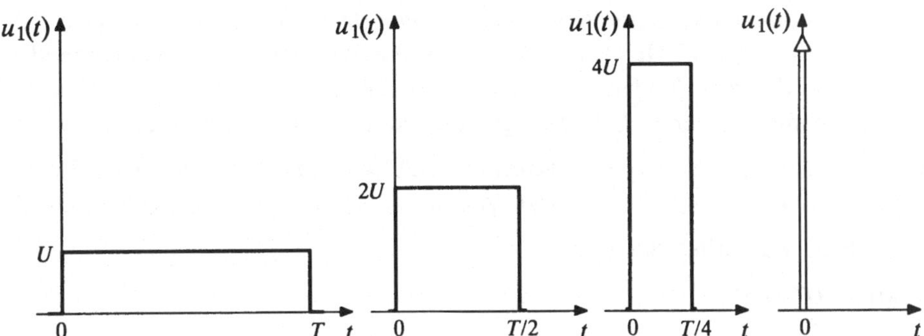

Bild 1.9   Folge von Impulsen konstanter Fläche UT

Betrachtet wird ein Rechteckimpuls $u_1(t)$ der Dauer aT und der Höhe U/a. Die Impulsfläche hat, solange $a \neq 0$ bleibt, unabhängig von a den konstanten Wert

$$\frac{U}{a} \cdot aT = UT = \text{konst.} \tag{1.57}$$

Die Impulsverkürzung liefere für $a \to 0$ den Impuls

$$u_1(t) = UT \cdot \delta(t) \ . \tag{1.58}$$

$\delta(t)$ heißt Dirac-Impuls. Er ist dadurch definiert, daß er bei verschwindend kurzer zeitlicher Dauer die Fläche 1 besitzt. Seine physikalische Dimension ist (1/Zeit). Näheres bringt Abschnitt. 2.5.

In (1.58) hat $u_1(t)$ die Dimension von U. Der Faktor UT heißt *Gewicht* des Dirac-Impulses. Das durch die Dgl. (1.5) beschriebene Leitungsmodell werde nun mit dem gewichteten Dirac-Impuls $u_1(t) = UT \cdot \delta(t)$ erregt. Die zugehörige Antwort werde durch

$$u_2(t) = UT \cdot h(t) \tag{1.59}$$

ausgedrückt. Wegen der Gültigkeit des Proportionalitätsprinzips stellt $h(t)$ die Antwort auf den ungewichteten Dirac-Impuls $\delta(t)$ dar. Man kann nämlich formal schreiben:

$$\boxed{\begin{aligned} \text{Wenn} \quad & u_1(t) = UT\delta(t) \ \to \ u_2(t) = UTh(t), \\[2ex] \text{dann} \quad & \delta(t) \ \to \ h(t) \ . \end{aligned}} \tag{1.60}$$

Man bezeichnet *h(t)* als *Impulsantwort*. Sie hat wie der Dirac–Impuls die Dimension (1/Zeit).

Da man ein elektrisches Übertragungssystem sinnvoll nur mit elektrischen Größen (Spannung oder Strom) erregen kann, nicht aber mit einer Größe der Dimension (1/Zeit), ist (1.60) streng genommen nur unter Benutzung von Gewichtsfaktoren geeigneter physikalischer Dimensionen sinnvoll. Nichtsdestoweniger ist die Beziehung (1.60) außerordentlich praktisch. Sie wird sich als fundamental für die späteren Kapitel erweisen, wo aus praktischen Gründen mit Signalen nicht festgelegter physikalischer Dimension gearbeitet wird.

Zur Berechnung der gewichteten Impulsantwort (1.58) werden in (1.56) die Dauer T durch aT und die Höhe U durch U/a ersetzt. Anschließend wird der Grenzübergang für $a \to 0$ gebildet. Man erhält dadurch

$$u_2(t) = UT \cdot h(t)$$

$$= \lim_{a \to 0} \frac{U}{a} \cdot e^{-t/2RC} \left\{ -1 - \frac{t}{2RC} + e^{aT/2RC} + \frac{t-aT}{2RC} e^{aT/2RC} \right\}. \qquad (1.61)$$

Für $a \to 0$ ergibt sich der unbestimmte Ausdruck 0/0. Deshalb wird die Regel von Bernoulli–L'Hospital angewendet:

$$u_2(t) = U \cdot e^{-t/2RC} \lim_{a \to 0} \frac{\frac{d}{da} \{ \quad \}}{\frac{d}{da} a}$$

$$= U \cdot e^{-t/2RC} \lim_{a \to 0} \left\{ \underbrace{\frac{T}{2RC} \cdot e^{aT/2RC}}_{\to 1} + \underbrace{\frac{T \cdot t}{(2RC)^2} \cdot e^{aT/2RC}}_{\to 1} \right.$$

$$\left. - \underbrace{\frac{aT^2}{(2RC)^2} \cdot e^{aT/2RC}}_{\to 0} - \underbrace{\frac{T}{2RC} \cdot e^{aT/2RC}}_{\to 1} \right\}. \qquad (1.62)$$

Das Ergebnis lautet:

$$u_2(t) = UT \cdot h(t) = \frac{UT}{(2RC)^2} \cdot t \cdot e^{-t/2RC} \quad \text{für } t \geq 0 . \qquad (1.63)$$

Daraus folgt für die Antwort auf den Dirac–Impuls $\delta(t)$ allein

$$\boxed{ h(t) = \frac{t}{(2RC)^2} \cdot e^{-t/2RC} \qquad \text{für} \quad t \geq 0 . } \qquad (1.64)$$

Der Verlauf von $h(t)$ ist im Bild 1.10 graphisch dargestellt. Für $t < 0$ muß die Funktion den Wert Null haben. Es zeigt sich, daß im Unterschied zu Bild 1.6 an der Stelle $t = 0$ jetzt ein Knick auftritt. Bei $t = 0$ ist also $h(t)$ nicht mehr differenzierbar. Das liegt daran, daß beim Übergang von Rechteckimpulsen zum Dirac-Impuls, der in Bild 1.9 dargestellt ist, die Unstetigkeitsstelle der 2. Ableitung von $u_2(t)$ – siehe (1.55) – an der Stelle $t = T$ sich zur Stelle $t = 0$ verschiebt und sich mit der dort bereits vorhandenen Unstetigkeitsstelle vereinigt. Überdies erfährt auch $u_1(t)$ beim Übergang vom Rechteckimpuls zum Dirac-Impuls gleicher Fläche einen Qualitätswechsel, was später in Kapitel 2 mit (2.6) und (2.14) gezeigt wird.

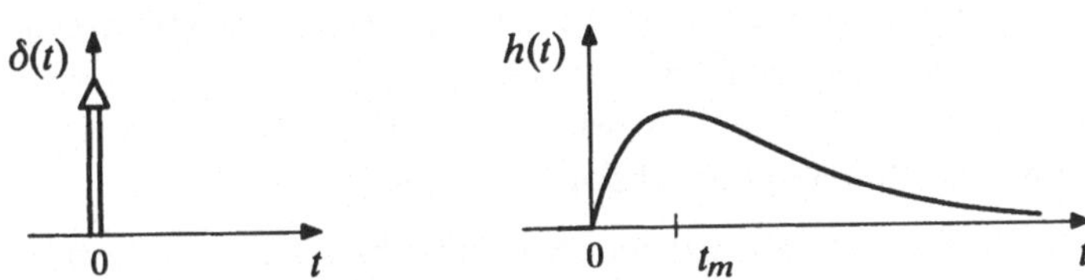

Bild 1.10 Dirac-Impuls und zugehörige Impulsantwort für das Leitungsmodell von Bild 1.3 bei $4R^2 = L/C$

Zur Diskussion des Verlaufs von $h(t)$ wird nun (1.64) für $t > 0$ differenziert:

$$\frac{dh}{dt} = \frac{t}{(2RC)^2} \cdot \frac{-1}{2RC} \cdot e^{-t/2RC} + \frac{1}{(2RC)^2} \cdot e^{-t/2RC}$$

$$= \left[1 - \frac{t}{2RC}\right] \cdot \frac{1}{(2RC)^2} \cdot e^{-t/2RC} \quad \text{für} \quad t > 0 . \tag{1.65}$$

Die Impulsantwort $h(t)$ hat ihr Maximum bei

$$t_m = 2RC, \tag{1.66}$$

weil dort die Ableitung verschwindet. Der rechtsseitige Grenzwert der Steigung bei $t = 0$ ist endlich:

$$\frac{dh}{dt}(0^+) = \frac{1}{(2RC)^2} . \tag{1.67}$$

Im Maximum hat die Impulsantwort den Wert

$$h(t_m) = \frac{2RC}{(2RC)^2} \cdot e^{-2RC/2RC} = \frac{1}{2RCe} . \tag{1.68}$$

Bemerkenswert ist, daß die Impulsantwort $h(t)$ ihren Maximalwert erst dann erreicht, wenn der erregende Dirac-Impuls längst vorbei ist.

Die Fläche unter der Impulsantwort $h(t)$ errechnet sich zu

$$\int\limits_{t=0}^{\infty} h(t)\ \mathrm{d}t = \frac{1}{(2RC)^2} \cdot \int\limits_{t=0}^{\infty} t \cdot \mathrm{e}^{-t/2RC}\ \mathrm{d}t = \int\limits_{t=0}^{\infty} x \cdot \mathrm{e}^{-x}\ \mathrm{d}t = \left. -(1+x) \cdot \mathrm{e}^{-x} \right|_{0}^{\infty} = 1$$

$$\frac{t}{2RC} = x \quad ; \quad \frac{\mathrm{d}t}{2RC} = \mathrm{d}x \tag{1.69}$$

Die Impulsantwortfläche ist in diesem verlustlosen Fall gleich der Fläche des erregenden Dirac–Impulses, nämlich gleich Eins. Bei anderen linearen zeitinvarianten Übertragungssystemen kann die Impulsantwortfläche auch von Eins verschiedene Werte annehmen.

In Kapitel 3 wird gezeigt, daß bei allen linearen zeitinvarianten Übertragungssystemen sich das Ausgangssignal $u_2(t)$ aus dem Eingangssignal $u_1(t)$ und der Impulsantwort $h(t)$ exakt berechnen läßt. Das ist eine Konsequenz der Erkenntnis, daß sich mit den Antworten auf hinreichend kurze Rechteckimpulse die Antworten auf nahezu beliebige Erregungen berechnen lassen, was im Anschluß an (1.55) diskutiert wurde.

Abschließend sei noch das durch Bild 1.10 beschriebene Systemverhalten mit der Vorstellung der Zustandsgrößen–Theorie erläutert. Wie am Schluß von Abschnitt 1.2 ausgeführt wurde, bestimmen die Werte der Zustandsgrößen zum Zeitpunkt $t = 0$ und der Verlauf der Eingangsgröße für $t > 0$ den Verlauf der Ausgangsgröße für $t > 0$. Die Eingangsgröße ist hier für $t > 0$ selbst null, weil der Dirac–Impuls für $t > 0$ bereits wieder auf Null abgesunken ist. Zustandsgrößen sind die Kapazitätsspannung und der Induktivitätsstrom. Für die Kapazitätsspannung gilt mit Bild 1.3 und (1.60) $u_C(0) = u_2(0) = UT\,h(0) = 0$. Der Induktivitätsstrom ist für $t = 0^-$, d. h. unmittelbar vor dem erregenden Dirac–Impuls noch null. Für $t = 0^+$, d. h. unmittelbar nach dem Dirac–Impuls, ist er gemäß (1.2) und (1.65) durch den rechtsseitigen Grenzwert

$$i_L(0^+) = C\frac{du_2}{dt}(0^+) = UTC\frac{dh}{dt}(0^+) = \frac{UT}{4R^2C} \tag{1.70}$$

gegeben. Die Werte dieser Zustandsgrößen $u_C(0)$ und $i_L(0^+)$ bestimmen mit $U = 0$ für $t > 0$ den vollständigen Verlauf von (1.48)

$$u_2(t) = U + (A_1 + A_2 t)\mathrm{e}^{-t/2RC} \ . \tag{1.71}$$

Mit der gleichen Vorgehensweise wie bei (1.49) und (1.50) erhält man $A_1 = 0$ und $A_2 = UT/(2RC)^2$, womit sich das Ergebnis (1.63) einstellt.

1.4 Zusammenfassung und Ausblick

In diesem einleitenden Kapitel ging es darum, einige Grundphänomene und Konzepte der Theorie dynamischer Übertragungssysteme anschaulich zu machen und nahezubringen. Dazu wurde das Beispiel der Schaltung in Bild 1.3, welche als einfaches Modell einer Doppeldrahtleitung angesehen wird, eingehend analysiert.

Die Dynamik eines Übertragungssystems kommt in seinem Einschwingverhalten zum Ausdruck. Bei einfachen Übertragungssystemen läßt sich dieses relativ gut anhand der Differentialgleichung für den Zusammenhang von Eingangs– und Ausgangsgröße studieren. Das führte für das Modell im Bild 1.3 auf die Ergebnisse in den Bildern 1.5, 1.6 und 1.10. Das Beispiel von Bild 1.3 machte aber zugleich deutlich, daß die Betrachtung von Differentialgleichungen, die bei einfachen Systemen sehr anschaulich ist, bei komplizierteren Systemen kaum in Betracht gezogen werden sollte. In den späteren Kapiteln werden deshalb andere Methoden vorgestellt, die insbesondere deshalb einfacher werden, weil nicht mehr der innere Aufbau des Übertragungssystems analysiert wird, sondern nur noch das äußere Verhalten betrachtet wird.

Die Untersuchung der einfachen Schaltung in Bild 1.3 zeigte weiter, daß die Berechnung des Übertragungsverhalten sich für nahezu beliebige Erregungs – oder Eingangsgrößen relativ einfach gestaltet, wenn Linearität und Zeitinvarianz gegeben sind. Ausgehend von dieser Erkenntnis wird in Kapitel 3 eine allgemeine Theorie der Übertragungssysteme entwickelt, die lediglich auf den Eigenschaften *linear* und *zeitinvariant* basiert. Diese Theorie ist unabhängig davon, ob das Übertragungsverhalten des Systems z.B. durch eine Differentialgleichung 2. Ordnung oder 20. Ordnung beschrieben wird. Wie sich zeigen wird, sind solche Systeme vollständig durch ihre Antwort auf den in Abschnitt 1.3 eingeführten Dirac–Impuls charakterisiert. Mit Hilfe dieser Impulsantwort und einer einfachen Integralbeziehung läßt sich die Systemantwort auf nahezu beliebige Erregungen relativ bequem berechnen.

Die Untersuchungen in Abschnitt 1.3 zeigen weiter, daß ein erregender Impuls mit verschwindender Fläche beim betrachteten Beispiel keine Reaktion erzeugt. Wie später gezeigt werden wird, hängt das damit zusammen, daß ein Impuls der Fläche Null keine Energie liefert. In Kapitel 2 werden neben weiteren Signaleigenschaften auch die Definitionen von Energie und mittlerer Leistung von Signalen behandelt.

2 Einteilung von Signalen

In elektrischen Übertragungssystemen werden Signale durch elektrische Größen wie Spannungen und Ströme dargestellt. In einer allgemeinen Theorie der Signalübertragung arbeitet man zweckmäßigerweise mit Signalen $s(t)$, deren physikalische Dimension nicht von vornherein festgelegt ist. Es gilt lediglich

$$s(t) = \text{Funktion der Zeit } t.$$

Signale $s(t)$ sind als Träger von Sprache, Daten usw. üblicherweise reellwertige Funktionen der reellen Zeit t. Für manche Betrachtungen ist es aber sehr hilfreich und bequem, wenn man auch komplexwertige Signale $\underline{s}(t)$ der reellen Zeit t zuläßt. Ein solcher Fall, der grundsätzliche Bedeutung hat, wird später in Abschnitt 5.1 auftreten. Komplexe Signale lassen sich stets durch Realteilbildung in reelle Signale überführen. In diesem Text bleiben die meisten Betrachtungen auf reelle Signale beschränkt.

Signale lassen sich aufgrund verschiedener Eigenschaften in Klassen einteilen. Kriterien der Einteilung sind:

    a) Definitions– und Wertebereich
    b) Energie und Leistung

Die Übertragung über räumliche Entfernungen erfordert Signale mit nicht verschwindender Energie oder nicht verschwindender mittlerer Leistung. Die Definition dieser Größen bei nicht festgelegter physikalischer Dimension bringt Abschnitt 2.2.

2.1 Diskrete und kontinuierliche Signale

Eine erste Einteilung von Signalen läßt sich, wie bei Funktionen, hinsichtlich ihres Definitions– und Wertebereichs vornehmen [2]. Ist der Funktionswert s nur für diskrete (üblicherweise äquidistante) Zeitpunkte t_ν ; $\nu = 0, \pm 1, \pm 2, \ldots$ definiert, dann nennt man das Signal *zeitdiskret*. Ist der Funktionswert s für jeden Punkt t eines kontinuierlichen Zeitbereichs definiert, dann nennt man das Signal *zeitkontinuierlich*. Entsprechend bezeichnet man das Signal als *wertdiskret* bzw. *wertkontinuierlich*, wenn der Wertebereich für s diskret bzw. kontinuierlich ist.

Bezüglich der Eigenschaft diskret und kontinuierlich unterscheidet man also als vier Signalarten

a) zeitkontinuierliche wertkontinuierliche Signale
b) zeitdiskrete wertkontinuierliche Signale
c) zeitkontinuierliche wertdiskrete Signale
d) zeitdiskrete wertdiskrete Signale.

Die Signalart (a) benennt man auch kurz als *analoge* Signale und die Signalart (d), wenn nur endlich viele verschieden Funktionswerte zugelassen sind, als *digitale* Signale. Für die Anwendung sind analoge und digitale Signale am wichtigsten. Bild 2.1 zeigt je ein Beispiel für die Signalarten (a) bis (d). Man beachte, daß bei den zeitdiskreten Signalen in den Bildern b und d die Funktionswerte zwischen den diskreten Zeitpunkten t_ν nicht null sind, sondern undefiniert. Diesen Zwischenzeitpunkten ist also gar kein Funktionswert zugeordnet, auch nicht der Wert Null.

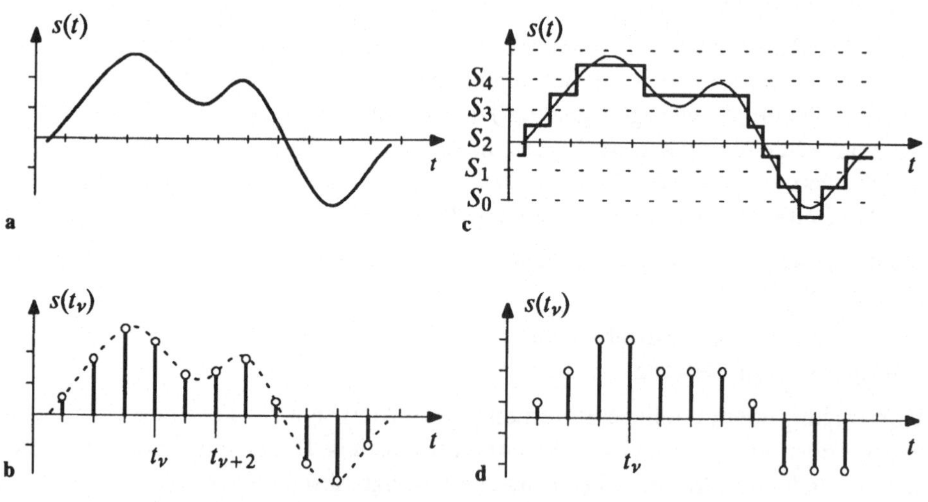

Bild 2.1   Signalarten
a zeitkontinuierlich wertkontinuierlich (analog)
b zeitdiskret wertkontinuierlich
c zeitkontinuierlich wertdiskret
d zeitdiskret wertdiskret (digital)

Ein (reelles) zeitdiskretes wertkontinuierliches Signal ist identisch mit einer Folge von (reellen) Zahlen [2]. Man kann sich eine solche (äquidistante) Folge durch (mathematische) *Abtastung* eines analogen Signals an äquidistanten Zeitpunkten entstanden denken. Der umgekehrte Vorgang der Gewinnung eines analogen Signals aus einer Folge heißt *Interpolation*. In Kapitel 9 wird gezeigt, daß dies ohne Fehler möglich ist, wenn das sogenannte Abtasttheorem erfüllt wird.

Ein zeitkontinuierliches wertdiskretes Signal kann man sich durch *Quantisierung* eines analogen Signals entstanden denken. Eine Quantisierung ist mit Hilfe von Schwellen S_k durchführbar, indem man den diskreten Funktionswert $\overline{S}$ z. B. nach folgender Vorschrift bildet

$$\overline{S} = \frac{1}{2}(S_k + S_{k+1}) \quad \text{für} \quad S_k < s(t) \leq S_{k+1}. \tag{2.1}$$

Den umgekehrten Vorgang der Gewinnung eines analogen Signals aus einem zeitkontinuierlichen wertdiskreten Signal bezeichnet man als *Glättung*. Im Unterschied zur Operationsfolge "Abtastung, Interpolation", bei welcher das analoge Signal in bestimmten Fällen fehlerfrei wiedergewonnen werden kann, ist mit der Operationsfolge "Quantisierung, Glättung" das analoge Signal nicht fehlerfrei wiedergewinnbar. Es bleibt ein Quantisierungsfehler. Dieser ist als überlagerte Störung interpretierbar und wird auch Quantisierungsrauschen genannt.

Ein digitales Signal ist als Folge ganzer Zahlen darstellbar. Man kann es sich durch Abtastung und Quantisierung eines analogen Signals entstanden denken. Dabei ist die Reihenfolge von Abtastung und Quantisierung gleichgültig, d. h. man kann erst abtasten und dann quantisieren oder erst quantisieren und dann abtasten [3]. Das Ergebnis ist eine analog–digital–Umsetzung, kurz ADU. Den umgekehrten Vorgang nennt man digital–analog–Umsetzung, kurz DAU.

Die Signalbeispiele in Bild 2.1 sind zusammenfassend durch folgende Operationen miteinander verknüpft

(a)	→	(b)	:	Abtastung
(a)	→	(c)	:	Quantisierung
(a)	→	(d)	:	ADU
(d)	→	(a)	:	DAU
(c)	→	(a)	:	Glättung
(b)	→	(a)	:	Interpolation.

Die Pfeilrichtung weist von der Ausgangssituation zur Ergebnissituation.

Die Anzahl M der möglichen diskreten Funktionswerte ist bei digitalen Signalen endlich, $M < \infty$. Man nennt das digitale Signal für

$$M = 2 \quad : \quad \text{binär}$$
$$M = 3 \quad : \quad \text{ternär}$$
$$M = 4 \quad : \quad \text{quaternär}$$
$$M = 8 \quad : \quad \text{okternär}$$
$$\text{allgemein} \quad : \quad M\text{-är.}$$

Beim binären Digitalsignal werden die beiden möglichen Funktionswerte unabhängig von ihrer wirklichen Größe auch durch die Zeichen 0 und 1 ausgedrückt und *Bit* (von binary digit) genannt.

2.2 Energie– und Leistungssignale

Eine zweite Art der Einteilung von Signalen orientiert sich zweckmäßigerweise an den Begriffen Energie und mittlere Leistung, weil jede physikalische Signalübertragung Energie bzw. Leistung erfordert.

2.2.1 Energiesignale

Die im Zeitintervall $t_1 \le t \le t_2$ gelieferte elektrische Energie E_{el} berechnet sich allgemein gemäß (2.2)

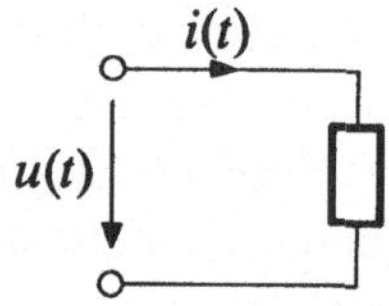

$$R = \frac{u(t)}{i(t)} \qquad\qquad E_{el} = \int\limits_{t_1}^{t_2} u(t) \cdot i(t)\ \mathrm{d}t\ . \qquad (2.2)$$

Bild 2.2 Spannung und Strom
beim ohmschen Widerstand

Aus (2.2) folgt für die in einen ohmschen Widerstand R eingespeiste elektrische Energie

$$E_{el} = \frac{1}{R} \int\limits_{t_1}^{t_2} u^2(t)\ \mathrm{d}t = R \int\limits_{t_1}^{t_2} i^2(t)\ \mathrm{d}t\ . \qquad (2.3)$$

Die Energie ist also proportional dem Integral über eine quadrierte Zeitfunktion. Das legt die folgenden Definitionen nahe:

Definition :   *Signalenergie*

Die (mathematische) Energie eines zeitkontinuierlichen Signals $s(t)$ nicht festgelegter physikalischer Dimension ist bestimmt durch

$$E = \int\limits_{-\infty}^{+\infty} s^2(t)\, dt \qquad . \tag{2.4}$$

Falls $s(t)$ nicht auf der gesamten t–Achse definiert ist, dann ist das Integral über sämtliche Zeitintervalle zu erstrecken, in denen $s(t)$ definiert ist.

Wenn ein Signal z.B. die (physikalische) Dimension Spannung hat, dann hat die Signalenergie die Dimension Spannungsquadrat mal Zeit.

Definition :   *Energiesignal*

$s(t)$ ist Energiesignal, wenn es folgender Ungleichung genügt

$$0 < E = \int\limits_{-\infty}^{+\infty} s^2(t)\, dt < \infty . \tag{2.5}$$

Ein Energiesignal $s(t)$ ist also eine quadratintegrable Funktion und besitzt eine nicht verschwindende (mathematische) Energie E. Die Definition des Energiesignals ist uneinheitlich. Manche Autoren lassen auch $E = 0$ zu. Die Definition (2.5) wird nun anhand der in Bild 2.3 dargestellten Signalbeispiele erläutert.

Der Rechteckimpuls in Bild 2.3a ist ein Energiesignal der Energie $E = A^2T$.

Der Rechteckimpuls in Bild 2.3b hat unabhängig von a und ϑ die Fläche 1. Für $\vartheta \to \infty$ geht er in den Dirac–Impuls $\delta(t)$ über, sofern a endlich ist, siehe auch Bild 1.9. Die Energie des Impulses in Bild 2.3b berechnet sich zu

$$E = \frac{1}{4a^2}\vartheta^2 \cdot \frac{2a}{\vartheta} = \frac{1}{2a}\vartheta \to \infty \qquad \text{für } \vartheta \to \infty \quad \text{und} \quad 0 < a < \infty . \tag{2.6}$$

Weil für $\vartheta \to \infty$ auch $E \to \infty$ geht, ist der Dirac–Impuls $\delta(t)$ kein Energiesignal. Der Übergang $\vartheta \to \infty$ bewirkt also einen Qualitätswechsel, vergl. Bilder 1.7b und 1.10.

Das Gleichsignal in Bild 2.3c ist nicht Energiesignal, weil

$$E = A^2 \int\limits_{-\infty}^{\infty} dt = \lim_{\vartheta \to \infty} A^2 \int\limits_{-\vartheta}^{\vartheta} dt \to \infty \qquad . \tag{2.7}$$

a Rechteckimpuls

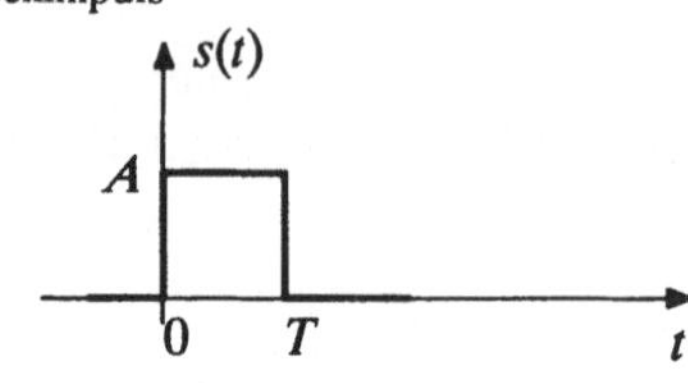

b Dirac–Impuls

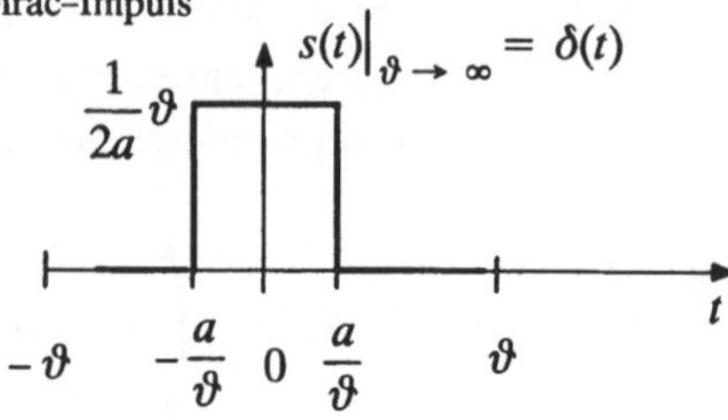

c Gleichsignal

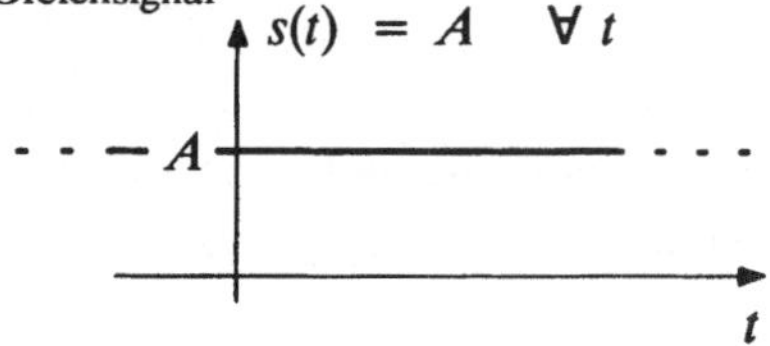

d Sinusfunktion

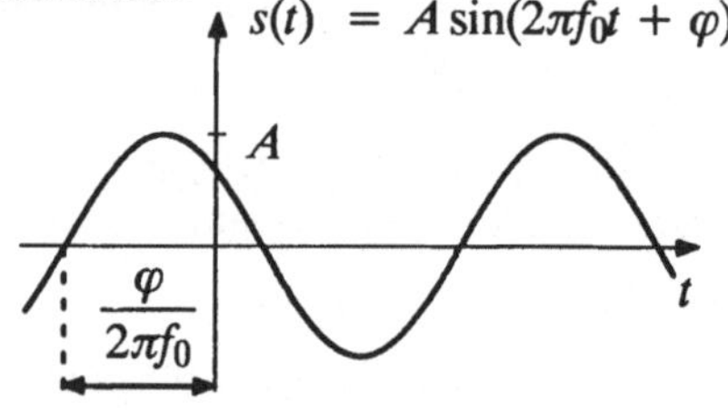

e zeitdiskretes Signal

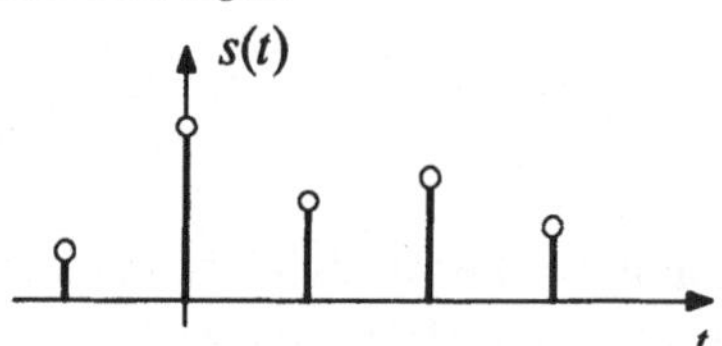

f Exponentialfunktion

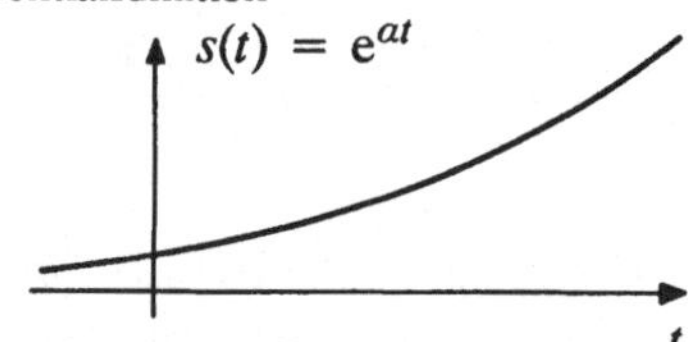

Bild 2.3 a–f Signalbeispiele zur Illustration der Definitionen in (2.5) und (2.13)
Bild a zeigt ein Energiesignal, die Bilder b, c und d zeigen Leistungssignale, die Bilder e und f zeigen Beispiele, die weder Energiesignale noch Leistungssignale sind

Die Sinusschwingung in Bild 2.3d ist nicht Energiesignal, weil

$$E = A^2 \int_{-\infty}^{\infty} \sin^2(2\pi f_0 t + \varphi)\,\mathrm{d}t = \lim_{\vartheta \to \infty} A^2 \int_{-\vartheta}^{\vartheta} \sin^2(2\pi f_0 t + \varphi)\,\mathrm{d}t \to \infty \; . \tag{2.8}$$

Beim zeitdiskreten Signal in Bild 2.3e ist das Integral (2.5) nur über die diskreten Zeitpunkte des Definitionsbereichs von $s(t)$ zu bilden. Dabei ergibt sich $E = 0$. Das zeitdiskrete Signal ist also nicht Energiesignal im Sinne von (2.5). Die physikalische Übertragung zeitdiskreter Signale erfordert deshalb eine sogenannte Leitungscodierung, siehe Abschnitt 2.3. Die (stillschweigende) Voraussetzung einer Leitungscodierung gestattet dann später in Abschnitt 7.1 eine sinnvolle Neudefinition der Energie eines zeitdiskreten Signals.

Die Exponentialfunktion in Bild 2.3f ist nicht Energiesignal, weil

$$E = \int\limits_{-\infty}^{\infty} e^{2at}dt = \lim_{\vartheta \to \infty} \int\limits_{-\vartheta}^{\vartheta} e^{2at}dt = \lim_{\vartheta \to \infty} \frac{1}{2a} e^{2at}\bigg|_{t=-\vartheta}^{\vartheta} \to \infty \quad . \tag{2.9}$$

2.2.2 Leistungssignale

Die im Intervall $-\vartheta \leq t \leq +\vartheta$ umgesetzte mittlere elektrische Leistung berechnet sich allgemein zu

$$P_{el} = \frac{1}{2\vartheta} \int\limits_{-\vartheta}^{+\vartheta} u(t) \cdot i(t)\ \mathrm{d}t \ . \tag{2.10}$$

Daraus folgt für die im ohmschen Widerstand R umgesetzte mittlere Leistung

$$P_{el} = \frac{1}{R} \cdot \frac{1}{2\vartheta} \int\limits_{-\vartheta}^{+\vartheta} u^2(t)\ \mathrm{d}t \ = R \cdot \frac{1}{2\vartheta} \int\limits_{-\vartheta}^{+\vartheta} i^2(t)\ \mathrm{d}t \ . \tag{2.11}$$

Diese letzte Beziehung (2.11) legt, wenn man auf ein unendlich langes Zeitintervall übergeht, die folgenden Definitionen nahe:

Definition : *Mittlere Signalleistung*

Die (mathematische) mittlere Leistung eines zeitkontinuierlichen Signals $s(t)$ nicht festgelegter Dimension ist bestimmt durch

$$P = \lim_{\vartheta \to \infty} \frac{1}{2\vartheta} \int\limits_{-\vartheta}^{+\vartheta} s^2(t)\ \mathrm{d}t \quad . \tag{2.12}$$

Falls $s(t)$ nicht auf der gesamten t–Achse definiert ist, dann ist das Integral über sämtliche Zeitintervalle zu erstrecken, in denen $s(t)$ definiert ist. Die Mittelung ist unabhängig davon über die gesamte Zeitachse zu nehmen.

Wenn das Signal z.B. die (physikalische) Dimension Spannung hat, dann hat die mittlere Leistung die Dimension Spannungsquadrat.

Definition: *Leistungssignal*

s(t) (z. B. Spannung oder Strom) ist ein Leistungssignal, wenn es folgender Ungleichung genügt:

$$0 \; < \; P \; = \; \lim_{\vartheta \to \infty} \frac{1}{2\vartheta} \int\limits_{-\vartheta}^{+\vartheta} s^2(t) \; \mathrm{d}t \; < \; \infty \; . \tag{2.13}$$

Ein Leistungssignal $s(t)$ setzt in einem unendlich langen Zeitintervall eine nichtverschwindende endliche mittlere (mathematische) Leistung P um.

Ein Leistungssignal ist kein Energiesignal (für ein solches geht $E \to \infty$) und ein Energiesignal ist kein Leistungssignal (für ein solches ist $P = 0$).

Die Definition (2.13) wird nun anhand der in Bild 2.3 dargestellten Signalbeispiele näher erläutert.

Der Rechteckimpuls in Bild 2.3a ist nicht Leistungsignal, weil sich dafür $P = 0$ ergibt.

Der Dirac–Impuls in Bild 2.3b ist ein Leistungssignal, wie folgende Überlegung zeigt: Nach (2.6) ist für einen endlichen Wert von a die Energie $E = \vartheta/2a$. Die auf das Intervall der Breite 2ϑ bezogene mittlere Leistung ist damit unabhängig von ϑ, jedoch abhängig von a.

$$P \; = \; \frac{E}{2\vartheta} \; = \; \frac{1}{4a} \quad , \text{d.h.} \; 0 < P < \infty \quad \text{für} \quad 0 < a < \infty \; . \tag{2.14}$$

Der für $\vartheta \to \infty$ entstehende Dirac–Impuls $\delta(t)$ hat also eine von a abhängige nichtverschwindende endliche mittlere Leistung. Zur Abhängigkeit von a siehe auch Abschnitt 2.5.

Das Gleichsignal in Bild 2.3c ist ein Leistungssignal der Leistung $P = A^2$. Bemerkenswert ist der Unterschied zum Dirac–Impuls. Während der Dirac–Impuls eine endliche Fläche einschließt, bildet das Gleichsignal eine unendliche Fläche. In den späteren Kapitel 4 und 10 wird gezeigt, daß die sogenannte Fourier – Transformation das Gleichsignal in einen spektralen Dirac–Impuls und den Dirac–Impuls in ein spektrales Gleichsignal überführt.

Die Sinusschwingung in Bild 2.3d ist ein Leistungssignal, dessen mittlere Leistung nur von der Amplitude A abhängt, nicht aber von der Nullphase φ.

$$P \; = \; \lim_{\vartheta \to \infty} \frac{A^2}{2\vartheta} \int\limits_{-\vartheta}^{+\vartheta} \sin^2(2\pi f_0 t + \varphi)\mathrm{d}t = \frac{1}{2}A^2 \; . \tag{2.15}$$

Für das zeitdiskrete Signal in Bild 2.3e ist das Integral (2.13) nur über die diskreten Zeitpunkte des Definitionsbereichs von $s(t)$ zu bilden. Dabei ergibt sich $P = 0$. Das zeitdiskrete Signal ist also nicht Leistungssignal im Sinne von (2.13), vergl. Text auf S.30 unten.

Die Exponentialfunktion in Bild 2.3f ist nicht Leistungssignal, weil

$$P = \lim_{\vartheta \to \infty} \frac{1}{2\vartheta} \int_{-\vartheta}^{+\vartheta} s^2(t) \, dt = \lim_{\vartheta \to \infty} \frac{1}{2\vartheta} \frac{1}{2a} e^{2at} \Big|_{t=-\vartheta}^{\vartheta} \to \infty \, . \tag{2.16}$$

2.3 Physikalische Darstellung von Digitalsignalen

Zeitdiskrete Signale und Digitalsignale, die gemäß Bild 2.1 b und d nur Folgen mathematischer Funktionswerte (Impulse ohne Fläche) darstellen, sind weder Energie– noch Leistungssignale, wenn man sie nach den für zeitkontinuierliche Signale aufgestellten Kriterien (2.5) und (2.13) beurteilt. Solche Folgen sind Abstraktionen, die aber eine große praktische Bedeutung haben, und zwar gleichermaßen für numerische Berechnungen wie auch für theoretische Untersuchungen, siehe auch Kapitel 6 bis 8. In Kapitel 7 werden deshalb speziell für Folgen modifizierte Definitionen für Energie und mittlere Leistung eingeführt.

Um digitale Signale physikalisch darstellen und übertragen zu können, z.B. durch zeitkontinuierliche elektrische Spannungsverläufe, müssen den Funktionswerten Symbole oder Grundimpulse nichtverschwindender aber endlicher Energie entsprechend (2.4) zugeordnet werden. Bei endlich langen Symbolfolgen erhält man dann Energiesignale im Sinne von (2.5), bei unendlich langen Symbolfolgen Leistungssignale im Sinne von (2.13). Ein dynamisches Übertragungssystem liefert nämlich keine Reaktion, wenn die Energie der Erregung null ist. Das wird in Abschnitt 3.3 für lineare zeitinvariante Übertragungssysteme allgemein gezeigt, vergl. auch (1.56).

2.3.1 Leitungscodierung

Ein binäres Digitalsignal, dessen Information durch Folgen von 0 und 1 ausgedrückt wird, läßt sich physikalisch z. B. durch die in Bild 2.4 gezeigten Funktionsverläufe darstellen. Als Grundimpuls sind Rechtecke gewählt, die im Fall der NRZ–Signale (von non return to zero) die Dauer des Symbolabstands T, im Fall der RZ–Signale (von return to zero) eine kürzere Dauer haben. Im unipolaren Fall werden 1 und 0 durch Impuls und Nichtimpuls, im bipolaren Fall durch positiven und negativen Impuls dargestellt.

Unipolare Signale sind für die Signalverarbeitung in logischen Schaltungen geeignet, bipolare Signale für die Übertragung über größere räumliche Entfernungen. Im letzteren Fall erweist es sich überdies oft als günstiger, andere als rechteckige Grundimpulsformen zu verwenden.

Wird der einzelne Grundimpuls mit $g(t)$ bezeichnet, dann läßt sich das Digitalsignal allgemein durch

$$s(t) = \sum_{\nu} a_\nu \, g(t - \nu T) \tag{2.17}$$

ausdrücken. Beim Energiesignal durchläuft der Zählindex ν ein endliches Intervall ganzer Zahlen (z.B. von $\nu = -N$ bis $\nu = +N$), beim Leistungssignal ein unendliches Intervall ganzer Zahlen. T bezeichnet den Abstand der Grundimpulse oder Symbole.

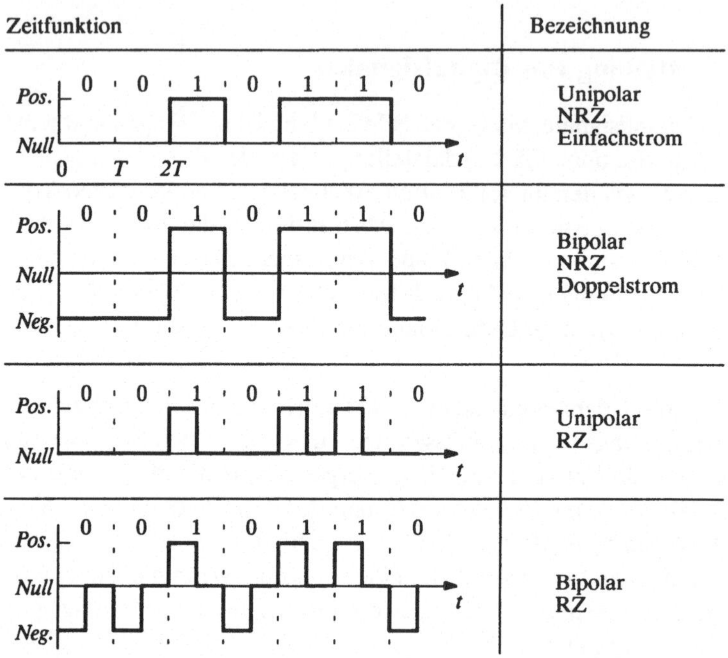
Zeitfunktion
Bezeichnung
Pos.
Null
Neg.
0 0 1 0 1 1 0
0 T 2T
t
Unipolar
NRZ
Einfachstrom
Bipolar
NRZ
Doppelstrom
Unipolar
RZ
Bipolar
RZ

Bild 2.4 Einige physikalische Darstellungen binärer Digitalsignale

Digitalsignale gemäß (2.17) sind hinsichtlich der Information, die sie tragen, zeitdiskret. Ihre physikalische Darstellung ist aber zeitkontinuierlich.

Die Koeffizienten a_ν sind Elemente einer vorgegebenen Wertemenge. Dabei gilt beispielsweise für

- binär unipolar $a_\nu \in \{0,\ 1\}$,
- binär bipolar $a_\nu \in \{-1,\ 1\}$,
- quaternär bipolar $a_\nu \in \{-3,\ -1,\ 1,\ 3\}$.

Die Energie eines einzelnen Grundimpulses bestimmt sich zu

$$E_g = \int_{-\infty}^{+\infty} g^2(t)\, dt\,. \tag{2.18}$$

Wenn benachbarte Grundimpulse sich nicht überlappen, dann berechnet sich die Gesamtenergie eines digitalen Energiesignals aus der Summe der Energien aller Symbole.

Bei $2N+1$ aufeinanderfolgenden binären bipolaren sich nicht überlappenden Symbolen berechnet sich die auf die Intervalldauer $(2N+1)T$ bezogene mittlere Leistung zu

$$P = \frac{E_g}{T} = \frac{1}{T} \int_{-\infty}^{+\infty} g^2(t) \; dt \,. \tag{2.19}$$

(2.19) gilt auch für $N \to \infty$, d.h. für die mittlere Leistung eines binären bipolaren Leistungssignals.

Im Integrand steht das Quadrat eines einzelnen zeitbegrenzten Grundimpulses $g(t)$, nicht das Quadrat des gesamten Leistungssignals (2.17). Deshalb genügt die Division durch den einfachen Symbolabstand T.

Die meisten Digitalsignale machen von nur einer einzigen Grundimpulsform $g(t)$ Gebrauch. Es gibt allerdings auch wichtige Anwendungsfälle, bei denen das Digitalsignal aus mehr als nur einer Grundimpulsform gebildet wird. Dazu gehören beispielsweise FSK–Signale, das sind Digitalsignale, die durch Umtastung der Frequenz von Sinuswellenabschnitten der Dauer T erzeugt werden.

2.3.2 Besonderheiten digitaler Signale

Es gilt allgemein die folgende wichtige Aussage:

> Jedes digitale Signal ist umwandelbar (umcodierbar) in ein binäres Signal.

Diese Eigenschaft digitaler Signale wird nun an Beispielen demonstriert, wobei zugleich noch weitere Sachverhalte erläutert werden.

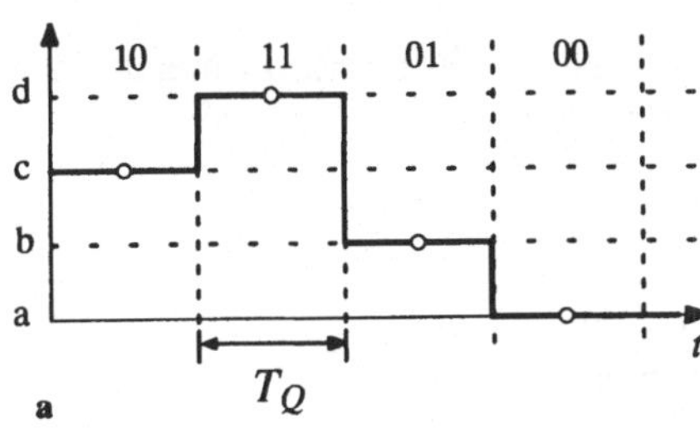

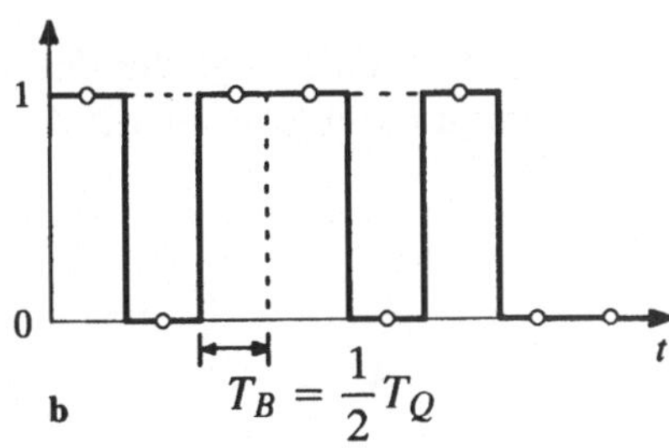

Bild 2.5   **a**   Quaternäres NRZ–Signal
              b   Äquivalentes binäres NRZ–Signal

Den quaternären Symbolen in Bild 2.5 a werden binäre Codewörter, die sich aus jeweils
zwei Bits (sogenannten Dibits) zusammensetzen, gemäß Tabelle 2.1 zugeordnet. Da sich
mit zwei Bits genau vier verschiedene Codewörter (Kombinationen) bilden lassen, bezeichnet man diesen Code als vollständig.

Tabelle 2.1	quaternäres Symbol	binäres Codewort		
	a	0 0		
	b	0 1	0	
	c	1 0	1	} Bit
	d	1 1		

vollständiger Code

Definition: *Symbolrate*

Die Symbolrate (oder Schrittgeschwindigkeit) v_s ist definiert als
Reziprokwert der Dauer T_{min} des kürzesten Symbols.

$$v_s = \frac{1}{T_{min}} \ \text{Baud} \ . \tag{2.20}$$

Die Einheit Baud leitet sich von dem Namen des französischen Telegraphentechnikers
Baudot ab.

In Bild 2.5 ist die Symboldauer T_B des binären Signals halb so groß gewählt worden wie
die Symboldauer T_Q des quaternären Signals, weil auf diese Weise mit beiden Signalen
die gleiche Informationsmenge pro Zeitintervall T_Q übertragen wird. Beim quaternären
Signal ist $T_{min} = T_B = T_Q/2$. Für die Symbolraten des quaternären Signals v_{SQ} und
des binären Signals v_{SB} gilt damit

$$v_{SB} = \frac{1}{T_B} = \frac{2}{T_Q} = 2 \cdot v_{SQ} \ . \tag{2.21}$$

Die Tatsache, daß mit beiden Signalen des Bildes 2.5 die gleiche Informationsmenge übertragen wird, kommt durch den Begriff der Bitrate zum Ausdruck.

Definition: *Bitrate :*

Die Bitrate (oder Telegraphiergeschwindigkeit) v
eines M–ären Digitalsignals ist definiert als

$$v = v_s \ \text{ld} \ M \ . \tag{2.22}$$

Hierin bezeichnet v_S die Symbolrate und ld den
Logarithmus zur Basis 2.

Beim quaternären Signal gilt $M = 4$, d.h. $\mathrm{ld}\,4 = 2$ und damit $v = 2v_S$. Beim binären Signal gilt $M = 2$, d.h. $\mathrm{ld}\,2 = 1$ und damit $v = v_S$.

In Bild 2.5 haben also das quaternäre und das binäre Signal verschiedene Symbolraten aber die gleichen Bitraten.

Mit Tabelle 2.1 wurde jedem Symbol eines quaternären Digitalsignals ein zweistelliges binäres Codewort zugeordnet. In entsprechender Weise kann jedes Symbol eines okternären Digitalsignals durch dreistellige binäre Codewörter und jedes Symbol eines M–ären Digitalsignals durch k–stellige Codewörter ausgedrückt werden. Dabei gilt allgemein

$$k = \mathrm{ld}\,M\,, \tag{2.23}$$

sofern k ganzzahlig ist. Wenn k nicht ganzzahlig ist, dann gibt es zwei Möglichkeiten:

Die erste besteht darin, daß man für die Stellenzahl der binären Codewörter die k übersteigende nächsthöhere ganze Zahl wählt. Dann werden nicht alle Codewörter, die mit k Stellen gebildet werden können, benötigt. Es entsteht eine sogenannte Redundanz. In Tabelle 2.2 wird dies am Beispiel der Umcodierung einzelner ternärer Symbole in binäre Symbole verdeutlicht.

Tabelle 2.2	ternäres Symbol	binäres Codewort
	a	0 0
	b	0 1
	c	1 0

In der rechten Spalte von Tabelle 2.2 sind nur 3 von 4 möglichen Kombinationen zweier Bits benutzt worden. Der Bruchteil R (oder auch Prozentsatz) der ungenutzten Möglichkeiten heißt Redundanz. Sie beträgt in diesem Fall $R = 1/4$ (oder 25%).

Allgemein errechnet sich die Redundanz zu

$$R = \frac{M_m - M_z}{M_m}\,. \tag{2.24}$$

Hierin bedeutet M_m die Anzahl der möglichen Codewörter (hier 4) und M_z die Anzahl der zugelassenen Codewörter (hier 3).

Die zweite Möglichkeit besteht darin, daß man jeweils N aufeinanderfolgende Symbole des M–ären Signals zusammenfaßt und die so entstehenden M^N möglichen M–ären Codewörter durch die binären Codewörter codiert. Durch diese Maßnahme kann man mit einer hinreichend großen Anzahl N die Redundanz $M \leq \epsilon$ machen, wobei ϵ eine beliebig klein vorgebbare positive Zahl ist [1]. In Tabelle 2.3 wird diese Möglichkeit am Beispiel der Umwandlung von $N = 3$ stelligen ternären Codewörter in 5 stellige binäre Codewörter illustriert.

Tabelle 2.3

ternär	a a a	a a b	a a c	a b a	a b b ...		c c c	$3^3 = 27$ Kombinationen
binär	00000	00001	00010	00011	...			$2^5 = 32 > 27$

Im Beispiel von Tabelle 2.3 erhält man die reduzierte Redundanz von

$$R = \frac{32 - 27}{32} = \frac{5}{32} < \frac{1}{4} = \frac{8}{32}.$$

Das Aufstellen einer Tabelle entsprechend Tabelle 2.3 setzt allgemein die Möglichkeit einer lexikographischen Anordnung (d.h. wie im Lexikon) der Einzelelemente voraus (d.h. a, b, c, ... und 0, 1, 2, ...).

2.4 Energie und Leistung komplexwertiger Signale

Zu Beginn dieses Kapitels 2 wurde erwähnt, daß es für manche Überlegungen sehr zweckmäßig ist, komplexwertige Signale der reellen Zeit t zu betrachten.

$$\underline{s}(t) = s^{(r)}(t) + j\, s^{(i)}(t) \quad , \qquad j = \sqrt{-1} . \tag{2.25}$$

$s^{(r)}(t)$ bezeichnet den Realteil und $s^{(i)}(t)$ den Imaginärteil.

In Anlehnung an (2.4) ist die Signalenergie eines komplexwertigen zeitkontinuierlichen Signals definiert durch

$$E = \int\limits_{-\infty}^{+\infty} |\underline{s}(t)|^2 \, \mathrm{d}t \quad . \tag{2.26}$$

Für reelle Signale stimmt (2.26) mit (2.4) überein. Für $0 < E < \infty$ ist das komplexe Signal $\underline{s}(t)$ ein Energiesignal.

Schreibt man

$$|\underline{s}(t)|^2 = \underline{s}(t)\, \underline{s}^*(t) \quad , \tag{2.27}$$

wobei der Stern (*) den konjugiert komplexen Wert bedeutet, und setzt man (2.27) und (2.25) in (2.26) ein, dann erhält man

$$E = \int\limits_{-\infty}^{+\infty} [\, s^{(r)}(t) + j\, s^{(i)}(t)\,][\, s^{(r)}(t) - j\, s^{(i)}(t)\,]\, \mathrm{d}t$$

$$= \int\limits_{-\infty}^{+\infty} [\, s^{(r)}(t)\,]^2 \; \mathrm{d}t \;+\; \int\limits_{-\infty}^{+\infty} [\, s^{(i)}(t)\,]^2 \; \mathrm{d}t \;=\; E^{(r)} + E^{(i)} \quad . \tag{2.28}$$

Damit ergibt sich die Energie E des komplexen Signals $s(t)$ als Summe der Energie $E^{(r)}$ des Realteils $s^{(r)}(t)$ und der Energie $E^{(i)}$ des Imaginärteils $s^{(i)}(t)$.

$$E^{(r)} = \int\limits_{-\infty}^{+\infty} [\, s^{(r)}(t)\,]^2 \; \mathrm{d}t \quad ; \quad E^{(i)} = \int\limits_{-\infty}^{+\infty} [\, s^{(i)}(t)\,]^2 \; \mathrm{d}t \; . \tag{2.29}$$

Die Definition der mittleren Leistung eines komplexwertigen Signals lautet entsprechend, vergl. (2.12):

$$P = \lim_{\vartheta \to \infty} \frac{1}{2\vartheta} \int\limits_{-\vartheta}^{+\vartheta} |\, \underline{s}(t)\,|^2 \; \mathrm{d}t \quad . \tag{2.30}$$

Für reelle Signale stimmt (2.30) mit (2.12) überein. Für $0 < P < \infty$ ist das komplexe Signal $\underline{s}(t)$ ein Leistungssignal.

In gleicher Weise wie bei der Energie läßt sich zeigen, daß die mittlere Leistung P des komplexen Signals $\underline{s}(t)$ sich aus der Summe der mittleren Leistung $P^{(r)}$ des Realteils $s^{(r)}(t)$ und der mittleren Leistung $P^{(i)}$ des Imaginärteils $s^{(i)}(t)$ zusammensetzt.

$$P = P^{(r)} + P^{(i)} \quad . \tag{2.31}$$

Die Tatsache, daß sich beim komplexwertigen Signal $\underline{s}(t)$ die Energie bzw. Leistung als Summe der Energien bzw. Leistungen der Real– und Imaginärteile ergibt, ist höchst bemerkenswert. Betrachtet man nämlich statt (2.25) die reelle Signalsumme (ohne j)

$$s(t) = s^{(r)}(t) + s^{(i)}(t) \quad , \tag{2.32}$$

dann ergibt sich die Energie bzw. Leistung der resultierenden reellen Signalsumme $s(t)$ im allgemeinen *nicht* als Summe der Energien bzw. Leistungen der Anteile $s^{(r)}(t)$ und $s^{(i)}(t)$, wie später in Abschnitt 4.1 näher ausgeführt wird.

Physikalisch kann man sich deshalb ein komplexwertiges Signal $\underline{s}(t)$ als zwei reelle Signale $s^{(r)}(t)$ und $s^{(i)}(t)$ vorstellen, die je über eine eigene Leitung geführt werden. Im Unterschied dazu hat man es bei der Signalsumme (2.32) mit einer Überlagerung zweier Signale auf der selben Leitung zu tun.

Technische Anwendungen komplexwertiger Signale werden später in den Abschnitten 12.5, 12.6 und 13.3 beschrieben.

2.5 Näheres über Dirac–Impulse

Mathematisch ist der Dirac–Impuls $\delta(x)$ der Variablen x keine Funktion im üblichen Sinn, sondern eine sogenannte *Distribution*. Das bedeutet, daß einer an der Stelle $x = x_0$ stetigen Funktion $s(x)$ mit dem folgenden links stehenden Integral

$$\int\limits_{\infty}^{+\infty} s(x)\,\delta(x - x_0)\,\mathrm{d}x \;=\; s(x_0)\int\limits_{-\infty}^{+\infty}\delta(x - x_0)\,\mathrm{d}x \;=\; s(x_0) \tag{2.33}$$

der Zahlenwert $s(x_0)$ zugeordnet wird [16], [26]. Speziell für $s(x) \equiv 1$ und $x_0 = 0$ folgt

$$\int\limits_{\infty}^{+\infty}\delta(x)\,\mathrm{d}x = 1\,. \tag{2.34}$$

Der Sachverhalt (2.33) sei nun mit Bild 2.6 veranschaulicht. Die Funktion $s(x)$ wird überall mit Null multipliziert ausgenommen an der Stelle $x = x_0$, wo sich der Dirac–Impuls $\delta(x - x_0)$ befindet. Deshalb darf $s(x)$ durch $s(x_0)$ ersetzt und vor das Integral gezogen werden, siehe mittleres Integral in (2.33). Die Fläche des Dirac–Impulses ist unabhängig von x_0 gleich Eins. Der Zusammenhang (2.33) wird auch als *Siebwirkung* bezeichnet.

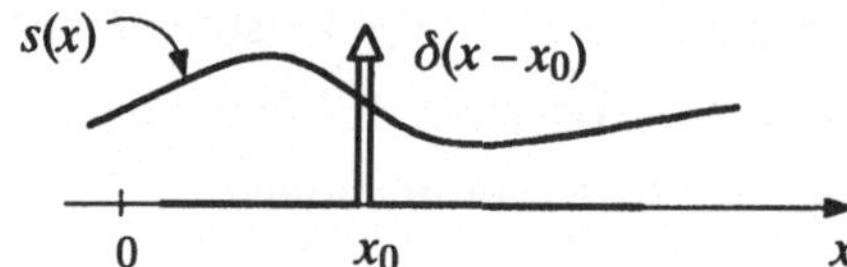

Bild 2.6   Zur Erläuterung der Beziehung (2.33)

Mit (2.14) wurde gezeigt, daß die mittlere Leistung des Dirac–Impulses $\delta(t)$ vom Faktor a, d.h. vom Maßstab der zeitlichen Mittelwertbildung gemäß Bild 2.3b abhängt. Eng verwandt damit ist, daß auch die Fläche des Dirac–Impulses vom Abzissenmaßstab abhängt. Die Fläche des gedehnten Dirac–Impulses $\delta(bt)$ ergibt sich nämlich mit der Substitution $bt = x$, $b\mathrm{d}t = \mathrm{d}x$ zu

$$\int\limits_{\infty}^{+\infty}\delta(bt)\,\mathrm{d}t = \frac{1}{b}\int\limits_{\infty}^{+\infty}\delta(x)\,\mathrm{d}x = \frac{1}{b}\qquad \text{für } b > 0\,. \tag{2.35}$$

Neben dem bisher betrachteten reellen Dirac–Impuls $\delta(t)$ wird für die Untersuchung komplexwertiger Systeme, die später in Abschnitt 12.6 kurz behandelt werden, auch der komplexe Dirac–Impuls

$$\underline{\delta}(t) \;=\; (1 + \mathrm{j})\delta(t) \;=\; \delta(t) + \mathrm{j}\delta(t) \tag{2.36}$$

verwendet. Genauso wie beim komplexen Signal $\underline{s}(t)$ hat man sich auch den komplexen Dirac–Impuls $\underline{\delta}(t)$ als zwei reelle Dirac–Impulse vorzustellen, die je über eine eigene Leitung geführt werden, vergl. Abschnitt 2.4.

3 Zeitkontinuierliche Übertragungssysteme, Teil 1

Die Theorie der Übertragungssysteme (kurz Systemtheorie) beschreibt den Zusammenhang zwischen Eingangssignal $s_1(t)$ und Ausgangssignal $s_2(t)$ bei beliebigen Übertragungssystemen. Dabei wird stets das Eingangssignal oder die Eingangsgröße als Ursache (Erregung) und das Ausgangssignal oder die Ausgangsgröße als Wirkung (Antwort) vorausgesetzt.

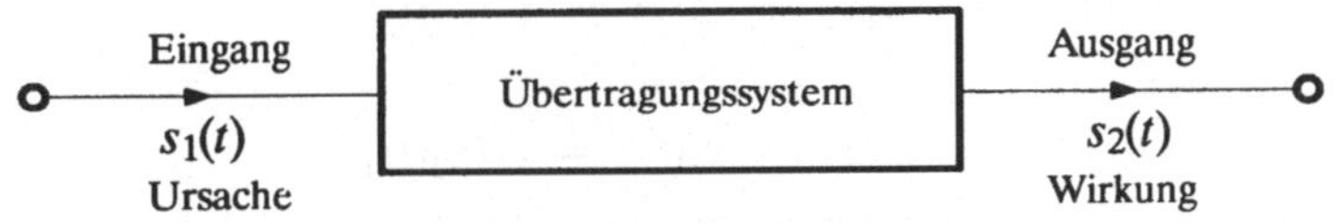

Bild 3.1   Übertragungssystem mit Eingangs- und Ausgangsgröße

Um formelmäßig auszudrücken, daß das Ausgangssignal $s_2(t)$ die Reaktion auf das Eingangssignal $s_1(t)$ ist, wird folgende Schreibweise mit dem Pfeil benutzt:

$$s_1(t) \;\rightarrow\; s_2(t) \;=\; G\{s_1(t)\} \quad . \tag{3.1}$$

$G\{s_1(t)\}$ bezeichnet das Ergebnis einer Operation, die auf $s_1(t)$ angewendet wird. Die Operation kann z. B. eine Differentiation $ds_1(t)/dt$ sein. $G\{s_1(t)\}$ kann aber auch eine Funktion von $s_1(t)$ bedeuten oder das Lösungsergebnis einer mit $s_1(t)$ erregten Differentialgleichung darstellen, vgl. (1.5) und (1.38). Im gesamten 3. Kapitel werden ausschließlich reellwertige Zeitfunktionen vorausgesetzt.

Dieses Kapitel bringt zunächst grundlegende Definitionen und befaßt sich dann im einzelnen mit zeitkontinuierlichen linearen zeitinvarianten Übertragungssystemen. Der große Unterschied zur Vorgehensweise in Kapitel 1 liegt darin, daß im folgenden die innere Zusammensetzung des Übertragungssystems nicht bekannt sein muß. Es genügt die Kenntnis des äußeren Verhaltens.

3.1 Einteilung der Systeme

Systeme lassen sich aufgrund ihrer Eigenschaften in Klassen einteilen. In diesem Abschnitt werden die Eigenschaften *zeitinvariant, linear, kausal* und *stabil* definiert und anhand von Beispielen erläutert.

a) *Zeitinvariante und zeitvariante Systeme*

Ein System heißt zeitinvariant, wenn bei

$$s_1(t) \rightarrow s_2(t)$$

auch

$$s_1(t + t_0) \rightarrow s_2(t + t_0) \tag{3.2}$$

gilt, und zwar für jeden festen Wert t_0, egal wie $s_1(t)$ gewählt wird.
Andernfalls ist das System zeitvariant.

b) *Lineare und nichtlineare Systeme*

Ein System heißt linear, wenn mit

$$s_1(t) = u_1(t) \rightarrow s_2(t) = u_2(t) = G\{u_1(t)\}$$

und

$$s_1(t) = v_1(t) \rightarrow s_2(t) = v_2(t) = G\{v_1(t)\}$$

auch die folgenden zwei Beziehungen gelten, und zwar
für jede Konstante a und für beliebig gewählte $u_1(t)$ und $v_1(t)$:

$$G\{u_1(t) + v_1(t)\} = G\{u_1(t)\} + G\{v_1(t)\} \quad \text{Superpositionsprinzip} \tag{3.3}$$

und

$$G\{a \cdot u_1(t)\} = a \cdot G\{u_1(t)\} \quad \text{Proportionalitätsprinzip} . \tag{3.4}$$

Trifft eines dieser Prinzipien oder treffen beide Prinzipien
nicht zu, dann ist das System nichtlinear.

Man könnte meinen, daß das Proportionalitätsprinzip keine zusätzliche Aussage liefert, die über die Aussage des Superpositionsprinzips hinausgeht. In der Tat ist für ganzzahlige Werte der Konstanten a das Proportionalitätsprinzip im Superpositionsprinzip enthalten. Bei einer allgemeineren Systembetrachtung, siehe [5], [6], zeigt es sich aber, daß es sowohl solche Systeme gibt, bei denen das Superpositionsprinzip erfüllt und das Proportionalitätsprinzip verletzt wird, als auch solche, bei denen das Superpositionsprinzip verletzt und das Proportionalitätsprinzip erfüllt wird.

Übertragungssysteme, die durch Modelle beschreibbar sind, die zugleich linear und zeitinvariant sind, spielen in der technischen Praxis eine überragende Rolle. Zur Illustration der Auswirkung dieser Eigenschaften sei nun die Übertragung eines leitungscodierten digitalen Datensignals, vergl. (2.17),

$$a_i \cdot x(t - iT) \qquad ; \qquad a_i \in \{-1, +1\} \qquad (3.5)$$

über ein dynamisches lineares zeitinvariantes Übertragungssystem diskutiert. Dazu werden einerseits die Beziehungen (3.6) bis (3.9) und andererseits Bild 3.2 betrachtet.

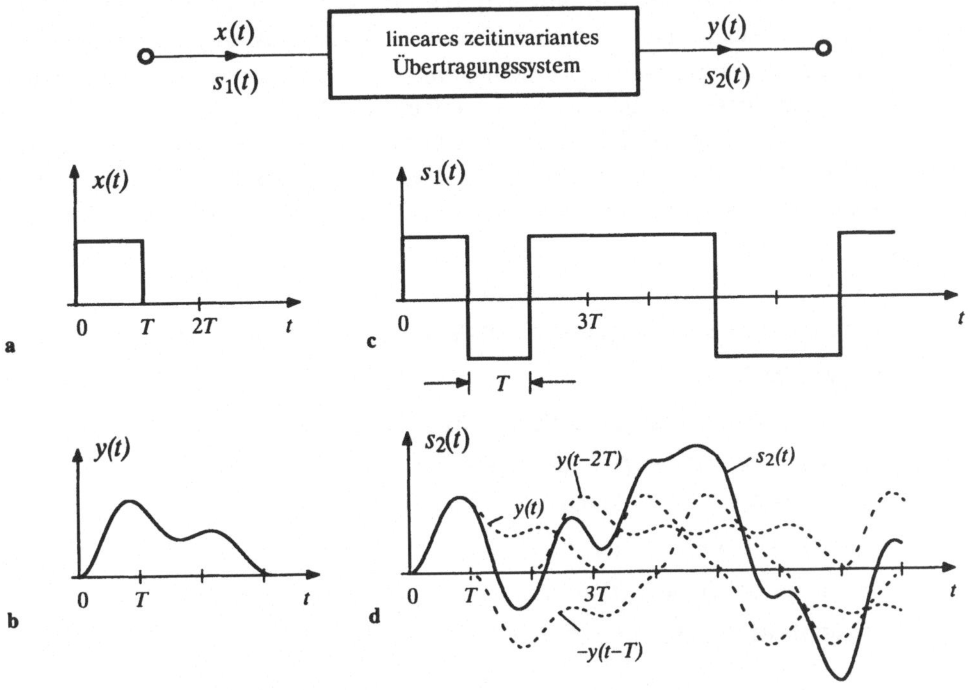

Bild 3.2 Übertragung eines aus Rechteckimpulsen zusammengesetzten Digitalsignals
  a gesendetes Rechtecksymbol
  b empfangene Rechtecksymbolantwort
  c gesendetes Datensignal
  d empfangenes Datensignal

Das einzelne Datensymbol $x(t)$ möge für sich allein gesendet das verzerrte Symbol $y(t)$ erzeugen, welches normalerweise länger ist als $x(t)$, siehe Bild 3.2a und b.

$$x(t) \rightarrow y(t) \ . \tag{3.6}$$

Wegen der Zeitinvarianz muß dann

$$x(t - iT) \rightarrow y(t - iT) \tag{3.7}$$

gelten. Wegen des Proportionalitätsprinzips folgt ferner

$$a_i \cdot x(t - iT) \rightarrow a_i \, y(t - iT) \tag{3.8}$$

und wegen des Superpositionsprinzips schließlich

$$s_1(t) = \sum_i a_i \cdot x(t - iT) \rightarrow \sum_i a_i \cdot y(t - iT) = s_2(t) \ . \tag{3.9}$$

Die Konstruktion von $s_2(t)$ aus $y(t)$ und den Koeffizientenwerten a_i zeigt Bild 3.2d. Die Werte der Koeffizientenfolge a_i ergeben sich aus Bild 3.2c. Das Ausgangssignal $s_2(t)$ ist gegenüber dem Eingangssignal $s_1(t)$ erheblich verzerrt. Von *Verzerrungen* spricht man bei unbeabsichtigten Veränderungen des Signalverlaufs. Bei beabsichtigten Veränderungen spricht man von *Formung* oder *Filterung*. Durch lineare Systeme hervorgerufene Veränderungen werden als *lineare Verzerrungen* bzw. *lineare Formung* bezeichnet. Die Erscheinung sich überlappender Symbolantworten $y(t - iT)$ in Bild 3.2c nennt man *Intersymbolinterferenz* (ISI).

Eine weitere wichtige Systemeigenschaft ist die Kausalität, die nun betrachtet wird.

c) *Kausale Systeme*

Ein System heißt kausal, wenn für eine zu t_0 einsetzende Erregung

$$s_1(t) = 0 \ \text{für} \ t < t_0 \ \text{und} \ s_1(t_0) \neq 0$$

auch die Reaktion nicht früher als zu t_0 einsetzt, d. h.

$$s_2(t) = 0 \ \text{für} \ t < t_0 \ , \tag{3.10}$$

und zwar für beliebige $s_1(t)$ und t_0 .

Andernfalls ist das System nicht kausal.

Ein nichtkausales System ist ein Prophet. Es liefert am Ausgang die Reaktion bereits bevor am Eingang die Erregung begonnen hat. Selbstverständlich muß jedes reale physikalische System kausal sein. Rein mathematisch lassen sich aber auch nichtkausale Systeme aufstellen. Bei einer mathematisch formalen Vorgehensweise bei der Modellbildung kann das sogar sehr leicht passieren wie später in Kapitel 5 mit Bild 5.11 gezeigt wird.

Bei kausalen linearen zeitinvarianten Übertragungssystemen läßt sich aus einer Rechteckimpulsantwort in einfacher Weise graphisch die Antwort $h(t)$ auf einen erregenden Dirac–Impuls konstruieren, was mit Bild 3.3 illustriert wird.

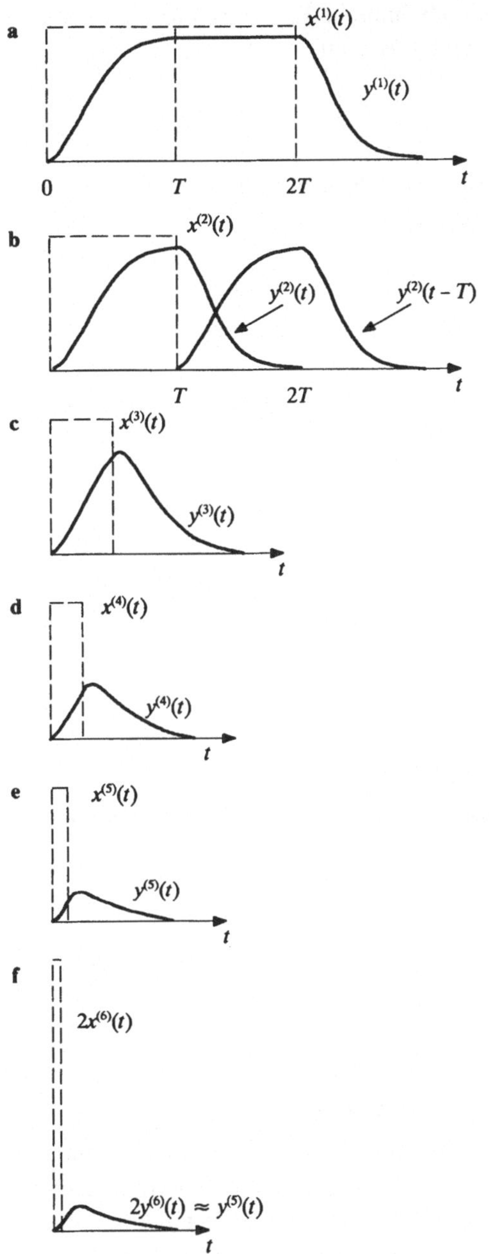

Bild 3.3 Beispiel zur Konstruktion der Impulsantwort aus der Antwort auf einen Rechteckimpuls größerer Dauer.

Bild 3.3a zeigt den (willkürlich angenommenen) Zusammenhang zwischen Erregung $x^{(\cdot)}(t)$ und Antwort $y^{(\cdot)}(t)$ bei einem kausalen linearen zeitinvarianten Übertragungssystem.

Wegen der Kausalität läßt sich aus diesem Zusammenhang auch die Antwort auf einen extrem kurzen Rechteckimpuls konstruieren, wie das mit den Teilbildern b bis f dargestellt ist.

Wegen der Kausalität muß im Intervall $0 \leq t \leq T$ die Antwort $y^{(2)}(t)$ den gleichen Verlauf haben wie $y^{(1)}(t)$.

Für $t > T$ ergibt sich $y^{(2)}(t)$ durch Subtraktion von $y^{(2)}(t-T)$ von $y^{(1)}(t)$, weil sich umgekehrt $y^{(1)}(t)$ durch Superposition von $y^{(2)}(t)$ und $y^{(2)}(t-T)$ ergeben muß. In entsprechender Weise berechnen sich die Antworten $y^{(3)}(t)$ bis $y^{(5)}(t)$.

Mit abnehmender Fläche der Erregung wird auch die Fläche der Antwort kleiner. Im Teilbild f wurde gegenüber Teilbild d die Dauer der Erregung halbiert aber die Höhe verdoppelt, so daß die Fläche konstant bleibt. Das Resultat $2y^{(6)}(t)$ unterscheidet sich von der Antwort $y^{(5)}(t)$ hauptsächlich im Bereich um $t = 0$, wo wegen der Verdopplung der Erregungshöhe auch die Steigung von $2y^{(6)}(t)$ größer geworden ist. Ansonsten haben aber $2y^{(6)}(t)$ und $y^{(5)}(t)$ nahezu gleiche Verläufe.

Im Abschnitt 1.3 gelangte man mit Bild 1.9 durch Verkürzung des Rechteckimpulses unter Konstanthalten der Impulsfläche zum Dirac–Impuls $\delta(t)$. Die Antwort $y^{(5)}(t)$ in Bild 3.3e ist damit, abgesehen von einem konstanten Faktor, bereits eine gute Näherung für die Antwort $h(t)$ auf einen Dirac–Impuls.

Schließlich sei noch die Eigenschaft der Stabilität behandelt. Es gibt mehrere unterschiedliche Definitionen, von denen hier zwei betrachtet werden.

d) *Stabile Systeme*

1.Def.:

Ein System heißt BIBO–stabil (bounded input bounded output),
wenn für jedes beschränkte Eingangssignal

$$|s_1(t)| \leq M_1 < \infty \quad \forall\, t$$

auch das Ausgangssignal beschränkt bleibt

$$|s_2(t)| \leq M_2 < \infty \quad \forall\, t \quad . \tag{3.11}$$

Andernfalls ist das System instabil.

2.Def.:

Ein System ist stabil, wenn bei Erregung mit

$$s_1(t) = \delta(t) \quad \text{(Dirac–Impuls) oder}$$

$$s_1(t) \;= \text{Energiesignal gemäß (2.5)}$$

das Ausgangssignal $s_2(t)$ der folgenden Ungleichung genügt

$$\int\limits_{-\infty}^{\infty} s_2^2(t)\ \mathrm{d}t < \infty \quad . \tag{3.12}$$

Andernfalls ist das System instabil.

Beide Definition lassen bei stabilen Systemen auch ein Ausgangssignal der Energie $E = 0$ zu.

Nach beiden Definitionen ist z. B. ein idealer Integrator

$$s_2(t) = \int\limits_{-\infty}^{t} s_1(\tau)\ \mathrm{d}\tau \tag{3.13}$$

instabil. In (3.13) ist beim Eingangssignal s_1 die Zeitvariable durch τ ausgedrückt, um eine Verwechselung mit der oberen Integrationsgrenze zu vermeiden.

Zum Nachweis der Instabilität des idealen Integrators sei als Eingangsfunktion die Sprungfunktion gemäß Bild 1.4 betrachtet, die eine beschränkte Funktion darstellt. Durch Integration der Sprungfunktion entsteht eine linear ansteigende Funktion, die für wachsende t über alle Grenzen wächst, d. h. nicht beschränkt bleibt. Damit ist der ideale Integrator nach der 1. Def. instabil. Er ist aber auch nach der 2. Def. instabil, denn bei Erregung mit dem Dirac–Impuls liefert der ideale Integrator am Ausgang eine Sprungfunktion, welche die Beziehung (3.12) verletzt. Reale, mit elektronischen Schaltungen realisierte Integratoren liefern stets beschränkte Ausgangssignale.

Instabilität entsteht in der Praxis durchweg aufgrund von Rückkopplungen. Bild 3.4 zeigt eine einfache rückgekoppelte Schaltung, die aus einem Verzögerungsglied der Signallaufzeit T und einem Addierglied besteht.

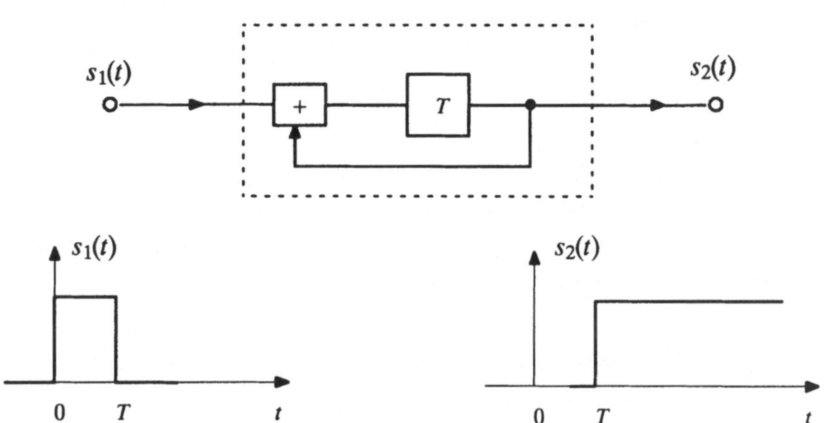

Bild 3.4   Beispiel eines instabilen Systems mit Rückkopplung

Bei Erregung mit einem Rechteckimpuls der Dauer T beginnend zum Zeitpunkt $t = 0$ reagiert das System mit einem Sprung, der bei $t = T$ einsetzt. Nach der 2. Def. ist damit das System instabil. Es ist aber auch nach der 1. Definition instabil, weil bei dieser jede beschränkte Eingangsfunktion zugelassen ist, also z. B. auch die Sprungfunktion. Auf letztere reagiert das System mit einem nicht beschränkten Ausgangssignal.

3.2 Lineare zeitinvariante Übertragungssysteme

In diesem Abschnitt wird der allgemeine Zusammenhang zwischen der Eingangsgröße $s_1(t)$ und der Ausgangsgröße $s_2(t)$ beim linearen zeitinvarianten Übertragungssystem hergeleitet.
Das Ergebnis lautet:

*   Das Übertragungsverhalten eines linearen zeitinvarianten Übertragungssystems wird durch seine Impulsantwort $h(t)$, das ist die Antwort auf einen Dirac–Impuls $\delta(t)$, vollständig beschrieben. Hierbei werden Kausalität und Stabilität nicht notwendigerweise vorausgesetzt.

*   Mit der Kenntnis der Impulsantwort $h(t)$ läßt sich über das sogenannte *Faltungsintegral* die Reaktion $s_2(t)$ auf nahezu beliebige Erregungen berechnen; siehe Bild 3.5.

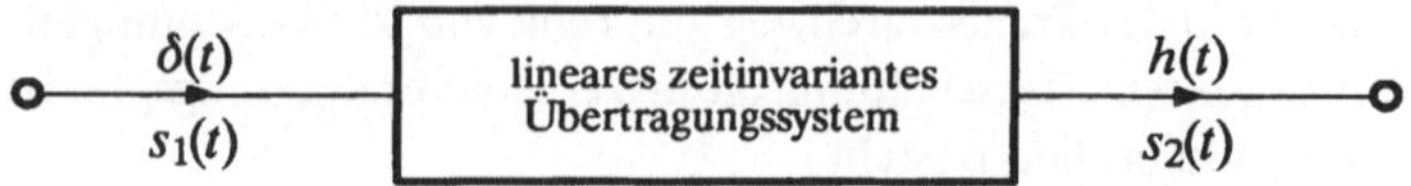

Bild 3.5   Kennzeichnung des Übertragungsverhalten des linearen zeitinvarianten
Übertragungssystems durch Dirac-Impuls $\delta(t)$ und Impulsantwort $h(t)$.

Vorbemerkung:

Die Herleitung des Faltungsintegrals verwendet den Begriff des Riemann–Integrals. Deshalb wird zunächst die Idee des Riemann–Integrals kurz erläutert bzw. in Erinnerung gebracht. Anschließend wird in zwei Schritten das Faltungsintegral hergeleitet. Diese Herleitung setzt lediglich voraus, daß Linearität und Zeitinvarianz gegeben sind. Darüberhinaus werden keine weiteren Voraussetzungen gemacht.

a)   Zum Riemann–Integral:

Die Bildung des Integrals dient zur Ermittlung der Fläche unter der Kurve $f(x)$ zwischen den Intervallgrenzen a und b, siehe Bild 3.6.

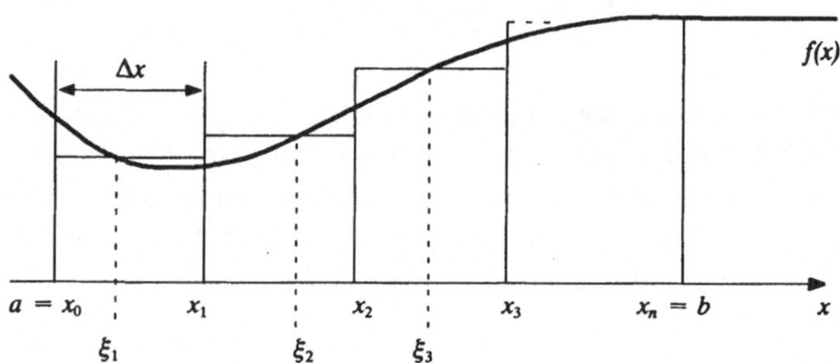

Bild 3.6   Zur Herleitung des Riemann–Integrals

Zur Flächenbestimmung wird nach Riemann das Intervall $[a,b]$ in n gleiche Intervalle der Breite

$$\Delta x = \frac{b-a}{n} \tag{3.14}$$

unterteilt. Sodann werden Rechtecke der Breite Δx und der Höhe $f(\xi_i)$ gebildet.

$\xi_i =$ beliebige Zwischenabszissen

$$x_{i-1} \leq \xi_i < x_i . \tag{3.15}$$

Die Summe der Rechteckflächen konvergiert gegen das Integral, wenn die Anzahl n sehr groß wird.

Es gilt:

$$\lim_{n \to \infty} \sum_{i=1}^{n} f(\xi_i) \cdot \Delta x = \int_{a}^{b} f(x) \, dx . \tag{3.16}$$

Dies bedeutet ausführlich geschrieben, daß die Folge der unten stehenden Summen gegen das Integral konvergieren.

$$\sum_{i=1}^{1} f(\xi_i) \Delta x , \quad \sum_{i=1}^{2} f(\xi_i) \Delta x , \quad \dots , \sum_{i=1}^{k} f(\xi_i) \Delta x , \quad \dots , \int_{a}^{b} f(x) \, dx . \tag{3.17}$$

Die Herleitung des Faltungsintegrals erfolgt nun in zwei Schritten:

b)   1. Schritt: Antwort auf einen einzelnen Rechteckimpuls der Fläche Eins.
Das lineare zeitinvariante System werde eingangsseitig mit dem Rechteckimpuls

$$r^{(n)}(t) = \begin{cases} \dfrac{n}{T} & \text{für } 0 \leq t < \dfrac{T}{n} \\[2ex] 0 & \text{sonst} \end{cases} \tag{3.18}$$

erregt. Die zugehörige Antwort sei $g^{(n)}(t)$, siehe Bild 3.7.

Betrachtet wird nun die Folge von Erregungssituationen $r^{(n)}(t)$ mit den korrespondierenden Antworten $g^{(n)}(t)$, wenn $n = 1, 2, \dots$

$$r^{(1)}(t) = \begin{cases} 1/T & \text{für } 0 \leq t < T \\[1.5ex] 0 & \text{sonst} \end{cases} \quad \rightarrow \quad g^{(1)}(t)$$

$$r^{(2)}(t) = \begin{cases} 2/T & \text{für } 0 \leq t < T/2 \\[1.5ex] 0 & \text{sonst} \end{cases} \quad \rightarrow \quad g^{(2)}(t)$$

$$\vdots$$

$$r^{(n)}(t) = \begin{cases} n/T & \text{für } 0 \leq t < T/n \\[1.5ex] 0 & \text{sonst} \end{cases} \quad \rightarrow \quad g^{(n)}(t)$$

$$\vdots$$

$$\delta(t) \quad\quad\quad\quad\quad\quad\quad\quad\quad \rightarrow \quad h(t) . \tag{3.19}$$

Für $n \to \infty$ strebt die Folge der Rechteckimpulse gegen den Dirac–Impuls $\delta(t)$. Die zugehörige Folge der Antworten konvergiert gegen die Impulsantwort $h(t)$.

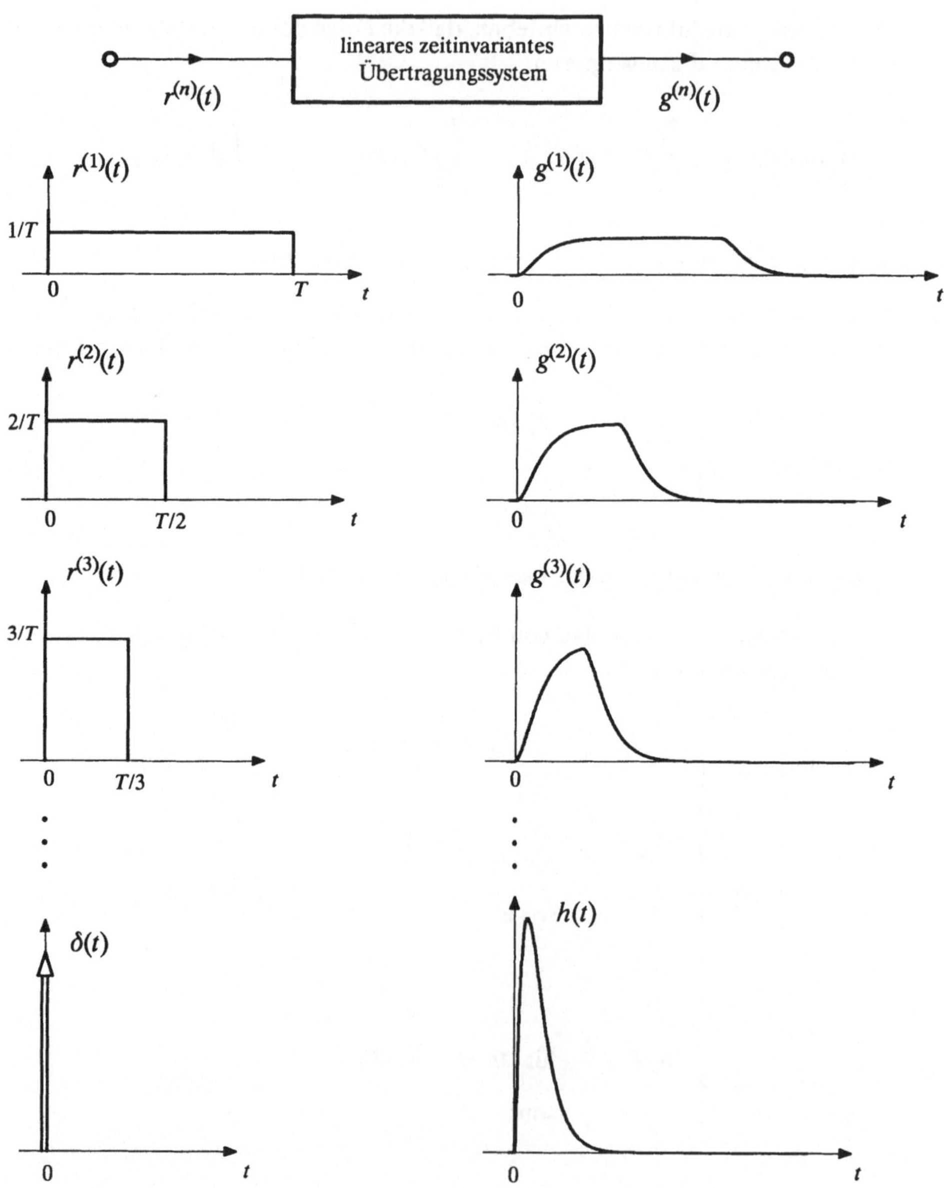

Bild 3.7   Erregung $r^{(n)}(t)$ und Antwort $g^{(n)}(t)$ beim linearen zeitinvarianten Übertragungssystem

c)   2. Schritt: Antwort auf ein allgemeines Eingangssignal

Das allgemeine Eingangssignal $s_1(t)$ der Länge LT wird durch eine Summe von verschobenen und gewichteten Rechteckimpulsen $r^{(n)}(t)$ approximiert. Die Signalapproximation werde mit $\bar{s}_1^{(n)}(t)$ bezeichnet.

Für $n = 1$ wird das durch Bild 3.8a dargestellt.

Da der ungewichtete Rechteckimpuls $r^{(1)}(t)$ die Höhe $1/T$ hat, gilt

$$\bar{s}_1^{(1)}(t) \ = \ \sum_{\nu=1}^{L} s_1(\nu T) \cdot T \cdot r^{(1)}(t - \nu T) \ . \tag{3.20}$$

Auf Grund der Linearität und Zeitinvarianz lautet mit (3.19) die zugehörige Antwort – vergleiche auch (3.6) und (3.9) –

$$\bar{s}_2^{(1)}(t) \ = \ \sum_{\nu=1}^{L} s_1(\nu T) \cdot T \cdot g^{(1)}(t - \nu T) \ . \tag{3.21}$$

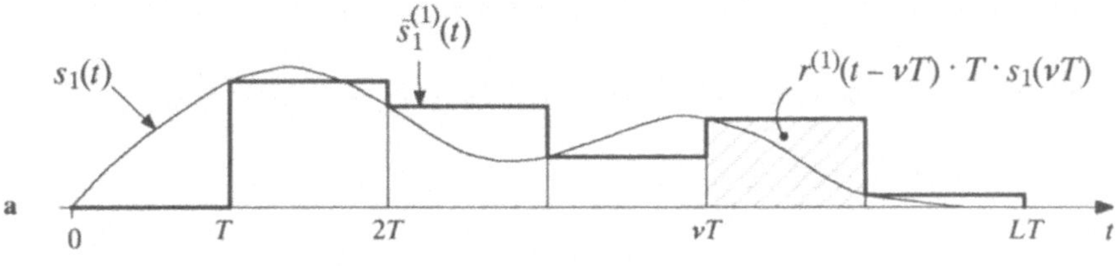

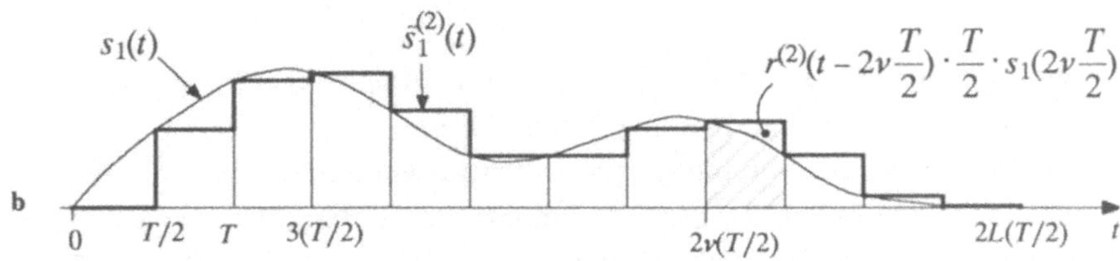

Bild 3.8   Signal $s_1(t)$ und **a** zugehörige Approximation $\bar{s}_1^{(1)}(t)$

b zugehörige Approximation $\bar{s}_1^{(2)}(t)$

Für $n = 2$ wird die Approximation durch Bild 3.8b dargestellt.

Da der ungewichtete Rechteckimpuls $r^{(2)}(t)$ die Höhe $2/T$ hat, gelten für die Signalapproximation $\bar{s}_1^{(2)}(t)$ und für die daraus auf Grund von Linearität und Zeitinvarianz folgende Antwort $\bar{s}_2^{(2)}(t)$ die Beziehungen in (3.22).

$$\bar{s}_1^{(2)}(t) = \sum_{\nu=1}^{2L} s_1(\nu\frac{T}{2}) \cdot \frac{T}{2} \cdot r^{(2)}(t - \nu\frac{T}{2}) \quad \longrightarrow \quad \bar{s}_2^{(2)}(t) = \sum_{\nu=1}^{2L} s_1(\nu\frac{T}{2}) \cdot \frac{T}{2} \cdot g^{(2)}(t - \nu\frac{T}{2}) \ .$$

$$(3.22)$$

Entsprechend gilt für einen allgemeinen Wert von n

$$\bar{s}_1^{(n)}(t) = \sum_{\nu=1}^{nL} s_1(\nu\frac{T}{n}) \cdot \frac{T}{n} \cdot r^{(n)}(t - \nu\frac{T}{n}) \quad \longrightarrow \quad \bar{s}_2^{(n)}(t) = \sum_{\nu=1}^{nL} s_1(\nu\frac{T}{n}) \cdot \frac{T}{n} \cdot g^{(n)}(t - \nu\frac{T}{n}) \ .$$

$$(3.23)$$

Für $n \to \infty$ wird T/n differentiell klein, während $\nu T/n$ bei entsprechend großem ν endlich bleibt:

$$\frac{T}{n} = d\tau \quad ; \quad \nu\frac{T}{n} = \tau \ . \tag{3.24}$$

Weiterhin strebt für $n \to \infty$ gemäß Schritt 1 der Rechteckimpuls $r^{(n)}(t)$ gegen den Dirac–Impuls $\delta(t)$ und die betreffende Antwort $g^{(n)}(t)$ gegen die Impulsantwort $h(t)$.

Die Folge der Signalapproximationen $\bar{s}_1^{(n)}(t)$ konvergiert damit gegen das Eingangssignal $s_1(t)$:

$$\lim_{n \to \infty} \bar{s}_1^{(n)}(t) = \int_{\tau=0}^{LT} s_1(\tau) \cdot \delta(t - \tau) \ d\tau = s_1(t) \cdot \int_{\tau=0}^{LT} \delta(t - \tau) \ d\tau = s_1(t) \ , \quad (3.25)$$

weil die Fläche des um τ verschobenen Dirac–Impulses $\delta(t - \tau)$ ebenfalls gleich 1 ist. Die Integration über τ ist bei festem Wert t vorzunehmen. Weil $s_1(\tau)$ im linken Integral überall mit Null multipliziert wird, ausgenommen an der Stelle $\tau = t$, wo sich der verschwindend kurze Dirac–Impuls $\delta(t - \tau)$ befindet, darf $s_1(\tau)$ durch $s_1(t)$ ersetzt und vor das Integral gezogen werden, vergl. auch Abschnitt 2.5.

Die Folge der Approximationsantworten $\bar{s}_2^{(n)}(t)$ konvergiert entsprechend gegen die Antwort $s_2(t)$

$$\lim_{n \to \infty} \bar{s}_2^{(n)}(t) = \int_{\tau=0}^{LT} s_1(\tau) \cdot h(t - \tau) \ d\tau = s_2(t) \ . \tag{3.26}$$

(3.26) ist hergeleitet worden unter der Voraussetzung, daß das Eingangssignal $s_1(t)$ außerhalb des Intervalls $[\ 0\ ,\ LT\ ]$ überall null ist, siehe Bild 3.8. Für ein nicht zeitbegrenztes Eingangssignal gilt beim linearen zeitinvarianten Übertragungssystem allgemein

$$s_2(t) \;=\; \int\limits_{-\infty}^{\infty} s_1(\tau)\cdot h(t-\tau)\; d\tau \;.$$

(3.27)

(3.27) gilt auch für nichtkausale Systeme, bei denen $g^{(n)}(t)$ bzw. $h(t)$ nicht für alle $t < 0$ verschwindet.

Das Integral (3.27) heißt *Faltungsintegral*. Auf die Herkunft des Namens wird weiter unten eingegangen. In (3.27) ist t ein fester Zeitpunkt. Will man den zeitlichen Verlauf von $s_2(t)$ für alle t wissen, so muß man das Faltungsintegral für jeden Wert des Parameters t ausrechnen, was bisweilen in geschlossener Form möglich ist.

3.3 Berechnung und Eigenschaften des Faltungsintegrals

Weil beim Umgang mit linearen zeitinvarianten Übertragungssystemen das Faltungsintegral sehr oft vorkommt, hat man zur Abkürzung die symbolische Schreibweise mit dem Faltungsstern (*) als Operationssymbol eingeführt. Man schreibt also

$$\int\limits_{-\infty}^{\infty} s_1(\tau)\cdot h(t-\tau)\; d\tau \;=\; s_1(t) * h(t)\;.$$

(3.28)

Das Ausrechnen des Faltungsintegrals wird nun mit Bild 3.9 illustriert.

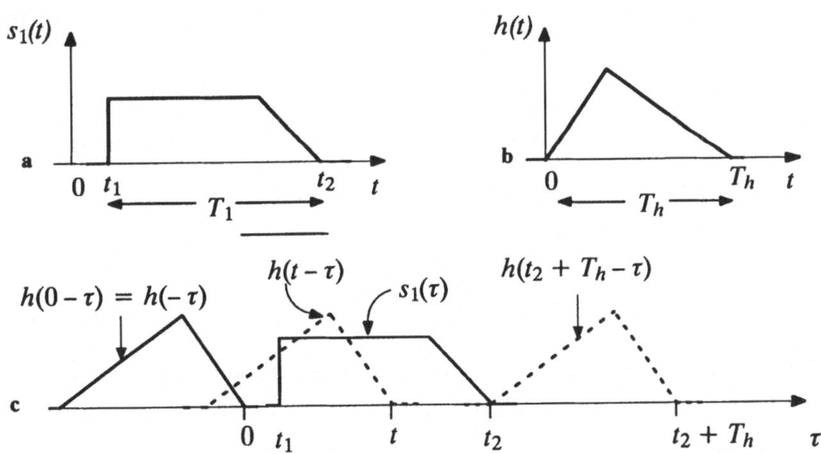

Bild 3.9   Zur Berechnung des Faltungsintegrals (siehe Text)

Die beteiligten Zeitfunktionen $s_1(t)$ und $h(t)$ sind in den Teilbildern 3.9a und b dargestellt. Der Einfachheit halber seien beide Zeitfunktionen als zeitbegrenzt vorausgesetzt. Zur

Berechnung des Integrals mit der Integrationsvariablen τ werden gemäß (3.27) die Funktionen $s_1(\tau)$ und $h(t-\tau)$ über der τ-Achse aufgetragen, siehe Teilbild 3.9c. Für den festen Zeitpunkt $t=0$ ergibt sich $h(-\tau)$ in zeitinverser Lage. Diese kann man sich dadurch entstanden denken, daß man die Zeitachse im Ursprung *faltet*, wovon der Name Faltungsintegral herrührt. Für wachsende feste Werte von t wird die zeitinverse Impulsantwort nach rechts geschoben. Für jede Position ist das Integral über das Produkt $s_1(\tau) \cdot h(t-\tau)$ zu bilden, um den Verlauf von $s_2(t)$ zu gewinnen. In Bild 3.9c ist $h(t-\tau)$ für die zwei Positionen von t mit $t_1 < t < t_2$ und $t = t_2 + T_h$ gestrichelt aufgetragen.

Die Konstruktion von $s_2(t)$ gemäß Bild 3.9c liefert folgende Aussagen:

a) Das Ausgangssignal $s_2(t)$ beginnt bei $t = t_1$, also nicht früher als das Eingangssignal $s_1(t)$. Bei einer kausalen Impulsantwort $h(t) = 0$ für $t < 0$ ist auch das Ausgangssignal $s_2(t)$ bezogen auf das Eingangssignal $s_1(t)$ kausal, in Formeln:

$$\text{Wenn} \qquad h(t) \; = 0 \qquad \text{für} \;\; t < 0 \;\; \text{kausal}$$
$$\text{und} \qquad s_1(t) \; = 0 \qquad \text{für} \;\; t < t_1 \; ,$$
$$\text{dann auch} \;\; s_2(t) \; = 0 \qquad \text{für} \;\; t < t_1 \; . \tag{3.29}$$

Wegen $h(t-\tau) = 0$ für $t - \tau < 0$, also für $\tau > t$, folgt aus (3.27) für kausale lineare zeitinvariante Übertragungssysteme

$$s_2(t) \; = \; \int_{-\infty}^{t} s_1(\tau) \cdot h(t-\tau) \; \mathrm{d}\tau \; . \tag{3.30}$$

Wenn außerdem das Eingangssignal $s_1(t) = 0$ ist für $t \leq 0$ ist, dann gilt

$$s_2(t) \; = \; \int_{0}^{t} s_1(\tau) \cdot h(t-\tau) \; \mathrm{d}\tau \; . \tag{3.31}$$

b) Das Ausgangssignal $s_2(t)$ endet bei $t = t_2 + T_h$. Es ist null für $t > t_2 + T_h$. Bezeichnet man mit $T_1 = t_2 - t_1$ die Dauer oder Länge des Eingangssignals $s_1(t)$ und mit T_h die Länge der Impulsantwort $h(t)$, dann resultiert mit Aussage (a) die Länge T_2 des Ausgangssignals $s_2(t)$ zu

$$\boxed{T_2 = T_1 + T_h \; .} \tag{3.32}$$

c)   Für ein periodisches Eingangssignal $s_1(t)$ ergibt sich (bei nicht periodischer Impulsantwort $h(t)$) ein periodisches Ausgangssignal $s_2(t)$ gleicher Periodendauer T:

$$s_1(t) = s_1(t+T) \quad \rightarrow \quad s_2(t) = s_2(t+T). \tag{3.33}$$

Ein System mit periodischer Impulsantwort $h(t) = h(t+T)$ reagiert auf ein nichtperiodisches Eingangssignal $s_1(t)$ ebenfalls mit einem periodischen Ausgangssignal $s_2(t+T)$. Ein derartiges System mit periodischer Impulsantwort ist nach Definition (3.12) instabil, wenn $h(t)$ eine nicht verschwindende Fläche besitzt.

d)   Das Faltungsintegral liefert allgemein den Wert Null, wenn der Betrag des Eingangssignals $|s_1(t)|$ mit der t–Achse die Fläche Null bildet. Das ist der Fall z. B. bei allen Signalen mit verschwindender Energie E gemäß (2.4), ferner bei allen zeitdiskreten Signalen gemäß Bild 2.1, wenn dort den Zwischenzeitpunkten der Wert Null zugeordnet wird, siehe auch Bild 3.10.

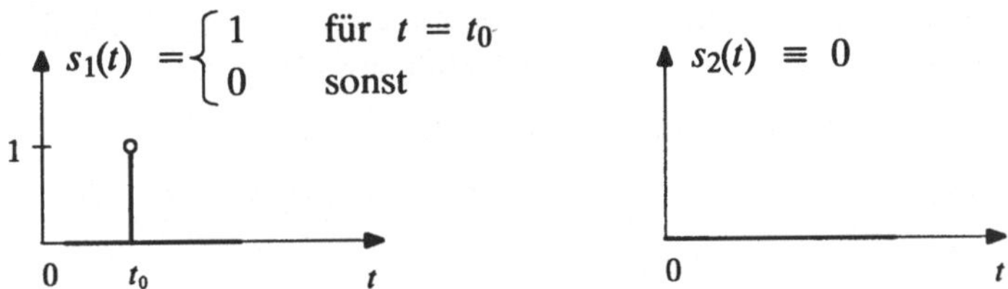

Bild 3.10   Eingangssignal ohne Fläche und verschwindende Reaktion

Da diese Eigenschaft, die auch bereits in Kapitel 1 am Beispiel der Beziehung (1.56) festgestellt wurde, für die spätere Anwendung von Signaltransformationen (4.62), (4.79) u.a. wichtig ist, sei der Sachverhalt im folgenden Satz festgehalten:

> Ein dynamisches zeitkontinuierliches lineares zeitinvariantes Übertragungssystem liefert auf eine Erregungsfunktion verschwindender Energie oder verschwindenden Flächenbetrags keine Reaktion.

Es folgen nun einige allgemeine Eigenschaften des Faltungsintegrals.

1.   Das Faltungsintegral ist (selbstverständlich) linear, d. h.

$$\left[s_1^{(a)}(t) + s_1^{(b)}(t) \right] * h(t) = s_1^{(a)}(t) * h(t) + s_1^{(b)}(t) * h(t)$$

$$[a \cdot s_1(t)] * h(t) = a \cdot [s_1(t) * h(t)] \tag{3.34}$$

2.   Die Faltungsoperation ist *kommutativ*, d. h.

$$s_1(t) * h(t) = h(t) * s_1(t) \qquad (3.35)$$

Beweis:

$$\int\limits_{\tau=-\infty}^{+\infty} s_1(\tau)\, h(t-\tau)\, \mathrm{d}\tau \;=\; -\int\limits_{x=+\infty}^{-\infty} s_1(t-x)\, h(x)\, \mathrm{d}x \;=\; \int\limits_{\tau=-\infty}^{+\infty} s_1(t-\tau)\, h(\tau)\, \mathrm{d}\tau$$

$$\text{Subst. } \begin{aligned} t-\tau &= x \\ -\mathrm{d}\tau &= \mathrm{d}x \end{aligned} \qquad\qquad \text{Subst. } \begin{aligned} x &= \tau \\ \mathrm{d}x &= \mathrm{d}\tau \end{aligned} \qquad (3.36)$$

Mit den gleichen Substitutionen folgt auch für das kausale Faltungsintegral

$$\int\limits_{\tau=0}^{t} s_1(\tau)h(t-\tau)\mathrm{d}\tau \;=\; \int\limits_{\tau=0}^{t} s_1(t-\tau)h(\tau)\mathrm{d}\tau \qquad (3.37)$$

3.   Eine weitere Eigenschaft des Faltungsintegrals, die engen Bezug zu (3.32) und zur obigen Aussage d) hat, liefert der Satz von Titchmarsh [4] :

Wenn die beiden stetigen und kausalen Funktionen

$$s_1(t) = 0 \quad \text{für} \quad t < 0 \qquad \text{und} \qquad h(t) = 0 \quad \text{für} \quad t < 0$$

für $t \geq 0$ nicht identisch null sind, dann ist auch

$$s_2(t) \;=\; \int\limits_{-\infty}^{+\infty} s_1(\tau)\, h(t-\tau)\, \mathrm{d}\tau \qquad \text{für } t \geq 0 \text{ nicht identisch null.} \qquad (3.38)$$

Bemerkung: Zeitdiskrete Signale gemäß Bild 2.1c sind unstetig.

Der Beweis des Satzes von Titchmarsh kann wegen seiner Länge hier nicht gebracht werden. Er kann in [4] nachgelesen werden.

4.   *Konvergenz* des Faltungsintegrals:

Da das allgemeine Faltungsintegral (3.27) ein uneigentliches Integral ist mit Grenzen bei $-\infty$ und $+\infty$, ist die Konvergenzfrage von Interesse. Das Integral

$$\int\limits_{-\infty}^{+\infty} s_1(\tau)\, h(t-\tau)\, \mathrm{d}\tau \quad \text{bzw.} \quad \int\limits_{-\infty}^{+\infty} h(\tau)\, s_1(t-\tau)\, \mathrm{d}\tau$$

konvergiert, wenn $s_1(t)$ beschränkt und $h(t)$ absolut integrabel ist, d. h. wenn

$$|s_1(t)| \leq M \quad \text{und} \quad \int\limits_{-\infty}^{\infty} |h(t)|\, \mathrm{d}t < \infty . \qquad (3.39)$$

Da in der realen technischen Welt alle Impulsantworten $h(t)$ beschränkt sind, bedeutet das, daß das Faltungsintegral konvergiert, wenn $h(t)$ ein Energiesignal und $s(t)$ ein Leistungssignal oder Energiesignal ist.

3.4 Gedächtnis- und Zustandsmodell des Übertragungssystems

Aus der Kommutativität des Faltungsintegrals (3.35) resultiert ein anschauliches Modell für das *kausale* lineare zeitinvariante Übertragungssystem. Für die Aufstellung des Modells, das als *Gedächtnismodell* bezeichnet wird, wird eine endliche Länge T_h der Impulsantwort vorausgesetzt. Mit dieser ergibt sich, vergl. (3.37),

$$s_2(t) = \int_0^{T_h} h(\tau)\, s_1(t-\tau)\ \mathrm{d}\tau \quad . \tag{3.40}$$

Der gegenwärtige Zeitpunkt werde jetzt mit $t = t_0$ bezeichnet und das Integral durch eine Summe approximiert

$$s_2(t_0) = \int_0^{T_h} h(\tau)\, s_1(t_0-\tau)\ \mathrm{d}\tau \approx \sum_{\nu=0}^{N-1} h(\nu\Delta\tau)\, s_1(t_0-\nu\Delta\tau)\, \Delta\tau \quad ; \quad N = \frac{T_h}{\Delta\tau} \quad . \tag{3.41}$$

Die Summe auf der rechten Seite führt für beliebige Werte von t_0 unmittelbar auf Bild 3.11.

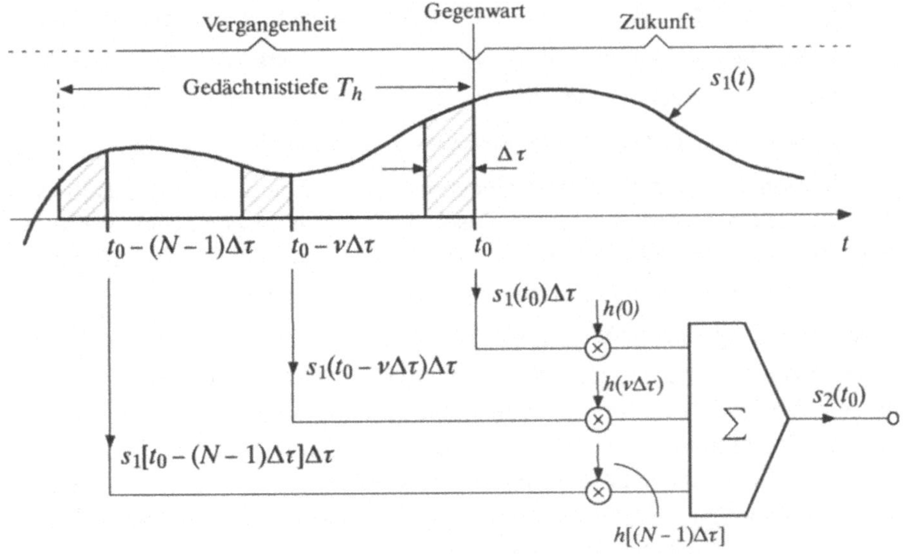

Bild 3.11   Interpretation des Faltungsintegrals (3.40) durch ein Gedächtnismodell

Zum gegenwärtigen Wert des Ausgangssignals $s_2(t_0)$ tragen bei der gegenwärtige Wert des Eingangssignals $s_1(t_0)$ und vergangene Werte des Eingangssignals $s_1(t_0 - \nu\Delta\tau)$ zurück bis zur Grenze der Gedächtnistiefe $T_h = N\Delta\tau > 0$. Jeder einzelne Beitrag wird mit dem Faktor $h(\nu\Delta\tau)$ gewichtet.

In Kapitel 1 wurde jeweils am Ende der Abschnitte 1.2 und 1.3 die Beschreibung des Systemverhaltens mit der Zustandsgrößentheorie diskutiert. Nach dieser Theorie bestimmen die Werte der Zustandsgrößen das Gedächtnis oder den *inneren Zustand* des kausalen Systems. Als Zustandsgrößen sind solche Größen geeignet, die folgende Systembeschreibung gestatten (Definition) :

a)   Für jeden beliebigen Zeitpunkt t_0 bestimmen der Zustand zu dieser Zeit t_0 und der für $t > t_0$ gegebene Verlauf des Eingangssignals $s_1(t)$ eindeutig den Zustand des Systems für $t > t_0$.

b)   Der Zustand zum Zeitpunkt t und der Wert des Eingangssignals $s_1(t)$ zum gleichen Zeitpunkt t bestimmen eindeutig den Wert des Ausgangssignals $s_2(t)$ zum gleichen Zeitpunkt.

Der Verlauf des Ausgangssignals $s_2(t)$ für $t > t_0$ ergibt sich also gemäß den Punkten (a) und (b) aus dem jeweils aktualisierten inneren Zustand (Gedächtniszustand) und dem aktuellen Wert des Eingangssignals $s_1(t)$. Beim kausalen Faltungsintegral (3.40) bzw. beim Bild 3.11 ist der innere Zustand durch den Verlauf der Erregung $s_1(t)$ im zurückliegenden Zeitintervall $t_0 - T_h \leq t \leq t_0$ gegeben. Dieser Verlauf, den das System zum Zeitpunkt t_0 in Erinnerung hat, bestimmt zusammen mit $s_1(t)$ für $t > t_0$ den Verlauf der Reaktion $s_2(t)$ für $t > t_0$. Weiter zurückliegende Anteile der Erregung, d. h. der Verlauf von $s_1(t)$ für $t < t_0 - T_h$, werden nicht mehr verwendet. Das System hat sie "vergessen".

Die obige Definition des inneren Zustands eines Systems ist sehr allgemein. Deshalb kann bei ein und demselben System der innere Zustand oft auf unterschiedliche Weise beschrieben werden. Bei dem in Kapitel 1 diskutierten System war der innere Zustand des Systems durch nur zwei Werte $u_C(t_0)$ und $i_L(t_0)$ bereits genauso vollständig gegeben wie durch den gesamten vergangenen Verlauf von $s_1(t)$ für $-\infty < t \leq t_0$. Die möglichst effiziente Beschreibung des inneren Zustands ist kein triviales Problem. Sie gelingt im allgemeinen um so besser, je mehr Information über den inneren Aufbau des Systems vorliegt. Die aufwendige Beschreibung des inneren Zustands beim Faltungsintegral ist durch die außerordentliche Allgemeinheit des Faltungsintegrals bedingt, das keine Kenntnisse über den inneren Systemaufbau voraussetzt und das sogar für nichtkausale Systeme gilt.

Später, in Abschnitt 8.6, wird ein zu Bild 3.11 korrespondierendes zeitdiskretes Gedächtnismodell betrachtet, bei dem das Gedächtnis durch endlich viele Werte repräsentiert wird. In Kapitel 9 wird dann gezeigt, wann zeitkontinuierliche Systeme durch zeitdiskrete Systeme ersetzt werden können. Schließlich wird sich zeigen, daß obiges Gedächtnismodell auch auf zeitvariante und nichtlineare Übertragungssysteme erweiterbar ist, was in den letzten beiden Kapiteln dieses Buches behandelt wird.

3.5 Beispiele für die Berechnung der Faltung

Dieser Abschnitt behandelt zwei Beispiele zur quantitativen Berechnung der Faltung. Beim 1. Beispiel wird das Ergebnis über eine graphische Betrachtung bestimmt, beim 2. Beispiel über eine analytische Berechnung.

1. Beispiel :

Zu falten sind die rechteckförmigen Zeitfunktionen $s_1(t)$ und $h(t)$ in Bild 3.12a und b. Durch Anwendung des Faltungsintegrals in der Form der rechten Seite von (3.36) erhält man für den Zeitpunkt t die in Bild 3.12c dargestellten Verläufe für $s_1(t - \tau)$ und $h(\tau)$ über der τ – Achse.

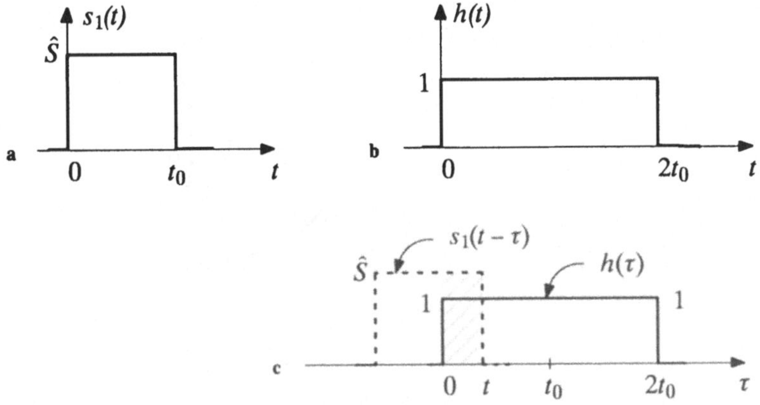

Bild 3.12 Faltung der Zeitfunktionen $s_1(t)$ und $h(t)$ ausgehend von (3.38)

Für wachsende Werte von t wird die Zeitfunktion $s_1(t - \tau)$ nach rechts über die Funktion $h(\tau)$ geschoben und das Produkt für jeden Wert von t integriert. Aus Bild 3.12c liest man folgendes Ergebnis für das Faltungsintegral ab:

$$s_2(t) = \int\limits_{\tau=0}^{t \leq 3t_0} h(\tau)\, s_1(t-\tau)d\tau = \begin{cases} 0 & \text{für } t \leq 0 \\ \hat{S}t & \text{für } 0 \leq t \leq t_0 \\ \hat{S}t_0 & \text{für } t_0 \leq t \leq 2t_0 \\ \hat{S}t_0 - \hat{S}(t-2t_0) = \hat{S}(3t_0 - t) & \text{für } 2t_0 \leq t \leq 3t_0 \\ 0 & \text{für } t \geq 3t_0 \end{cases}$$

Das Resultat der Faltungsaufgabe von Bild 3.12 ist in Bild 3.13 dargestellt

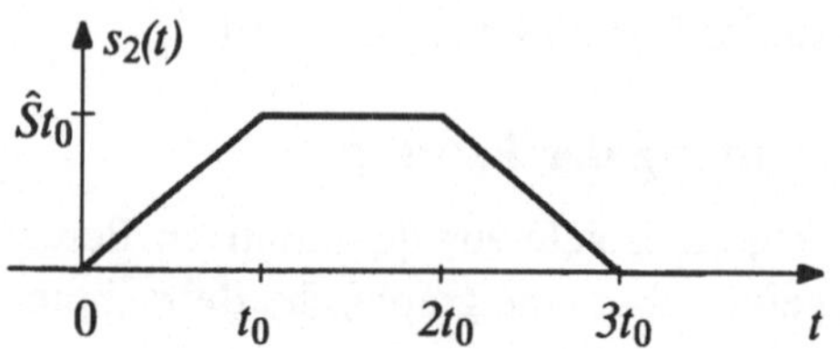

Bild 3.13 Ergebnis der Faltung der Funktionen $s_1(t)$ und $h(t)$ in Bild 3.12a und b

2. <u>Beispiel</u> :

Zu falten sind die Zeitfunktionen $s_1(t)$ und $h(t)$, deren Verläufe in den Bildern 3.14a und 3.14b dargestellt sind.

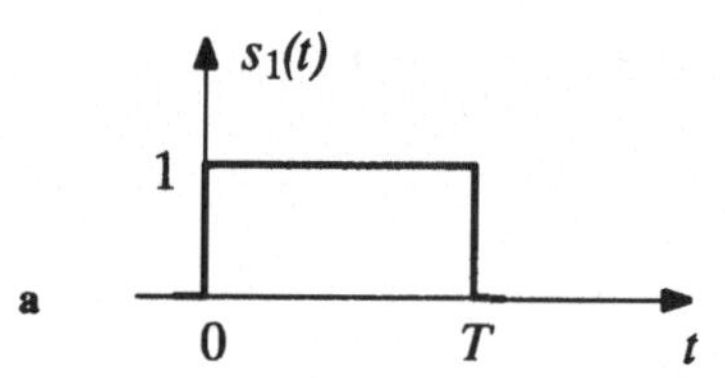

a

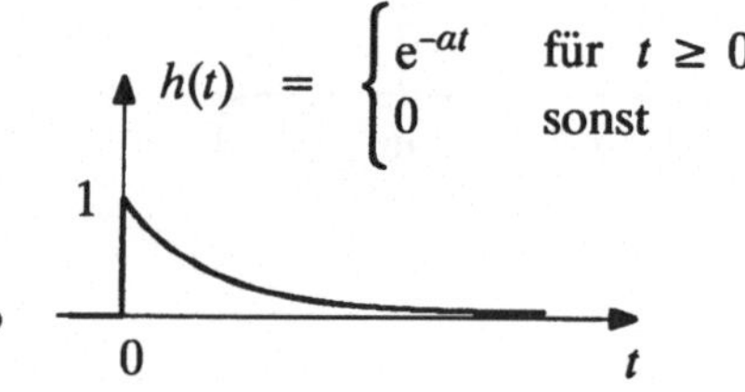

$$h(t) \;=\; \begin{cases} e^{-at} & \text{für } t \geq 0 \\ 0 & \text{sonst} \end{cases}$$

b

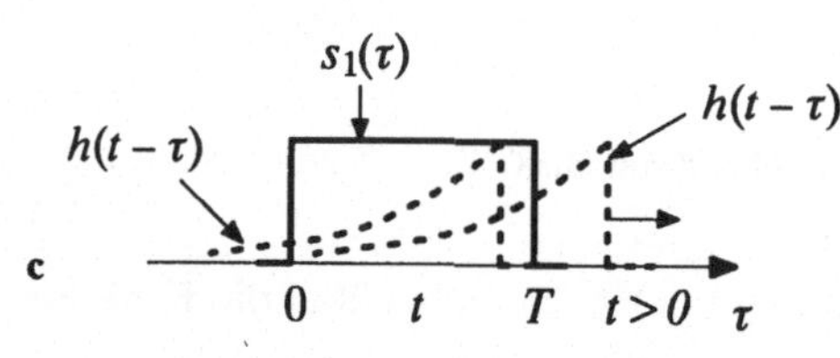

c

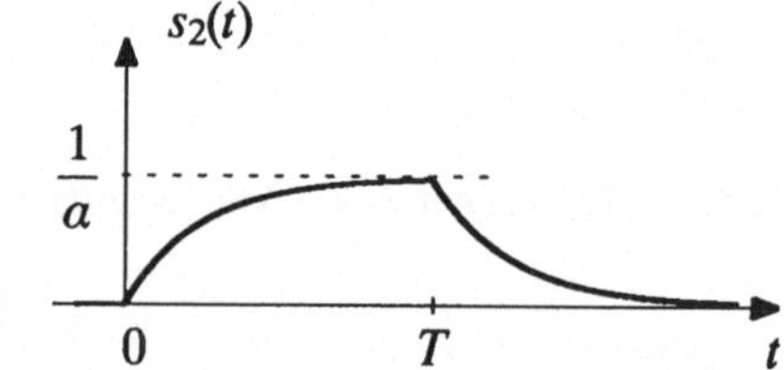

d

Bild 3.14 Faltung zweier Zeitfunktionen
  a Eingangssignal
  b Impulsantwort
  c Faltungsberechnung
  d Faltungsergebnis (Ausgangssignal)

Bild 3.14c zeigt die für die Faltung nach (3.38) benötigten Verläufe $s_1(\tau)$ und $h(t-\tau)$ für die Fälle $t < T$ und $t > T$.

Für $0 \le t \le T$ gilt mit (3.28) und Bild 3.14c

$$s_2(t) \;=\; \int\limits_{-\infty}^{+\infty} s_1(\tau)\, h(t-\tau)\; \mathrm{d}\tau \;=\; \int\limits_{0}^{t} \mathrm{e}^{-a(t-\tau)}\; \mathrm{d}\tau \;=\; \ldots \;=\; \frac{1}{a}\Big[1 - \mathrm{e}^{-at}\Big]\,. \qquad (3.42a)$$

Für $t \ge T$ gilt hingegen

$$s_2(t) \;=\; \int\limits_{-\infty}^{+\infty} s_1(\tau)\, h(t-\tau)\; \mathrm{d}\tau \;=\; \int\limits_{0}^{T} \mathrm{e}^{-a(t-\tau)}\; \mathrm{d}\tau \;=\; \ldots \;=\; \frac{1}{a}\Big[\mathrm{e}^{aT} - 1\Big]\, \mathrm{e}^{-at}\,. \qquad (3.42b)$$

Den resultierenden Verlauf von $s_2(t)$ zeigt Bild 3.14d

3.6 Faltung mit Dirac–Impuls

Beim linearen zeitinvarianten Übertragungssystem ist die Antwort auf den Dirac–Impuls $\delta(t)$ definitionsgemäß durch die der Impulsantwort $h(t)$ gegeben, siehe Bild 3.15 und Bild 3.5. Ausgehend von Bild 3.5 wurde in Abschnitt 3.2 das Faltungsintegral hergeleitet.

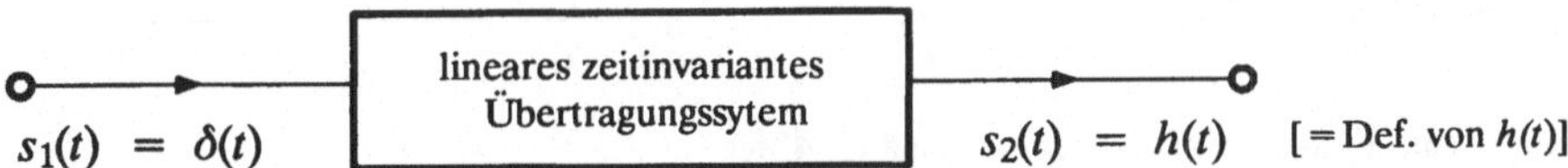

Bild 3.15

Jetzt wird umgekehrt kontrolliert, ob sich durch Einsetzen des Dirac–Impulses ins Faltungsintegral die erwartete Impulsantwort $h(t)$ ergibt. Dazu werden die beiden Formen des Faltungsintegrals (3.43) separat betrachtet:

$$s_2(t) \;=\; \int\limits_{-\infty}^{+\infty} s_1(\tau)\, h(t-\tau)\; \mathrm{d}\tau \qquad\qquad (3.43a)$$

$$\;=\; \int\limits_{-\infty}^{+\infty} h(\tau)\, s_1(t-\tau)\; \mathrm{d}\tau\,. \qquad\qquad (3.43b)$$

Durch Einsetzen von $s_1(t) \;=\; \delta(t)$ ins Faltungsintegral (3.43a) folgt

$$s_2(t) \;=\; \int\limits_{-\infty}^{+\infty} \delta(\tau)\, h(t-\tau)\; \mathrm{d}\tau \;=\; \int\limits_{-\infty}^{+\infty} \delta(\tau)\, h(t)\; \mathrm{d}\tau \;=\; h(t) \int\limits_{-\infty}^{+\infty} \delta(\tau)\; \mathrm{d}\tau \;=\; h(t)\,.$$
$$\qquad\qquad (3.44)$$

Unter dem linken Integral wird $h(t-\tau)$ überall mit Null multipliziert, ausgenommen bei $\tau = 0$, wo der Dirac–Impuls $\delta(\tau)$ steht, siehe Bild 3.16c, denn $\delta(\tau)$ ist ja dadurch definiert, daß $\delta = 0$ ausgenommen bei $\tau = 0$ und daß (3.45) gilt, vergl. auch Abschnitt 2.5. Deshalb kann $h(t-\tau)$ durch $h(t)$ ersetzt werden (siehe mittleres Integral) und anschließend vor das Integral gezogen werden. Für letzteres gilt schließlich

$$\int\limits_{-\infty}^{+\infty} \delta(\tau)\ d\tau = 1 \quad \text{bzw.} \quad \int\limits_{-\infty}^{t} \delta(\tau-t_0)\ d\tau = \begin{cases} 1 & \text{für } t \geq t_0 \\ 0 & \text{für } t < t_0 \ . \end{cases} \tag{3.45}$$

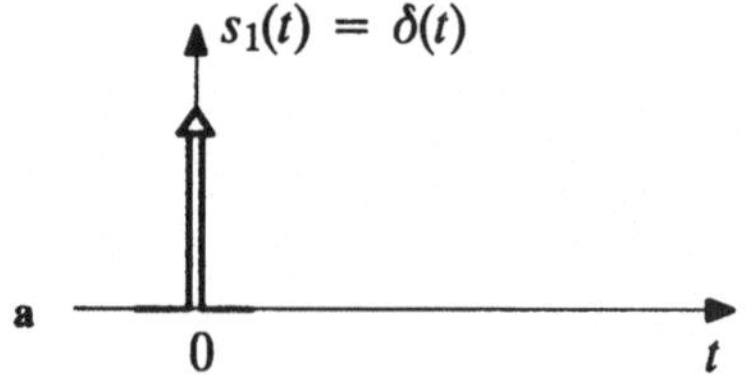

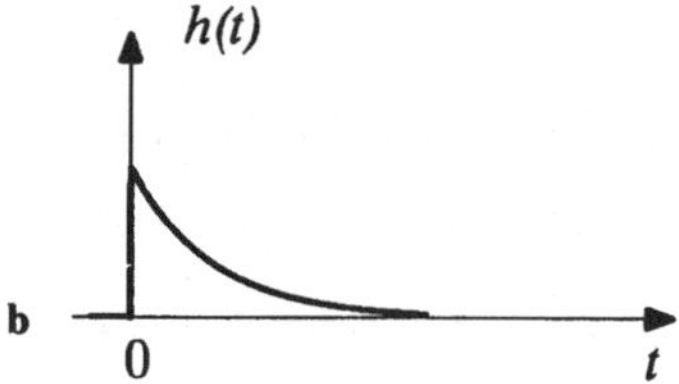

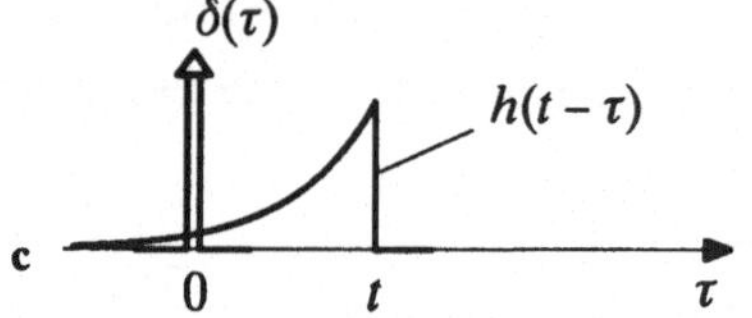

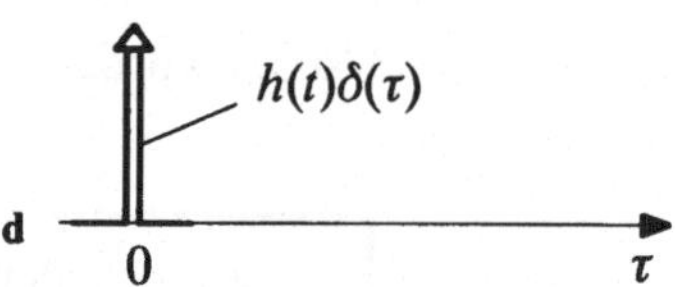

Bild 3.16   Faltung von $h(t)$ und $\delta(t)$ gemäß (3.43a)

Es wird nun der Fall von (3.43b) kontrolliert. Durch Einsetzen von $s_1(t) = \delta(t)$ ins Faltungsintegral (3.43b) folgt

$$s_2(t) = \int\limits_{-\infty}^{+\infty} h(\tau)\ \delta(t-\tau)\ d\tau = \int\limits_{-\infty}^{+\infty} h(t)\ \delta(t-\tau)\ d\tau = h(t) \int\limits_{-\infty}^{+\infty} \delta(t-\tau)\ d\tau = h(t)\ . \tag{3.46}$$

Wie Bild 3.17 verdeutlicht, darf unter dem linken Integral $h(\tau)$ wieder durch $h(t)$ ersetzt werden. Weil auch das Integral über den um t verschobenen Dirac–Impuls Eins ist, ergibt sich auch hier wieder $s_2(t) = h(t)$.

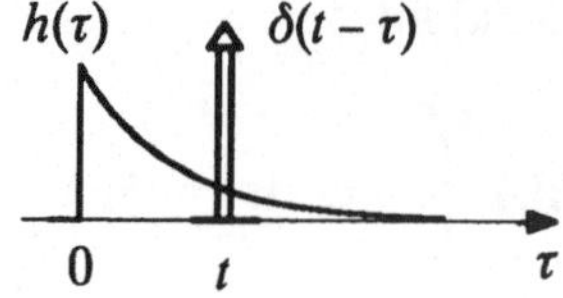

Bild 3.17   Faltung von $h(t)$ und $\delta(t)$ gemäß (3.43b)

Die mit dem Bildern 3.16 und 3.17 verdeutlichte Faltung einer Funktion mit einem Dirac–Impuls, welche auch schon in Abschnitt 2.5 und bei der Herleitung von (3.25) durchgeführt wurde, liefert das folgende allgemeine Resultat:

> Durch Faltung einer Funktion $f(t)$ mit einem Dirac–Impuls wird der Funktionswert $f(t)$ an derjenigen festen Stelle $\tau = t$ ausgesiebt, an der sich der Dirac–Impuls befindet.

Nachfolgend wird ein Verfahren vorgestellt, bei welchem die Berechnung der Antwort $s_2(t)$ eines mit $s_1(t)$ erregten Systems auf Faltungen mit Dirac–Impulsen zurückgeführt wird. Dazu werden zunächst die Differentiation und Integration des Eingangs– und Ausgangssignals betrachtet. Aus Linearität und Zeitinvarianz folgt die wichtige Regel:

Wenn $\qquad s_1(t) \;\rightarrow\; s_2(t)$,

$$\text{dann} \qquad \frac{\mathrm{d}s_1(t)}{\mathrm{d}t} \;\rightarrow\; \frac{\mathrm{d}s_2(t)}{\mathrm{d}t} , \tag{3.47}$$

$$\text{ferner} \qquad \frac{\mathrm{d}s_1^n(t)}{\mathrm{d}t^n} \;\rightarrow\; \frac{\mathrm{d}s_2^n(t)}{\mathrm{d}t^n} , \tag{3.48}$$

$$\int\limits_{-\infty}^{t} s_1(\vartheta)\,\mathrm{d}\vartheta \;\rightarrow\; \int\limits_{-\infty}^{t} s_2(\vartheta)\,\mathrm{d}\vartheta , \quad \text{wenn System kausal.} \tag{3.49}$$

Der Beweis für (3.47) läßt sich dadurch führen, daß der Differentialquotient als Differenzenquotient ausgedrückt wird und auf die Terme des Differenzenquotienten die Prinzipien von Linearität und Zeitinvarianz angewendet werden:

$$\frac{\mathrm{d}s_1(t)}{\mathrm{d}t} = \lim_{\Delta t \to 0} \frac{s_1(t + \Delta t) - s_1(t)}{\Delta t} \quad\longrightarrow\quad \lim_{\Delta t \to 0} \frac{s_2(t + \Delta t) - s_2(t)}{\Delta t} = \frac{\mathrm{d}s_2(t)}{\mathrm{d}t} \tag{3.50}$$

Entsprechend lassen sich (3.48) und (3.49) beweisen.

Aus obiger Regel und dem Umstand, daß die Faltung mit Dirac–Impulsen einfach ist, nämlich die Impulsantworten $h(t)$ liefert, resultiert das mit Bild 3.18 beschriebene halbgraphische Verfahren zur Bestimmung des Faltungsergebnisses bei beliebig verlaufenden stetigen Eingangssignalen $s_1(t)$:

- Man nähert $s_1(t)$ durch einen Polygonzug an.
- Durch zweimaliges Differenzieren folgt aus dem Polygonzug eine Summe verschobener und gewichteter Dirac–Impulse.
- Für die Summe der verschobenen und gewichteten Dirac–Impulse wird das Faltungsergebnis bestimmt.
- Durch zweimaliges Integrieren erhält man das zu $s_1(t)$ gehörende Ausgangssignal $s_2(t)$.

Die Differentiation an einer Unstetigkeitsstelle der Sprunghöhe a wird hierbei durch einen Dirac–Impuls der Fläche a ausgedrückt, weil umgekehrt die Integration eines Dirac–Impulses der Fläche a einen Sprung der Höhe a ergibt, vergl. (3.45).

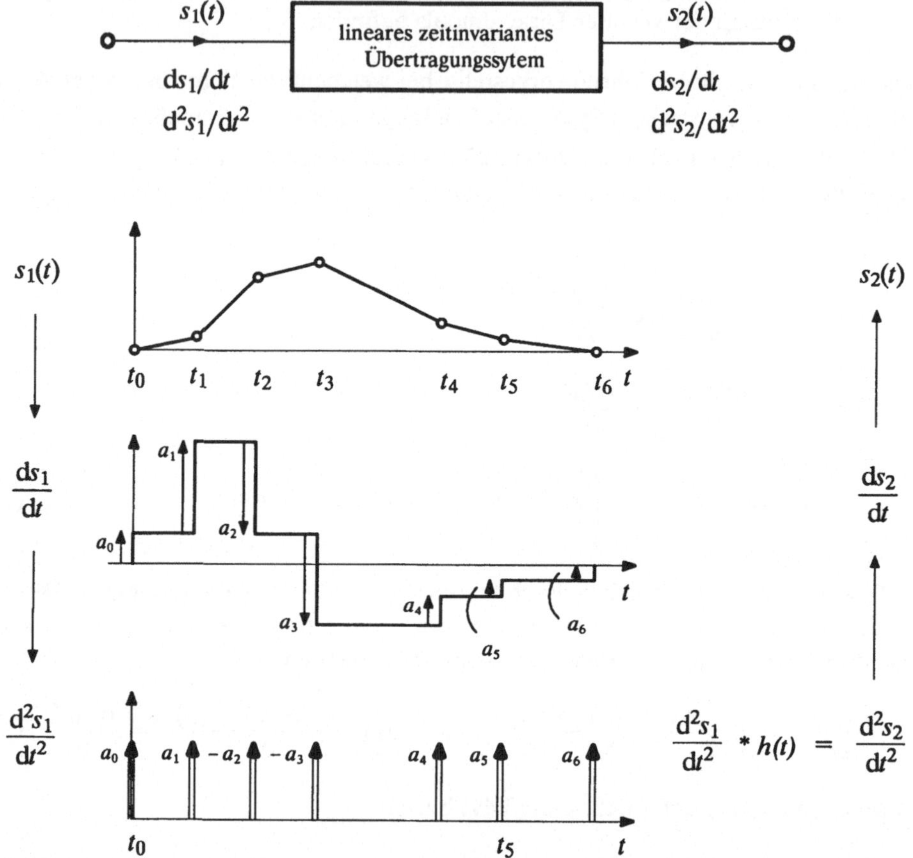

Bild 3.18   Berechnung des Faltungsergebnisses mit der Polygonzug–Methode

Die durch zweimalige Differentiation von $s_1(t)$ sich ergebende Summe von jeweils um t_i verschobenen und mit a_i gewichteten Dirac–Impulsen erzeugt eine Summe von entsprechend verschobenen und gewichteten Impulsantworten

$$\frac{\mathrm{d}^2s_1(t)}{\mathrm{d}t^2} = \sum_i a_i \delta(t - t_i) \quad \rightarrow \quad \sum_i a_i h(t - t_i) = \frac{\mathrm{d}^2s_2(t)}{\mathrm{d}t^2} \ . \tag{3.51}$$

Die Vorzeichen von a_i sind positiv bei einem positiven Sprung und negativ bei einem negativen Sprung.

Aus $\dfrac{d^2 s_2(t)}{dt^2}$ erhält man durch zweimalige Integration das gesuchte Ausgangssignal $s_2(t)$.

Als einfaches Beispiel für die Anwendung der Polygonzug–Methode diene das Beispiel von Bild 3.12. Weil $s_1(t)$ bereits einen rechteckigen Verlauf hat, erübrigt sich eine der beiden Differentiationen. Die einzelnen Schritte des Verfahrens zeigt Bild 3.19.

Die Teilbilder a und b zeigen die zu faltenden Zeitfunktionen $s_1(t)$ und $h(t)$. Die Differentiation von $s_1(t)$ liefert die beiden gewichteten Dirac–Impulse im Teilbild c, weil umgekehrt die Integration dieser beiden gewichteten Dirac–Impulse wieder den Rechteckimpuls im Teilbild a ergibt. Für die Integration eines Dirac–Impulses gilt nämlich

$$\int\limits_{-\infty}^{t} \delta(\theta)\ d\theta = \left\{ \begin{array}{ll} 1 & \text{für } t > 0 \\ 0 & \text{für } t < 0 \end{array} \right. . \tag{3.52}$$

Mit den beiden gewichteten Dirac–Impulsen in Teilbild c folgt entsprechend (3.51)

$$\frac{ds_1(t)}{dt} = \hat{S}\,\delta(t) - \hat{S}\,\delta(t - t_0) \quad \rightarrow \quad \hat{S}\,h(t) - \hat{S}\,h(t - t_0) = \frac{ds_2(t)}{dt} . \tag{3.53}$$

Die Überlagerung der mit $\hat{S}$ gewichteten Impulsantworten $h(t)$ und $h(t - t_0)$ liefern das Teilbild d, aus welchem durch einmalige Integration die Antwort $s_2(t)$ in Teilbild e resultiert.

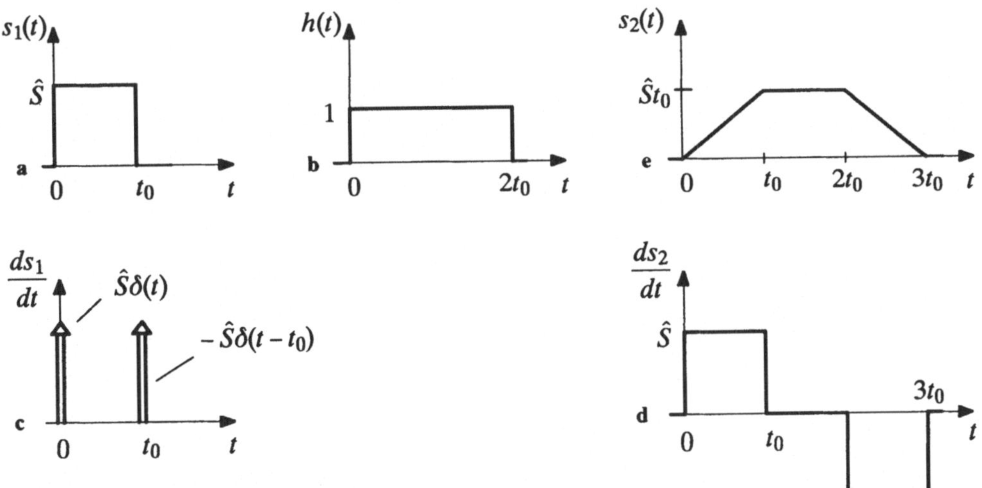

Bild 3.19   Polygonzug–Methode angewendet auf das Beispiel von Bild 3.12, siehe Text

4 Zeitkontinuierliche Signale

In diesem Kapitel werden zusammengesetzte zeitkontinuierliche Signale behandelt. Zusammengesetzte Signale entstehen durch Überlagerung zweier oder mehrerer primärer Signale. Umgekehrt ist es für viele Betrachtungen zweckmäßig, ein gegebenes Signal durch eine Überlagerung von primären Elementarsignalen darzustellen.

4.1 Energie und mittlere Leistung bei Überlagerung von Signalen

Die Überlagerung mehrerer Signale läßt sich auf die wiederholte Überlagerung je zweier Signale zurückführen. Deshalb bleiben in diesem Abschnitt alle Betrachtungen auf den Fall der Überlagerung zweier Signale $x(t)$ und $y(t)$ beschränkt.

$$s(t) = x(t) + y(t) \; . \tag{4.1}$$

In den nachfolgenden Unterabschnitten werden nacheinander die resultierende Energie und die resultierende mittlere Leistung bei reellen Signalen behandelt. Abschließend wird auf die Zusammenhänge bei komplexen Signalen eingegangen.

4.1.1 Energie bei Überlagerung zweier reeller Signale

Die Energie E_s des gemäß (4.1) resultierenden Signals $s(t)$ berechnet sich nach (2.4) zu

$$E_s = \int\limits_{-\infty}^{\infty} s^2(t)\; \mathrm{d}t = \int\limits_{-\infty}^{\infty} [\, x(t) + y(t)\,]^2\; \mathrm{d}t = \underbrace{\int\limits_{-\infty}^{\infty} x^2(t)\; \mathrm{d}t}_{E_x \,\geq\, 0} + \underbrace{\int\limits_{-\infty}^{\infty} y^2(t)\; \mathrm{d}t}_{E_y \,\geq\, 0} + \underbrace{2\int\limits_{-\infty}^{\infty} x(t)\cdot y(t)\; \mathrm{d}t}_{2\,E_{xy}} \; . \tag{4.2}$$

E_x ist die Energie von $x(t)$ und E_y ist die Energie von $y(t)$. Die Größe E_{xy} heißt *Kreuzenergie*. Sie kann positiv, null oder negativ sein. Es ist zweckmäßig, sie wie folgt mit den Signalenergien E_x und E_y in Beziehung zu setzen:

$$E_{xy} = \int_{-\infty}^{\infty} x(t) \cdot y(t)\ \mathrm{d}t = \varrho\ \sqrt{E_x\,E_y}\,. \tag{4.3}$$

Der Faktor ϱ heißt *Korrelationsfaktor*. Wie sogleich gezeigt wird, gilt

$$-1 \le \varrho \le +1\,. \tag{4.4}$$

Damit folgt, daß die Summe zweier Energiesignale wieder ein Energiesignal ist.

Die Aussage (4.4) läßt sich mit Hilfe der berühmten Schwarz–Ungleichung der Analysis beweisen. Die Aussage der Schwarz–Ungleichung lautet allgemein, siehe Anhang (A2.10),

$$\int x^2(t)\ \mathrm{d}t \cdot \int y^2(t)\ \mathrm{d}t \ge \left[\int x(t) \cdot y(t)\ \mathrm{d}t \right]^2\,. \tag{4.5a}$$

Das Gleichheitszeichen gilt genau dann, wenn

$$y(t) = k \cdot x(t)\,, \tag{4.5b}$$

wobei k eine beliebige reelle Konstante ist.

Mit der Schwarz–Ungleichung (4.5a) folgt für das Quadrat des Korrelationsfaktors

$$\varrho^2 = \frac{E_{xy}^2}{E_x\,E_y} = \frac{\left[\displaystyle\int_{-\infty}^{\infty} x(t) \cdot y(t)\ \mathrm{d}t \right]^2}{\displaystyle\int_{-\infty}^{\infty} x^2(t)\ \mathrm{d}t \cdot \int_{-\infty}^{\infty} y^2(t)\ \mathrm{d}t} \le 1\,, \tag{4.6}$$

womit die Aussage (4.4) bewiesen ist.

Die resultierende Energie E_s in (4.2) hängt also von den Energien E_x und E_y der einzelnen Signale und vom Korrelationsfaktor ϱ beider Signale ab

$$0 \le E_s = E_x + E_y + 2\varrho\,\sqrt{E_x E_y}\,. \tag{4.7}$$

Es folgt nun die Diskussion einiger Spezialfälle, siehe Bild 4.1.

a)   Es sei

$$y(t) = |k| \cdot x(t)\,, \tag{4.8}$$

wobei $|k|$ eine positive Konstante ist. Beide Signale sind gleichläufig, siehe Bild 4.1a. Für (4.8) wird nach (4.5b) die Schwarz–Ungleichung mit dem Gleichheitszeichen erfüllt, was sich sogleich bestätigt. Es folgt

$$E_{xy} = \int\limits_{-\infty}^{\infty} x(t) \cdot y(t)\ \mathrm{d}t = |k| \cdot \int\limits_{-\infty}^{\infty} x^2(t)\ \mathrm{d}t = |k| \cdot E_x ,$$

$$E_y = \int\limits_{-\infty}^{\infty} y^2(t)\ \mathrm{d}t = |k|^2 \cdot \int\limits_{-\infty}^{\infty} x^2(t)\ \mathrm{d}t = |k|^2 \cdot E_x ,$$

$$\varrho = \frac{E_{xy}}{\sqrt{E_x E_y}} = \frac{|k| \cdot E_x}{\sqrt{E_x \cdot E_x \cdot |k|^2}} = +1 . \tag{4.9}$$

Die gemäß (4.7) resultierende Leistung wird hierfür maximal,

$$E_s = E_x + E_y + 2\sqrt{E_x E_y} = \left(\sqrt{E_x} + \sqrt{E_y}\right)^2 . \tag{4.10}$$

Zwei Signale bezeichnet man auch als *kovariant*, wenn $\varrho > 0$.

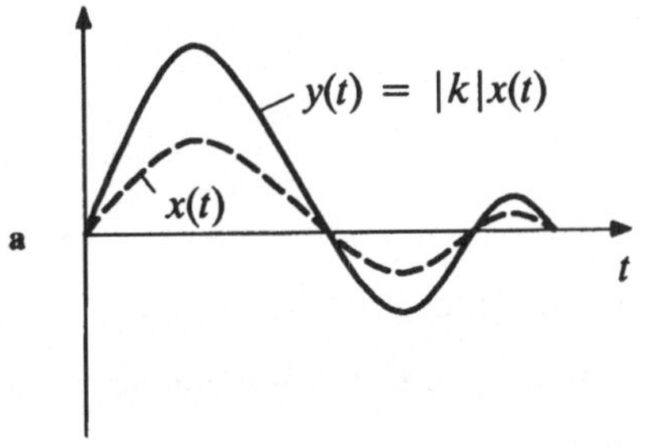

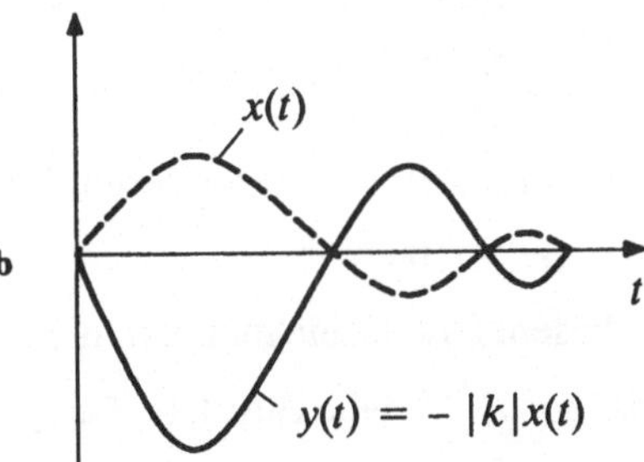

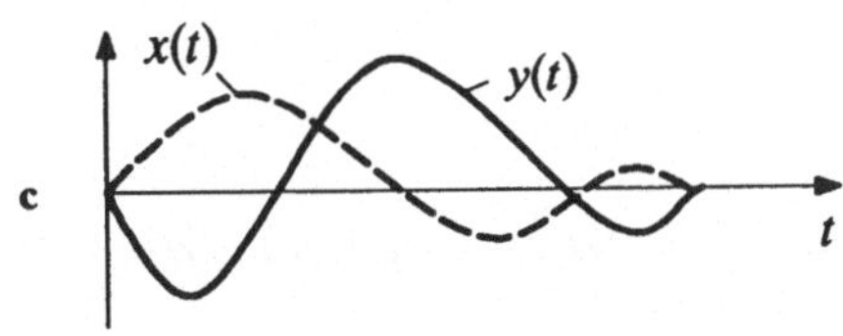

Bild 4.1   Signalpaare $x(t)$ und $y(t)$
  a   gleichläufig (maximal korreliert, $\varrho = +1$)
  b   gegenläufig (maximal antikorreliert, $\varrho = -1$)
  c   maximal unähnlich (unkorreliert, $\varrho = 0$)

b)   Es sei

$$y(t) = - |k| \cdot x(t) , \tag{4.11}$$

wobei $-|k|$ eine negative Konstante ist. Beide Signale sind jetzt gegenläufig, siehe Bild 4.1b. Für (4.11) wird nach (4.5b) die Schwarz–Ungleichung ebenfalls mit dem Gleichheitszeichen erfüllt, was sich ebenfalls sogleich bestätigt. Es ergibt sich

$$E_{xy} = \int\limits_{-\infty}^{+\infty} x(t) \cdot y(t)\; dt \;=\; -\,|k| \cdot \int\limits_{-\infty}^{+\infty} x^2(t)\; dt \;=\; -\,|k| \cdot E_x \;,$$

$$E_y = \int\limits_{-\infty}^{+\infty} y^2(t)\; dt \;=\; |k|^2 \cdot \int\limits_{-\infty}^{+\infty} x^2(t)\; dt \;=\; |k|^2 \cdot E_x \,,$$

$$\varrho = \frac{E_{xy}}{\sqrt{E_x E_y}} = \frac{-\,|k| \cdot E_x}{\sqrt{E_x \cdot E_y \cdot |k|^2}} = -1\,. \tag{4.12}$$

Die gemäß (4.7) resultierende Leistung wird hierfür minimal,

$$E_s = E_x + E_y - 2\sqrt{E_x E_y} = \left(\sqrt{E_x} - \sqrt{E_y}\right)^2. \tag{4.13}$$

Zwei Signale bezeichnet man auch als *kontravariant*, wenn $\varrho < 0$.

Da die Schwarz–Ungleichung dann und nur dann mit dem Gleichheitszeichen erfüllt wird, wenn (4.5b) erfüllt wird, müssen umgekehrt für $\varrho = +1$ bzw. $\varrho = -1$ die Beziehung (4.8) bzw (4.11) zutreffen.

c) Ein dritter Fall von besonderem Interesse ist

$$\varrho = 0\,. \tag{4.14}$$

In diesem Fall bezeichnet man die beiden Signale $x(t)$ und $y(t)$ als *unkorreliert* oder *orthogonal* [*), siehe Bild 4.1c. Für $\varrho = 0$ ist auch die Kreuzenergie null und die resultierende Energie ergibt sich als Summe der Einzelenergien

$$E_s = E_x + E_y\,. \tag{4.15}$$

Orthogonale Signale sind maximal *unähnlich*.

Eine Verdeutlichung der Beschränkung (4.4) beim Korrelationsfaktor und damit der Schwarz–Ungleichung erhält man dadurch, daß man in (4.7)

$$E_x = 1 \quad \text{und} \quad \sqrt{E_y} = z$$

setzt. Das liefert die quadratische Beziehung

$$0 \le E_s = z^2 + 2\varrho z + 1\,, \tag{4.16}$$

die in Bild 4.2 graphisch ausgewertet ist. Die resultierende Energie E_s verschwindet für $E_y = 1$ bei $\varrho = -1$. Für $E_y = 1$ wird $E_s = 2$ bei $\varrho = 0$ und $E_s = 4$ bei $\varrho = +1$.

---

*)

Bei Leistungssignalen werden mit orthogonal und unkorreliert unterschiedliche Sachverhalte ausgedrückt, siehe (4.20) und (4.30). Bei Energiesignalen tritt dieser Unterschied nicht auf, weil Energiesignale keine Gleichkomponente, siehe (4.21), besitzen.

Für Werte $\varrho < -1$ und $\varrho > +1$ würden sich mit $\sqrt{E_y} > 0$ bzw. $-\sqrt{E_y} < 0$ negative Werte für die resultierende Energie E_s ergeben, was nach (4.2) unmöglich ist.

Der Korrelationsfaktor ist ein Maß für die Ähnlichkeit zweier Signale oder Funktionsverläufe und hat deshalb eine große Bedeutung für viele Gebiete. Als Beispiel sei die Übertragung binärer Digitalsignale über stark gestörte Übertragungswege genannt. Die Entscheidung, ob ein gestört empfangenes Datensymbol eine binäre 1 oder eine binäre 0 repräsentiert, erfolgt in modernen Anlagen meistens mit Korrelationsempfängern. Im Korrelationsempfänger werden zwei Korrelationsfaktoren gebildet, nämlich zwischen dem gestört empfangenen Symbol und dem ungestörten Symbol für binär 1 einerseits und zwischen dem gestört empfangenen Symbol und dem ungestörten Symbol für binär 0 andererseits. Dasjenige Symbol, für welches sich der größere Korrelationsfaktor ergibt, ist dann das mutmaßlich richtige. Andere Anwendungen des Korrelationsfaktors liegen z.B. in der medizinischen Ursachenforschung.

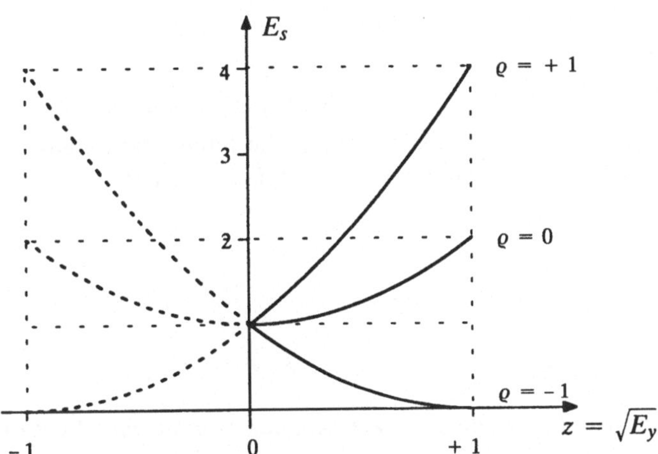

Bild 4.2   Resultierende Energie bei verschiedenen Korrelationsfaktoren und $E_x = 1$

Obige Betrachtungen bezogen sich auf Energiesignale. Bei Leistungssignalen divergieren die Integrale für die Energien, weshalb dann besser die mittleren Leistungen betrachtet werden.

4.1.2 Mittlere Leistung bei Überlagerung zweier reeller Signale

Bei der Überlagerung von Leistungssignalen erhält man gleichartige Beziehungen wie bei Energiesignalen. Die Summe $s(t)$ zweier Leistungssignale $x(t)$ und $y(t)$ ist wieder ein Leistungssignal. Die resultierende mittlere Leistung berechnet sich nach (2.12) zu

$$P_s \;=\; \lim_{\vartheta \to \infty} \frac{1}{2\vartheta} \int_{-\vartheta}^{+\vartheta} s^2(t)\, \mathrm{d}t \;=\; \lim_{\vartheta \to \infty} \frac{1}{2\vartheta} \int_{-\vartheta}^{+\vartheta} [\, x(t) + y(t)\,]^2\, \mathrm{d}t$$

$$= \underbrace{\lim_{\vartheta \to \infty} \frac{1}{2\vartheta} \int_{-\vartheta}^{+\vartheta} x^2(t)\, \mathrm{d}t}_{P_x \geq 0} + \underbrace{\lim_{\vartheta \to \infty} \frac{1}{2\vartheta} \int_{-\vartheta}^{+\vartheta} y^2(t)\, \mathrm{d}t}_{P_y \geq 0} + \underbrace{2 \cdot \lim_{\vartheta \to \infty} \frac{1}{2\vartheta} \int_{-\vartheta}^{+\vartheta} x(t) \cdot y(t)\, \mathrm{d}t}_{2\,P_{xy}}$$

(4.17)

P_x ist die mittlere Leistung von $x(t)$ und P_y ist die mittlere Leistung von $y(t)$. Die Größe P_{xy} heißt mittlere *Kreuzleistung*. Sie kann positiv, null oder negativ sein. Es ist zweckmäßig, sie wie folgt in Beziehung zu setzen

$$P_{xy} \;=\; \lim_{\vartheta \to \infty} \frac{1}{2\vartheta} \int_{-\vartheta}^{\vartheta} x(t)\, y(t)\, \mathrm{d}t \;=\; \overline{\varrho}\, \sqrt{P_x\, P_y}\,. \tag{4.18}$$

Der Faktor $\overline{\varrho}$ wird hier als *Kreuzleistungsfaktor* der Leistungssignale $x(t)$ und $y(t)$ bezeichnet. Weil die Schwarz–Ungleichung (4.5) auch für die Integralbeziehung der Leistungssignale gilt, lassen sich alle Betrachtungen für Energiesignale auf Leistungssignale sinngemäß übertragen. Es gelten also

$$-1 \;\leq\; \overline{\varrho} \;\leq\; +1 \tag{4.19}$$

und mit (4.17) und (4.18)

$$P_s \;=\; P_x + P_y + 2\overline{\varrho}\, \sqrt{P_x\, P_y}\,. \tag{4.20}$$

Wenn $\overline{\varrho} = 0$ dann nennt man die Leistungssignale $x(t)$ und $y(t)$ *orthogonal*. Bei Orthogonalität ist die Kreuzleistung $P_{xy} = 0$.

Eine Besonderheit beim Leistungssignal $s(t)$ liegt darin, daß es eine von Null verschiedene *Gleichkomponente* $\overline{s(t)}$ enthalten kann. Diese ist definiert als zeitlicher Mittelwert

$$\overline{s(t)} \;=\; \lim_{\vartheta \to \infty} \frac{1}{2\vartheta} \int_{-\vartheta}^{+\vartheta} s(t)\, \mathrm{d}t \;=\; \mu_s \tag{4.21}$$

und wird auch mit μ_s bezeichnet.

Nach Abzug der Gleichkomponente verbleibt die *Wechselkomponente*

$$s_w(t) \;=\; s(t) - \overline{s(t)} \;=\; s(t) - \mu_s\,. \tag{4.22}$$

Der Mittelwert der Wechselkomponente ist mit (4.21) gleich null

$$\overline{s_w(t)} = \lim_{\vartheta \to \infty} \frac{1}{2\vartheta} \int\limits_{-\vartheta}^{+\vartheta} s_w(t)\, \mathrm{d}t = \lim_{\vartheta \to \infty} \frac{1}{2\vartheta} \int\limits_{-\vartheta}^{+\vartheta} \left[\, s(t) - \overline{s(t)}\, \right]\, \mathrm{d}t$$

$$= \lim_{\vartheta \to \infty} \frac{1}{2\vartheta} \int\limits_{-\vartheta}^{+\vartheta} s(t)\, \mathrm{d}t - \overline{s(t)} = 0\,. \tag{4.23}$$

Die mittlere Leistung der Wechselkomponente ist hingegen normalerweise von null verschieden

$$\overline{s_w^2(t)} = \lim_{\vartheta \to \infty} \frac{1}{2\vartheta} \int\limits_{-\vartheta}^{+\vartheta} s_w^2(t)\, \mathrm{d}t = \sigma_s^2\,. \tag{4.24}$$

Die mittlere Wechselleistung wird auch mit σ_s^2 bezeichnet. Ihre positive Wurzel heißt *Effektivwert* der Wechselkomponente.

Die Unterscheidung zwischen Gleichkomponente und Wechselkomponente ist zweckmäßig, weil beide zueinander orthogonal sind. Ihre Kreuzleistung ist null:

$$\lim_{\vartheta \to \infty} \frac{1}{2\vartheta} \int\limits_{-\vartheta}^{+\vartheta} s_w(t)\mu_s\, \mathrm{d}t = \mu_s \lim_{\vartheta \to \infty} \frac{1}{2\vartheta} \int\limits_{-\vartheta}^{+\vartheta} s_w(t)\, \mathrm{d}t = 0\,. \tag{4.25}$$

Bei einem Gleichsignal $s(t)$ mit Gleichkomponente μ_s ergibt sich also die Gesamtleistung P_s aus der Addition der Gleichleistung μ_s^2 und der Wechselleistung σ_s^2

$$P_s = \mu_s^2 + \sigma_s^2\,. \tag{4.26}$$

Als nächstes sei die Überlagerung zweier Leistungssignale $x(t)$ und $y(t)$ betrachtet, die je mit einer Gleichkomponente μ_x und μ_y behaftet sind,

$$s(t) = x(t) + y(t) = x_w(t) + \mu_x + y_w(t) + \mu_y = s_w(t) + \mu_s\,. \tag{4.27}$$

Für die resultierende Gleich– und Wechselkomponente gelten offenbar

$$\mu_s = \mu_x + \mu_y\,,$$
$$s_w = x_w(t) + y_w(t)\,. \tag{4.28}$$

Die Gleichkomponenten haben miteinander stets maximale Kreuzleistung. Sie ergeben die resultierende Gleichleistung

$$\mu_s^2 = [\mu_x + \mu_y]^2\,. \tag{4.29}$$

Die resultierende Wechselleistung σ_s^2 wird in Analogie zu (4.20) wie folgt mit den Wechselleistungen σ_x^2 und σ_y^2 der Wechselkomponenten in Beziehung gesetzt:

$$\sigma_s^2 = \sigma_x^2 + \sigma_y^2 + 2\varrho\,\sigma_x\sigma_y\,. \tag{4.30}$$

σ_x und σ_y sind die Effektivwerte und ϱ ist der *Korrelationsfaktor* zwischen den Wechselkomponenten $x_w(t)$ und $y_w(t)$. Der Korrelationsfaktor ϱ bei Wechselkomponenten errechnet sich entsprechend (4.6), (4.18) und (4.24) zu

$$\varrho = \frac{\overline{x_w(t)\,y_w(t)}}{\sqrt{\overline{x_w^2(t)}\cdot\overline{y_w^2(t)}}} = \frac{1}{\sigma_x\sigma_y}\,\lim_{\vartheta\to\infty}\int_{-\vartheta}^{+\vartheta} x_w(t)y_w(t)\,\mathrm{d}t \quad,\;\; -1 \leq \varrho \leq +1\,, \tag{4.31}$$

d.h. als die auf σ_x und σ_y bezogene Wechselkreuzleistung. Er genügt wie $\overline{\varrho}$ der Ungleichung (4.4).

Wenn $\varrho = 0$ ist, dann bezeichnet man die Wechselkomponenten als *unkorreliert*. Bei Leistungssignalen ohne Gleichkomponenten, d.h. bei $\mu_x = \mu_y = 0$, ist der Kreuzleistungsfaktor gleich dem Korrelationsfaktor $\overline{\varrho} = \varrho$. In diesem Sonderfall bedeuten orthogonal und unkorreliert dasselbe.

Als Beispiel für die Berechnung des Korrelationsfaktors ϱ bei Leistungssignalen sei die Überlagerung zweier gleichfrequenter Sinusschwingungen verschiedener Amplitude und Nullphase betrachtet. Da keines der beiden Signale eine Gleichkomponente hat gelten unter Berücksichtigung von (2.15)

$$x(t) = x_w(t) = A\cdot\sin 2\pi ft\;;\qquad\qquad P_x = \varrho_x^2 = \frac{1}{2}\,A^2$$

$$y(t) = y_w(t) = B\cdot\sin(2\pi ft + \phi)\;;\qquad P_y = \sigma_y^2 = \frac{1}{2}\,B^2\,,\quad\text{egal wie }\phi$$

$$s(t) = s_w(t) = x(t) + y(t) = A\cdot\sin 2\pi ft + B\cdot\sin(2\pi ft + \phi)$$

$$= A\cdot\sin 2\pi ft + B\cdot\sin 2\pi ft\;\cos\phi + B\cdot\cos 2\pi ft\;\sin\phi$$

$$= \underbrace{(A + B\cdot\cos\phi)}_{a\,=\,C\cos\alpha}\sin 2\pi ft + \underbrace{B\cdot\sin\phi}_{b\,=\,C\sin\alpha}\cos 2\pi ft$$

$$= C\,[\cos\alpha\;\sin 2\pi ft + \sin\alpha\;\cos 2\pi ft\,]$$

$$= C\sin(2\pi ft + \alpha)\qquad\text{mit}\quad C = \sqrt{a^2 + b^2}\,,\quad\tan\alpha = \frac{b}{a}\,.$$

Die mittlere Leistung von $s(t)$ errechnet sich unabhängig von der Nullphase α als halbes Quadrat der Amplitude zu

$$P_s = \sigma_{s.}^2 = \frac{1}{2}C^2 = \frac{1}{2}[(A + B \cdot \cos\phi)^2 + (B \cdot \sin\phi)^2]$$

$$= \frac{1}{2}[A^2 + B^2 \cdot (\cos^2\phi + \sin^2\phi) + 2AB \cdot \cos\phi]$$

$$\sigma_s^2 = \underbrace{\frac{1}{2}A^2}_{\sigma_x^2} + \underbrace{\frac{1}{2}B^2}_{\sigma_y^2} + \underbrace{AB \cdot \cos\phi}_{2\varrho\sigma_x\sigma_y} \quad .$$

Durch den Vergleich mit der allgemeinen Beziehung (4.30) folgt für den Korrelationsfaktor

$$\varrho = \cos\phi \quad . \tag{4.32}$$

Bei der Überlagerung zweier gleichfrequenter aber um den Winkel ϕ verschobener Sinusschwingungen ist der Korrelationsfaktor gleich $\cos\phi$. Der Korrelationsfaktor hängt also von der zeitlichen Verschiebung der zweiten Schwingung gegenüber der ersten Schwingung ab. Zur Berücksichtigung dieser Abhängigkeit wird später in Kapitel 11 der Begriff *Korrelationsfunktion* eingeführt, die in der zeitlichen Mittelwertbildung des Produktes $x(t) \cdot y(t + \tau)$ besteht und von der Verschiebung τ abhängt.

4.1.3 Energie und mittlere Leistung bei Überlagerung komplexer Signale

Betrachtet wird jetzt die Summe $\underline{s}(t)$ zweier komplexer (genauer komplexwertiger) Signale $\underline{x}(t)$ und $\underline{y}(t)$.

$$\underline{s}(t) = \underline{x}(t) + \underline{y}(t) \quad . \tag{4.33}$$

Ausführlich geschrieben lauten die einzelnen Terme

$$\underline{s}(t) = s^{(r)}(t) + j\, s^{(i)}(t)$$

$$\underline{x}(t) = x^{(r)}(t) + j\, x^{(i)}(t)$$

$$\underline{y}(t) = y^{(r)}(t) + j\, y^{(i)}(t) \quad .$$

Der hochgestellte Index (r) bezeichnet jeweils den Realteil, der Index (i) den Imaginärteil.

Wenn $\underline{x}(t)$ und $\underline{y}(t)$ Energiesignale sind, vgl. (2.26), dann berechnet sich die Energie des resultierenden Signals $\underline{s}(t)$ zu

$$E_s \;=\; \int\limits_{-\infty}^{+\infty} |\underline{s}(t)|^2 \, dt \;=\; \int\limits_{-\infty}^{+\infty} \underline{s}(t)\,\underline{s}^*(t)\, dt \;=\; \int\limits_{-\infty}^{+\infty} [\underline{x}(t) + \underline{y}(t)][\underline{x}^*(t) + \underline{y}^*(t)]\, dt$$

$$= \underbrace{\int\limits_{-\infty}^{+\infty} |\underline{x}(t)|^2 \, dt}_{E_x \,\geq\, 0} \;+\; \underbrace{\int\limits_{-\infty}^{+\infty} |\underline{y}(t)|^2 \, dt}_{E_y \,\geq\, 0} \;+\; \underbrace{\int\limits_{-\infty}^{+\infty} \underline{x}(t)\,\underline{y}^*(t)\, dt}_{\underline{E}_{xy}} \;+\; \underbrace{\int\limits_{-\infty}^{+\infty} \underline{y}(t)\,\underline{x}^*(t)\, dt}_{\underline{E}_{yx} \,=\, \underline{E}^*_{xy}}$$

$$(4.34)$$

E_x und E_y sind die Energien der komplexen Signale $\underline{x}(t)$ und $\underline{y}(t)$. Sie sind wie die Energie E_s reell und nicht negativ. Im Unterschied zu (4.2) treten jetzt zwei im allgemeinen verschiedene Kreuzenergien $\underline{E}_{xy}$ und $\underline{E}_{yx}$ auf, die zueinander konjugiert komplex sind. Ihre Imaginärteile heben sich in der Summe heraus. Somit verbleibt unter Beachtung von (2.28) nach elementarer Rechnung schließlich

$$E_s \;=\; E_s^{(r)} + E_s^{(i)} \qquad \text{mit}$$

$$E_s^{(r)} \;=\; \int\limits_{-\infty}^{+\infty} [x^{(r)}(t)]^2 \, dt \;+\; \int\limits_{-\infty}^{+\infty} [y^{(r)}(t)]^2 \, dt \;+\; 2 \int\limits_{-\infty}^{+\infty} x^{(r)}(t)\,y^{(r)}(t)\, dt \;,$$

$$E_s^{(i)} \;=\; \int\limits_{-\infty}^{+\infty} [x^{(i)}(t)]^2 \, dt \;+\; \int\limits_{-\infty}^{+\infty} [y^{(i)}(t)]^2 \, dt \;+\; 2 \int\limits_{-\infty}^{+\infty} x^{(i)}(t)\,y^{(i)}(t)\, dt \;. \quad (4.35)$$

Von den komplexen Signalen $\underline{x}(t)$ und $\underline{y}(t)$ tragen die Realteile $x^{(r)}(t)$ und $y^{(r)}(t)$ und die Imaginärteile $x^{(i)}(t)$ und $y^{(i)}(t)$ getrennt und zwar jeweils gemäß (4.2) zur Gesamtenergie bei. Eine Verkopplung der Real– und Imaginärteile findet nicht statt. Es reichen zwei Korrelationsfaktoren; der eine bezieht sich allein auf die Realteilfunktionen, der andere allein auf die Imaginärteilfunktionen, vergl. (4.3). Die Gesamtenergie eines komplexen Signals berechnet sich in gleicher Weise wie die Gesamtenergie zweier Signale, die über zwei getrennte Leitungen geführt werden (also nicht über eine gemeinsame Leitung).

Die Gesamtenergie bei Überlagerung zweier komplexer Signale berechnet sich in gleicher Weise wie wenn deren Realteilfunktionen über eine erste Leitung und deren Imaginärteilfunktionen davon getrennt über eine separate zweite Leitung geführt werden, vergl. Abschnitt 2.4.

Ein Sonderfall liegt vor, wenn die komplexen Signale $\underline{x}(t)$ und $\underline{y}(t)$ *orthogonal* sind. Das ist definitionsgemäß der Fall, wenn

$$\underline{E}_{xy} = \underline{E}_{yx}^* = \int\limits_{-\infty}^{+\infty} \underline{x}(t)\, \underline{y}^*(t)\; \mathrm{dt} = 0 \;. \tag{4.36}$$

Bei Orthogonalität der komplexen Signale sind auch die Kreuzenergie $\underline{E}_{yx}$ und die Korrelationsfaktoren zwischen $x^{(r)}(t)$ und $y^{(r)}(t)$ sowie zwischen $x^{(i)}(t)$ und $y^{(i)}(t)$ sämtlich null.

Wenn $\underline{x}(t)$ und $\underline{y}(t)$ Leistungssignale gemäß (2.30) sind, dann sind statt der Integrale über die gesamte Zeitachse zeitliche Mittelwerte zu bilden. Dabei ergibt sich in gleichartiger Weise wie bei der Energie, daß die Realteile $x^{(r)}(t)$ und $y^{(r)}(t)$ und die Imaginärteile $x^{(i)}(t)$ und $y^{(i)}(t)$ getrennt zur mittleren Gesamtleistung der Signalsumme beitragen.

4.2 Darstellung von Signalen mit Elementarfunktionen

Für viele Zwecke ist es sehr vorteilhaft, wenn man sich ein gegebenes Signal $s(t)$ als ein aus Elementarfunktionen $\psi_k(t)$, $k = 0, \pm 1, \pm 2, \ldots$ zusammengesetztes Signal vorstellt. Dadurch werden manche Berechnungen erheblich vereinfacht und nicht selten überhaupt erst möglich. So gelang z.B. die Herleitung des Faltungsintegrals (3.27) dadurch, daß eine gegebene Funktion $s_1(t)$ gemäß Bild 3.8 zunächst aus lauter dicht aneinanderschließenden Rechteckimpulsen unterschiedlicher Höhen approximativ zusammengesetzt wurde. Die gegeneinander versetzten Rechteckimpulse bilden ein Beispiel für einen Satz von Elementarfunktionen $\psi_k(t)$, man sagt dazu auch Funktionensystem $\psi_k(t)$.

Die allgemeine Vorgehensweise ist nun folgende:

Zunächst legt man sich aufgrund irgendwelcher Gesichtspunkte auf ein System von Elementarfunktionen fest:

$$\psi_k(t)\,, \qquad k = 0, \pm 1, \pm 2, \ldots \;\; . \tag{4.37}$$

Mit Hilfe dieser Funktionen $\psi_k(t)$ wird dann ein vorgegebenes Signal $s(t)$ durch die gewichtete Summe

$$\bar{s}(t) = \sum_k c_k \cdot \psi_k(t) \tag{4.38}$$

möglichst gut approximiert. Dazu werden die Koeffizienten oder Gewichtsfaktoren c_k so gewählt, daß der Approximationsfehler

$$F = \int\limits_{-\infty}^{+\infty} [\, s(t) - \bar{s}(t) \,]^2\; \mathrm{dt} = \int\limits_{-\infty}^{+\infty} [\, s(t) - \sum_k c_k\, \psi_k(t) \,]^2\; \mathrm{dt} \to 0 \tag{4.39}$$

minimal wird, am besten gleich null wird.

Der Approximationsfehler muß nicht unbedingt so wie in (4.39) definiert sein. Eine andere Definition wäre z.B.

$$F = \int\limits_I |\, s(t) - \bar{s}(t)\, |\ dt \rightarrow 0\ , \tag{4.40}$$

wobei I das Approximationsintervall kennzeichnet. Das Approximationsintervall muß nicht unbedingt die gesamte Zeitachse $-\infty < t < +\infty$ erfassen. Es genügt oft, wenn es nur einen interessierenden Abschnitt umfaßt. Manchmal darf die Approximation (4.38) auch grob sein, weil Nachrichtentransport und –empfang keine präzise Signalkenntnis verlangen. Bei binären Digitalsignalen beispielsweise ist nur zu fordern, daß Symbole für binär 1 und binär 0 sich hinreichend stark unterscheiden.

4.2.1 Treppenapproximation

Eine besonders naheliegende Approximation ist die bereits in Bild 3.8 benutzte Treppenapproximation. Sie verwendet die in Bild 4.3 dargestellten, gegenüber Bild 3.8a um $T/2$ verschobenen Rechteckimpulse als Elementarfunktionen.

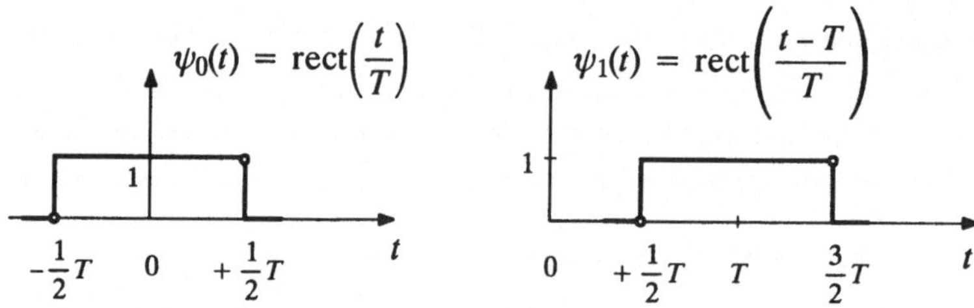

Bild 4.3   Rechteckimpulse als Elementarfunktion

Die k–te Elementarfunktion lautet allgemein

$$\psi_k(t) = \text{rect}\!\left(\frac{t}{T} - k\right) = \begin{cases} 1 & \text{für } (k - \tfrac{1}{2})T < t \le (k + \tfrac{1}{2})T \\ 0 & \text{sonst} \end{cases} \ . \tag{4.41}$$

Es gilt

$$\int\limits_{-\infty}^{+\infty} \psi_\nu(t)\, \psi_\mu(t)\ dt = \begin{cases} T & \text{für } \mu = \nu \\ 0 & \text{für } \mu \ne \nu\ . \end{cases} \tag{4.42}$$

Die mit (4.3) definierten Kreuzenergien $E_{\nu\mu}$ und damit die Korrelationsfaktoren verschiedener Elementarfunktionen $\psi_\nu(t)$ und $\psi_\mu(t)$ sind sämtlich null. Solche Funktionen heißen nach (4.14) unkorreliert oder orthogonal, weshalb man die Beziehung (4.42) auch als *Orthogonalitätsrelation* bezeichnet. Die zur Approximation verwendeten Elementarfunktionen sind also –mathematisch betrachtet– voneinander sehr verschieden, vergl. Bild 4.1. Mit maximal korrelierten Elementarfunktionen lassen sich in der Tat keine beliebigen Verläufe approximieren.

Bild 4.4 zeigt die Approximation eines vorgegebenen Signals $s(t)$ mit Rechteckimpulsen als Elementarfunktionen.

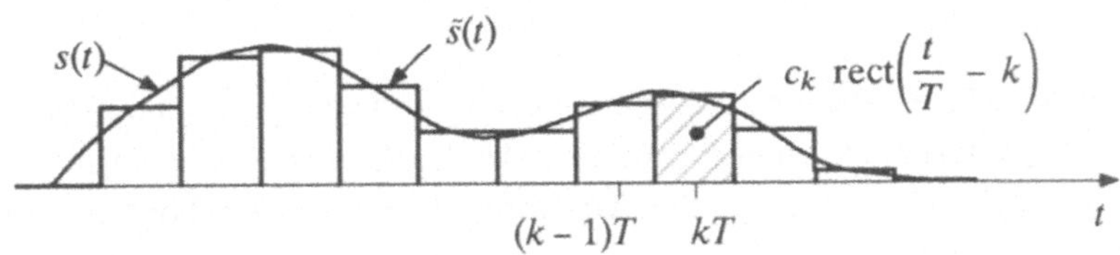

Bild 4.4 Approximation mit Rechteckimpulsen gemäß Bild 4.3

Die Signalapproximation lautet

$$\tilde{s}(t) = \sum_{k=-\infty}^{\infty} c_k \cdot \mathrm{rect}\!\left(\frac{t}{T} - k\right) \quad . \tag{4.43}$$

Die Koeffizienten c_k wählt man zweckmäßigerweise so, daß für jedes k die Rechteckimpulsflächen in Bild 4.4 gleich der Fläche unter der Kurve $s(t)$ im Intervall $(k-\frac{1}{2})T < t \le (k+\frac{1}{2})T$ ist, siehe auch Bild 4.5.

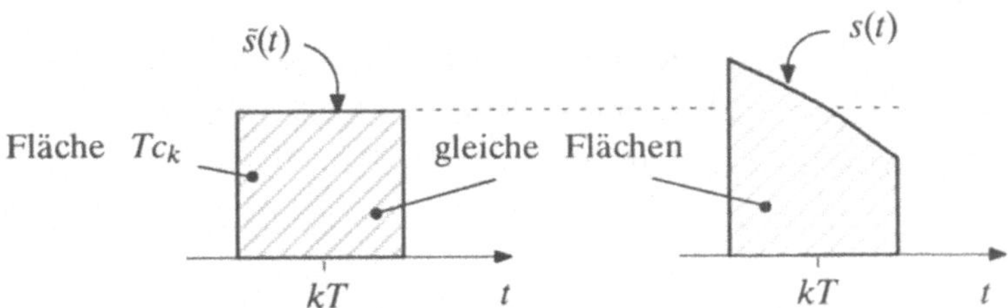

Bild 4.5 Zur Bestimmung der Koeffizienten c_k

Bei gleichen Flächen gilt

$$T \cdot c_k = \int_{(k-\frac{1}{2})T}^{(k+\frac{1}{2})T} s(t)\,\mathrm{d}t = \int_{-\infty}^{+\infty} s(t) \cdot \mathrm{rect}\!\left(\frac{t}{T} - k\right) \mathrm{d}t . \tag{4.44}$$

In (4.44) gibt die linke Seite die Rechteckimpulsfläche Tc_k an, während das Integral in der Mitte die Fläche unter der Kurve $s(t)$ im betreffenden Intervall beschreibt. Die rechte Seite von (4.44) ergibt sich aus dem Integral in der Mitte, indem von der zeitlichen Aussiebwirkung der rect–Funktion (4.41) Gebrauch gemacht wird.

Aus (4.44) folgt durch Auflösen nach c_k die allgemeine Beziehung

$$c_k = \frac{1}{T} \cdot \int_{-\infty}^{+\infty} s(t) \cdot \text{rect}\!\left(\frac{t}{T} - k\right) dt = \frac{1}{T} \cdot \int_{-\infty}^{+\infty} s(t)\, \psi_k(t)\, dt \ . \tag{4.45}$$

(4.45) liefert die Koeffizientenwerte c_k, wenn man das vorgegebene Signal $s(t)$ durch die Treppenkurve (4.43) flächengleich approximiert. Mit den Ergebnissen des nächsten Abschnitts 4.2.2 wird sich zeigen, daß mit den Koeffizienten gemäß (4.45) der quadratische Fehler (4.39) minimiert wird.

4.2.2 Approximation mit allgemeinen orthogonalen Funktionen

In diesem Abschnitt werden die Überlegungen des Abschnitts 4.2.1 verallgemeinert. Zugrunde gelegt wird ein allgemeines System von Elementarfunktionen, die in einem gegebenen Approximationsintervall orthogonal sind. Diese zur Approximation verwendeten Elementarfunktionen müssen jetzt nicht mehr über weite Zeitabschnitte null sein, wie das bei den Rechteckimpulsen $\text{rect}(t/T-k)$ der Fall ist, die außerhalb des Intervalls $(k-1/2)T < t \le (k+1/2)T$ null sind. Die jetzt betrachteten Elementarfunktionen $\psi_k(t)$ dürfen sogar im gesamten Approximationsintervall

$$I_u \le t \le I_o\,, \tag{4.46}$$

siehe Bild 4.6, fast überall von null verschieden sein. Die Hauptsache ist, daß die Elementarfunktionen $\psi_k(t)$ im Approximationsintervall sehr verschieden d.h. unähnlich zueinander sind, was bei Orthogonalität der Fall ist.

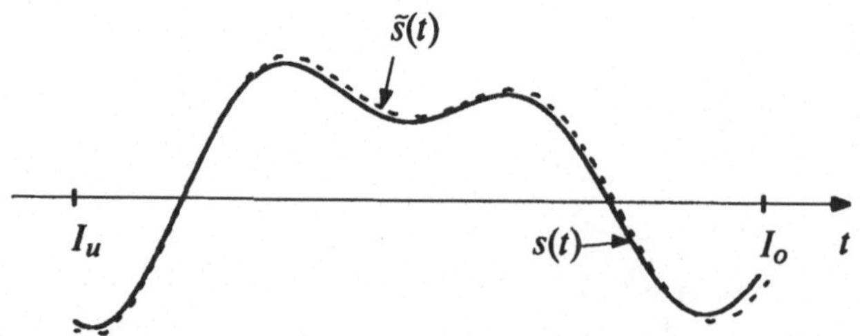

Bild 4.6   Approximation einer vorgeschriebenen Funktion $s(t)$ durch $\bar{s}(t)$

Für die nachfolgend beschriebene Theorie wird als untere Intervallgrenze auch $I_u = -\infty$ und als obere Intervallgrenze $I_o = +\infty$ zugelassen.

Die approximierende Funktion $\tilde{s}(t)$ wird wieder als gewichtete Summe von Elementarfunktionen $\psi_k(t)$ angesetzt.

$$\tilde{s}(t) = \sum_k c_k \cdot \psi_k(t) \quad ; \qquad k = 0, \pm 1, \pm 2, \ldots \tag{4.47}$$

Die verwendeten Elementarfunktionen $\psi_k(t)$ mit $k = 0, \pm 1, \pm 2, \ldots$ sollen ein orthogonales Funktionensystem bilden, d. h.

$$\int_{I_u}^{I_0} \psi_\nu(t)\, \psi_\mu^*(t)\, \mathrm{d}t = \begin{cases} E & \text{für} \quad \mu = \nu \\ 0 & \text{für} \quad \mu \neq \nu \end{cases} . \tag{4.48}$$

Für den Fall $E = 1$ bezeichnet man das Funktionensystem als *orthonormal*. Die einzelnen Funktionen $\psi_k(t)$ dürfen auch komplexwertig sein. In diesem Fall bedeutet der Stern * konjugiert komplex:

$$\psi_k(t) = \mathrm{Re}\,\psi_k(t) + \mathrm{j}\,\mathrm{Im}\,\psi_k(t) \tag{4.49}$$

$$\psi_k^*(t) = \mathrm{Re}\,\psi_k(t) - \mathrm{j}\,\mathrm{Im}\,\psi_k(t) = \psi_k(t) , \quad \text{falls } \psi_k(t) \text{ reellwertig ist.} \tag{4.50}$$

Für $\mu \neq \nu$ beschreibt das Integral (4.48) die Kreuzenergie des Funktionenpaars $\psi_\nu(t)$ und $\psi_\mu(t)$ im Intervall $I_u \leq t \leq I_0$, welche bei Orthogonalität null ist, vergl. hierzu (4.36). Für $\mu = \nu$ beschreibt das Integral (4.48) die Energie der komplexen Funktion $\psi_\nu(t)$, siehe (2.26) und (2.27).

Wie weiter unten hergeleitet wird, bestimmen sich die Koeffizienten für (4.47) allgemein zu

$$c_k = \frac{1}{E} \cdot \int_{I_u}^{I_o} s(t) \cdot \psi_k^*(t)\, \mathrm{d}t \quad , \qquad k = 0, \pm 1, \pm 2, \ldots \tag{4.51a}$$

und damit im Fall reellwertiger Funktionen $\psi_k(t)$ zu

$$c_k = \frac{1}{E} \cdot \int_{I_u}^{I_o} s(t) \cdot \psi_k(t)\, \mathrm{d}t \quad , \qquad k = 0, \pm 1, \pm 2, \ldots \tag{4.51b}$$

(4.47) ist die Verallgemeinerung von (4.43), und (4.51) ist die Verallgemeinerung von (4.45). c_k ist verwandt mit dem Korrelationsfaktor zwischen $s(t)$ und $\psi_k(t)$, vergl. (4.3).

Mit den im allgemeinen komplexen Koeffizienten $c_k = c_k^{(r)} + \mathrm{j}\,c_k^{(i)}$ gemäß (4.51a) wird folgender Approximationsfehler minimal:

$$
F = \int\limits_{I_u}^{I_o} |\, s(t) - \bar{s}(t)\,|^2\ \mathrm{d}t = \int\limits_{I_u}^{I_o} |\, s(t) - \sum_k c_k\,\psi_k(t)\,|^2\ \mathrm{d}t
$$

$$
= \int\limits_{I_u}^{I_o} [\, s(t) - \sum_k (c_k^{(r)} + \mathrm{j}c_k^{(i)})\,\psi_k(t)\,]\,[\, s^*(t) - \sum_k (c_k^{(r)} - \mathrm{j}c_k^{(i)})\,\psi_k^*(t)\,]\ \mathrm{d}t
$$

$$
= F(c_k^{(r)},\, c_k^{(i)})\quad .
\tag{4.52}
$$

Es folgt nun der Beweis für die allgemeine Koeffizientenformel (4.51a).

Für das Minimum des quadratischen Fehlers (4.52) muß gelten:

$$
\frac{\mathrm{d}F}{\mathrm{d}c_\nu^{(r)}} = 0\ ; \qquad \frac{\mathrm{d}F}{\mathrm{d}c_\nu^{(i)}} = 0 \qquad \text{für} \quad \nu = 0,\ \pm 1,\ \pm 2,\ \dots\ .
$$

Die Ausrechnung der Ableitung nach dem Realteil $c_\nu^{(r)}$ liefert

$$
\frac{\mathrm{d}F}{\mathrm{d}c_\nu^{(r)}} = \int\limits_{I_u}^{I_o} [\, s(t) - \sum_k c_k\,\psi_k(t)\,][-\psi_\nu^*(t)\,]\ \mathrm{d}t \ + \ \int\limits_{I_u}^{I_o} [-\psi_\nu(t)\,][\, s^*(t) - \sum_k c_k^*\,\psi_k^*(t)\,]\ \mathrm{d}t
$$

$$
= -\int\limits_{I_u}^{I_o} s(t)\psi_\nu^*(t)\ \mathrm{d}t \ + \ \sum_k c_k \int\limits_{I_u}^{I_o} \psi_\nu^*(t)\psi_k(t)\ \mathrm{d}t
$$

$$
-\int\limits_{I_u}^{I_o} s^*(t)\psi_\nu(t)\ \mathrm{d}t \ + \ \sum_k c_k^* \int\limits_{I_u}^{I_o} \psi_\nu(t)\psi_k^*(t)\ \mathrm{d}t = 0\ .
\tag{4.53}
$$

Unter den Summenzeichen sind wegen (4.48) alle Integrale null, außer für $k = \nu$. Damit folgt

$$
c_\nu E + c_\nu^* E = \int\limits_{I_u}^{I_o} s(t)\psi_\nu^*(t)\ \mathrm{d}t \ + \ \int\limits_{I_u}^{I_o} s^*(t)\psi_\nu(t)\ \mathrm{d}t\ , \qquad \nu = 0,\ \pm 1,\ \pm 2,\ \dots
\tag{4.54a}
$$

Die Ausrechnung der Ableitung von (4.52) nach dem Imaginärteil $c_\nu^{(i)}$ liefert entsprechend

$$c_\nu E - c_\nu^* E = \int\limits_{I_u}^{I_o} s(t)\psi_\nu^*(t)\,\mathrm{d}t \;-\; \int\limits_{I_u}^{I_o} s^*(t)\psi_\nu(t)\,\mathrm{d}t \;,\; \nu = 0,\; \pm 1,\; \pm 2,\; \ldots \qquad (4.54\mathrm{b})$$

Die gegenüber (4.54a) geänderten Vorzeichen rühren von $c_k^{(r)} - \mathrm{j}c_k^{(i)} = c_k^*$ in (4.52) her. Durch Addition von (4.54a) und (4.54b) folgt die zu beweisende allgemeine Koeffizientenformel (4.51a), die für reelle $\psi_\nu(t)$ in (4.51b) übergeht.

Mit den Werten von c_ν bzw. c_k gemäß (4.54) bzw (4.51) wird der Approximationsfehler F minimiert und nicht etwa maximiert, weil mit (4.51) die zweite Ableitung von (4.52) positiv wird.

Zusammenfassung:

$$\begin{aligned}
\tilde{s}(t) &= \sum_k c_k \cdot \psi_k(t) && \text{für } I_u \le t \le I_o \\[2ex]
c_k &= \int\limits_{I_u}^{I_o} s(t) \cdot \psi_k^*(t)\,\mathrm{d}t\;, && \text{wenn } \psi_k \text{ orthonormal} \\
& && \text{in} \qquad I_u \le t \le I_o
\end{aligned}$$

$$\qquad (4.55)$$

Bild 4.7 zeigt ein denkbares Anwendungsverfahren für (4.55). Ein Sprachsignal wird in gleichlange Intervalle $[I_{ui}, I_{oi}]$ zerlegt, Bild 4.7b. Für jedes Intervall i werden [nach jeweils passender Verlegung des Zeitursprungs bei $s(t)$] die Koeffizienten c_{ki} berechnet und übertragen, Bild 4.7a. Am Empfangsort wird aus den Koeffizienten und den bekannten Elementarfunktionen das Sprachsignal mittels Signalapproximation rekonstruiert.

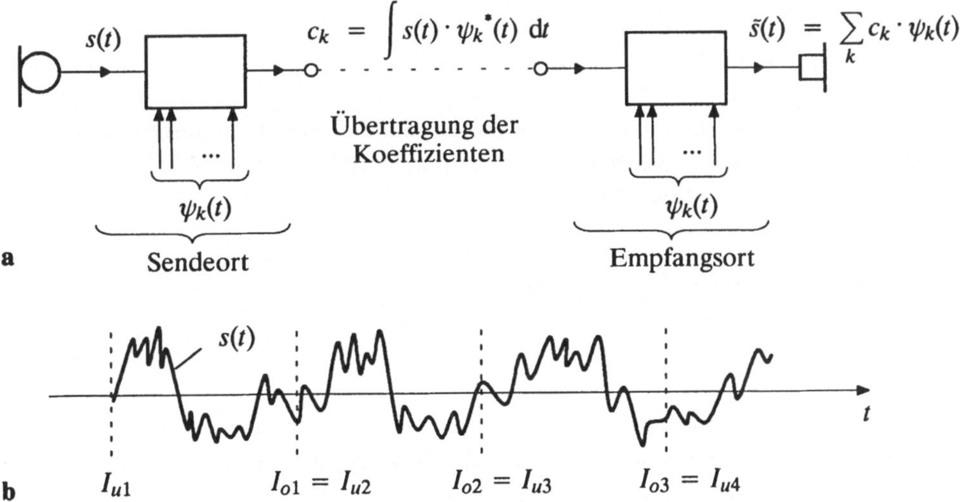

Bild 4.7 Denkbares Übertragungsverfahren für Sprachsignale (siehe Text)

4.3 Fourier-Reihe

Einer der wichtigsten Sonderfälle der allgemeinen Theorie von Abschnitt 4.2.2 ist die Fourier-Reihe. Sie hat zusammen mit der im nächsten Abschnitt 4.4 dargestellten Fourier-Transformation eine herausragende Bedeutung in Technik und Naturwissenschaft [11], [12].

Die Fourier-Reihe benutzt das folgende System orthogonaler Funktionen

$$\psi_k(t) \ = \ e^{+jk2\pi f_0 t} \qquad\qquad k = 0, \ \pm 1, \ \pm 2, \ldots \tag{4.56}$$

Das Orthogonalitätsintervall ist [1]

$$I_u \ = \ -\frac{1}{2}T_p \ \le \ t \ \le \ \frac{1}{2}T_p \ = \ I_o \ ; \qquad\qquad T_p \ = \ \frac{1}{f_0} \ . \tag{4.57}$$

Es gilt nämlich

$$\int\limits_{I_u}^{I_o} \psi_\nu(t) \ \psi_\mu^*(t) \ dt \ = \ \int\limits_{-T_p/2}^{T_p/2} e^{j(\nu-\mu)2\pi f_0 t} \ dt \ = \ \begin{cases} T_p & \text{für } \mu = \nu \\ 0 & \text{für } \mu \neq \nu \end{cases} . \tag{4.58}$$

Mit (4.51a) ergeben sich die Koeffizienten, die jetzt Fourier-Koeffizienten heißen, zu

$$c_k \ = \ \frac{1}{E} \cdot \int\limits_{I_u}^{I_o} s(t) \cdot \psi_k^*(t) \ dt \ = \ \frac{1}{T_p} \cdot \int\limits_{-T_p/2}^{T_p/2} s(t) \cdot e^{-j2\pi k f_0 t} \ dt \ . \tag{4.59}$$

Die approximierende Reihe heißt jetzt Fourier-Reihe und lautet:

$$\tilde{s}(t) \ = \ \sum_k c_k \cdot \psi_k(t) \ = \ \sum_{k=-\infty}^{+\infty} c_k \cdot e^{j2\pi k f_0 t} \ \approx \ s(t) \ . \tag{4.60}$$

Es läßt sich beweisen, daß mit der Approximation durch die Fourier-Reihe wegen der sogenannten *Vollständigkeit* des Systems der Exponentialfunktionen (4.56) der folgende quadratische Fehler verschwindet [17]:

$$\int\limits_{I_u}^{I_o} |s(t) - \tilde{s}(t)|^2 \ dt \ = \ 0 \ . \tag{4.61}$$

---

[1]

Als Orthogonalitätsintervall kann auch z. B. das Intervall von $I_u = 0$ bis $I_o = T_p$ dienen. Das hat aber i. allg. andere Koeffizientenwerte c_k zur Folge. Ein wichtiger Ausnahmefall liegt vor, wenn $s(t) = s(t + T_p)$ periodisch ist. In diesem Fall sind die Koeffizientenwerte c_k unabhängig von der Lage des Orthogonalitätsintervalls der Dauer T_p .

Mit der Fourier–Reihe wurde nach (4.57) die Approximation durchgeführt im Intervall $T_p/2 \leq t \leq T_p/2$. Die Auswertung der Fourier– Reihe für $|t| > T_p/2$ liefert wegen $T_p = 1/f_0$ eine periodische Fortsetzung:

$$\bar{s}(t + T_p) = \sum_k c_k \cdot e^{j2\pi k f_0(t + T_p)} = \sum_k c_k \cdot e^{j2\pi k f_0 t} \cdot e^{jk2\pi} = \bar{s}(t)\,, \quad \text{da} \quad e^{jk2\pi} = 1\,.$$

Zusammenfassend gelten also die folgenden Beziehungen der Fourier–Reihe:

$$s(t) \approx \bar{s}(t) = \sum_{k=-\infty}^{+\infty} c_k e^{j2\pi k f_0 t} = \bar{s}(t + T_p)\,,$$

$$c_k = \frac{1}{T_p} \int\limits_{-T_p/2}^{T_p/2} s(t) e^{-j2\pi k f_0 t} \mathrm{d}t \quad ; \quad T_p = \frac{1}{f_0}\,.$$

$$(4.62)$$

Wie aus (4.61) hervorgeht, können sich $s(t)$ und $\bar{s}(t)$ um ein Differenzsignal unterscheiden, dessen quadrierter Flächenbetrag null ist. Ein derartiges Differenzsignal erzeugt bei einem dynamischen linearen zeitinvarianten Übertragungssystem aber keine Reaktion, wie in Abschnitt 3.3 gezeigt wurde. Die mit (4.61) möglichen Abweichungen, die später in Kapitel 10 nochmal angesprochen werden, sind nur von mathematischem Interesse. Bei technischen Signalen spielen solche Abweichungen ohne Energie keine Rolle.

In Bild 4.8 sind das vorgegebene Signal $s(t)$ und ihre mit der Fourier–Reihe gebildeten Approximation $\bar{s}(t)$ dargestellt. Außerhalb des Approximationsintervalls liefert die Fourier–Reihe eine periodische Fortsetzung. Wenn eine zeitlich früh einsetzende periodische Wiederholung stört, dann muß man das Approximationsintervall mit einem größeren Wert von T_p ausdehnen. Ideal ist die Fourier–Reihe zur Approximation vorgegebener periodischer Funktionen.

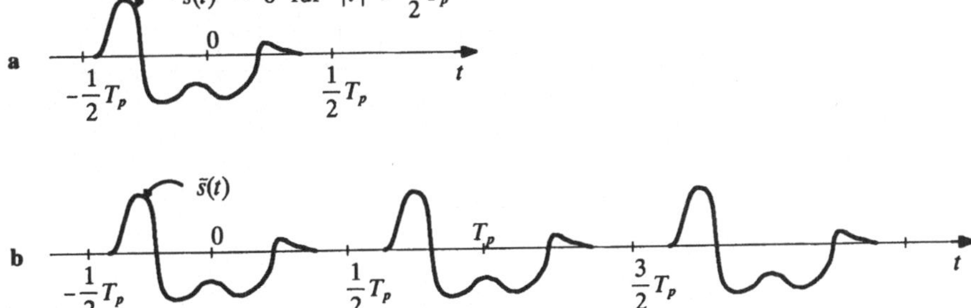

Bild 4.8   Approximation durch Fourier–Reihe
     a vorgegebenes Signal $s(t)$ **b** Fourier–Reihe $\bar{s}(t)$

Da die in der Fourier–Reihe benutzten Elementarfunktionen (4.56) komplexwertig sind, können mit der Fourier–Reihe gleichermaßen vorgegebene komplexwertige Signale $\underline{s}(t)$ wie auch vorgegebene reellwertige Signale $s(t)$ approximiert werden.

Bei reellwertigen Signalen ergibt sich ein enger Zusammenhang zwischen den Koeffizienten c_k und c_{-k}. Aus (4.59) folgt

$$c_{-k} = \frac{1}{T_p} \cdot \int_{-T_p/2}^{T_p/2} s(t) \cdot e^{+j2\pi k f_0 t}\, dt = \left[\frac{1}{T_p} \cdot \int_{-T_p/2}^{T_p/2} s(t) \cdot e^{-j2\pi k f_0 t}\, dt \right]^* = c_k^* \qquad (4.63)$$

wobei der Stern (*) konjugiert komplex bedeutet.

Auch bei reellwertigen Signalen $s(t)$ ergeben sich im allgemeinen komplexwertige Fourier–Koeffizienten c_k. Diesen Sachverhalt drückt man wie folgt aus:

$$c_k = |c_k| \cdot e^{j\varphi_k} \ . \qquad (4.64)$$

Die Gesamtheit der Beträge $|c_k|$ bezeichnet man als *Amplitudenspektrum* oder auch als *Betragsspektrum*, siehe Bild 4.9a. Die Gesamtheit der Phasenwinkel φ_k bezeichnet man als *Phasenspektrum*, siehe Bild 4.9b. Beide Spektren sind *Linienspektren*, da Funktionswerte nur diskreten Frequenzen kf_0 zugeordnet sind. Weil in (4.64) die Ersetzung $\varphi_k \to 2\pi n + \varphi_k$ denselben Wert für c_k liefert, wenn n ganzzahlig ist, ist das Phasenspektrum um eine additive Konstante $2\pi n$ unsicher. Wie später in Kapitel 11, Abschnitt 11.2.1 gezeigt werden wird, sind Energie und Leistung nur vom Amplitudenspektrum (nicht vom Phasenspektrum) abhängig. Andererseits wirkt sich eine zeitliche Verschiebung des Signals nur auf das Phasenspektrum (nicht auf das Amplitudenspektrum) aus, was ebenfalls später, nämlich in Abschnitt 10.3.1, gezeigt werden wird.

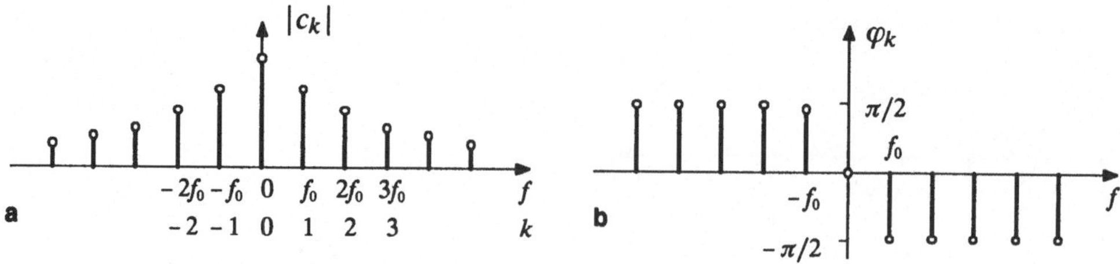

Bild 4.9 Beispiel für Linienspektrum einer Fourier–Reihe einer reellen Funktion $\tilde{s}(t)$
   a Amplitudenspektrum **b** Phasenspektrum

Bei reellwertigen Signalen gelten wegen (4.63) stets

$$|c_k| = |c_{-k}| ; \qquad \varphi_k = -\varphi_{-k} \ . \qquad (4.65)$$

Das Amplitudenspektrum ist also bei reellwertigen Signalen eine gerade Funktion, während das Phasenspektrum eine ungerade Funktion ist, vergl. Bild 4.9. Berücksichtigt man (4.65) in (4.60), dann erhält man die reelle Fourier–Reihe

$$\bar{s}(t) \;=\; c_0 + 2 \sum_{k=1}^{\infty} |c_k| \cos(2\pi k f_0 t + \varphi_k) \;\approx\; s(t) \; . \tag{4.66}$$

Wenn keine Zweifel darüber bestehen, für welche Zeiten t die periodische Reihe (4.66) ausgerechnet werden darf, vergl. Bild 4.8, dann wird wegen (4.61) statt $\bar{s}(t)$ auch $s(t)$ geschrieben.

Ein erstes Beispiel für die Berechnung einer Fourier–Reihe folgt in Abschnitt 4.5. Hier sei zunächst noch ein anderer Aspekt diskutiert:

Bei der Approximation eines zeitbegrenzten, nicht periodischen Signals $s(t)$ entsprechend Bild 4.8 kann man die Intervallgrenzen $T_p/2$ weitgehend willkürlich festlegen. Mit Änderung von T_p ändern nach (4.59) sich auch die Werte der Fourier–Koeffizienten c_k. Diese Änderung hat aber einen systematischen Charakter. So bewirkt z.B. eine Verdopplung von T_p, siehe Bild 4.10a, eine Halbierung beim Linienabstand und bei der Linienhöhe, siehe Bild 4.10b.

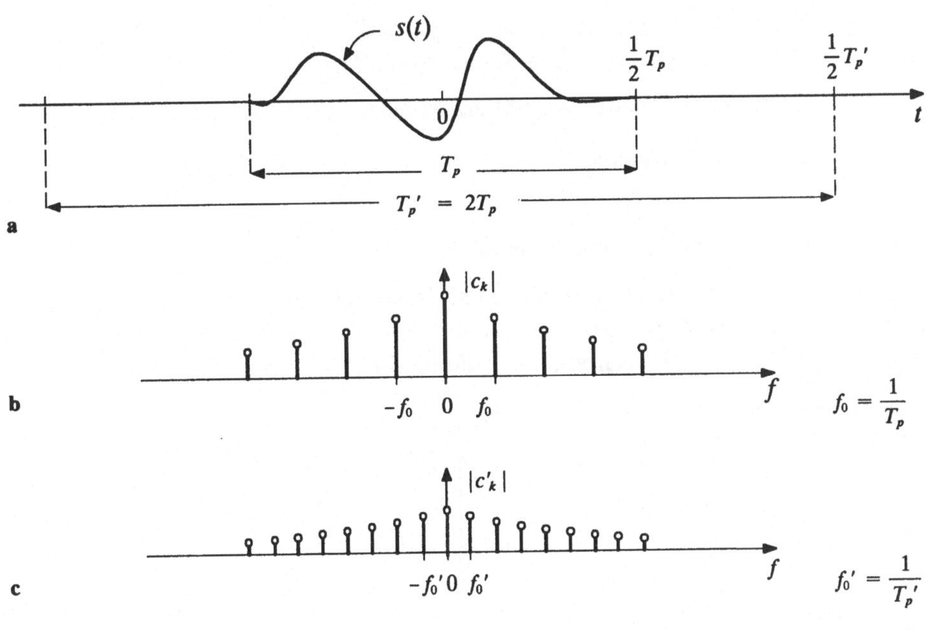

Bild 4.10 Abhängigkeit der Beträge der Fourier–Koeffizienten vom Approximationsintervall

   a Festlegung von T_p und T_p'

   b Linienabstand bei Wahl von T_p

   c Linienabstand bei Wahl von T_p'

Die mit Bild 4.10 dargestellten Zusammenhänge ergeben sich aus der Betrachtung der folgenden Beziehungen:

$$T_p: \qquad c_k = \frac{1}{T_p} \cdot \int\limits_{-T_p/2}^{T_p/2} s(t) \cdot e^{-j2\pi k f_0 t} \, dt \; ; \qquad f_0 = \frac{1}{T_p} \qquad\qquad (4.67)$$

$$T_p' = 2T_p: \qquad c_k' = \frac{1}{T_p} \cdot \int\limits_{-T_p'/2}^{T_p'/2} s(t) \cdot e^{-j2\pi k f_0' t} \, dt \; ; \qquad f_0' = \frac{1}{T_p'} = \frac{1}{2T_p} = \frac{1}{2} f_0$$

$$= \frac{1}{2T_p} \cdot \int\limits_{-T_p}^{T_p} s(t) \cdot e^{-j\pi k f_0 t} \, dt = \frac{1}{2T_p} \cdot \int\limits_{-T_p/2}^{T_p/2} s(t) \cdot e^{-j\pi k f_0 t} \, dt \; . \qquad (4.68)$$

Weil $s(t) = 0$ ist für $|t| \geq T_p/2$, können in der letzten Zeile die Integrationsgrenzen halbiert werden. Damit liefert das letzte Integral (4.68) für $2k$ den halben Wert des Integrals (4.67) für k. Es ist also z.B. $c_2' = c_1/2$.

Entsprechend bewirkt z. B. eine Verdreifachung von T_p einen dreimal so dichten Linienabstand unter Verkleinerung der Linienhöhe auf ein Drittel, usw.

Wie sehr man den Wert T_p auch vergrößert, konstant bleibt der Ausdruck

$$\text{Dichte} = \frac{\text{Liniensumme}}{\text{Frequenzintervall}} \; , \qquad\qquad (4.69)$$

gebildet für ein hinreichend großes Intervall.

Die mit der Fourier-Reihe dargestellten Funktionen müssen nicht Funktionen der Zeit t sein. Mit der Fourier-Reihe lassen sich Funktionen $f(x)$ der beliebigen Variablen x im Intervall $-X_p/2 \leq x \leq X_p/2$ durch Spektrallinien im Abstand $1/X_p$ darstellen.

$$f(x) = \sum_{k=-\infty}^{+\infty} c_k \cdot e^{+jk2\pi x / X_p} \qquad\qquad (4.70)$$

$$c_k = \frac{1}{X_p} \int\limits_{-X_p/2}^{X_p/2} f(x) \cdot e^{-jk2\pi x / X_p} \, dx \qquad\qquad (4.71)$$

In Kapitel 9 wird als Funktion $f(x)$ eine Funktion der Frequenz benutzt.

4.4 Fourier–Transformation

Während sich mit der Fourier–Reihe zeitbegrenzte Energiesignale oder periodische Leistungssignale darstellen lassen, können mit der Fourier–Transformation Energiesignale dargestellt werden, die nicht zeitbegrenzt sein müssen. Die Fourier–Transformation wird nun hergeleitet als Grenzfall der Fourier–Reihe für $T_p \to \infty$.

Ausgangspunkt ist für eine zunächst zeitbegrenzte nichtperiodische Funktion $s(t)$ mit

$$
s(t) \;=\; \begin{cases} 0 & \text{für } |t| \geq T/2 \;\; ; \;\; T < T_p \\[2ex] s(t) & \text{sonst} \end{cases} \tag{4.72}
$$

Im Bereich $|t| \leq T_p/2$ wird $s(t)$ in eine Fourier–Reihe entwickelt,

$$
\bar{s}(t) \;=\; \sum_{k=-\infty}^{+\infty} c_k \cdot e^{+j2\pi k f_0 t} \;\; ; \qquad |t| \;\leq\; \frac{1}{2} T_p \;\; ; \qquad f_0 \;=\; \frac{1}{T_p} \;, \tag{4.73}
$$

$$
c_k \;=\; \frac{1}{T_p} \cdot \int_{-T_p/2}^{T_p/2} s(t) \cdot e^{-j2\pi k f_0 t} \;\; dt \;. \tag{4.74}
$$

Wegen der vorausgesetzten Zeitbegrenztheit von $s(t)$ können in (4.74) die Integrationsgrenzen bis nach unendlich ausgedehnt werden. Das ergibt mit $k f_0 = k/T_p$

$$
c_k \;=\; \frac{1}{T_p} \int_{-\infty}^{+\infty} s(t) \cdot e^{-j2\pi(k/T_p)t} \;\; dt \;=\; \frac{1}{T_p} \; S(k/T_p) \;. \tag{4.75}
$$

Das Integral liefert einen vom Parameter k/T_p abhängigen Wert $S(k/T_p)$. Durch Einsetzen der rechten Seite von (4.75) in (4.73) erhält man unter der Berücksichtigung der idealen Approximation (4.61)

$$
s(t) \;\approx\; \bar{s}(t) \;=\; \sum_{k=-\infty}^{+\infty} S(k/T_p) \cdot e^{+j2\pi(k/T_p)t} \cdot \frac{1}{T_p} \qquad \text{für jedes } T_p > T \;. \tag{4.76}
$$

An (4.76) wird jetzt der Grenzübergang für $T_p \to \infty$ vollzogen. Dieser liefert mit

$$
\frac{1}{T_p} \;=\; f_0 \to df \;\; ; \qquad \frac{k}{T_p} \;=\; k f_0 \to f \tag{4.77}
$$

das Fourier–Rückintegral (4.78)

$$s(t) = \int_{-\infty}^{+\infty} S(f) \cdot e^{+j2\pi ft} \, df \, , \tag{4.78}$$

$$S(f) = \int_{-\infty}^{+\infty} s(t) \cdot e^{-j2\pi ft} \, dt \, . \tag{4.79}$$

Der gleiche Grenzübergang liefert für die Größe $c_k T_p$ in (4.75) das Fourier–Integral (4.79). Bei $c_k \, T_p$ wird der Betrag von c_k sehr klein und T_p sehr groß. Das Produkt ergibt aber einen von f abhängigen und im allgemeinen endlichen Wert $S(f)$.

Der Grund für die zunächst vorausgesetzte Zeitbegrenztheit von $s(t)$ lag in der Aufstellung der Fourier–Reihe (4.72) für einen endlichen Wert von T_p. Nach dem Grenzübergang $T_p \rightarrow \infty$ können die Fourier–Integrale (4.78) und (4.79) auch für eine nicht zeitbegrenzte Funktion $s(t)$ verwendet werden, solange die Integrale konvergieren. Auf Bedingungen, wann die uneigentlichen Fourier–Integrale konvergieren wird später in Kapitel 10 eingegangen.

Wertet man (4.79) für alle Werte von f aus, dann erhält man aus der Zeitfunktion $s(t)$ eine Funktion $S(f)$, die als *Spektralfunktion* oder kontinuierliches *Fourier–Spektrum* bezeichnet wird. Aus der Spektralfunktion $S(f)$ gewinnt man umgekehrt wieder die Zeitfunktion $s(t)$, wenn man (4.78) für alle Werte t auswertet. Beide Beziehungen (4.78) und (4.79) bilden zusammen die *Fourier–Transformation*. Sie bildet ein Beispiel für eine Funktionaltransformation mittels welcher Funktionen in andere Funktionen transformiert werden.

Durch die Fourier–Transformation wird also einer Zeitfunktion $s(t)$ eine Spektralfunktion $S(f)$ zugeordnet und umgekehrt. Es ist üblich, diese Zuordnung durch die symbolische Schreibweise

$$s(t) \; \circ\!\!-\!\!\bullet \quad S(f) \tag{4.80}$$

auszudrücken.

Allgemein versteht man in der Mathematik unter *Transformation* eine umkehrbar eindeutige Abbildung, also die Umformung eines mathematischen Ausdrucks unter Einführung neuer Veränderlicher. Die Fourier–Transformation liefert nicht für beliebige Funktionen umkehrbar eindeutige Abbildungen. So liefern beispielsweise zwei Signale $s(t)$ und $\bar{s}(t)$, die sich um ein Differenzsignal $\Delta(t) = s(t) - \bar{s}(t)$ mit verschwindender Energie unterscheiden, die gleiche Spektralfunktion $S(f)$. Diese Unterschiede spielen aber technisch keine Rolle, weil – wie bereits diskutiert – ein dynamisches Übertragungssystem auf solche Unterschiede nicht reagiert. Es gibt noch weitere Fälle bei denen die Fourier–Transformation keine umkehrbar eindeutigen Abbildungen liefert. Nähere Einzelheiten hierzu bringt Kapitel 10. Alle solche theoretischen Ausnahmefälle spielen aber für reale technische Übertragungsprobleme keine Rolle. Reale technische Signale endlicher Energie lassen sich stets umkehrbar eindeutig Fourier–transformieren.

Die Anwendung der Fourier–Transformation ist nicht auf Zeitfunktionen beschränkt. Allgemein kann einer Funktion $f(x)$ über die Fourier–Transformation eine Funktion $F(y)$ zugeordnet werden.

$$f(x) \quad \circ\!\!-\!\!\bullet \quad F(y) \, . \tag{4.81}$$

Ausführlich geschrieben lautet diese Zuordnung

$$F(y) \;=\; \int\limits_{-\infty}^{+\infty} f(x) \cdot e^{-j2\pi yx} \, dx \; , \tag{4.82}$$

$$f(x) \;=\; \int\limits_{-\infty}^{+\infty} F(y) \cdot e^{+j2\pi yx} \, dy \; . \tag{4.83}$$

Beim nachfolgenden Vergleich von Fourier–Reihe (4.60) und Fourier–Rückintegral (4.78) wird wieder eine zeitbegrenzte Funktion $s(t)$ gemäß (4.72) vorausgesetzt.

$$s(t) \;\approx\; \bar{s}(t) \;=\; \int\limits_{f=-\infty}^{+\infty} S(f) \cdot \underbrace{e^{+j2\pi ft}}\, df \;\; \hat{=} \;\; \sum_k c_k \cdot \underbrace{e^{+j2\pi kf_0 t}} \;\; ; \quad f_0 = \frac{1}{T_p} \, . \tag{4.84}$$

In (4.84) wird die zeitbegrenzte Funktion $s(t)$ im Intervall $|t| \leq T_p/2$ sowohl durch das Fourier–Rückintegral als auch durch die Fourier–Reihe dargestellt. In beiden Fällen repräsentieren die mit der horizontalen Klammer markierten Ausdrücke die dabei verwendeten Elementarfunktionen, vergl. (4.38) und (4.60). Während bei der Fourier–Reihe die Frequenzen der einzelnen Elementarfunktionen den endlichen Abstand f_0 voneinander haben, liegen beim Fourier–Rückintegral die Frequenzen benachbarter Elementarfunktionen beliebig dicht. Im Unterschied zur diskreten Variablen kf_0 ist die Frequenz f eine kontinuierliche Variable.Während bei der Fourier–Reihe die einzelnen Elementarfunktionen mit unter Umständen recht großen Koeffizientenwerten c_k gewichtet werden, werden beim Fourier–Rückintegral die einzelnen Elementarfunktionen mit den differentiell kleinen Werten $S(f)df$ gewichtet.

Nun zum Fourier–Integral (4.79) und der dazu korrespondierenden Beziehung für die Fourier–Koeffizienten (4.75):

$$S(f) = \int\limits_{t=-\infty}^{+\infty} s(t) \cdot e^{-j2\pi f t}\, dt \quad \hat{=} \quad c_k \cdot T_p = \int\limits_{t=-T_p/2}^{T_p/2} s(t) \cdot e^{-j2\pi k f_0 t}\, dt \; . \quad (4.85)$$

Wenn die Zeitfunktion $s(t)$ die physikalische Dimension einer Spannung hat, dann haben auch die Fourier–Koeffizienten c_k die Dimension einer Spannung. Das Fourier–Spektrum $S(f)$ hat dann aber die Dimension Spannung mal Zeit oder Spannung pro Frequenz, vergl. (4.85). Letzteres bezeichnet man auch als Spannungs*dichte*. Der oben erwähnte differentielle Gewichtsfaktor $S(f)df$ ist wieder eine Spannung, allerdings eine differentiell kleine Spannung. Die Spannungsdichte $S(f)$ selbst, die eine Funktion der kontinuierlichen Frequenz f ist, kann wie die Fourier–Koeffizienten recht große Werte annehmen.

Das kontinuierliche Fourier–Spektrum $S(f)$ ist im Normalfall komplexwertig:

$$S(f) = |S(f)| \cdot e^{j\varphi(f)} \; . \quad (4.86)$$

In Analogie zum diskreten Spektrum der Fourier–Reihe bezeichnet man die Betragsfunktion $|S(f)|$ als *Amplitudenspektrum* und die Phasenfunktion $\varphi(f)$ als *Phasenspektrum*. Beide Spektren sind, wie gesagt, *kontinuierliche* Spektren. Ein typisches Beispiel für den Verlauf von Amplituden– und Phasenspektrum zeigt Bild 4.11a. Bei reellen Signalen $s(t)$ ist das Amplitudenspektrum $|S(f)|$ stets eine gerade , das Phasenspektrum $\varphi(f)$ stets eine ungerade Funktion der Frequenz f. Aus (4.79) resultiert nämlich

$$S(-f) = \int\limits_{t=-\infty}^{+\infty} s(t) \cdot e^{+j2\pi f t}\, dt = \left[\int\limits_{t=-\infty}^{+\infty} s(t) \cdot e^{-j2\pi f t}\, dt \right]^* = S^*(f) \quad ,$$

was mit (4.86) heißt:

$$|S(f)| = |S(-f)| \; ; \quad \varphi(f) = -\varphi(-f) \; . \quad (4.87)$$

Wie später in Kapitel 11 gezeigt wird, hängt die Signalenergie allein vom Amplitudenspektrum ab, nicht vom Phasenspektrum. Erste Beispiele zur Fourier–Reihe und zur Fourier–Transformation bringt Abschnitt 4.5.

Ein zeitbegrenztes Energiesignal $s(t) = 0$ für $|t| > T/2$ läßt sich stets sowohl durch eine Fourier–Reihe (die das mit T_p periodisch fortgesetzte Signal liefert, siehe Bild 4.8) darstellen als auch durch das Fourier–Spektrum $S(f)$. Dabei gilt mit (4.85)

$$c_k T_p = S(k f_0) \; . \quad (4.88)$$

Nach Wahl eines Wertes für $T_p \geq T$ bei der Fourier–Reihe ergeben sich die mit T_p multiplizierten Fourier–Koeffizienten c_k als Abtastwerte $S(k/T_p) = S(k f_0)$ des kontinuierlichen Fourier–Spektrums $S(f)$, siehe Bild 4.11b. Dieser Zusammenhang wird als *spektrales Abtasttheorem für zeitbegrenzte Signale* bezeichnet.

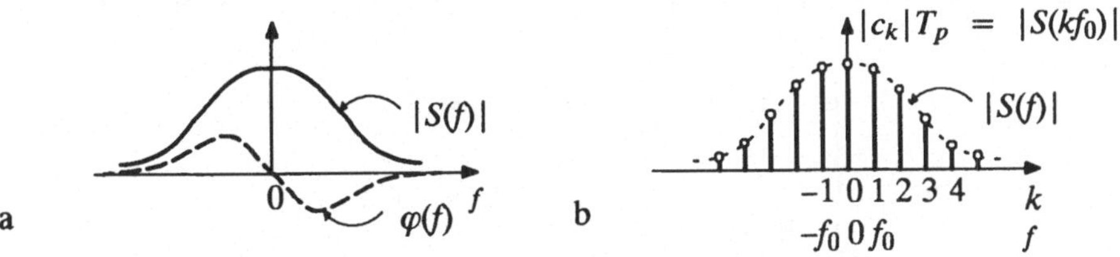

Bild 4.11 a Typischer Verlauf von Amplitudenspektrum $|S(f)|$ und Phasenspektrum $\varphi(f)$ beim reellen Signal $s(t)$

b Spektrales Abtasttheorem für zeitbegrenzte Signale

4.5 Beispiele für Fourier–Reihe und Fourier–Transformation

Als erstes Beispiel wird die Fourier–Reihe für die Funktion in Bild 4.12 aufgestellt. Die Fourier–Reihe gilt je nach Interpretation sowohl für die fett gezeichnete auf $|t| \leq T/2$ zeitbegrenzte Funktion als auch für die auf der gesamten Zeitachse $-\infty < t < +\infty$ definierte periodische Funktion.

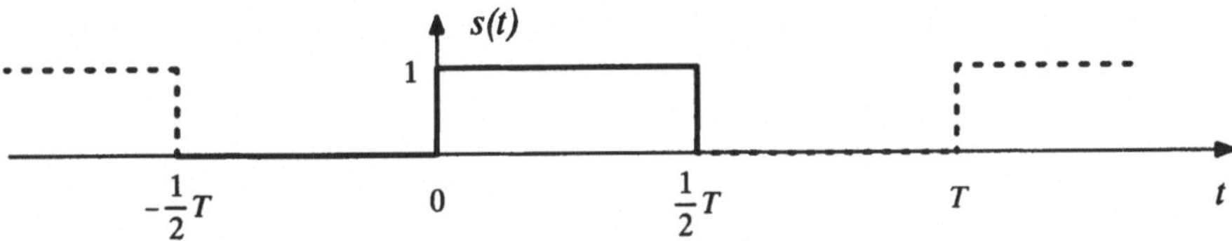

Bild 4.12 Beispiel einer zeitbegrenzten Funktion mit gestrichelt gezeichneter Fortsetzung

Mit (4.62) ergeben sich für

$$T_p = T = 1/f_0 \tag{4.89}$$

unter Anwendung von (A1.12) im Anhang die Fourier–Koeffizienten zu

$$c_k = \frac{1}{T} \int\limits_{-T/2}^{T/2} s(t)\, e^{-j2\pi k f_0 t}\, dt = \frac{1}{T} \int\limits_{0}^{T/2} e^{-j2\pi k f_0 t}\, dt = \frac{-1}{j2\pi k} e^{-j2\pi k f_0 t} \Big|_{0}^{T/2}$$

$$= \frac{-1}{j2\pi k}\left(e^{-j\pi k} - 1\right) = \frac{1}{\pi k} e^{-j\pi k/2} \frac{1}{2j}\left(e^{+j\pi k/2} - e^{-j\pi k/2}\right)$$

$$= \frac{1}{2} \frac{\sin \pi k/2}{\pi k/2}\, e^{-j\pi k/2} \qquad ; \qquad k = 0,\ \pm 1,\ \pm 2,\ \dots \tag{4.90}$$

Für $k = 0$ berechnet sich der Fourier–Koeffizient nach Bernoulli L'Hospital zu $k_0 = 1/2$.
Somit gilt

$$c_k = |c_k| e^{j\varphi_k} = \begin{cases} \dfrac{1}{2} & \text{für} \quad k = 0 \\[2mm] \dfrac{1}{\pi |k|} e^{\mp j\pi/2} & \text{für} \quad k = \pm 1, \ \pm 3, \ \ldots \\[2mm] 0 & \text{für} \quad k = \pm 2, \ \pm 4, \ \ldots \end{cases} \qquad (4.91)$$

Daraus folgt für das Amplitudenspektrum

$$|c_k| = \begin{cases} \dfrac{1}{2} & \text{für} \quad k = 0 \\[2mm] \dfrac{1}{\pi |k|} & \text{für} \quad k = \pm 1, \ \pm 3, \ \ldots \\[2mm] 0 & \text{für} \quad k = \pm 2, \ \pm 4, \ \ldots \end{cases} \qquad (4.92)$$

und für das Phasenspektrum

$$\varphi_k = \begin{cases} \dfrac{\pi}{2} & \text{für} \quad k = -1, \ -3, \ -5, \ \ldots \\[2mm] -\dfrac{\pi}{2} & \text{für} \quad k = +1, \ +3, \ +5, \ \ldots \\[2mm] 0 & \text{für} \quad k = 0, \ \pm 2, \ \pm 4, \ \ldots \end{cases} \qquad (4.93)$$

In Bild 4.13 sind die Linienspektren graphisch dargestellt.

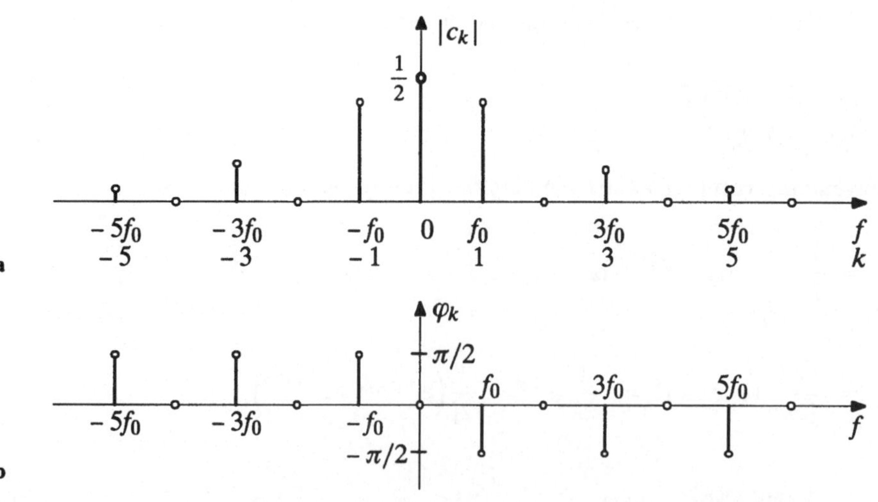

Bild 4.13   **a** Amplitudenspektrum, **b** Phasenspektrum für die in Bild 4.12 dargestellte Zeitfunktion $s(t)$

Mit den Werten (4.91) für die Fourier–Koeffizienten c_k erhält man die Fourier–Reihe (4.60) zu

$$s(t) = \sum_{k=-\infty}^{+\infty} c_k\, e^{+j2\pi k f_0 t}$$

$$= \frac{1}{2} + \frac{2}{\pi}\sin 2\pi f_0 t + \frac{2}{3\pi}\sin 2\pi 3 f_0 t + \frac{2}{5\pi}\sin 2\pi 5 f_0 + \dots \tag{4.94}$$

Die Sinusterme der Frequenzen $k f_0$ ergeben sich jeweils durch Zusammenfassen der Exponentialschwingungen für $k f_0$ und $-k f_0$ gemäß Anhang (A1.12).

Als zweites Beispiel werden die Fourier–Transformierten für symmetrisch zu $t = 0$ liegende Rechteckimpulse der Fläche $U_0\tau_0$ berechnet, siehe Bild 4.14.

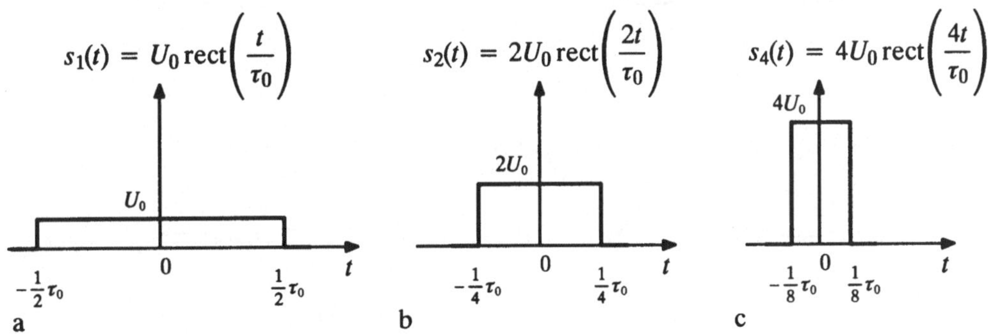

Bild 4.14   Rechteckimpulse der Fläche $U_0\tau_0$

Nach (4.79) berechnet sich das kontinuierliche Fourier–Spektrum für den Rechteckimpuls $s_1(t)$ der Höhe U_0

$$S_1(f) = \int_{-\infty}^{+\infty} s(t)\, e^{-j2\pi f t}\, dt = U_0 \int_{-\tau_0/2}^{+\tau_0/2} e^{-j2\pi f t}\, dt = \left. \frac{U_0}{-j2\pi f} e^{-j2\pi f t}\right|_{-\tau_0/2}^{\tau_0/2}$$

$$= \frac{U_0}{\pi f}\,\frac{1}{-2j}\left(e^{-j\pi f \tau_0} - e^{+j\pi f \tau_0}\right) = U_0\tau_0\,\frac{\sin \pi f \tau_0}{\pi f \tau_0}\quad . \tag{4.95}$$

Das Spektrum $S_1(f)$ erweist sich als reell, was eine Folge davon ist, daß die Zeitfunktion eine gerade Funktion $s_1(t) = s_1(-t)$ ist. Der Verlauf von $S_1(f)$ wird wie bei (4.90) durch eine $(\sin x)/x$ – Funktion bestimmt und ist in Bild 4.15a durch die ausgezogene fette Kurve dargestellt. Die gestrichelt gezeichnete Kurve zeigt das Spektrum $S_2(f)$ des Rechteckimpulses $s_2(t)$ in Bild 4.14b. $S_2(f)$ folgt aus (4.95) und Beachtung von Bild 4.14 durch die Ersetzungen $\tau_0 \rightarrow \tau_0/2$ und $U_0 \rightarrow 2U_0$. In entsprechender Weise resultiert das nicht gezeichnete Spektrum $S_3(f)$ des Impulses $s_3(t)$. Setzt man die in Bild 4.14 gezeichnete Impulsfolge systematisch fort, dann gelangt man wie in Bild 1.9 schließlich zum Dirac–Impuls der Fläche $U_0\tau_0$. Sein Fourier–Spektrum hat den konstanten Wert $S_\infty(f) = U_0\tau_0$.

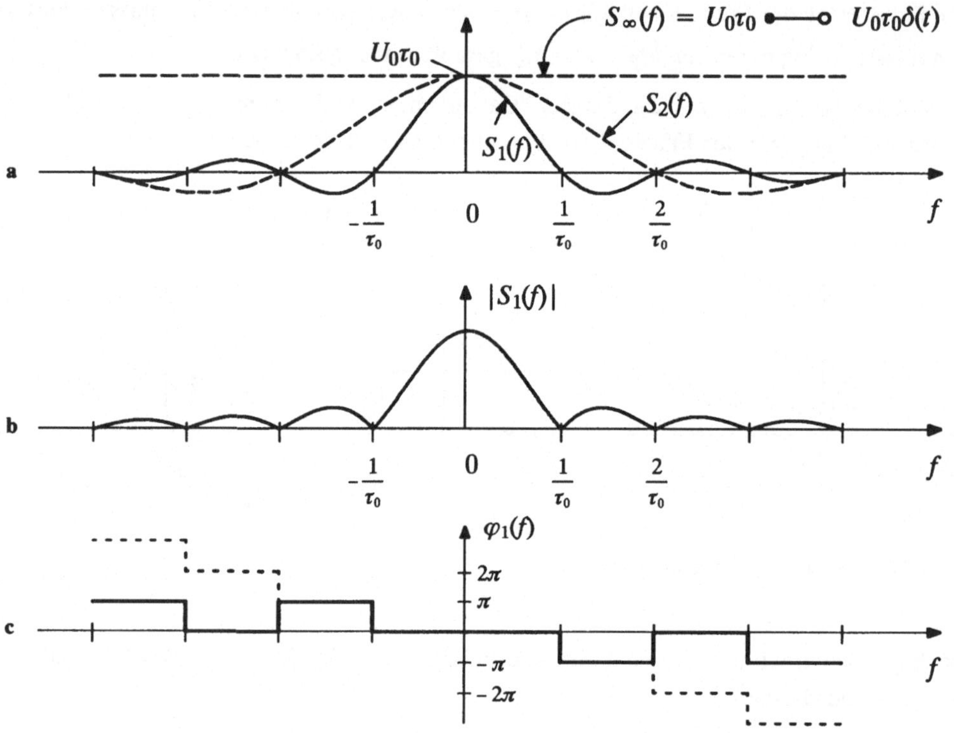

Bild 4.15   **a** reelle Spektren von Rechteckimpulsen der Fläche $U_0\tau_0$, siehe Bild 4.14
b Amplitudenspektrum **c** Phasenspektrum des Impulses $s_1(t)$

Die Bilder 4.15b und c zeigen das Amplituden– und Phasenspektrum des Rechteckimpulses $s_1(t)$. Das Phasenspektrum drückt hier lediglich aus, in welchen Frequenzbereichen das reelle Spektrum $S_1(f)$ positiv ist und in welchen es negativ ist. Dieses Beispiel macht deutlich, daß das Phasenspektrum nicht eindeutig festliegt, weil der Wert -1 sich gleichermaßen durch $e^{+j\pi}$, $e^{-j\pi}$, $e^{-j3\pi}$ usw. darstellt. Dementsprechend ergibt sich auch der Wert $+1$ z.B. durch $e^{+j2\pi}$. Deshalb repräsentiert in Bild 4.15c auch der gestrichelt gezeichnete Verlauf einen richtigen Verlauf für $\varphi_1(f)$.

Als drittes Beispiel sei schließlich das Fourier–Spektrum $S_v(f)$ des verschobenen Rechteckimpulses $s_v(t)$ in Bild 4.16 berechnet.

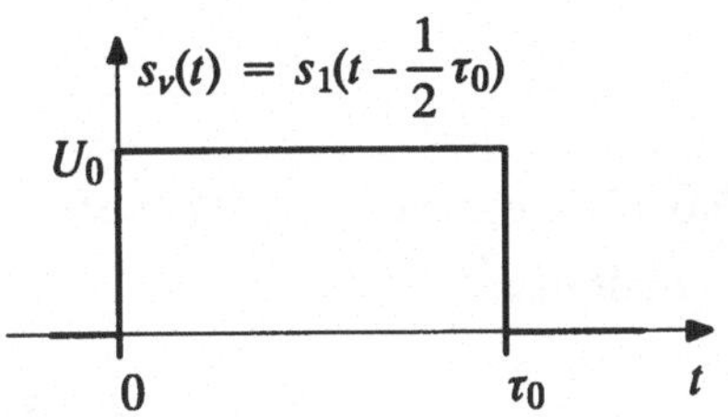

Bild 4.16 Verschobener Rechteckimpuls der Fläche $U_0\tau_0$

Mit (4.79) erhält man

$$S_v(f) = \int\limits_{-\infty}^{+\infty} s_v(t)\, \mathrm{e}^{-\mathrm{j}2\pi ft}\, \mathrm{d}t = U_0 \int\limits_{0}^{\tau_0} \mathrm{e}^{-\mathrm{j}2\pi ft}\, \mathrm{d}t = \cdots = U_0\tau_0\frac{\sin \pi f\tau_0}{\pi f\tau_0}\, \mathrm{e}^{-\mathrm{j}\pi f\tau_0}\,.$$

$$(4.96)$$

Das Spektrum $S_v(f)$ ist jetzt nicht mehr reell, sondern komplexwertig. Es unterscheidet sich vom reellen Spektrum $S_1(f)$ durch den Faktor $\mathrm{e}^{-\mathrm{j}\pi f\tau_0}$. Die Amplitudenspektren des verschobenen und des nicht verschobenen Impulses sind gleich. $|S_1(f)| = |S_v(f)|$. Die zeitliche Verschiebung drückt sich allein im Phasenspektrum aus. Bild 4.17 zeigt die Verläufe des Amplituden– und Phasenspektrums.

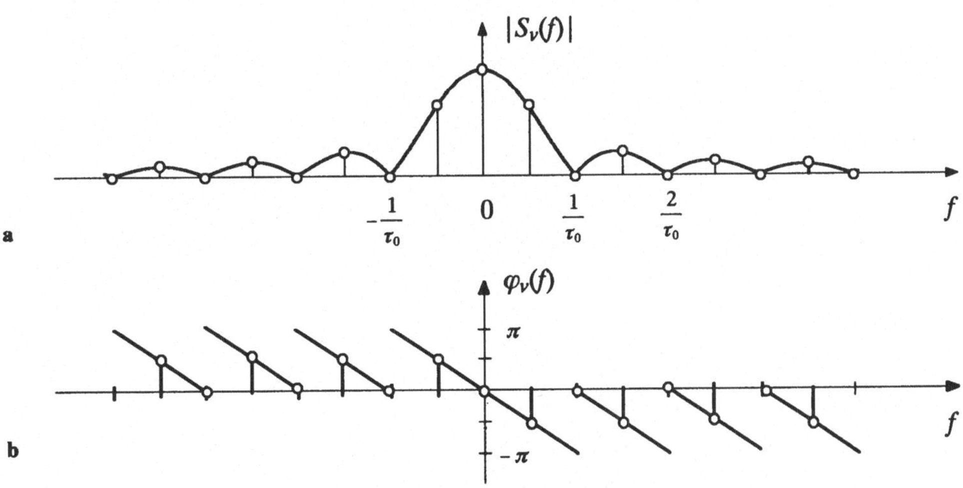

Bild 4.17 **a** Amplitudenspektrum **b** Phasenspektrum des Rechteckimpulses in Bild 4.16 mit Abtastwerten im Abstand $1/2\tau_0$

Setzt man in Bild 4.16 $U_0 = 1$ und $\tau_0 = T/2$, dann ergibt sich eine Übereinstimmung mit dem fett gezeichneten Rechteckimpuls in Bild 4.12. Für diesen Fall müssen aufgrund des spektralen Abtasttheorems (4.88) die Abtastwerte des Spektrums $S_v(f)$ bei

$$f = kf_0 = \frac{k}{T} = \frac{k}{2\tau_0} \tag{4.97}$$

mit den mit $T_p = T = 2\tau_0$ multiplizierten Fourier–Koeffizienten c_k in (4.91) überein-stimmen. Das ist in der Tat der Fall, denn aus (4.96) erhält man

$$S_v(kf_0) = \tau_0 \frac{\sin \pi k/2}{\pi k/2} \cdot e^{-j\pi k/2} = 2\tau_0 c_k . \tag{4.98}$$

In Bild 4.17 sind diese Abtastwerte mit eingezeichnet.

5 Zeitkontinuierliche Übertragungssysteme, Teil 2

In diesem Kapitel wird gezeigt, daß die Beschreibung der in Kapitel 3 eingeführten linearen zeitinvarianten Übertragungssysteme sich erheblich vereinfacht, wenn von der in Kapitel 4 hergeleiteten Fourier-Darstellung von Zeitfunktionen Gebrauch gemacht wird. Dazu werden vorübergehend auch komplexwertige Eingangs- und Ausgangssignale zugelassen. Die Impulsantwort der Übertragungssystems wird aber weiterhin als reell vorausgesetzt, was durch die Bezeichnung $h(t) = h^{(r)}(t)$ zunächst besonders hervorgehoben wird. Ein reelles Übertragungssystem antwortet auf ein reelles Eingangssignal stets mit einem reellen Ausgangssignal.

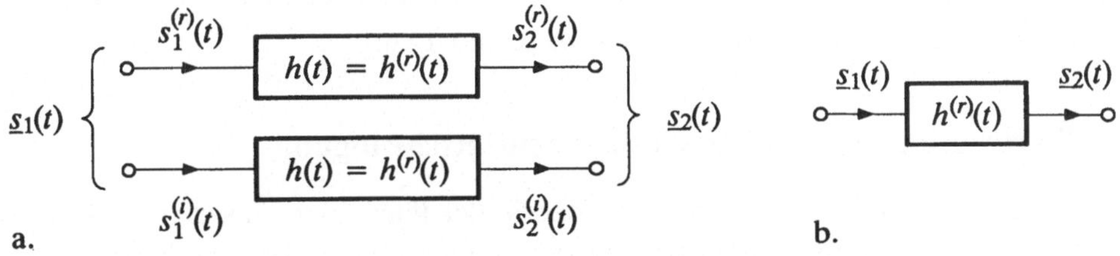

Bild 5.1   Erregung eines reellen linearen zeitinvarianten Übertragungssystems mit einem komplexen Signal $\underline{s}_1(t) = s_1^{(r)}(t) + j\, s_1^{(i)}(t)$ a. Physikalische Schaltung   b. Vereinfachte Darstellung

Physikalisch hat man sich die Erregung eines reellen Übertragungssystems mit einem komplexen Eingangssignal

$$\underline{s}_1(t) = s_1^{(r)}(t) + j\, s_1^{(i)}(t) \tag{5.1}$$

so vorzustellen, wie das in Bild 5.1a dargestellt ist. Das reelle Übertragungssystem ist zweimal vorhanden; über das obere System wird der Realteil, über das untere System der Imaginärteil übertragen.

Am Eingang des Systems werden die Realteilfunktion $s_1^{(r)}(t)$ und die Imaginärteilfunktion $s_1^{(i)}(t)$ gemäß (5.1) formal zu einem komplexen Eingangssignal $\underline{s}_1(t)$ zusammengefaßt. Der Faktor j stellt sicher, daß es sich nicht um eine gewöhnliche Signalüberlagerung wie in (2.32) handelt, sondern um eine solche, bei der man aus dem Summensignal $\underline{s}_1(t)$ wieder eindeutig auf die Bestandteile $s_1^{(r)}(t)$ und $s_1^{(i)}(t)$ rückschließen kann. Man vergleiche hierzu Abschnitt 2.4. und 4.2.1. Am Ausgang des Systems wird entsprechend verfahren:

$$\underline{s}_2(t) \;=\; s_2^{(r)}(t) \;+\; j\, s_2^{(i)}(t)\,. \tag{5.2}$$

Den mit Bild 5.1a dargestellten Sachverhalt kann man auch kompakter durch Bild 5.1b ausdrücken.

Die beiden Faltungsintegrale zur Berechnung von $s_2^{(r)}(t)$ und $s_2^{(i)}(t)$ lassen sich mit (5.1) und (5.2) zu einem einzigen Faltungsintegral zusammenfassen.

$$\underline{s}_2(t) \;=\; \int\limits_{-\infty}^{+\infty} \underline{s}_1(\tau)\cdot h(t-\tau)\;\mathrm{d}\tau \;=\; \int\limits_{-\infty}^{+\infty} h(\tau)\cdot \underline{s}_1(t-\tau)\mathrm{d}\tau \quad \text{mit } h(\tau) = h^{(r)}(\tau)\,. \tag{5.3}$$

Bei einem System mit komplexer Impulsantwort $\underline{h}(t) = h^{(r)}(t) + j\,h^{(i)}(t)$ würde der Realteil $s_2^{(r)}(t)$ sowohl vom Realteil $s_1^{(r)}(t)$ als auch vom Imaginärteil $s_1^{(i)}(t)$ der Erregung abhängen. Dasselbe gilt dann auch für den Imaginärteil $s_2^{(i)}(t)$. Derartige komplexe Systeme werden hier noch nicht betrachtet. Erwähnt sei aber, daß komplexe Impulsantworten $\underline{h}(t)$ dann auftreten, wenn man Übertragungssysteme mit Modulation im äquivalenten Basisband betrachtet [3], [7], siehe hierzu Abschnitt 12.6.

5.1 Übertragung der komplexen Exponentialschwingung

Von herausragender Bedeutung für die Theorie der linearen zeitinvarianten Übertragungssysteme ist der Fall der Übertragung der komplexen Exponentialschwingung.

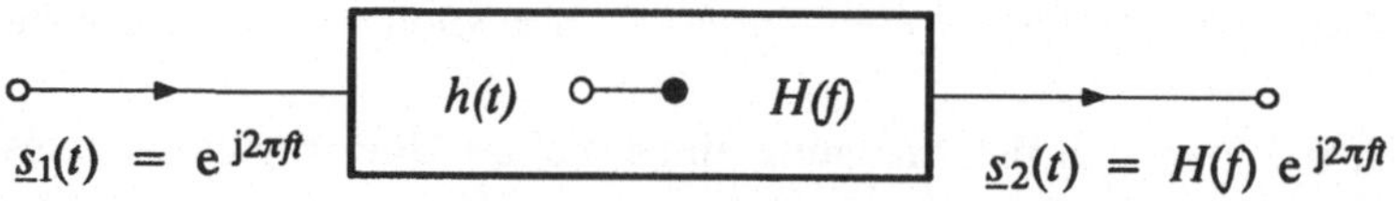

Bild 5.2   Komplexe Exponentialschwingung als Eigenschwingung des linearen zeitinvarianten Übertragungssystems

Das reelle zeitinvariante Übertragungssystem mit der Impulsantwort $h(t)$ liefert für

$$\underline{s}_1(t) = e^{+j2\pi ft} = \cos 2\pi ft + j \sin 2\pi ft \tag{5.4}$$

über das Faltungsintegral das Ausgangssignal

$$\underline{s}_2(t) = \int\limits_{-\infty}^{+\infty} h(\tau)\cdot \underline{s}_1(t-\tau)\, d\tau = \int\limits_{-\infty}^{+\infty} h(\tau)\cdot e^{+j2\pi f(t-\tau)}\, d\tau$$

$$= e^{+j2\pi ft}\cdot \int\limits_{-\infty}^{+\infty} h(\tau)\cdot e^{-j2\pi f\tau}\, d\tau \ . \tag{5.5}$$

Beachtet man, daß gemäß (4.79)

$$\int\limits_{-\infty}^{+\infty} h(\tau)\cdot e^{-j2\pi f\tau}\, d\tau = H(f) \tag{5.6}$$

die Fourier–Transformierte der Impulsantwort $h(\tau)$ ist, so ergibt sich das einfache Ergebnis

$$\underline{s}_2(t) = H(f)\cdot e^{+j2\pi ft}\ . \tag{5.7}$$

Bei Erregung mit der (periodischen) komplexen Exponentialfunktion (5.4) der festen Frequenz f erhält man das interessante Ergebnis, daß das Ausgangssignal $\underline{s}_2(t)$ proportional zum Eingangssignal $\underline{s}_1(t)$ ist. Dieser Zusammenhang hat überaus wichtige Konsequenzen und wird deshalb hier in besonderer Weise festgehalten :

Bei jedem zeitkontinuierlichen linearen zeitinvarianten Übertragungssystem der Impulsantwort $h(t)$ gilt allgemein

$$\underline{s}_1(t) = e^{j2\pi ft} \ \to\ \underline{s}_2(t) = H(f)\, e^{j2\pi ft}\, {}^{*)} \tag{5.8}$$

$$\text{mit}\quad H(f) = \int\limits_{-\infty}^{\infty} h(t)\, e^{-j2\pi ft} dt\ .$$

---

*) Bei kausalen Systemen $h(t) = 0$ für $t < 0$ ist auch die Erregung $\underline{s}_1(t) = e^{st}$ von Interesse.

$$\int\limits_{-\infty}^{\infty} h(\tau)\underline{s}_1(t-\tau)d\tau = \int\limits_{-\infty}^{\infty} h(\tau)e^{s(t-\tau)}d\tau = e^{st}\int\limits_{0}^{\infty} h(\tau)e^{s\tau}\, d\tau = e^{st}\mathcal{L}\{h(t)\}\,;\qquad s = \sigma + j\omega\,;$$
$$\sigma \ge 0\ .$$

$\mathcal{L}\{h(t)\}$ bezeichnet man als (einseitige) Laplacetransformierte. Diese Laplace-Transformation ist nicht anwendbar auf Zeitfunktionen, die für $t < 0$ von null verschieden sind. Weil in der Nachrichtentechnik im Zusammenhang mit Störungen gerade aber auch solche für $t < 0$ nichtverschwindende Funktionen betrachtet werden müssen, spielt dort die Fourier-Transformation die dominierende Rolle.

Weil bei Erregung des linearen zeitinvarianten Übertragungssystems mit der komplexen Exponentialschwingung das Ausgangssignal proportional zum Eingangssignal ist, bezeichnet man die komplexe Exponentialschwingung als *"Eigenfunktion"* des linearen zeitinvarianten Übertragungssystems. Der von der Frequenz f abhängige Proportionalitätsfaktor $H(f)$ heißt *"Eigenwert"* oder *Übertragungsfunktion* des linearen zeitinvarianten Übertragungssystems.

Aus der fundamentalen Aussage (5.8) folgt, daß man zwecks einfacher Berechnung des Ausgangssignals $s_2(t)$ das Eingangssignal $s_1(t)$ in lauter Exponentialschwingungen zerlegen sollte. Genau das geschieht aber bei der Fourier–Reihen Entwicklung und bei der Fourier–Transformation, die damit eine zentrale Bedeutung für lineare zeitinvariante Systeme bekommen. Bevor hierauf eingegangen wird, sei zunächst $H(f)$ näher diskutiert.

Die Größe $H(f)$ ist nach (5.6) im allgemeinen komplexwertig, auch wenn $h(t)$ reellwertig ist. Man schreibt sie oft in der Form

$$H(f) \;=\; |H(f)| \cdot e^{-jb(f)} \;=\; e^{-a(f)} \cdot e^{-jb(f)} \;=\; e^{-a(f)-jb(f)}. \tag{5.9}$$

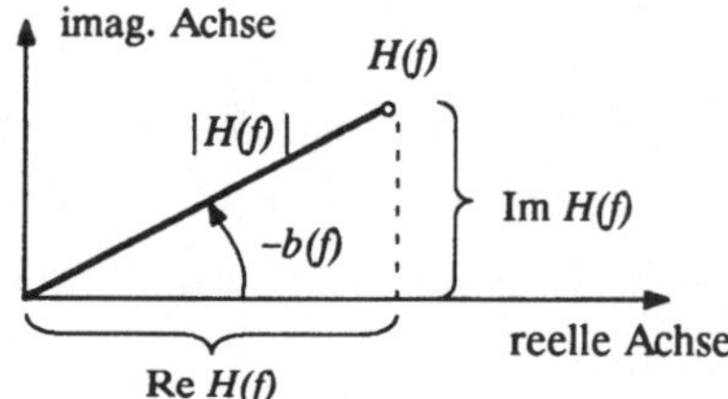

Bild 5.3 Darstellung von $H(f)$ in der komplexen Ebene $-\pi \le -b(f) \le \pi$

Aus der Darstellung von $H(f)$ in der komplexen Zahlenebene Bild 5.3 folgt

$$|H(f)| \;=\; e^{-a(f)} \;=\; \sqrt{\mathrm{Re}^2 H(f) + \mathrm{Im}^2 H(f)}\,, \tag{5.10}$$

$$-b(f) \;=\; \arctan \frac{\mathrm{Im}\, H(f)}{\mathrm{Re}\, H(f)}. \tag{5.11}$$

$a(f)$ ist die Dämpfung, $b(f)$ die Phasendrehung, denn mit (5.7) und (5.9) erhält man

$$\underline{s}_2(t) \;=\; |H(f)| \cdot e^{-jb(f)} \cdot e^{j2\pi ft} \;=\; e^{-a(f)} \cdot e^{j[2\pi ft - b(f)]}. \tag{5.12}$$

In (5.9) sind Dämpfung $a(f)$ und Phasendrehung $b(f)$ mit negativem Vorzeichen eingeführt worden, damit bei positiver Dämpfung eine Signalabschwächung ausgedrückt wird. In (5.11) ist wegen $-\pi \le -b(f) \le \pi$ nicht nur der Hauptwert des $\arctan(...)$ zu beachten.

Die Bedeutungen von $a(f)$ und $b(f)$ werden deutlicher, wenn man die Übertragung von reellen Sinusschwingungen betrachtet.

5.2 Übertragung von reellen Sinusschwingungen

Beim linearen zeitinvarianten Übertragungssystem gilt mit (5.4) und (5.12)

$$\underline{s}_1(t) = e^{j2\pi ft} = \cos 2\pi ft + j\sin 2\pi ft \tag{5.13}$$

$$\downarrow$$

$$\underline{s}_2(t) = H(f)\, e^{j2\pi ft} = |H(f)| \cdot \cos[2\pi ft - b(f)] + j|H(f)| \cdot \sin[2\pi ft - b(f)]\,.$$

Wegen der reellen Impulsantwort in (5.3) gehört in (5.13) der Realteil der Antwort zum Realteil der Erregung und der Imaginärteil der Antwort zum Imaginärteil der Erregung, siehe auch Bild 5.1a.

$$s_1^{(r)}(t) = \cos 2\pi ft \quad \rightarrow \quad s_2^{(r)}(t) = |H(f)| \cdot \cos[2\pi ft - b(f)]$$

$$js_1^{(i)}(t) = j\sin 2\pi ft \quad \rightarrow \quad js_2^{(i)}(t) = j|H(f)| \cdot \sin[2\pi ft - b(f)]\,. \tag{5.14}$$

Die mit Bild 5.1a eingeführte Erweiterung von Signalen zu komplexwertigen Signalen und die Anwendung der komplexen Rechentechnik liefern also eine außerordentliche Vereinfachung der Theorie.

Aus (5.14) geht hervor, daß $b(f)$ eine Phasenverschiebung bedeutet. Wegen der Gültigkeit von Zeitinvarianz und Linearität folgt aus (5.14) allgemein:

$$s_1(t) = \hat{S} \cdot \sin[2\pi ft + \varphi] \quad \rightarrow \quad s_2(t) = |H(f)| \cdot \hat{S} \sin[2\pi ft + \varphi - b(f)]\,. \tag{5.15}$$

Sinusschwingungen beliebiger Frequenz f, Nullphase φ und Amplitude $\hat{S}$ werden durch ein reelles lineares zeitinvariantes Übertragungssystem *formgetreu* übertragen. Diese Tatsache ist für die Energietechnik von unschätzbarem Vorteil, da sich sinusförmige Wechselspannungen mit Generatoren leicht erzeugen lassen. Bei der Übertragung über Leitungen, die linear und zeitinvariant sind und die 500 km oder länger sein können, bleibt die Sinusform erhalten.

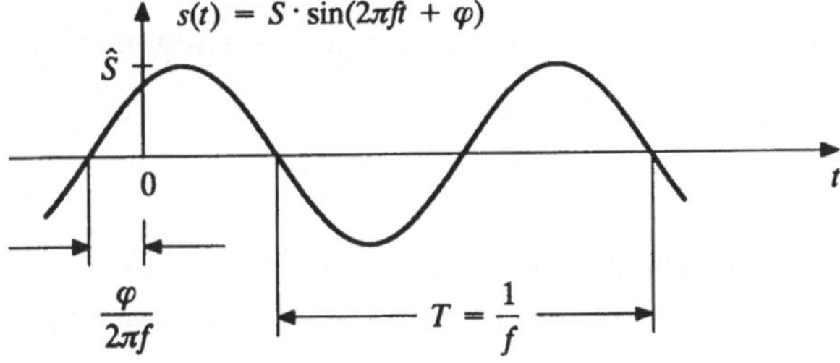

Bild 5.4 Sinusschwingung

Mischsignale, die sich aus Sinusschwingungen verschiedener Frequenzen zusammensetzen, werden im allgemeinen nicht formgetreu übertragen.

Mischsignal–Übertragung

Das erregende Mischsignal

$$s_1(t) \; = \; \hat{S}_a \cdot \sin[2\pi f_a t + \varphi_a] \; + \; \hat{S}_b \cdot \sin[2\pi f_b t + \varphi_b] \tag{5.16}$$

erzeugt beim linearen zeitinvarianten Übertragungssystem die Antwort

$$s_2(t) \; = \; |H(f_a)| \cdot \hat{S}_a \cdot \sin[2\pi f_a t + \varphi_a - b(f_a)] \; + \; |H(f_b)| \cdot \hat{S}_b \cdot \sin[2\pi f_b t + \varphi_b - b(f_b)] \,. \tag{5.17}$$

Die Antwort $s_2(t)$ ist normalerweise sehr verschieden von $s_1(t)$, wie das Beispiel in Bild 5.5 illustriert.

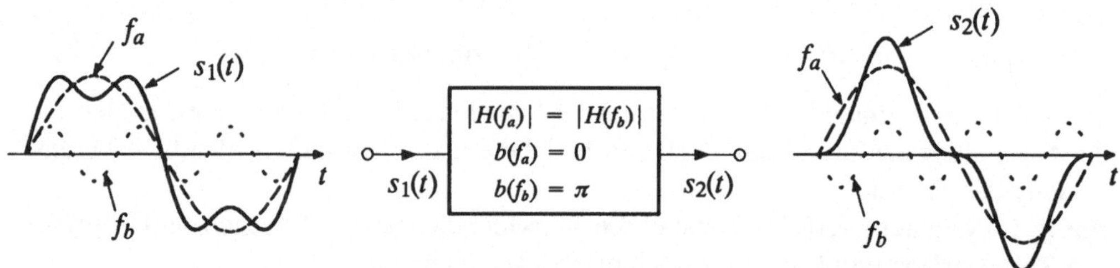

Bild 5.5   Übertragung des Mischsignals $3 \cdot \sin(2\pi f_a t) + \sin(2\pi f_b t)$ über ein System mit Laufzeitverzerrung

Das auf den Eingang gegebene Signal

$$s_1(t) \; = \; 3\sin(2\pi f_a t) + \sin(2\pi f_b t) \tag{5.18}$$

liefert wegen $b(f_b) = \pi$ bei $|H(f)| \equiv 1$ das Ausgangssignal

$$s_2(t) \; = \; 3\sin(2\pi f_a t) - \sin(2\pi f_b t) \,, \tag{5.19}$$

dessen Verlauf völlig anders aussieht als der des Eingangssignals.

Für eine formgetreue Übertragung beliebiger Signalverläufe $s_1(t)$ muß allgemein gelten:

$$|H(f)| \; = \; A \; = \; \text{konst.} \quad \forall \, f, \tag{5.20}$$

$$b(f) \; = \; 2\pi\tau_0 \, f. \tag{5.21}$$

Der Betrag $|H(f)|$ muß konstant und die Phase $b(f)$ eine lineare durch den Ursprung gehende Funktion sein, siehe Bild 5.6 . Mit (5.20) und (5.21) folgt zum Beispiel für (5.17)

$$s_2(t) = A \cdot \{\hat{S}_a \cdot \sin[2\pi f_a(t - \tau_0) + \varphi_a] \; + \; \hat{S}_b \cdot \sin[2\pi f_b(t - \tau_0) + \varphi_b]\}$$

$$= A \cdot s_1(t - \tau_0) \,. \tag{5.22}$$

Das Ausgangssignal $s_2(t)$ unterscheidet sich also vom Eingangssignal $s_1(t)$ in (5.16) nur um den konstanten Faktor A und um die konstante zeitliche Verzögerung τ_0 (Laufzeit).

Die Herleitung der allgemeinen Bedingungen (5.20) und (5.21) macht im wesentlichen vom Zeitverschiebungssatz der Fourier-Transformation Gebrauch, der später in Kapitel 10 behandelt wird, siehe (10.26).

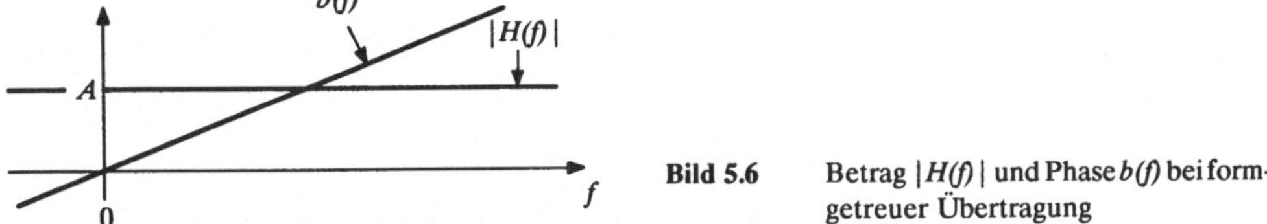

Bild 5.6 Betrag $|H(f)|$ und Phase $b(f)$ bei formgetreuer Übertragung

Die Übertragung ist nicht formgetreu, sondern *linear verzerrt*, wenn

$$|H(f)| \neq \text{konst.} , \tag{5.23}$$

$$\text{und/oder} \quad b(f) \neq 2\pi\tau_0 f . \tag{5.24}$$

Lineare Verzerrungen heißen *Dämpfungsverzerrungen*, wenn sie allein wegen (5.23) auftreten. Sie heißen *Phasenverzerrungen*, wenn sie allein durch (5.24) begründet sind.

5.3 Übertragung periodischer Signale und zeitbegrenzter Signale

Die Übertragung periodischer Signale und zeitbegrenzter Signale über ein lineares zeitinvariantes Übertragungssystem läßt sich mit Hilfe von Fourier-Reihen auf die Übertragung von Sinus- oder Exponentialschwingungen der diskreten Frequenzen kf_0 zurückführen.

Statt Anwendung des Faltungsintegrals geht man dabei in folgenden Schritten vor:
- – Darstellung des Eingangssignals $s_1(t)$ durch Überlagerung von Sinus- oder Exponentialschwingungen (Fourier-Reihe)
- – Berechnung der Antwort für jede Sinus- bzw. Exponentialschwingung
- – Überlagerung aller Antworten zum resultierenden Ausgangssignal $s_2(t)$

a. Periodisches Signal $s_1(t) = s_1(t + T_p)$

Für die Periodendauer

$$T_p = 1/f_0 \tag{5.25}$$

ergibt sich die Fourier-Reihe zu

$$s_1(t) = \sum_{k=-\infty}^{+\infty} c_k \cdot e^{j2\pi k f_0 t} , \tag{5.26}$$

mit den Fourier–Koeffizienten

$$c_k = \frac{1}{T_p} \int_{-T_p/2}^{T_p/2} s_1(t) \cdot e^{-j2\pi k f_0 t} \, dt \, . \tag{5.27}$$

Wegen des Überlagerungsprinzips, das auch bei unendlich vielen Teilschwingungen gilt, folgt mit (5.8) und (5.26) direkt

$$s_2(t) = \sum_{k=-\infty}^{+\infty} H(k f_0) \cdot c_k \cdot e^{j2\pi k f_0 t} \, . \tag{5.28}$$

b. **Zeitbegrenztes Signal der endlichen Dauer T_1**

Das Verfahren für periodische Signale läßt sich auf zeitbegrenzte Signale der Dauer T_1 erweitern, wenn auch die Impulsantwort eine endliche Dauer T_h besitzt. Das Ausgangssignal $s_2(t)$ hat dann nach (3.32) die endliche Dauer $T_2 = T_1 + T_h$

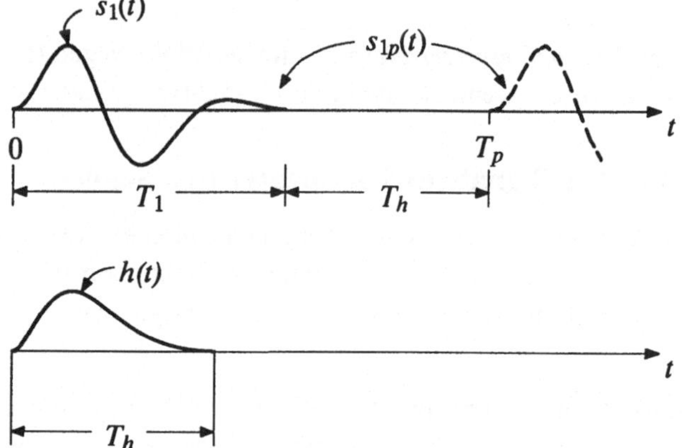

Bild 5.7   Übertragung eines zeitbegrenzten Signals $s_1(t)$ über ein lineares zeitinvariantes Übertragungssystem mit zeitbegrenzter Impulsantwort $h(t)$

Das Eingangssignal $s_1(t)$ wird nun mit der Periode (vergl. Fußnote auf S.84)

$$T_p = \frac{1}{f_0} \geq T_2 = T_1 + T_h \tag{5.29}$$

periodisch fortgesetzt und als Fourier–Reihe $s_{1p}(t)$ dargestellt. Das zu $s_{1p}(t)$ gehörende Ausgangssignal ist ebenfalls periodisch und werde mit $s_{2p}(t)$ bezeichnet. Wegen der Bedingung (3.32) hängt der Verlauf von $s_{2p}(t)$ im Intervall $0 \leq t \leq T_p$ nur von $s_1(t)$ und $h(t)$ ab. Damit ergibt sich

$$s_2(t) = \begin{cases} s_{2p}(t) & \text{für } 0 \leq t \leq T_p \\ 0 & \text{sonst} \end{cases} \qquad . \tag{5.30}$$

Bemerkenswert ist, daß für die Übertragung zeitbegrenzter Signale nur Übertragungsfunktionswerte $H(kf_0)$ an den Stellen $f = kf_0$ benötigt werden. Das hängt mit dem spektralen Abtasttheorem für zeitbegrenzte Signale (4.88) zusammen.

Wenn die Bedingung (5.29) verletzt wird, indem $T_p < T_1 + T_h$ gewählt wird, dann wird die Berechnung von $s_2(t)$ verfälscht, weil in $s_{2p}(t)$ Überlappungen auftreten, die als *Aliasing* bezeichnet werden.

5.4 Allgemeine Signalübertragung im Frequenzbereich

Das Verfahren des letzten Abschnitts läßt sich auf Signale $s_1(t)$ von unendlicher Dauer erweitern, wenn beide $s_1(t)$ und $h(t)$, als Fourier–Transformierte $S_1(f)$ und $H(f)$ dargestellt werden können.

Ausgangspunkt ist das Faltungsintegral in der Form

$$s_2(t) = \int\limits_{\tau=-\infty}^{+\infty} s_1(t-\tau) \cdot h(\tau) \, d\tau \, . \tag{5.31}$$

Auf beiden Seiten dieser Gleichung wird jetzt die Fourier–Transformation angewendet. Das liefert

$$S_2(f) = \int\limits_{t=-\infty}^{+\infty} s_2(t) \cdot e^{-j2\pi ft} \, dt = \int\limits_{t=-\infty}^{+\infty} \left[\int\limits_{\tau=-\infty}^{+\infty} s_1(t-\tau) \cdot h(\tau) \, d\tau \right] \cdot e^{-j2\pi ft} \, dt \, . \tag{5.32}$$

Setzt man voraus, daß das rechts stehende Doppelintegral gleichmäßig, d. h. für alle τ und für alle t, konvergiert, dann darf die Reihenfolge der Integrationen vertauscht werden. Dann gilt

$$S_2(f) = \int\limits_{\tau=-\infty}^{+\infty} h(\tau) \left[\int\limits_{t=-\infty}^{+\infty} s_1(t-\tau) \cdot e^{-j2\pi ft} \, dt \right] d\tau \, . \tag{5.33}$$

Nach Substitution $t - \tau = x$, $dt = dx$ folgt daraus für zunächst festes τ

$$S_2(f) = \int\limits_{\tau=-\infty}^{+\infty} h(\tau) \cdot e^{-j2\pi f\tau} \underbrace{\left[\int\limits_{x=-\infty}^{+\infty} s_1(x) \cdot e^{-j2\pi fx} dx \right]}_{S_1(f)} d\tau = S_1(f) \cdot \underbrace{\int\limits_{\tau=-\infty}^{+\infty} h(\tau) \cdot e^{-j2\pi f\tau} d\tau}_{H(f)} \, .$$

Zusammenfassend ergibt sich also die einfache Beziehung

$$\boxed{S_2(f) \;=\; S_1(f) \cdot H(f)} \;.$$

(5.34)

Die komplizierte Faltung der Zeitfunktionen $s_1(t)$ und $h(t)$ geht in das gewöhnliche Produkt ihrer Fourier–Transformierten $S_1(f)$ und $H(f)$ über.

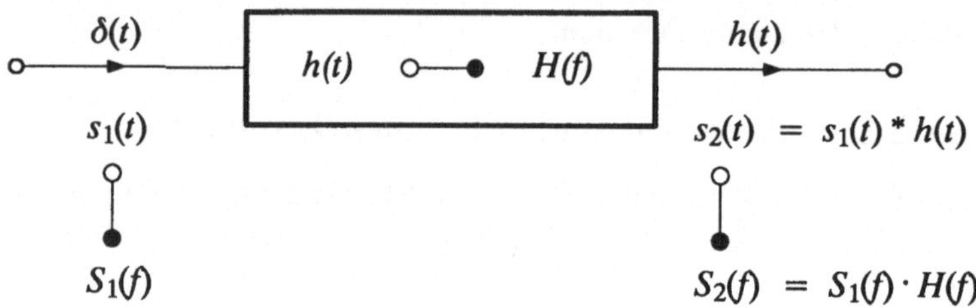

Bild 5.8   Zusammenhang zwischen Eingangs– und Ausgangsgröße eines linearen zeitinvarianten Übertragungssystems im Zeit– und Frequenzbereich

Aus dem Spektrum $S_2(f)$ am Ausgang läßt sich das Ausgangssignal $s_2(t)$ durch die Fourier–Rücktransformation gewinnen

$$s_2(t) \;=\; \int\limits_{-\infty}^{+\infty} S_2(f) \cdot e^{+j2\pi ft}\; df\,.$$

(5.35)

Im Fall, daß auf den Eingang des Übertragungssystems der Dirac–Impuls $\delta(t)$ gegeben wird, erscheint am Ausgang definitionsgemäß die Impulsantwort $s_2(t) \;=\; h(t)$. Da in diesem Fall das zugehörige Spektrum $S_2(f) \;=\; H(f)$ ist, muß nach (5.34) das Spektrum des Dirac–Impulses identisch eins sein. Dasselbe wurde bereits mit Bild 4.15a gezeigt und folgt auch durch direkte Fourier–Transformation des Dirac–Impulses

$$S(f) \;=\; \int\limits_{\infty}^{+\infty} s(t) \cdot e^{-j2\pi ft}\; dt \;=\; \int\limits_{-\infty}^{+\infty} \delta(t) \cdot e^{-j2\pi ft}\; dt \;=\; \int\limits_{-\infty}^{+\infty} \delta(t)\; dt \;=\; 1\,,$$

(5.36)

also

$$\delta(t) \;\circ\!\!-\!\!\bullet\; 1 \;.$$

(5.37)

Oft interessieren nicht so sehr die Zeitfunktionen, sondern lediglich die Spektren $S_1(f)$ und $S_2(f)$ am Eingang und am Ausgang eines linearen zeitinvarianten Übertragungssystems. Deshalb werden nachfolgend die Eigenschaften von $H(f)$ noch etwas näher diskutiert. Dabei ist es zweckmäßig, nicht nur positive, sondern auch negative Frequenzen zu betrachten, weil sich damit strukturelle Eigenschaften besser erkennen lassen.

Für reellwertige Impulsantworten $h(t)$ folgt aus (5.6)

$$H(f) = \int_{-\infty}^{+\infty} h(\tau) \cdot \cos(2\pi f \tau)\, d\tau - j \int_{-\infty}^{+\infty} h(\tau) \cdot \sin(2\pi f \tau)\, d\tau\,. \tag{5.38}$$

Der Realteil

$$\mathrm{Re}\, H(f) = \int_{-\infty}^{+\infty} h(\tau) \cdot \cos(2\pi f \tau)\, d\tau = \mathrm{Re}\, H(-f) \tag{5.39}$$

ist infolgedessen eine gerade Funktion und der Imaginärteil

$$\mathrm{Im}\, H(f) = - \int_{-\infty}^{+\infty} h(\tau) \cdot \sin(2\pi f \tau)\, d\tau = - \mathrm{Im}\, H(-f) \tag{5.40}$$

eine ungerade Funktion, siehe Bild 5.9.

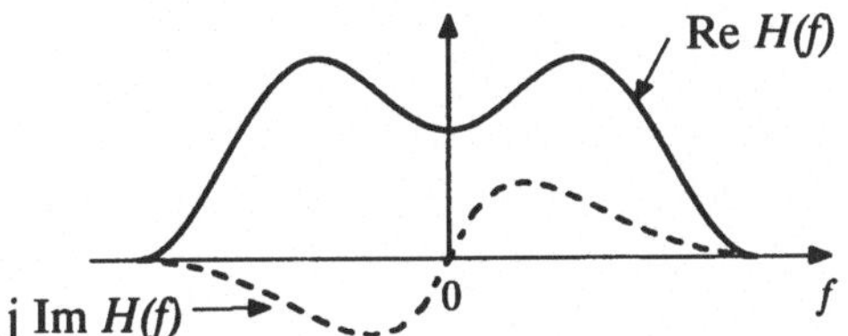

Bild 5.9 Beispiel für die Verläufe von Real- und Imaginärteil einer Übertragungsfunktion $H(f)$ bei reellwertiger Impulsantwort $h(t)$

Ähnliches gilt für Betrag $|H(f)|$ und den Winkel $-b(f)$, wenn man $H(f)$ wie folgt schreibt

$$H(f) = |H(f)| \cdot e^{-jb(f)}\,. \tag{5.41}$$

Aus (5.10) und (5.11) folgen mit (5.39) und (5.40)

$$|H(f)| = |H(-f)|\,, \tag{5.42}$$

$$-b(f) = b(-f)\,. \tag{5.43}$$

Die Beziehungen (5.41) bis (5.44) entsprechen den Beziehungen (4.86) und (4.87) in Kapitel 4.

Fordert man zusätzlich zur Reellwertigkeit der Impulsantwort $h(t)$ auch noch Kausalität, d. h.

$$h(t) = 0 \quad \text{für} \quad t < 0\,, \tag{5.44}$$

dann müssen Real- und Imaginärteil von $H(f)$ in einem ganz bestimmten Zusammenhang zueinander stehen. Dieser Zusammenhang ist durch die sogenannte Hilbert-Transformation gegeben, siehe Kapitel 12. Wird dieser Zusammenhang nicht beachtet, dann ergeben sich in der Regel nichtkausale Impulsantworten. Das wird mit dem zweiten Beispiel im nächsten Abschnitt illustriert.

5.5 Beispiele für die Berechnung der Übertragungsfunktion und der Impulsantwort

Als erstes Beispiel sei die Impulsantwort $h(t)$ des einfachen Leitungsmodells von Kapitel 1 betrachtet. Sie lautet, wenn man (1.39), also $2RC = \sqrt{LC}$, in (1.64) einsetzt:

$$h(t) = \begin{cases} \dfrac{t}{LC} \cdot e^{-t/\sqrt{LC}} & \text{für } t > 0 \\[2ex] 0 & \text{sonst} \end{cases} \qquad (5.45)$$

Durch Fourier-Transformation (4.79) erhält man die zugehörige Übertragungsfunktion zu

$$H(f) = \int\limits_{-\infty}^{+\infty} h(t) \cdot e^{-j2\pi ft} \, dt = \int\limits_{0}^{+\infty} \frac{t}{LC} \cdot e^{-t/\sqrt{LC}} \cdot e^{-j2\pi ft} \, dt \; . \qquad (5.46)$$

Mit der Substitution

$$\frac{t}{\sqrt{LC}} = x \quad ; \quad \frac{dt}{\sqrt{LC}} = dx \qquad (5.47)$$

und mit $s = 1 + j2\pi f\sqrt{LC}$, folgt

$$H(f) = \int\limits_{x=0}^{\infty} x \cdot e^{-x} \cdot e^{-j2\pi fx\sqrt{LC}} \, dx = \int\limits_{x=0}^{\infty} x \cdot e^{-sx} \, dx = -\left(\frac{1}{s^2} + \frac{x}{s}\right) e^{-sx} \Bigg|_{x=0}^{\infty} = \frac{1}{s^2} \; , \qquad (5.48)$$

also

$$H(f) = \frac{1}{(1 + j2\pi f\sqrt{LC})^2} \; . \qquad (5.49)$$

Die Berechnung der Übertragungsfunktion aus der Impulsantwort kann manchmal recht kompliziert werden. Deshalb werden die Übertragungseigenschaften, wie im nächsten Beispiel, oft direkt im Frequenzbereich vorgegeben.

Als zweites Beispiel sei die Übertragungsfunktion $H(f)$ des idealen Rechteck-Tiefpaß gemäß Bild 5.10 vorgeschrieben und daraus durch Fourier-Rücktransformation die zugehörige Impulsantwort berechnet. Einen idealen Rechteck–Tiefpaß wünscht man sich oft, um ein im Bereich $|f| < f_g$ gelegenes Nutzsignal $S(f)$ von bestimmten Störanteilen, die bei $|f| > f_g$ liegen, zu trennen. Die Frequenz f_g wird als *Grenzfrequenz* bezeichnet.

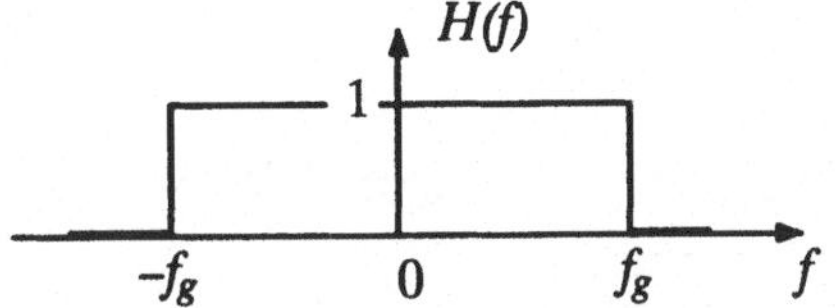

Bild 5.10 Übertragungsfunktion des idealen Rechteck-Tiefpaß

Normalerweise ist $H(f)$ eine komplexwertige Funktion mit dem Betrag $|H(f)|$ und der Phase $b(f)$, vergl. (5.9). In Bild 5.10 ist $H(f)$ als reelle nichtnegative Funktion vorgegeben. Für ihren Betrag gilt

$$|H(f)| = H(f) = \begin{cases} 1 & \text{für } |f| \le f_g \\ 0 & \text{sonst} \end{cases} \qquad . \tag{5.50}$$

während die Phase identisch null ist

$$b(f) \equiv 0 . \tag{5.51}$$

Durch Einsetzen von (5.50) in die Rücktransformationsformel (4.78) erhält man

$$h(t) = \int\limits_{-\infty}^{+\infty} H(f) \cdot e^{+j2\pi ft}\, df = \int\limits_{-f_g}^{+f_g} e^{+j2\pi ft}\, df = \frac{1}{j2\pi t} \cdot e^{+j2\pi ft} \Bigg|_{-f_g}^{f_g}$$

$$= \frac{1}{j2\pi t} \left\{ e^{+j2\pi f_g t} - e^{-j2\pi f_g t} \right\} = \frac{\sin 2\pi f_g t}{\pi t} , \tag{5.52}$$

oder

$$h(t) = 2f_g \frac{\sin 2\pi f_g t}{2\pi f_g t} . \tag{5.53}$$

Für $t = 0$ folgt nach der Formel von Bernoulli–L'Hospital

$$h(0) = 2f_g . \tag{5.54}$$

Der zeitliche Verlauf der Impulsantwort $h(t)$ gemäß (5.53) ist in Bild 5.11c dargestellt. Berücksichtigt man, daß die Impulsantwort die Antwort auf den Dirac–Impuls in Bild 5.11b ist, dann zeigt sich, daß der ideale Rechteck–Tiefpaß ein nichtkausales und damit physikalisch nicht realisierbares Übertragungssystem darstellt.

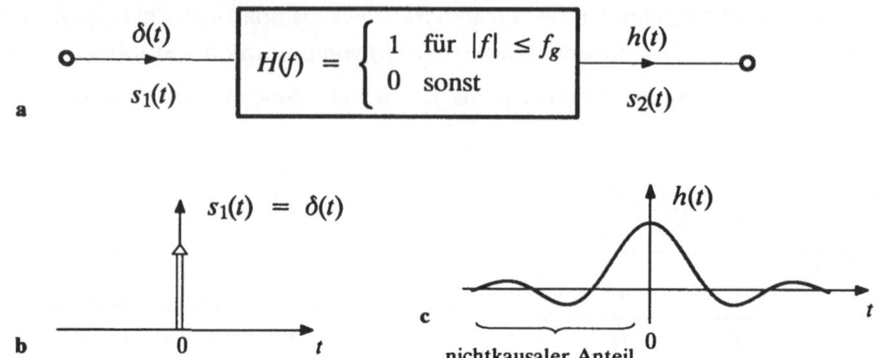

Bild 5.11 Impulsübertragung über einen idealen Rechteck–Tiefpaß

Hätte man statt (5.51) eine linear ansteigende Phase

$$b(f) = 2\pi\tau_0 f$$

angesetzt, dann hätte sich mit (5.52) statt (5.53) die um die positive Laufzeit τ_0 verschobene Impulsantwort

$$h(t) = 2f_g \frac{\sin 2\pi f_g (t - \tau_0)}{2\pi f_g (t - \tau_0)} \tag{5.55}$$

ergeben. Ihr absoluter Maximalwert liegt bei $t = \tau_0$. Je größer τ_0 ist, desto kleiner wird die Energie des nichtkausalen Anteils. Es läßt sich zeigen, daß man den idealen Rechteck-tiefpaß um so genauer durch ein realisierbares Filter approximieren kann, je größer die zugelassene zeitliche Verzögerung τ_0 ist. In [7] wird ein Verfahren angegeben, wie man den Betragsverlauf des Rechtecktiefpasses mit beliebiger Genauigkeit verwirklichen kann, wenn τ_0 nur genügend groß gewählt wird.

Der ideale Rechteck–Tiefpaß ist ein Beispiel für ein Übertragungssystem, dessen Übertragungsverhalten mit der in Abschnitt 3.4 dargestellten Zustandsgrößentheorie deshalb nicht beschrieben werden kann, weil die Zustandsgrößentheorie Kausalität voraussetzt, der ideale Rechteck–Tiefpaß aber nichtkausal ist. Die Konzeption mit dem Faltungsintegral und der Impulsantwort ist also allgemeiner.

In Kapitel 12 werden notwendige und hinreichende Bedingungen hergeleitet, die eine Übertragungsfunktion $H(f)$ erfüllen muß, damit Kausalität sichergestellt ist.

6 Zeitdiskrete Übertragungssysteme, Teil 1

Unter einem zeitdiskretem Übertragungssystem versteht man ein solches, das auf ein zeitdiskretes Signal am Eingang mit einem zeitdiskreten Signal am Ausgang antwortet. Im folgenden werden zeitdiskrete wertkontinuierliche Signale mit einem festen Zeitraster T vorausgesetzt, siehe Bilder 2.1b und 6.1. Die hier zugrundegelegten zeitdiskreten Signale besitzen also keine Energie im Sinn der Definition (2.4) und sind auch nicht für eine Übertragung über ein physikalisches System geeignet. Deshalb sind die hier betrachteten Übertragungssysteme nicht physikalische, sondern – streng genommen – hypothetische Gebilde. Eine auf zeitdiskreten Signalen basierende Übertragungs– und Systemtheorie erweist sich aber als äußerst praktisch, weil sie unter anderem die Grundlage für die Simulation des Übertragungsverhaltens physikalischer Systeme auf dem Digitalrechner liefert.

Im folgenden wird zunächst auf die Beschreibung zeitdiskreter Signale durch mathematische Folgen eingegangen. Sodann wird eine eigenständige Theorie zeitdiskreter Übertragungssysteme entwickelt, die völlig unabhängig von der Theorie zeitkontinuierlicher Übertragungssysteme zu sehen ist. Später in Kapitel 9 wird gezeigt, unter welchen Bedingungen die zeitdiskrete Theorie quantitative Ergebnisse liefert, die beliebig wenig von den Ergebnissen der zeitkontinuierlichen Theorie abweichen.

6.1 Darstellung zeitdiskreter Signale durch Folgen

Das in Bild 6.1 dargestellte zeitdiskrete Signal $s(vT)$ kann man sich als Folge von Abtastwerten eines zeitkontinuierlichen Signals $s(t)$ vorstellen, man muß das aber nicht tun. Für die folgende Theorie ist es sogar bequemer, das zeitdiskrete Signal von vornherein als primär gegebene Folge aufzufassen.

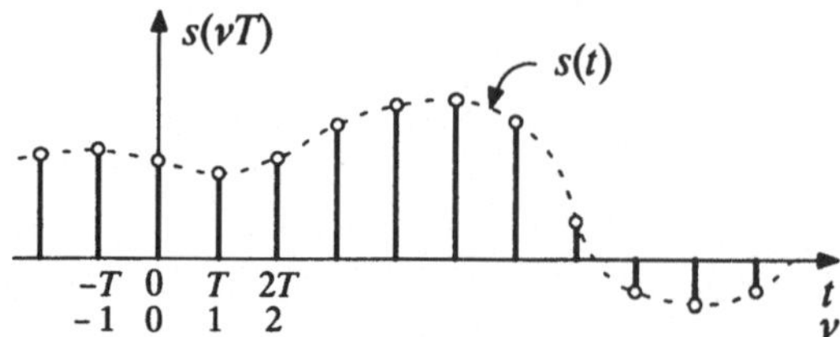

Bild 6.1   Zeitdiskretes wertkontinuierliches Signal $s(vT)$ bzw. $s(v)$

Im Zusammenhang mit zeitdiskreten Signalen wird unter einer *Folge* [*)] eine Funktion der ganzen Zahlen v verstanden. Man schreibt deshalb zweckmäßigerweise

$$v \text{ statt } vT \qquad ; \qquad v \in Z. \tag{6.1}$$

Z bezeichnet die Menge *aller* ganzen Zahlen, auch der negativen ganzen Zahlen. Durch die Ersetzung (6.1) welche die Schreibweise vereinfacht, geht nichts verloren, weil man in späteren Rechenergebnissen $s(v)$ durch $s(vT)$ rückersetzen kann. Dasselbe gilt für andere Funktionen der diskreten Zeit. Die Größe T sei für alle betrachteten Folgen gleich.

Wie bei einer kontinuierlichen Funktion der Ausdruck $s(t)$ entweder den Funktionswert bei einer festen Zeit t oder den Funktionsverlauf über einer kontinuierlich veränderbaren Zeit t darstellen kann, so könnte auch $s(v)$ im Prinzip entweder den Funktionswert an der Stelle v oder die Folge darstellen. Zur deutlicheren Unterscheidung seien aber nachstehende Bezeichnungen vereinbart:

$s(v)$ ist Funktionswert an der Stelle v,
mit anderen Worten ein einzelnes Glied der Folge

$\{s(v)\}$ ist die allgemeine Folge (v durchläuft *alle* ganzen Zahlen).

Sind für $v < a$ und für $v > b > a$ alle Glieder einer Folge gleich Null, so kann man das auch durch die Schreibweise

$$\{s(v)\}_a^b = \{s(a), ..., s(b)\} \tag{6.2}$$

besonders hervorheben. Solche Folgen werden als *endliche* Folgen bezeichnet. Auch bei endlichen Folgen ist der Funktionswert für *alle* ganzen Zahlen (aber nur für diese) definiert, vergl. auch Abschnitt 2.1.

[*)]
Der hier benutzte Folgenbegriff ist teilweise allgemeiner und teilweise spezieller als in der Mathematik. Er ist insofern allgemeiner, weil in der Mathematik lediglich die Menge der (positiven) natürlichen Zahlen v zugrundegelegt wird, siehe z.B. [8] und [9]. Er ist insofern spezieller, weil in der Mathematik neben Folgen von Funktionswerten auch Folgen von Funktionen (siehe Bild 1.9) und Folgen von Abbildungen (siehe Bild 3.7) betrachtet werden.

Die einzelnen Werte $s(v)$ der Glieder einer Folge $\{s(v)\}$ können auf verschiedene Weise angegeben werden, nämlich

a) in graphischer Form durch ein Bild,

   (Man kann die Werte z. B. aus Bild 6.1 ablesen, wenn die Ordinatenachse skaliert wird)

b) durch eine Tabelle,

c) durch eine mathematische Bildungsvorschrift, z. B.

$$s(v) = \cos(2\pi v/N) \ , \qquad v = 0, 1, 2, ..., N-1. \tag{6.3}$$

Die zusätzliche Angabe von $v = 0, 1, 2, ..., N-1$ legt fest, daß die Folge in diesem Fall endlich ist.

d) bei endlichen Folgen durch die Angabe ihrer Glieder, z. B.

$$\{s(v)\}_0^5 = \{1, 0, 3, 2, 1, 1\}.$$

Bei diesem Beispiel ist also $s(0) = 1$, $s(1) = 0$, usw.

Endliche Folgen werden auch als *Tupel* bezeichnet. Unter einem Zahlen–Tupel versteht man eine Zusammenstellung von Zahlen unter Berücksichtigung ihrer Anordnung. So stellt z.B. die Folge der mit (6.3) berechneten N Glieder ein N–Tupel dar.

Für manche Betrachtungen ist es zweckmäßig, die Glieder einer endlichen Folge oder eines N–Tupels auch als Komponenten eines N–dimensionalen Vektors aufzufassen.

Daß neben dem allgemeinen Begriff "Folge", der ja recht anschaulich ist, weil er ein zeitliches Nacheinander zum Ausdruck bringt, bei endlichen Folgen noch die Begriffe Tupel und Vektor benutzt werden, hängt mit bestimmten mathematischen Operationen zusammen, die später zur Anwendung kommen. Die Interpretation als Vektor wird die Anwendung des Matrizenkalküls (siehe z.B. Abschnitt 6.7) und die Verwendung des "inneren Produkts" (siehe z.B.: Abschnitt 7.1) erlauben. Der Begriff "Tupel" wird sich bei der in Abschnitt 7.3 eingeführten diskreten Fourier–Transformation (DFT) als zweckmäßig herausstellen. Die DFT transformiert ein N–Tupel von Zeitfunktionswerten in ein N–Tupel von Spektralfunktionswerten.

Eine wichtige Kenngröße endlicher Folgen, d.h. endlich langer zeitdiskreter Signale, ist die Länge oder Signaldauer. Sie spielt eine bedeutsame Rolle für die Theorie der Übertragung zeitdiskreter Signale über zeitdiskrete Übertragungssysteme.

Die *Länge* der endlichen Folge $\{s(v)\}_a^b$ sei definiert zu

$$L = b-a \quad \text{wenn} \quad s(b) \neq 0, \ s(a) \neq 0. \tag{6.4}$$

Die Länge L bezeichnet also die Anzahl der Zwischenräume zwischen dem ersten und dem letzten von Null verschiedenen Glied der Folge, siehe Bild 6.2.

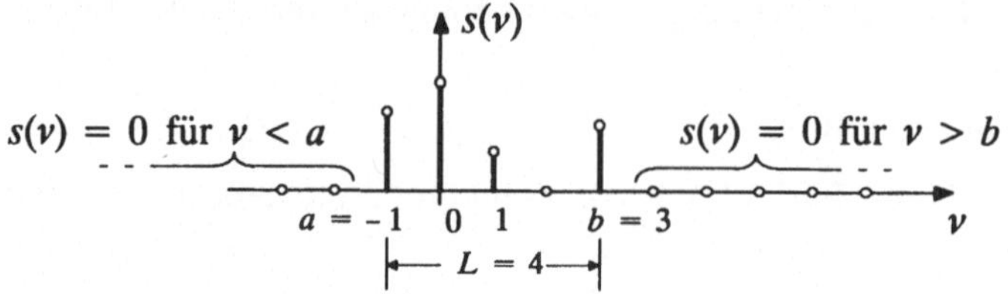

Bild 6.2   Beispiel zur Illustration der Definition der Länge eines zeitdiskreten Signals

Die Multiplikation einer Folge mit einem konstanten Faktor a sei dadurch definiert, daß jedes Glied der Folge mit diesem Faktor a multipliziert wird

$$a \cdot \{s(v)\} = \{a \cdot s(v)\} \ . \tag{6.5}$$

Die Addition zweier Folgen $\{s_1(v)\}$ und $\{s_2(v)\}$ ergeben eine resultierende Folge $\{s(v)\}$ dergestalt, daß

$$\{s_1(v)\} + \{s_2(v)\} = \{s(v)\} = \{s_1(v) + s_2(v)\} \ . \tag{6.6}$$

Die Glieder $s(v)$ der resultierenden Folge $\{s(v)\}$ seien also durch die Summe der jeweils zeitgleichen Glieder $s_1(v)$ und $s_2(v)$ definiert.

Die Rechenregeln (6.5) und (6.6) gelten in gleicher Weise auch bei Tupeln und Vektoren, weshalb die Anwendung dieser Begriffe keine andersartigen Betrachtungen erfordert.

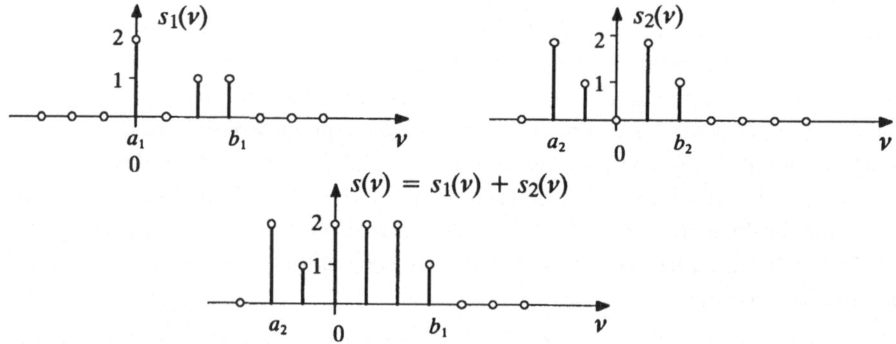

Bild 6.3   Zur Addition zweier zeitdiskreter Signale

Bei der Addition von Folgen endlicher Länge $\{s(v)\}_{a_1}^{b_1}$ und $\{s(v)\}_{a_2}^{b_2}$ erhält man für die Länge der resultierenden Folge

$$L = \text{Max}\,(b_1,\,b_2) - \text{Min}\,(a_1,\,a_2) \ . \tag{6.7}$$

Hierbei bezeichnet Max $(b_1,\,b_2)$ den größeren der beiden Werte b_1 und b_2 und Min $(a_1,\,a_2)$ den kleineren der beiden Werte a_1 und a_2, siehe Bild 6.3.

Von besonderer Bedeutung ist der Eins–Impuls $\{\delta(\nu)\}$, auch "Kronecker–Delta" genannt, siehe Bild 6.4.

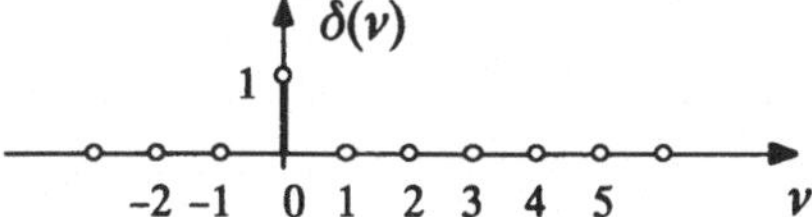

Bild 6.4 Eins-Impuls oder Kronecker-Delta

Der Eins–Impuls $\{\delta(\nu)\}$ ist eine Folge, bei der alle Glieder null sind mit Ausnahme des Wertes bei $\nu=0$, wo $\delta(0) = 1$ ist. Für die Glieder der Folge gilt

$$\delta(\nu) = \begin{cases} 1 & \text{für } \nu = 0 \\ 0 & \text{sonst} \end{cases} . \tag{6.8}$$

Der Eins–Impuls hat die Folgenlänge $L = 0$. Es ist offensichtlich, daß man sich den Eins–Impuls nicht als abgetasteten Dirac–Impuls vorstellen kann, es sei denn, daß man mit dem Abtastwert die Fläche über dem Zeitintervall der Dauer T ausdrückt, vergl. Abschnitt 6.5.

Für die Glieder des um μ Einheiten nach rechts verschobenen Eins–Impulses gilt entsprechend

$$\delta(\nu - \mu) = \begin{cases} 1 & \text{für } \nu = \mu \\ 0 & \text{sonst} \end{cases} .$$

Jede beliebige Folge $\{s(\nu)\}$, egal ob sie endlich oder unendlich lang ist, läßt sich durch eine gewichtete Summe verschobener Eins–Impulse ausdrücken

$$\{s(\nu)\} = \sum_{\mu} s(\mu)\{\delta(\nu - \mu)\} . \tag{6.9}$$

Da $s(\mu)$ ein Faktor ist, folgt aus (6.9) mit (6.5) und (6.6)

$$\{s(\nu)\} = \left\{ \sum_{\mu} s(\mu) \cdot \delta(\nu - \mu) \right\} . \tag{6.10}$$

In (6.10) wird jedes Glied $s(\nu)$ in der Weise bestimmt, daß auf der rechten Seite bei festgehaltenem ν über alle μ summiert wird.

Für jedes spezielle Glied bei $\nu = k$ ergibt sich auf beiden Seiten

$$s(k) = s(k) \cdot \delta(\nu - k) = s(k) , \tag{6.11}$$

womit die Gültigkeit von (6.9) bestätigt wird.

6.2 Einteilung der Systeme

Ein allgemeines zeitdiskretes Übertragungssystem mit dem zeitdiskreten Eingangssignal $\{s_1(v)\}$ und dem zeitdiskreten Ausgangssignal $\{s_2(v)\}$ läßt sich gemäß Bild 6.5 darstellen.

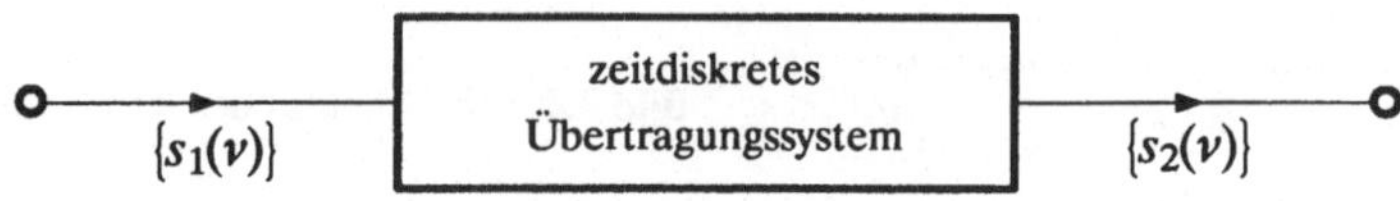

Bild 6.5   Zeitdiskretes Übertragungssystem mit Eingangs- und Ausgangssignal

Durch die Schreibweise mit dem Pfeil, vergleiche (3.1),

$$\{s_1(v)\} \;\rightarrow\; \{s_2(v)\} \;=\; G\{s_1(v)\} \tag{6.12}$$

sei wieder zum Ausdruck gebracht, daß das System auf das erregende Eingangssignal $\{s_1(v)\}$ mit dem Ausgangssignal $\{s_2(v)\}$ antwortet. $G\{s_1(v)\}$ ist das Ergebnis einer Operation auf $s_1(v)$.

Nachfolgend werden, ähnlich wie in Kapitel 3, zunächst grundlegende Definitionen spezieller zeitdiskreter Übertragungssysteme gebracht. Das geschieht in diesem Abschnitt 6.2. Die restlichen Abschnitte dieses Kapitels 6 befassen sich dann nur noch mit linearen zeitinvarianten Übertragungssystemen.

Definitionen

a)   *Zeitinvariante und zeitvariante Systeme*

Ein System heißt zeitinvariant, (oder verschiebungsinvariant), wenn bei

$$\{s_1(v)\} \;\rightarrow\; \{s_2(v)\}$$

auch

$$\{s_1(v + k)\} \;\rightarrow\; \{s_2(v + k)\} \tag{6.13}$$

gilt, und zwar für beliebige $\{s_1(v)\}$ und beliebige aber feste k.
Andernfalls ist das System zeitvariant.

b)   *Lineare und nichtlineare Systeme*

Ein System heißt linear, wenn mit

$$\{u_1(v)\} \;\rightarrow\; \{u_2(v)\} \;=\; G\{u_1(v)\}$$

und

$$\{v_1(v)\} \;\rightarrow\; \{v_2(v)\} \;=\; G\{v_1(v)\}$$

auch die folgenden Beziehungen gelten, und zwar für jede
Konstante a und beliebig gewählte $\{u_1(v)\}$ und $\{v_1(v)\}$:

$$G\{u_1(v) + v_1(v)\} \;=\; G\{u_1(v)\} + G\{v_1(v)\} \qquad \text{Superpositionsprinzip,}$$

$$G\{a \cdot u_1(v)\} \qquad\quad = a \cdot G\{u_1(v)\} \qquad\qquad\quad \text{Proportionalitätsprinzip.}$$

$$(6.14)$$

Trifft eines dieser Prinzipien, oder treffen beide Prinzipien
nicht zu, dann ist das System nichtlinear.

c) *Kausale Systeme*

Ein System ist kausal, wenn für eine zum Zeitpunkt k einsetzende Erregung

$$s_1(v) \;=\; 0 \quad \text{für alle } v \le k \;\text{ und } \; s(k) \neq 0$$

 auch die Reaktion nicht früher einsetzt als zum Zeitpunkt k. Das bedeutet

$$s_2(v) \;=\; 0 \quad \text{für alle } v < k\,, \tag{6.15}$$

und zwar für beliebige Erregungen $\{s_1(v)\}$ und einen beliebigen aber
festen Wert $k.$ Andernfalls ist das System nichtkausal.

d) *Stabile Systeme*

Ein System ist stabil, wenn bei einer beschränkten Eingangsfolge $\{s_1(v)\}$

$$|s_1(v)| \;\le\; M_1 \qquad \forall\, v$$

auch die Ausgangsfolge $\{s_2(v)\}$ beschränkt ist

$$|s_2(v)| \;\le\; M_2 \qquad \forall\, v \tag{6.16}$$

Andernfalls ist das System instabil.

6.3 Lineare zeitinvariante Systeme

So wie das zeitkontinuierliche lineare zeitinvariante Übertragungssystem durch die Antwort $h(t)$ auf einen Dirac–Impuls $\delta(t)$ vollständig charakterisiert ist, so ist auch das zeitdiskrete lineare zeitinvariante Übertragungssystem durch die Antwort $\{h(v)\}$ auf einen Eins–Impuls $\{\delta(v)\}$ vollständig beschrieben. Dies läßt sich beim zeitdiskreten System wesentlich einfacher zeigen als beim zeitkontinuierlichen System, weil jetzt der Grenzübergang zur Bildung eines Integrals entfällt.

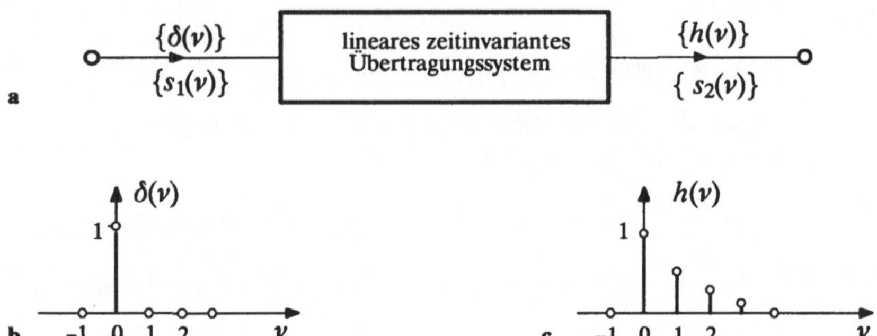

Bild 6.6   Charakterisierung des Übertragungsverhalten des zeitdiskreten linearen zeitinvarianten Übertragungssystems (Bild **a**) durch die Antwort $\{h(\nu)\}$ (Bild **c**) auf einen Eins–Impuls $\{\delta(\nu)\}$ (Bild **b**).

Wenn der Eins–Impuls $\{\delta(\nu)\}$ die Antwort $\{h(\nu)\}$ erzeugt

$$\{\delta(\nu)\} \quad \longrightarrow \quad \{h(\nu)\} \; , \tag{6.17}$$

dann muß bei Zeitinvarianz und Linearität gelten

$$\{s_1(\nu)\} \; = \; \sum_{\mu=-\infty}^{\infty} s_1(\mu) \, \{\delta(\nu-\mu)\} \; \rightarrow \; \sum_{\mu=-\infty}^{\infty} s_1(\mu) \, \{h(\nu-\mu)\} \; = \; \{s_2(\nu)\} \; . \tag{6.18}$$

Die linke Seite von (6.18) beschreibt nach (6.9) ein allgemeines Eingangssignal. Die zugehörige rechte Seite läßt sich mit (6.5) und (6.6) wie folgt umformen

$$\{s_2(\nu)\} \; = \; \left\{ \sum_{\mu=-\infty}^{\infty} s_1(\mu) \, h(\nu-\mu) \right\} . \tag{6.19}$$

Jedes einzelne Glied $s_2(\nu)$ der Ausgangsfolge berechnet sich also gemäß der diskreten Faltungssumme

$$\boxed{\; s_2(\nu) \; = \; \sum_{\mu=-\infty}^{\infty} s_1(\mu) \, h(\nu-\mu) \;} \tag{6.20}$$

aus den Gliedern $s_1(\nu)$ der Eingangsfolge und den Gliedern $h(\nu)$ der Impulsantwort $\{h(\nu)\}$. Die diskrete Faltungssumme (6.20) ist das Gegenstück zum Faltungsintegral (3.27) beim zeitkontinuierlichen System.

Durch Umkehrung der in (6.1) vorgenommenen Ersetzung von $s(\nu T)$ durch $s(\nu)$ erhält man die diskrete Faltungssumme in ausführlicher Form

$$s_2(vT) \;=\; \sum_{\mu=-\infty}^{\infty} s_1(\mu T)\, h[(v-\mu)T] \;. \tag{6.20a}$$

Für manche Betrachtungen erweist sich die ausführliche Form als aufschlußreicher.

6.4 Berechnung und Eigenschaften der diskreten Faltung

Die Berechnung der gesamten Ausgangsfolge $\{s_2(v)\}$ aus den Gliedern $s_1(v)$ der Eingangsfolge und den Gliedern $h(v)$ der Impulsantwortfolge gemäß (6.19) bezeichnet man als *diskrete Faltung* der Folgen $\{s_1(v)\}$ und $\{h(v)\}$. Sie wird in Analogie zu (3.28) symbolisch durch den Faltungsterm ausgedrückt.

$$\{s_2(v)\} \;=\; \{s_1(v)\} * \{h(v)\} \;=\; \left\{ \sum_{\mu=-\infty}^{\infty} s_1(\mu)\, h(v-\mu) \right\} . \tag{6.21}$$

Die Glieder des Faltungsprodukts $\{s_2(v)\}$ ergeben sich mit der diskreten Faltungssumme.

Bei einem kausalen System ist $h(k) = 0$ für negatives Argument $k < 0$, vergl. Bild 6.6c. In (6.20) heißt das $h(v-\mu) = 0$ für $\mu > v$. Für kausale Systeme gilt folglich

$$s_2(v) \;=\; \sum_{\mu=-\infty}^{v} s_1(\mu)\, h(v-\mu) \;. \tag{6.22}$$

Wenn außerdem beim Eingangssignal $s_1(\mu) = 0$ für $\mu < 0$ ist, dann ergibt sich

$$s_2(v) \;=\; \sum_{\mu=0}^{v \geq 0} s_1(\mu)\, h(v-\mu) \;. \tag{6.23}$$

Die Ausführung der diskreten Faltung (6.19) zweier endlicher Folgen wird mit Bild 6.7 erläutert. Bild a und b zeigen die Werte der Glieder $s_1(v)$ und $h(v)$ der beteiligten Folgen. In Bild c sind die Werte $s_1(\mu)$ und $h(v-\mu)$ für $v = 0$ auf der μ –Achse aufgetragen. Für wachsende v schiebt sich der Werteblock $h(v-\mu)$ schrittweise über den Block der $s_1(\mu)$. Bei jedem Schritt v ergibt sich $s_2(v)$ durch Bildung der Produkte $s_1(\mu)h(v-\mu)$ und deren Aufsummierung für alle μ.

Der Ablauf der gliedweisen Berechnung von $\{s_2(v)\}$ gemäß Bild 6.7c und 6.7d liefert folgende Aussagen:

a)   Die Faltung zweier endlicher Folgen $\{s_1(v)\}$ und $\{h(v)\}$ ergibt wieder eine endliche Folge $\{s_2(v)\}$. Es kann sich niemals eine Folge $\{s_2(v)\}$ ergeben, deren Glieder sämtlich null sind, wenn sowohl die endliche Folge $\{s_1(v)\}$ als auch die endliche Folge

$\{h(\nu)\}$ von null verschiedene Glieder haben. Dies resultiert aus dem Umstand, daß die Summe der Produkte (6.23) für das erste und das letzte Glied der Folge $\{s_2(\nu)\}$ sich jeweils auf ein einzelnes Produkt reduziert, das nicht null sein kann.

b) Bezeichnen L_1 die Länge der Eingangsfolge und L_h die Länge der Impulsantwortfolge, dann gilt für die Länge L_2 der Ausgangsfolge

$$\boxed{L_2 = L_1 + L_h} \; . \tag{6.24}$$

(6.24) entspricht der Beziehung (3.32) bei zeitkontinuierlichen Signalen.

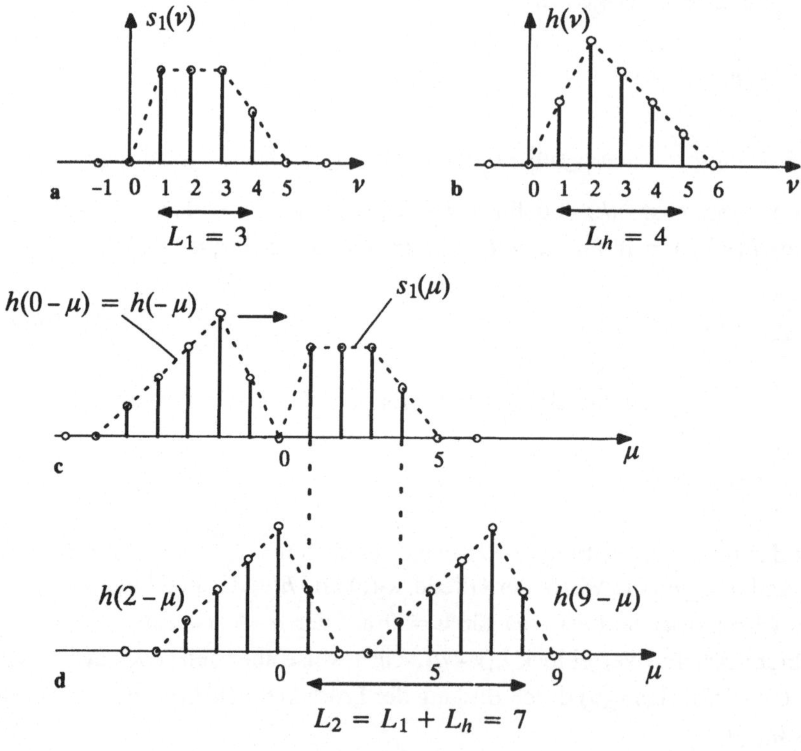

Bild 6.7 Graphische Veranschaulichung der diskreten Faltung (6.21) (siehe Text)

Im Beispiel von Bild 6.7 entsteht der erste von null verschiedene Wert $s_2(\nu)$ für $h(2-\mu)$, siehe Bild 6.7d linker Block. Der letzte von null verschiedene Wert $s_2(\nu)$ entsteht beim obigen Beispiel für $h(9-\mu)$, also nach 7 Schritten, was zugleich die Länge L_2 der Ausgangsfolge $\{s_2(\nu)\}$ angibt.

c)   Weiterhin folgt aus Bild 6.7 die Aussage

Wenn $s_1(v) = s_1(v+P)$ periodisch,

dann ist auch $s_2(v) = s_2(v+P)$ periodisch mit gleicher Periodenlänge P.   (6.25)

Es folgen nun einige weitere Eigenschaften der diskreten Faltungssumme.

1.   Die unendliche Faltungssumme (6.20)

$$s_2(v) = \sum_{\mu=-\infty}^{\infty} s_1(\mu)\, h(v-\mu)$$

existiert (ist endlich), wenn eine der beiden Folgen $\{s_1(v)\}$ und $\{h(v)\}$ beschränkt und die andere absolut summierbar ist. Das heißt in einem Fall

$$|s_1(v)| \leq M \quad \text{für alle } v\,, \tag{6.26}$$

$$\sum_{v=-\infty}^{+\infty} |h(v)| < \infty\ \ . \tag{6.27}$$

Im anderen Fall sind die Rollen von $\{s_1(v)\}$ und $\{h(v)\}$ vertauscht, vergl. Eigenschaft 2) .

Die Eigenschaft 1) entspricht der Beziehung (3.39) beim kontinuierlichen Faltungsintegral.

2.   Die Faltungssumme ist *kommutativ*. Das bedeutet, daß die Rollen von $s_1(v)$ und $h(v)$ vertauscht werden dürfen. Im einzelnen heißt das

    a)   für die allgemeine unendliche Faltungssumme (6.20)

$$s_2(v) = \sum_{n=-\infty}^{\infty} s_1(n)\cdot h(v-n) = \sum_{n=-\infty}^{\infty} s_1(v-n)\cdot h(n)\ \ , \tag{6.28}$$

    b)   für die kausale unendliche Faltungssumme (6.22)

$$s_2(v) = \sum_{n=-\infty}^{v} s_1(n)\cdot h(v-n) = \sum_{n=0}^{\infty} s_1(v-n)\cdot h(n)\ \ , \tag{6.29}$$

    c)   für die kausale endliche Faltungssumme (6.23)

$$s_2(v) = \sum_{n=0}^{v} s_1(n)\cdot h(v-n) = \sum_{n=0}^{v} s_1(v-n)\cdot h(n)\ . \tag{6.30}$$

Zum Beweis von (6.30) wird in der linken Summe zuerst die Substitution $v-n = \mu$ vorgenommen. Das liefert den ersten Summenausdruck in (6.31).

Anschließend werden die $(v + 1)$ Produkte in der umgekehrten Reihenfolge aufsummiert, was die zweite Summe in (6.31) ergibt. Mit der Substitution $\mu = n$ folgt schließlich die dritte Summe in (6.31), womit die Kommutativität bewiesen ist.

$$s_2(v) = \sum_{\mu = v \geq 0}^{0} s_1(v - \mu) \cdot h(\mu)$$

$$= \sum_{\mu = 0}^{v} s_1(v - \mu) \cdot h(\mu) = \sum_{n = 0}^{v} s_1(v - n) \cdot h(n) \quad .$$

$$(6.31)$$

Der Beweis für (6.29) und (6.28) ist gleichartig.

3.   Die kausale Faltungssumme läßt sich rekursiv auflösen.

Im Unterschied zum Faltungsintegral besitzt die diskrete kausale Faltungssumme (6.30) die Eigenschaft, daß sie sich direkt und ohne Anwendung einer Funktionaltransformation nach den Werten $h(v)$ der Impulsantwortfolge $\{h(v)\}$ auflösen läßt, wenn die Werte $s_1(v)$ und $s_2(v)$ der Folgen $\{s_1(v)\}$ und $\{s_2(v)\}$ am Eingang und Ausgang z. B. durch Beobachtung bekannt sind. Diese Auflösung heißt *Entfaltung*.

Aus

$$s_2(v) = \sum_{n = 0}^{v} s_1(n) \cdot h(v - n) = s_1(0) \cdot h(v) + \sum_{n = 1}^{v} s_1(n) \cdot h(v - n) \tag{6.32}$$

folgt durch Auflösen nach $h(v)$

$$h(v) = \frac{1}{s_1(0)} \left[s_2(v) - \sum_{n = 1}^{v} s_1(n) \cdot h(v - n) \right] ; \quad v = 0, 1, \dots . \tag{6.33}$$

Mit (6.33) lassen sich rekursiv $h(0)$, $h(1)$, ... berechnen. Dabei ergibt sich

$$h(0) = \frac{1}{s_1(0)} s_2(0) ,$$

$$h(1) = \frac{1}{s_1(0)} [s_2(1) - s_1(1) \cdot h(1 - 1)] ,$$

$$h(2) = \frac{1}{s_1(0)} [s_2(2) - s_1(1) \cdot h(2 - 1) - s_1(2) \cdot h(2 - 2)] , \tag{6.34}$$

$$\vdots$$

usw.

6.5 Faltungssumme und Faltungsintegral

Faltungssumme und Faltungsintegral weisen starke Parallelen zueinander auf, was daher rührt, daß beide für lineare zeitinvariante Übertragungssysteme hergeleitet wurden. Ausgehend von diesem Befund erhebt sich die Frage, ob und wann beide die gleichen numerischen Ergebnisse liefern.

Betrachtet wird dazu ein zeitkontinuierliches lineares Übertragungssystem mit dem zeitkontinuierlichen Eingangssignal $s_1(t)$ und der zeitkontinuierlichen Impulsantwort $h(t)$, siehe Bild 6.8.

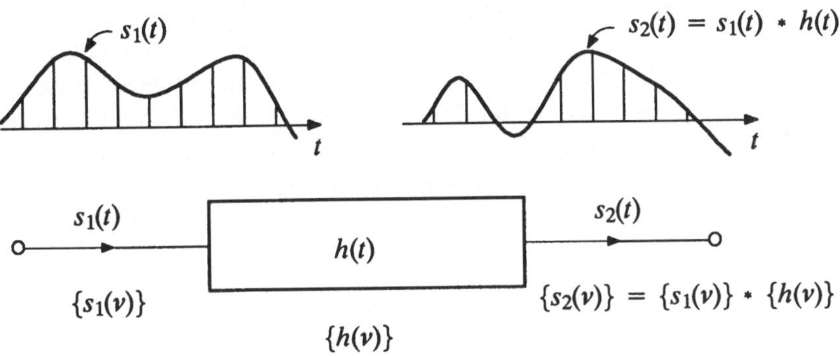

Bild 6.8 Vergleich von zeitkontinuierlicher und zeitdiskreter Übertragung

Gefordert werden, daß sich $\{s_1(v)\}$ durch (äquidistante) Abtastung von $s_1(t)$ und $\{h(v)\}$ durch (äquidistante) Abtastung von $h(t)$ ergeben. Ferner sollen sich $s_2(t)$ durch zeitkontinuierliche Faltung von $s_1(t)$ und $h(t)$ und $\{s_2(v)\}$ durch diskrete Faltung von $\{s_1(v)\}$ und $\{h(v)\}$ errechnen. Die sich jetzt stellende Frage ist die, ob sich unter den genannten Voraussetzungen auch $\{s_2(v)\}$ durch Abtastung von $s_2(t)$ ergibt. Die Antwort lautet, daß das im allgemeinen *nicht* zutrifft, sondern nur in ganz bestimmten Sonderfällen. Die Begründung dafür liefert Bild 6.9.

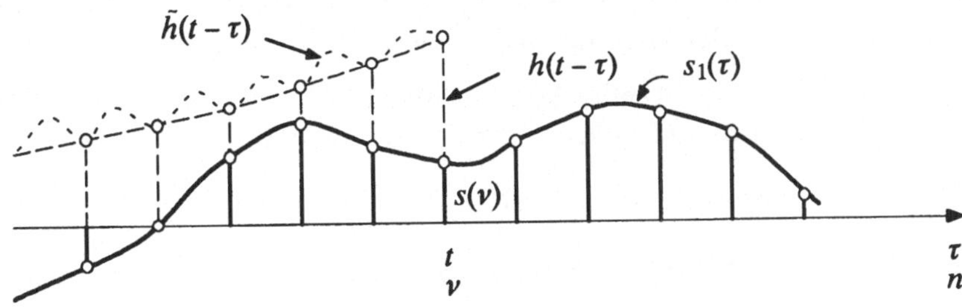

Bild 6.9   Vergleich von zeitkontinuierlicher und zeitdiskreter Faltung

In Bild 6.9 sind $s_1(\tau)$ und dessen Abtastwerte $s_1(n)$ durch ausgezogene Linien dargestellt. Gestrichelt bzw. punktiert gezeichnet sind zwei verschiedene Impulsantwortverläufe $h(t-\tau)$ und $\bar{h}(t-\tau)$, die beide die gleichen Abtastwerte $h(n-\nu)$ besitzen. Die zeitkontinuierlichen Faltungen von $h(t)$ und $s_1(t)$ einerseits und von $\bar{h}(t)$ und $s_1(t)$ andererseits liefern offenbar unterschiedliche Verläufe für $s_2(t)$, während die diskreten Faltungen der Abtastwertfolge von $h(t)$ und $s_1(t)$ einerseits und von $\bar{h}(t)$ und $s_1(t)$ andererseits die gleiche Abtastwertfolgen $\{s_2(\nu)\}$ ergeben. Damit ist gezeigt, daß die zeitdiskrete Faltung und die zeitkontinuierliche Faltung im allgemeinen zu *unterschiedlichen* Ergebnissen führen.

Die zeitdiskrete Faltung liefert aber dann annähernd gleiche Ergebnisse wie die zeitkontinuierliche Faltung, wenn die Abtastwerte so dicht liegen, daß die zeitkontinuierlichen (und hinreichend glatten) Zeitfunktionen sich zwischen je zwei Abtastzeitpunkten nur unwesentlich ändern. In diesem Fall ist die Fläche unter der zeitkontinuierlichen Funktion $s(\tau)$ annähernd gleich der Fläche unter der Treppenkurve, die von den Rechtecken der Abtastwerthöhe $s(\nu)$ und dem Abtastabstand $\Delta\tau$ gebildet wird, siehe Bild 6.10. Hierfür geht die Faltungssumme in das Faltungsintegral über, wie sich sogleich zeigen wird.

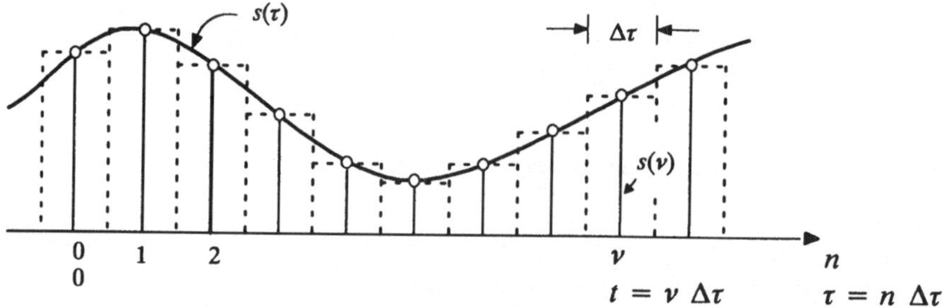

Bild 6.10 Zur Überführung der diskreten Faltungssumme in das kontinuierliche Faltungsintegral

Der Zusammenhang zwischen der diskreten und kontinuierlichen Zeitachse lautet

$$n \cdot \Delta\tau = \tau, \qquad \nu \cdot \Delta\tau = t. \tag{6.35}$$

Hierbei sind n und τ variable Größen, während t einen festen Zeitpunkt darstellen soll. Wird der Abstand $\Delta\tau$ verkleinert, dann muß ν entsprechend vergrößert werden.

Ersetzt man jetzt in der diskreten Faltungssumme (6.30) die Funktionswerte durch die von diesen jeweils gebildeten Rechteckflächen der Breite $\Delta\tau$, d. h.

$$h(n) \qquad \rightarrow \qquad h(n\Delta\tau)\Delta\tau = h(\tau)\Delta\tau,$$

$$s_1(\nu-n) \quad \rightarrow \quad s_1(\nu\Delta\tau - n\Delta\tau)\Delta\tau = s_1(t-\tau)\Delta\tau, \tag{6.36}$$

$$s_2(\nu) \qquad \rightarrow \qquad s_2(\nu\Delta\tau)\Delta\tau = s_2(t)\Delta\tau,$$

dann erhält man den Übergang

$$s_2(\nu) \;=\; \sum_{n=0}^{\nu} s_1(\nu-n)\cdot h(n) \;\;\rightarrow\;\; s_2(t)\Delta\tau \;=\; \sum_{n=0}^{\nu} s_1(t-\tau)\cdot \Delta\tau \cdot h(\tau)\cdot \Delta\tau\,. \qquad (6.37)$$

Aus der rechts stehenden Gleichung folgt nach Division durch $\Delta\tau$ auf beiden Seiten die in (6.38) links stehende Beziehung. Wird anschließend unter entsprechender Vergrößerung von ν der Abtastabstand $\Delta\tau \approx dt$ differentiell klein gewählt, dann geht die Faltungssumme in das Faltungsintegral über:

$$s_2(t) \;=\; \sum_{n=0}^{\nu} s_1(t-\tau)\cdot h(\tau)\Delta\tau \;\approx\; \int_{\tau=0}^{t} s_1(t-\tau)\cdot h(\tau)dt\,. \qquad (6.38)$$

In Kapitel 9 wird gezeigt, daß unter bestimmten Voraussetzungen $\Delta\tau$ keineswegs differentiell klein werden muß, damit die zeitdiskrete Faltung die gleichen Ergebnisse liefert wie die zeitkontinuierliche Faltung.

6.6 Transversalfilter, FIR–Systeme und IIR–Systeme

Ausgangspunkt der nachfolgenden Betrachtungen sind die kommutativen Beziehungen der kausalen Faltungssumme (6.29)

$$s_2(\nu) \;=\; \sum_{n=-\infty}^{\nu} s_1(n)\cdot h(\nu-n) \;=\; \sum_{n=0}^{\infty} s_1(\nu-n)\cdot h(n)\;\;. \qquad (6.39)$$

Die links stehende Version der Faltungssumme, die den Term $h(\nu-n)$ enthält, stellt eine *Vorwärts*-Betrachtung dar. Wachsendes n zählt bei $s_1(n)$ ausgehend von der Vergangenheit beginnend bei $n = -\infty$ in Richtung auf Gegenwart bis $n=\nu$. Die Herleitung der Faltungssumme in Abschnitt 6.3 beruht auf dieser Vorwärts-Betrachtung.

Die in (6.39) rechts stehende Version der Faltungssumme, die den Term $s_1(\nu-n)$ enthält, stellt die *Rückwärts*-Betrachtung dar. Wachsendes n zählt bei $s_1(\nu-n)$ ausgehend vom gegenwärtigen Wert $s_1(\nu)$ bei $n = 0$ in Richtung auf Vergangenheit bis zum Anfang bei $n = \infty$.

Die Rückwärtsbetrachtung führt auf das leicht interpretierbare Gedächtnismodell und auf die als *Transversalfilter* bezeichnete Schaltung. Diese sind in Bild 6.11 für den Fall dargestellt, daß die Impulsantwortfolge $\{h(n)\}$ die endliche Länge L_h besitzt.

$$s_2(\nu) \;=\; \sum_{n=0}^{L_h} s_1(\nu-n)\cdot h(n)\;\;. \qquad (6.40)$$

Die zugehörige ausführliche Form ergibt sich daraus durch Umkehrung der Ersetzung in (6.1) zu

$$s_2(vT) \;=\; \sum_{n=0}^{L_h} s_1[(v-n)T] \cdot h(nT) \;. \tag{6.40a}$$

Das Gedächtnismodell in Bild 6.11a leitet sich aus (6.40) ab. Es veranschaulicht, daß zum gegenwärtigen Zeitpunkt $m = v$ zum Wert $s_2(v)$ des Ausgangssignals der gegenwärtige Wert $s_1(v)$ und L_h vergangene Werte $s_1(v-n)$ des Eingangssignals beitragen. Die Einzelbeiträge werden mit den Werten $h(n)$ der Impulsantwort gewichtet. Dieses Gedächtnismodell wird später, in den Abschnitten 13.4 und 14.3 auf zeitvariante und nichtlineare Übertragungssysteme verallgemeinert.

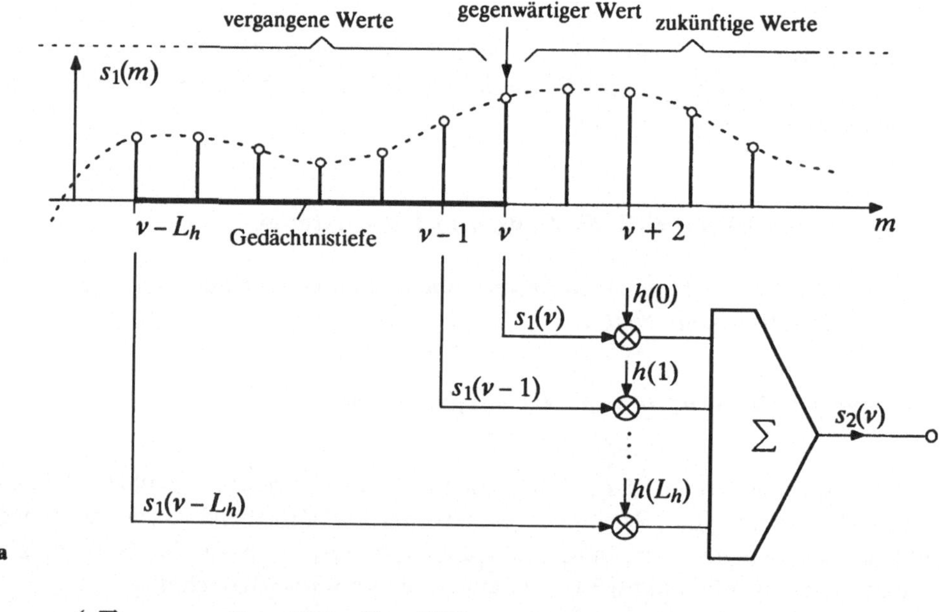

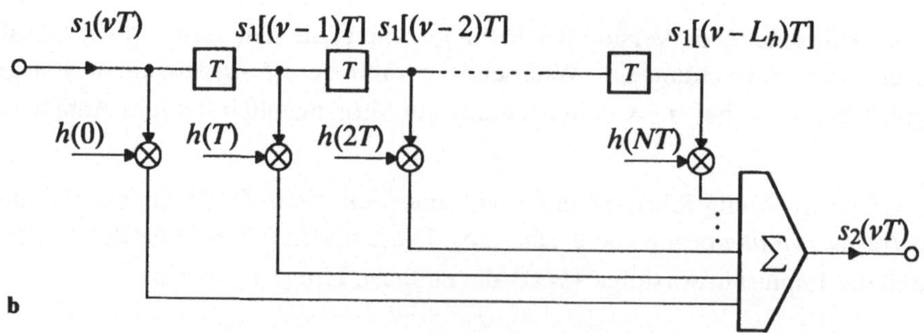

Bild 6.11 **a** Interpretation der Faltungssumme (6.40) durch ein Gedächtnismodell
 b Transversalfilterschaltung resultierend aus (6.40a)

Die Transversalfilterschaltung in Bild 6.11b resultiert aus der ausführlichen Form (6.40a). Es enthält L_h rechteckig gezeichnete Verzögerungsglieder, welche die einlaufenden Funktionswerte $s_1(vT)$ um jeweils eine Einheit verzögern. Damit stehen zu einem festen Zeitpunkt vT die Funktionswerte $s_1(vT)$ bis $s_1[(v-L_h)T]$ zeitgleich zur Verfügung. Der Wert $s_2(vT)$ des Ausgangssignals wird entsprechend (6.40a) als gewichtete Summe dieser Werte gebildet.

Das Gedächtnis des Übertragungssystems wird durch die L_h vergangenen Eingangswerte $s_1[(v-1)T]$ bis $s_1[(v-L_h)T]$ repräsentiert. Sie bilden den inneren Zustand des Systems, der zusammen mit dem gegenwärtigen Eingangswert $s_1(vT)$ den gegenwärtigen Ausgangswert $s_2(vT)$ und den inneren Zustand zum Folgezeitpunkt $(v+1)T$ festlegt. Man vergleiche hierzu die Erläuterungen zu Bild 3.11. Weitere Einzelheiten zum Zustandsmodell zeitdiskreter Übertragungssysteme folgen später in Abschnitt 8.6.

Bei kausalen linearen zeitinvarianten zeitdiskreten Übertragungssystemen unterscheidet man solche mit endlich langer Impulsantwort und solche mit unendlich langer Impulsantwort. Erstere heißen FIR–Systeme (von Finite Impulse Response), letztere IIR–Systeme (von Infinite Impulse Response). Das Übertragungsverhalten beider Systemtypen wird durch die allgemeine diskrete Faltungssumme (6.39) beschrieben.

Jedes FIR–System läßt sich als Transversalfilter gemäß Bild (6.11b) darstellen. Beim IIR–System würde die Transversalfilterdarstellung unendlich viele Verzögerungsglieder erhalten. Viele IIR–Systeme lassen sich aber auch durch eine rückgekoppelte Schaltung mit endlich vielen Elementen darstellen. Ein Beispiel zeigt Bild 6.12.

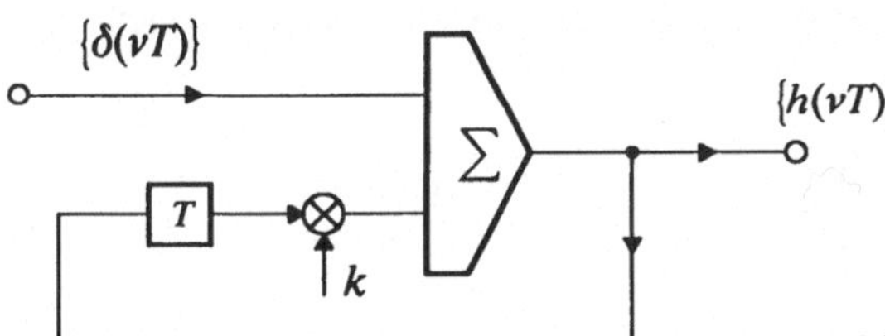

Bild 6.12 Beispiel eines IIR–Systems

Wie man leicht erkennt, ergibt sich $h(0)=1$, $h(T)=k$, $h(2T)=k^2$ usw., also

$$\{h(vT)\}_0^\infty = \{1,\ k,\ k^2,\ ...,k^v,\ ...\} \tag{6.41}$$

Dieses IIR–System ist im Sinne der Definition (6.16) mit Sicherheit instabil, wenn $k \geq 1$ ist.

6.7 FIR–Systeme und Eingangsfolgen endlicher Länge

Alle nachfolgenden Betrachtungen dieses Abschnitts 6.7 beschränken sich auf Impulsantwortfolgen und Signalfolgen endlicher Länge. Solche lassen sich auch als Vektoren darstellen, indem man jedes Glied der betreffenden Folge als Komponente eines Vektors auffaßt.

6.7.1 Vektoren und Matrizen

Unter einem Vektor $\vec{x}$ mit den n Komponenten $x_1, x_2, \dots , x_n$ versteht man einen *Spaltenvektor*. Er wird hier ausgedrückt durch die Darstellung in Form einer Spalte

$$
\begin{bmatrix} x_1 \\ x_2 \\ \vdots \\ x_n \end{bmatrix} = x \,] = \vec{x}. \tag{6.42}
$$

Werden die Komponenten eines Vektors in einer Zeile geschrieben, dann bezeichnet man den dabei entstandenen Zeilenvektor als *transponierten* Vektor $\vec{x}^T$. Hierfür sollen folgende Schreibweisen gelten

$$
\lfloor x_1, x_2, \dots , x_n \rfloor = \lfloor x \rfloor = x]^T = \vec{x}^T. \tag{6.43}
$$

Eine der wichtigsten Vektoroperationen ist das sogenannte *innere Produkt* oder Skalarprodukt zweier Vektoren $\vec{a}$ und $\vec{x}$ gleicher Komponentenzahl n. Es ist definiert als Zeilenvektor mal Spaltenvektor und liefert als Ergebnis eine als $< \vec{a},\vec{x} >$ bezeichnete Zahl (Skalar), die sich wie folgt berechnet:

$$
\vec{a}^T \cdot \vec{x} = \lfloor a_1, a_2, \dots , a_n \rfloor \cdot \begin{bmatrix} x_1 \\ x_2 \\ \vdots \\ x_n \end{bmatrix} = < \vec{a}, \vec{x} > = \sum_{i=1}^{n} a_i x_i. \tag{6.44}
$$

Das innere Produkt ist kommutativ , d. h.

$$
\vec{a}^T \cdot \vec{x} = \vec{x}^T \cdot \vec{a} . \tag{6.45}
$$

Dabei ist zu beachten, daß der erste Faktor stets ein Zeilenvektor sein muß. Das Produkt Spaltenvektor mal Zeilenvektor ergibt *kein* Skalar, sondern eine Matrix.

Eine Abbildung überführt einen Vektor $\vec{x}$ mit den Komponenten $x_1, x_2, \dots , x_n$ in einen anderen Vektor $\vec{y}$ mit den Komponenten $y_1, y_2, \dots , y_m$, wobei m und n verschiedene Werte haben können. Die Abbildung ist linear, wenn jede Komponente des Vektors $\vec{y}$ linear von den Komponenten des Vektors $\vec{x}$ abhängt:

$$
\begin{aligned}
y_1 &= a_{11}\, x_1 + a_{12}\, x_2 + \ldots + a_{1k}\, x_k + \ldots + a_{1n}\, x_n \\
y_2 &= a_{21}\, x_1 + a_{22}\, x_2 + \ldots + a_{2k}\, x_k + \ldots + a_{2n}\, x_n \\
&\vdots \\
y_i &= a_{i1}\cdot x_1 + a_{i2}\, x_2 + \ldots + a_{ik}\, x_k + \ldots + a_{in}\, x_n \\
&\vdots \\
y_m &= a_{m1}\, x_1 + a_{m2}\, x_2 + \ldots + a_{mk}\, x_k + \ldots + a_{mn}\, x_n \quad .
\end{aligned}
\tag{6.46}
$$

Die Koeffizienten a_{ik} bilden eine (m,n)–Matrix $[a]$. Jede Zeile i dieser Matrix $[a]$ kann man als Zeilenvektor $\lfloor a'\rfloor_i$ und jede Spalte k als Spaltenvektor $a]_k$ auffassen.

$$
\begin{bmatrix}
a_{11} & a_{12} & \cdots & a_{1n} \\
a_{21} & a_{22} & \cdots & a_{2n} \\
\vdots & \vdots & & \vdots \\
a_{m1} & a_{m2} & \cdots & a_{mn}
\end{bmatrix}
=
\begin{bmatrix}
\lfloor a'\rfloor_1 \\
\lfloor a'\rfloor_1 \\
\vdots \\
\lfloor a'\rfloor_n
\end{bmatrix}
=
\begin{bmatrix}
a]_1, & a]_2, & \ldots, & a]_n
\end{bmatrix} .
\tag{6.47}
$$

Bei den Zeilenvektoren $\lfloor a'\rfloor_i$ soll der Strich darauf hinweisen, daß der Zeilenvektor $\lfloor a'\rfloor_i$ im allgemeinen nicht gleich dem transponierten Spaltenvektor $a]_i$ ist. Nur im Sonderfall der symmetrischen quadratischen Matrizen, bei denen $a_{ik} = a_{ki}$ gilt, ist $\lfloor a'\rfloor_i = a]_i^T$.

Mit (6.47) läßt sich die lineare Abbildung eines Vektors $\vec{x}$ in einen Vektor $\vec{y}$ durch die folgende Matrizengleichung ausdrücken

$$
\begin{bmatrix}
a_{11} & a_{12} & \cdots & a_{1n} \\
a_{21} & a_{22} & \cdots & a_{2n} \\
\vdots & \vdots & & \vdots \\
a_{m1} & a_{m2} & \cdots & a_{mn}
\end{bmatrix}
\cdot
\begin{bmatrix}
x_1 \\ x_2 \\ \vdots \\ x_n
\end{bmatrix}
=
\begin{bmatrix}
y_1 \\ y_2 \\ \vdots \\ y_m
\end{bmatrix}
\tag{6.48}
$$

oder kurz durch

$$
[a]\, x] = y]. \tag{6.49}
$$

Die Komponente y_i des Vektors $y]$ ergibt sich wegen (6.46) augenscheinlich als Skalarprodukt des i–ten Zeilenvektors $\lfloor a'\rfloor_i$ mit dem Spaltenvektor $x]$.

Wird jetzt der Vektor $y]$ mittels einer weiteren Matrix $[b]$ linear in den Vektor $z]$ überführt, dann bedeutet das mit (6.49)

$$
[b]\,[a]\, x] = [b]\, y] = z]. \tag{6.50}
$$

Damit wird auch der Vektor $x]$ linear in den Vektor $z]$ überführt.

$$[c]\,x] = z] \quad \text{mit} \quad [c] = [b]\,[a]. \tag{6.51}$$

Das Element c_{ik} der resultierenden Matrix $[c]$ errechnet sich als Skalarprodukt des Zeilenvektors $\lfloor\underline{b}\rfloor'_i$ der Matrix $[b]$ mit dem Spaltenvektor $a]_k$ der Matrix $[a]$.

$$c_{ik} = \lfloor\underline{b}\rfloor'_i\; a]_k \;. \tag{6.52}$$

6.7.2 Übertragungsverhalten in Matrizen–Schreibweise

Der Formalismus des vorangegangenen Abschnitts 6.7.1 wird nun auf ein kausales lineares zeitinvariantes FIR–System angewendet, welches mit einer Eingangsfolge $\{s_1(v)\}$ der endlichen Länge L_1 erregt wird.

Die Glieder $s_1(v)$ der Eingangsfolge stellen die Komponenten eines Eingangsvektors $\vec{s}_1$ und die Glieder $s_2(v)$ der Ausgangsfolge die Komponenten eines Ausgangsvektors $\vec{s}_2$ dar. Durch das lineare Übertragungssystem wird dem Eingangsvektor $\vec{s}_1$ ein Ausgangsvektor $\vec{s}_2$ zugeordnet. Dazu wird entsprechend (6.49) das Verhalten des Übertragungssystems durch eine Matrix $[h]$ ausgedrückt.

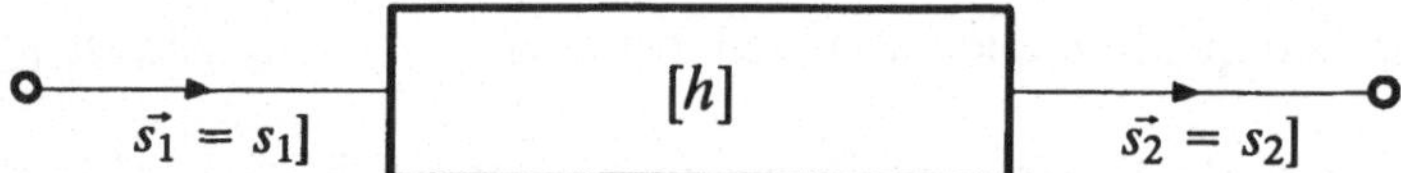

Bild 6.13   Übertragungsverhalten des FIR–Systems in Matrizen–Schreibweise

Die Eingangsfolge der endlichen Länge L_1 bildet den $(L_1 + 1)$–dimensionalen Vektor

$$\vec{s}_1 = s_1] = \begin{bmatrix} s_1(0) \\ s_1(1) \\ \vdots \\ s_1(L_1) \end{bmatrix} . \tag{6.53}$$

Ohne Einschränkung der Allgemeinheit ist dabei angenommen, daß die Eingangsfolge bei $v=0$ beginnt.

Hat das kausale FIR–System die Impulsantwortlänge L_h, dann folgt mit (6.24) der Vektor am Ausgang zu

$$\vec{s}_2 = s_2] = \begin{bmatrix} s_2(0) \\ s_2(1) \\ \vdots \\ s_2(L_2) \end{bmatrix} \qquad \text{mit} \quad L_2 = L_1 + L_h \;. \tag{6.54}$$

Die Komponenten des Ausgangsvektors $\vec{s_2}$ berechnen sich mit der diskreten Faltungssumme (6.23), die man auch als Skalarprodukt interpretieren kann, vergl. (6.44). Für die Komponente $s_2(v)$ gilt

$$s_2(v) \;=\; \sum_{n=0}^{v} s_1(n)\cdot h(v-n) \;=\; \sum_{n=0}^{v} h(v-n)\cdot s_1(n) \;=\; \lfloor h \rfloor_v \; s_1 \rceil \,. \tag{6.55}$$

Da das Argument von $v = 0$ bis $v = L_2$ läuft, wären die Faktoren $h(v)$, $h(v-1)$, ..., $h(v-L_2)$ zu berücksichtigen. Andererseits muß bei einem Skalarprodukt der Zeilenvektor $\lfloor h \rfloor_v$ die gleiche Anzahl der Komponenten haben, wie der Spaltenvektor $s_1\rceil$, nämlich $L_1 + 1$ Komponenten. Beachtet man nun, daß beim kausalen System $h(\mu) = 0$ für $\mu < 0$ und beim FIR-System überdies $h(\mu) = 0$ für $\mu > L_h$, dann ergibt sich aus (6.55)

$$
\begin{aligned}
s_2(0) \;&=\; h(0)\cdot s_1(0) &&+\; 0\cdot s_1(1) &&+\; 0\cdot s_1(2) &&+\; ... \;+\; 0\cdot s_1(L_1)\\
s_2(1) \;&=\; h(1-0)\cdot s_1(0) &&+\; h(1-1)\cdot s_1(1) &&+\; 0\cdot s_1(2) &&+\; ... \;+\; 0\cdot s_1(L_1)\\
s_2(2) \;&=\; h(2-0)\cdot s_1(0) &&+\; h(2-1)\cdot s_1(1) &&+\; h(2-2)\cdot s_1(2) &&+\; ... \;+\; 0\cdot s_1(L_1)\\
&\;\;\vdots &&\;\;\vdots &&\;\;\vdots &&\quad\;\;\vdots\\
s_2(L_2) \;&=\; \quad 0 &&+\; \quad 0 &&+\; \quad 0 &&+\; ... \;+\; h(L_h)\cdot s_1(L_1)
\end{aligned}
\tag{6.56}
$$

oder

$$
\begin{aligned}
s_2(0) \;&=\; \lfloor h \rfloor_0 \; s_1\rceil \,,\\
s_2(1) \;&=\; \lfloor h \rfloor_1 \; s_1\rceil \,,\\
s_2(2) \;&=\; \lfloor h \rfloor_2 \; s_1\rceil \,,\\
&\;\;\vdots\\
s_2(L_2) \;&=\; \lfloor h \rfloor_{L_2} \; s_1\rceil \,.
\end{aligned}
\tag{6.56a}
$$

Als Matrizengleichung geschrieben lautet obiges Gleichungssystem

$$
\begin{bmatrix} s_2(0)\\ s_2(1)\\ s_2(2)\\ \vdots\\ s_2(L_2) \end{bmatrix}
=
\begin{bmatrix}
h(0) & 0 & 0 & 0 & ... & 0\\
h(1) & h(0) & 0 & 0 & ... & 0\\
h(2) & h(1) & h(0) & 0 & ... & 0\\
\vdots & \vdots & \vdots & \vdots & & \vdots\\
0 & 0 & 0 & 0 & ... & h(L_h)
\end{bmatrix}
\cdot
\begin{bmatrix} s_1(0)\\ s_1(1)\\ s_1(2)\\ \vdots\\ s_1(L_1) \end{bmatrix}
\tag{6.57}
$$

oder

$$
\begin{bmatrix}
s_2(0) \\
s_2(1) \\
s_2(2) \\
\vdots \\
s_2(L_2)
\end{bmatrix}
=
\begin{bmatrix}
\boxed{h}\,_0 \\
\boxed{h}\,_1 \\
\boxed{h}\,_2 \\
\vdots \\
\boxed{h}\,_{L_2}
\end{bmatrix}
\cdot
\begin{bmatrix}
s_1(0) \\
s_1(1) \\
s_1(2) \\
\vdots \\
s_1(L_1)
\end{bmatrix} .
\tag{6.57a}
$$

In kompakter Form geschrieben lautet (6.57)

$$
\boxed{\,s_2] \;=\; [h]\,s_1] \,.}
\tag{6.58}
$$

Die Matrix $[h]$, die als *Systemmatrix* oder *Übertragungsmatrix* bezeichnet wird, ist eine rechteckige $(L_2+1)\mathrm{x}(L_1+1)$–Matrix. Sie bildet den (L_1+1)–dimensionalen Vektor $\vec{s_1}$ in den (L_2+1)–dimensionalen Vektor $\vec{s_2}$ ab.

Zur Veranschaulichung sei das Beispiel mit $L_1=3$ und $L_h=2$ betrachtet. Mit $L_2=L_1+L_h=5$ erhält man für (6.57) die folgende (6x4)–Matrix

$$
\begin{bmatrix}
s_2(0) \\
s_2(1) \\
s_2(2) \\
s_2(3) \\
s_2(4) \\
s_2(5)
\end{bmatrix}
=
\begin{bmatrix}
h(0) & 0 & 0 & 0 \\
h(1) & h(0) & 0 & 0 \\
h(2) & h(1) & h(0) & 0 \\
0 & h(2) & h(1) & h(0) \\
0 & 0 & h(2) & h(1) \\
0 & 0 & 0 & h(2)
\end{bmatrix}
\cdot
\begin{bmatrix}
s_1(0) \\
s_1(1) \\
s_1(2) \\
s_1(3)
\end{bmatrix} .
\tag{6.59}
$$

Für die allgemeine Theorie sind *quadratische* Matrizen mit regelmäßiger Struktur praktischer. Zu diesem Zweck wird der Eingangsvektor $\vec{s_1}$ durch Anfügen von Komponenten des Wertes Null auf die Dimension L_2+1 des Ausgangsvektors erweitert. Das liefert für (6.59) die (6x6)–Dreiecks–Streifenmatrix

$$
\begin{bmatrix}
s_2(0) \\
s_2(1) \\
s_2(2) \\
s_2(3) \\
s_2(4) \\
s_2(5)
\end{bmatrix}
=
\begin{bmatrix}
h(0) & 0 & 0 & 0 & 0 & 0 \\
h(1) & h(0) & 0 & 0 & 0 & 0 \\
h(2) & h(1) & h(0) & 0 & 0 & 0 \\
0 & h(2) & h(1) & h(0) & 0 & 0 \\
0 & 0 & h(2) & h(1) & h(0) & 0 \\
0 & 0 & 0 & h(2) & h(1) & h(0)
\end{bmatrix}
\cdot
\begin{bmatrix}
s_1(0) \\
s_1(1) \\
s_1(2) \\
s_1(3) \\
0 \\
0
\end{bmatrix} .
\tag{6.60}
$$

Die zusätzlichen zwei rechten Spalten bleiben ohne Einfluß, da ihre Elemente mit den Komponenten Null des Vektors $\vec{s_1}$ multipliziert werden.

Die Dreiecks–Streifenmatrix läßt sich ohne Einfluß auf das Ergebnis zur *zyklischen* Matrix erweitern, indem in den ersten zwei Zeilen die letzten Komponenten wie folgt abgeändert werden [18] :

$$
\begin{bmatrix} s_2(0) \\ s_2(1) \\ s_2(2) \\ s_2(3) \\ s_2(4) \\ s_2(5) \end{bmatrix}
=
\begin{bmatrix}
h(0) & 0 & 0 & 0 & h(2) & h(1) \\
h(1) & h(0) & 0 & 0 & 0 & h(2) \\
h(2) & h(1) & h(0) & 0 & 0 & 0 \\
0 & h(2) & h(1) & h(0) & 0 & 0 \\
0 & 0 & h(2) & h(1) & h(0) & 0 \\
0 & 0 & 0 & h(2) & h(1) & h(0)
\end{bmatrix}
\cdot
\begin{bmatrix} s_1(0) \\ s_1(1) \\ s_1(2) \\ s_1(3) \\ 0 \\ 0 \end{bmatrix} .
\tag{6.61}
$$

Eine zyklische Matrix, die auch als Zirkulante [11] bezeichnet wird, ist dadurch definiert, daß sich jede weitere Zeile durch zyklische Vertauschung der Elemente der ersten Zeile ergibt. In gleicher Weise ergibt sich bei der quadratischen zyklischen Matrix jede weitere Spalte durch zyklische Vertauschung aus der ersten Spalte.

Zur Unterscheidung von der gewöhnlichen Systemmatrix (6.57), (6.58) wird der Zusammenhang über die zyklische Matrix (6.61) allgemein durch die folgende Schreibweise ausgedrückt

$$
\boxed{\ s_2] \ = \ [\tilde{h}] \ \tilde{s}_1] \ } \qquad .
\tag{6.62}
$$

Der $(L_2 + 1)$ – dimensionale Vektor $\tilde{s}_1]$ unterscheidet sich vom ursprünglichen Vektor $s_1]$ durch die angefügten L_h Komponenten vom Wert Null.

Sofern die Bedingung

$$
L_2 = L_1 + L_h
\tag{6.63}
$$

eingehalten wird, liefern beide Beziehungen (6.58) und (6.62) die gleichen Ergebnisse. Wenn jedoch (6.63) verletzt wird, dann ergeben sich mit (6.58) und (6.62) unterschiedliche Resultate.

Der große Vorteil bei Verwendung der zyklischen Matrix (6.61) liegt darin, daß sie sich durch Anwendung einer Matrizenoperation diagonalisieren läßt. Davon wird später in Abschnitt 8.5 Gebrauch gemacht. Bei (6.58) ist eine Diagonalisierung nicht möglich.

Bei (6.58) entstand jede Matrixzeile durch Auswertung der endlichen diskreten Faltungssumme (6.55). Bei (6.62) kann man sich jede Matrixzeile durch Auswertung einer *zyklischen Faltung* entstanden denken. Die zyklische Faltung verwendet in (6.55) an Stelle der endlich langen Folge $\{h(\nu)\}$ die mit der Periode $L_2 + 1$ periodisch fortgesetzte Folge $\{\tilde{h}(\nu)\}$. Dasselbe Ergebnis erhält man auch dadurch, daß man anstelle der periodisch fortgesetzten Impulsantwortfolge die Eingangsfolge $\{s_1(\nu)\}$ mit der Periode $L_2 + 1$ fortsetzt. Davon wird später in Abschnitt 8.3 Gebrauch gemacht.

7 Zeitdiskrete Signale

In diesem Kapitel werden zunächst die Energie und die mittlere Leistung von zeitdiskreten Signalen behandelt. Dabei führt die Betrachtung der resultierenden Energie einer Überlagerung zweier zeitdiskreter Signale auf den Begriff des Korrelationsfaktors, der bei vielen Betrachtungen eine große Rolle spielt. Die diskrete Fourier–Transformation (DFT) eines zeitdiskreten Signals wird dann in Analogie zur kontinuierlichen Fourier–Transformation eines zeitkontinuierlichen Signals definiert. Die DFT überführt die diskrete Faltungsoperation in ein Produkt.

Auch in diesem Kapitel sind alle Definitionen Bestandteile einer eigenständigen Theorie. Die Betrachtungen gelten gleichermaßen für wertkontinuierliche und wertdiskrete Signale. Für die Simulation physikalischer Übertragungssysteme auf dem Digitalrechner lassen sich nur endlich lange (vgl. Bild 6.2) zeitdiskrete Signale verwenden. Hauptsächlich von solchen wird hier die Rede sein. Auf unendlich lange zeitdiskrete Signale, die theoretischen Betrachtungen dienen, wird in Abschnitt 7.2 und in Kapitel 8 kurz eingegangen.

7.1 Zeitdiskrete Energiesignale

Betrachtet werden endlich lange Signale und somit endlich viele Zeitpunkte. Ohne Einschränkung der Allgemeinheit werden dabei die folgenden Zeitpunkte zugrundegelegt:

$$\nu = 0,\ 1,\ 2,\ ...,\ N-1 \,. \tag{7.1}$$

Die Funktionswerte an diesen Stellen können reell oder komplex sein. Sie werden im Unterabschnitt 7.1.1 als reell, im Unterabschnitt 7.1.2 als komplex vorausgesetzt.

7.1.1 Energie reellwertiger Signale

Die (reellen) Funktionswerte zu den Zeitpunkten (7.1), nämlich

$$s(v) = s(0), \; s(1), \; s(2), \; \ldots , \; s(N-1) \tag{7.2}$$

wurden in Kapitel 6 als Glieder einer Folge oder als Elemente eines N–Tupels angesehen. Da für die Berechnung von Energien Signale quadriert werden müssen, ist es zweckmäßig, neben der Beschreibung durch Folgen auch die in Abschnitt 6.7 benutzte Beschreibung durch Vektoren zu verwenden. Ein zeitdiskretes Signal der Länge N–1 wird somit ausgedrückt durch den N–dimensionalen Spaltenvektor

$$\vec{s}(v) \; = \; \begin{bmatrix} s(0) \\ s(1) \\ . \\ . \\ s(N-1) \end{bmatrix} \; = \; \begin{bmatrix} s_0 \\ s_1 \\ . \\ . \\ s_{N-1} \end{bmatrix} . \tag{7.3}$$

Die Argumente (v) werden fortan auch als Index geschrieben.

In Anlehnung an die Definitionen (2.4) und (2.5) bei zeitkontinuierlichen Signalen $s(t)$ werden nun folgende speziell für zeitdiskrete Signale oder Signalvektoren $\vec{s}$ geltende Definitionen eingeführt:

Definition :   *Signalenergie*

                Die Energie eines (reellen) zeitdiskreten Signals
                endlicher Länge ist definiert durch die Quadratsumme

$$E \; = \; \sum_{i=0}^{N-1} s_i^2 \; = \; <\vec{s},\vec{s}> \; = \; \| \, \vec{s} \, \|^2 . \tag{7.4}$$

Definition :   *Energiesignal*

                Das zeitdiskrete Signal endlicher Länge ist Energiesignal,
                wenn es folgender Ungleichung genügt

$$0 \; < \; E \; = \; <\vec{s},\vec{s}> \; = \; \|\vec{s}\|^2 \; < \; \infty . \tag{7.5}$$

Der Ausdruck $<\vec{s},\vec{s}>$ bedeutet das innere Produkt (Skalarprodukt) des Vektors $\vec{s}$ mit sich selbst, vergl. auch (6.44). Der Ausdruck $\| \, \vec{s} \, \|$ heißt *Norm* oder Vektorlänge. Die Energie eines Signalvektors ist also gleich dem Quadrat seiner Norm.

Man beachte die unterschiedliche physikalische Dimension der Energie des zeitkontinuierlichen Signals (2.4) und des zeitdiskreten Signals (7.4). Wenn man das zeitbegrenzte und zeitkontinuierliche Signal $s(t)$ in sehr kurzem Abstand $T = \Delta\tau$ abtastet (vergleiche Bild 6.1 und 6.10) und für das damit entstandene zeitdiskrete Signal die Signalenergie gemäß (7.4) berechnet, dann ergibt sich daraus nach Multiplikation mit dem Zeitfaktor $\Delta\tau$ der annähernd gleiche Wert, wie er sich mit dem nicht abgetasteten Signal $s(t)$ und dem Integral (2.4) errechnet. In Kapitel 9 wird gezeigt, daß unter bestimmten Voraussetzungen der Faktor $\Delta\tau$ keineswegs differentiell klein sein muß.

Bezüglich der Definition (7.5) sei erwähnt, daß auch der Eins–Impuls $\{\delta(\nu)\}$ ein zeitdiskretes Energiesignal ist, während der Dirac–Impuls $\delta(t)$ der zeitkontinuierlichen Theorie ein Leistungssignal ist, siehe (2.14).

Obige Betrachtungen zeigen, daß sich eine engere Korrespondenz zwischen zeitkontinuierlicher Theorie und zeitdiskreter Theorie einstellen würde, wenn man bei der zeitkontinuierlichen Funktion $s(t)$ die Zeitachse in lauter Intervalle der Breite $\Delta\tau$ unterteilt und dann in jedem Zeitintervall die Fläche unter $s(t)$ mit s_i bezeichnet, siehe auch Bild 6.10. Bei dieser *Flächenabtastung* würde auch der Dirac–Impuls den Wert Eins liefern.

Nach diesen Erläuterungen zur Energie von zeitdiskreten Signalen bzw. Signalvektoren sei jetzt die Überlagerung zweier zeitdiskreter Signale betrachtet.

Die Summe liefert die resultierenden Funktionswerte bzw. Vektorkomponenten

$$s(\nu) = x(\nu) + y(\nu) \quad \text{bzw.} \quad s_i = x_i + y_i$$

und damit den resultierenden Signalvektor

$$\vec{s} = \vec{x} + \vec{y}\,. \tag{7.6}$$

Wenn beide Signale nicht die gleiche Länge haben, wird das kürzere durch zusätzliche Komponenten des Werts Null auf die Vektordimension (Komponentenzahl) des längeren Signals gebracht.

Die Energie der Summe berechnet sich nach (7.4) zu

$$E = \sum_{i=0}^{N-1} s_i^2 = \sum_{i=0}^{N-1} [x_i + y_i]^2 = \underbrace{\sum_{i=0}^{N-1} x_i^2}_{E_x} + \underbrace{\sum_{i=0}^{N-1} y_i^2}_{E_y} + \underbrace{2 \cdot \sum_{i=0}^{N-1} x_i\, y_i}_{2\,E_{xy}} \tag{7.7}$$

E_x ist die Energie des Signalvektors $\vec{x}$ und E_y ist die Energie des Signalvektors $\vec{y}$. Die Größe E_{xy} heißt *Kreuzenergie*. Sie kann positiv, null oder negativ sein, vgl. (4.2). Drückt man die Energien durch Skalarprodukte von Vektoren aus, dann erhält man

$$E_x = \sum_{i=0}^{N-1} x_i^2 = <\vec{x},\vec{x}> = \|\,\vec{x}\,\|^2, \tag{7.8a}$$

$$E_y \;=\; \sum_{i=0}^{N-1} y_i^2 \;=\; <\vec{y},\vec{y}> \;=\; \|\,\vec{y}\,\|^2\,, \tag{7.8b}$$

$$E_{xy} \;=\; \sum_{i=0}^{N-1} x_i\,y_i \;=\; <\vec{x},\vec{y}> \;=\; \|\,\vec{x}\,\|\cdot\|\,\vec{y}\,\|\cdot\cos(\vec{x},\vec{y})\,. \tag{7.8c}$$

Mit $\cos(\vec{x},\vec{y})$ ist der Kosinus des Winkels gemeint, den die beiden Vektoren $\vec{x}$ und $\vec{y}$ miteinander bilden[1]. Dieser Kosinus wird als Korrelationsfaktor ϱ bezeichnet, womit man aus (7.7) und (7.8c) für die Gesamtenergie E_s die gleiche Beziehung wie in (4.7) erhält

$$0 \;\le\; E_s \;=\; E_x + E_y + 2\varrho\,\sqrt{E_x E_y}\,. \tag{7.9}$$

Durch Auflösen von (7.8c) nach dem Korrelationsfaktor ergibt sich

$$\varrho \;=\; \cos(\vec{x},\vec{y}) \;=\; \frac{<\vec{x},\vec{y}>}{\|\,\vec{x}\,\|\cdot\|\,\vec{y}\,\|} \;=\; \frac{\displaystyle\sum_{i=0}^{N-1} x_i\,y_i}{\sqrt{\displaystyle\sum_{i=0}^{N-1} x_i^2 \cdot \sum_{i=0}^{N-1} y_i^2}} \;=\; \frac{E_{xy}}{\sqrt{E_x\,E_y}}\,. \tag{7.10}$$

Der Kosinus kann nur Werte zwischen -1 und $+1$ annehmen, womit auch hier wieder die Beziehung (4.4) gilt. Der Korrelationsfaktor ϱ, der ein Maß für die Ähnlichkeit zweier Signale darstellt, besagt, daß zwei Signalvektoren um so ähnlicher sind, je kleiner der von ihnen eingeschlossene Winkel ist. Für $\varrho = 0$ heißen die Signale *orthogonal* oder *unkorreliert*[2]. Die Signalvektoren stehen dann senkrecht aufeinander. Für orthogonale Vektoren gilt

$$<\vec{x},\vec{y}> \;=\; \sum_{i=0}^{N-1} x_i\,y_i \;=\; \sum_{\nu=0}^{N-1} x(\nu)\,y(\nu) \;=\; 0\,. \tag{7.11}$$

---

[1]
Der Winkel ist nur für 2– und 3–dimensionale Vektoren anschaulich. In der Tat wurde ursprünglich das Skalarprodukt für 2– und 3–dimensionale Vektoren durch die Beziehung $\|\,\vec{x}\,\|\cdot\|\,\vec{y}\,\|\cos(\vec{x},\vec{y})$ definiert, aus welcher für kartesische Koordinaten der Ausdruck $\sum x_i\,y_i$ folgt [23]. Mit der ursprünglichen Definition erhielt man einen bequemen Ausdruck für die mechanische Arbeit, wenn $\vec{x}$ einen Weg und $\vec{y}$ eine Kraft beschreibt. Für Vektoren, deren Dimension größer als 3 ist, ist der Winkel nicht mehr anschaulich. Deshalb wird heute allgemein das Skalarprodukt durch $\sum x_i\,y_i$ definiert [24] und ausgehend davon der Kosinus des eingeschlossenen Winkels $\cos(\vec{x},\vec{y})$ über die rechte Seite von (7.8c). Die Schwarz–Ungleichung stellt sicher, daß $|\varrho| \le 1$, siehe Anhang (A2.3).

[2]
Bei Leistungssignalen, siehe Abschnitt 7.2, werden mit orthogonal und unkorreliert unterschiedliche Sachverhalte ausgedrückt. Der Unterschied kann in Sonderfällen verschwinden. Bei Energiesignalen tritt der Unterschied nicht auf.

Bisher wurden ausschließlich reellwertige zeitdiskrete Signale, also Signalvektoren mit reellen Komponenten, betrachtet. Der Fall komplexwertiger zeitdiskreter Signale wird im nachfolgenden Unterabschnitt behandelt.

7.1.2 Energie komplexwertiger Signale

In Anlehnung an (7.4) ist die Energie eines komplexwertigen zeitdiskreten Signals endlicher Länge definiert durch (alle Schreibweisen bedeuten dasselbe)

$$E \; = \; \sum_{i=0}^{N-1} |\underline{s}_i|^2 \; = \; \sum_{i=0}^{N-1} \underline{s}_i \, \underline{s}_i^{\,*} \; = \; <\vec{\underline{s}}, \vec{\underline{s}}> \; = \; \| \, \vec{s} \, \|^2 \; . \tag{7.12}$$

Mit $\underline{s}_i^{\,*}$ wird der zu $\underline{s}_i$ konjugiert komplexe Wert bezeichnet. Die Norm $\| \, \vec{s} \, \|$ und das innere Produkt des Signalvektors $\vec{\underline{s}}$ mit komplexen Komponenten sind also wieder reell. $\vec{\underline{s}}$ ist ein Energiesignal, wenn (7.5) erfüllt wird.

Bezeichnet man mit $s_i^{(r)}$ den Realteil und mit $s_i^{(i)}$ den Imaginärteil der komplexen Vektorkomponenten $\underline{s}_i$, dann erhält man, vergl. (2.28),

$$E \; = \; \sum_{i=0}^{N-1} |\underline{s}_i|^2 \; = \; \sum_{i=0}^{N-1} [\, s_i^{(r)} \,]^2 \; + \; \sum_{i=0}^{N-1} [\, s_i^{(i)} \,]^2 \; . \tag{7.13}$$

Die Gesamtenergie E resultiert folglich als Summe der Energie der Realteile und der Energie der Imaginärteile. Es gibt keine Kreuzenergie zwischen Realteil und Imaginärteil.

Anders ist das bei der Addition zweier Signalvektoren $\vec{\underline{x}}$ und $\vec{\underline{y}}$ mit komplexen Komponenten $\underline{x}_i$ und $\underline{y}_i$ bzw. $\underline{x}(v)$ und $\underline{y}(v)$. Die Gesamtenergie der Vektorsumme setzt sich jetzt zusammen als Summe der Energie des Signalvektors $\vec{\underline{x}}$, der Energie des Signalvektors $\vec{\underline{y}}$ und zweier Kreuzenergien $<\vec{\underline{x}}, \vec{\underline{y}}>$ und $<\vec{\underline{y}}, \vec{\underline{x}}>$.

$$\begin{aligned} E \; &= \; <\vec{\underline{x}}, \vec{\underline{x}}> \; + \; <\vec{\underline{y}}, \vec{\underline{y}}> \; + \; <\vec{\underline{x}}, \vec{\underline{y}}> \; + \; <\vec{\underline{y}}, \vec{\underline{x}}> \\ &= \; E^{(r)} \; + \; E^{(i)} \end{aligned} \tag{7.14}$$

mit

$$<\vec{\underline{x}}, \vec{\underline{y}}> \; = \; \sum_{v=0}^{N-1} \underline{x}(v) \, \underline{y}^{\,*}(v) \quad ; \qquad <\vec{\underline{y}}, \vec{\underline{x}}> \; = \; \sum_{v=0}^{N-1} \underline{x}^{\,*}(v) \, \underline{y}(v) \; .$$

Der Energieanteil $E^{(r)}$ wird von den Realteilen, der Energieanteil $E^{(i)}$ von den Imaginäranteilen der Vektoren $\vec{\underline{x}}$ und $\vec{\underline{y}}$ gebildet und zwar gemäß (7.8a) und (7.8b). Die in $E^{(r)}$

und $E^{(i)}$ auftretenden Kreuzenergien können durch Korrelationsfaktoren wie in (7.9) ausgedrückt werden.

Die komplexen Signalvektoren $\underline{\vec{x}}$ und $\underline{\vec{y}}$ heißen orthogonal oder unkorreliert, wenn ihre inneren Produkte $< \underline{\vec{x}},\underline{\vec{y}} >$ und $< \underline{\vec{y}},\underline{\vec{x}} >$ null sind.

$$< \underline{\vec{x}},\underline{\vec{y}} > \;=\; \sum_{i=0}^{N-1} \underline{x}_i\, \underline{y}_i^* \;=\; \sum_{\nu=0}^{N-1} \underline{x}(\nu)\, \underline{y}^*(\nu) \;=\; < \underline{\vec{y}},\underline{\vec{x}} > \;=\; \sum_{\nu=0}^{N-1} \underline{x}^*(\nu)\, \underline{y}(\nu) \;=\; 0 .$$

$$(7.15)$$

Ein Beispiel für zwei komplexwertige zeitdiskrete orthogonale Signalvektoren bilden die zeitbegrenzten diskreten Exponentialfolgen der Frequenzen n/N und k/N mit n und k ganzzahlig und $n \neq k$. Ihre Glieder oder Komponenten lauten

$$\underline{x}(\nu) \;=\; e^{+j2\pi\nu\, n/N} \quad;\quad \underline{y}(\nu) \;=\; e^{+j2\pi\nu\, k/N} \quad;\quad \nu \;=\; 0, 1, 2, \dots , N{-}1. \qquad (7.16)$$

Für diese erhält man

$$< \underline{\vec{x}},\underline{\vec{y}} > = \sum_{\nu=0}^{N-1} \underline{x}(\nu)\, \underline{y}^*(\nu) \;=\; \sum_{\nu=0}^{N-1} e^{+j2\pi\nu(n-k)/N} \;=\; \begin{cases} 0 & \text{für}\quad n \neq k \\[4pt] N & \text{für}\quad n = k \;. \end{cases} \qquad (7.17)$$

Die Orthogonalitätsrelation (7.17) wird für den Fall $N=8$ und $n{-}k=1$ durch Bild 7.1 verdeutlicht. Die Summe der acht komplexen Zahlen ergibt offensichtlich den Wert Null.

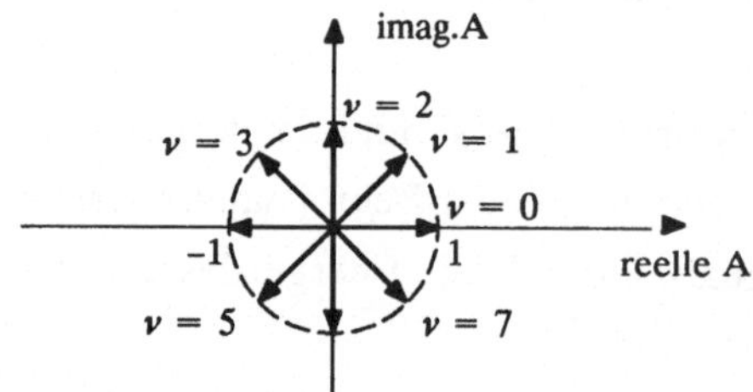

Bild 7.1 Darstellung der Werte von $e^{j2\pi\nu/8}$ für $\nu = 0, 1, 2, \dots , 7$ in der komplexen Zahlenebene

Die orthogonalen Vektoren (7.16) spielen für die diskrete Fourier–Transformation, die in Abschnitt 7.3 behandelt wird, eine große Rolle.

7.2 Zeitdiskrete Leistungssignale

In diesem Abschnitt werden zeitdiskrete Signale oder Folgen $\{s(i)\} = \{s_i\}$ von unendlicher Länge betrachtet. Den unendlich vielen Zeitpunkten i

$$i: \quad -N, \dots , -2, -1, 0, 1, 2, \dots , N \qquad \text{mit}\quad N \to \infty \qquad (7.18)$$

seien die reellen Funktionswerte s_i

$$s_i: \quad s_{-N}, \quad \ldots, \quad s_{-2}, \quad s_{-1}, \quad s_0, \quad s_1, \quad s_2, \quad \ldots, \quad s_N \tag{7.19}$$

zugeordnet.

Nun werden in Anlehnung an die Definitionen (2.12) und (2.13) bei zeitkontinuierlichen Signalen $s(t)$ die folgenden speziell für zeitdiskrete Signale unendlicher Länge geltenden Definitionen eingeführt:

Definition :   *Mittlere Leistung*

Die mittlere Leistung eines reellen Signals unendlicher Länge ist definiert durch den folgenden Mittelwert der quadrierten zeitdiskreten Funktionswerte s_i

$$P = \lim_{N \to \infty} \frac{1}{2N + 1} \sum_{i=-N}^{+N} s_i^2 \; . \tag{7.20}$$

Definition :   *Leistungssignal*

Ein zeitdiskretes Signal unendlicher Länge ist Leistungssignal, wenn es folgender Ungleichung genügt

$$0 < P = \lim_{N \to \infty} \frac{1}{2N + 1} \sum_{i=-N}^{+N} s_i^2 \; < \; \infty \; . \tag{7.21}$$

Mittlere Leistung und Energie eines zeitdiskreten Signals unterscheiden sich nicht in der physikalischen Dimension. In beiden Fällen ist die Dimension "Signalquadrat".

Es wird nun die mittlere Leistung der Summe zweier zeitdiskreter Leistungssignale $\{x(i)\} = \{x_i\}$ und $\{y(i)\} = \{y_i\}$ betrachtet

$$\{s_i\} = \{x_i\} + \{y_i\} = \{x_i + y_i\}. \tag{7.22}$$

Die mittlere Leistung des Summensignals $\{s_i\}$ berechnet sich zu

$$P_s = \lim_{N \to \infty} \frac{1}{2N + 1} \sum_{i=-N}^{+N} s_i^2$$

$$= \underbrace{\lim_{N \to \infty} \frac{1}{2N + 1} \sum_{i=-N}^{+N} x_i^2}_{P_x} + \underbrace{\lim_{N \to \infty} \frac{1}{2N + 1} \sum_{i=-N}^{+N} y_i^2}_{P_y} + \underbrace{2 \lim_{N \to \infty} \frac{1}{2N + 1} \sum_{i=-N}^{+N} x_i \, y_i}_{2P_{xy}}$$

$$= P_x + P_y + 2P_{xy} \tag{7.23}$$

$$= P_x + P_y + 2\overline{\varrho}\sqrt{P_x P_y} . \tag{7.24}$$

P_{xy} ist die mittlere Kreuzleistung, $\overline{\varrho}$ ist der Kreuzleistungsfaktor. Letzterer genügt der Ungleichung

$$-1 \le \overline{\varrho} \le +1 ,$$

vergl. (4.19). Für $\overline{\varrho} = 0$ heißen die Signale *orthogonal*. Die Beziehung (7.23) und (7.24) sind die zeitdiskreten Gegenstücke zu den zeitkontinuierlichen Beziehungen (4.17) und (4.20).

Wie beim zeitkontinuierlichen Leistungssignal $s(t)$ kann man auch beim zeitdiskreten Leistungssignal eine Gleichkomponente μ_s und eine Wechselkomponente $\{\sigma_s(i)\} = \{\sigma_{si}\}$ unterscheiden.

$$\mu_s = \overline{s_i} = \lim_{N\to\infty} \frac{1}{2N+1} \sum_{i=-N}^{+N} s_i . \tag{7.25}$$

Nach Abzug des bei allen Folgegliedern s_i gleichen Gleichanteils μ_s verbleiben als Wechselanteile

$$\sigma_{si} = s_i - \mu_s . \tag{7.26}$$

Die Folge $\{\sigma_{si}\}$ bildet die Wechselkomponente der Folge $\{s_i\}$; ihre mittlere Leistung berechnet sich zu

$$\sigma_s^2 = \overline{\sigma_{si}^2} = \lim_{N\to\infty} \frac{1}{2N+1} \sum_{i=-N}^{+N} \sigma_{si}^2 . \tag{7.27}$$

Gleichkomponente und Wechselkomponente erweisen sich wieder als unkorreliert, so daß wie bei (4.26) die Gesamtleistung P_s sich als Summe aus Gleichleistung μ_s^2 und mittlere Wechselleistung σ_s^2 errechnet.

$$P_s = \mu_s^2 + \sigma_s^2 . \tag{7.28}$$

Wenn die zeitdiskreten Signale $\{x_i\}$ und $\{y_i\}$ die Gleichanteile μ_x und μ_y sowie die Wechselanteile σ_{xi} und σ_{yi} enthalten, dann gelten wieder, vergl. (4.28),

$$\mu_s = \mu_x + \mu_y , \tag{7.29}$$

$$\sigma_{si} = \sigma_{xi} + \sigma_{yi} . \tag{7.30}$$

Für die resultierende Gleichleistung, vergl. (4.29), ergibt sich

$$\mu_s^2 = [\mu_x + \mu_y]^2 \tag{7.31}$$

und für die resultierende Wechselleistung, vergl. (4.30),

$$\sigma_s^2 = \sigma_x^2 + \sigma_y^2 + 2\varrho\sigma_x\sigma_y \ . \tag{7.32}$$

Die mittleren Wechselleistungen σ_x^2 und σ_y^2 errechnen sich entsprechend (7.27). Der Korrelationsfaktor der Wechselkomponenten ϱ ergibt sich zu

$$\varrho = \frac{\overline{\sigma_{xi}\sigma_{yi}}}{\sqrt{\overline{\sigma_{xi}^2} \cdot \overline{\sigma_{yi}^2}}} = \frac{1}{\sigma_x\sigma_y} \lim_{N\to\infty} \frac{1}{2N+1} \sum_{i=-N}^{+N} \sigma_{xi} \cdot \sigma_{yi} \ . \tag{7.33}$$

Bei komplexen zeitdiskreten Signalen unendlicher Länge berechnet sich die mittlere Leistung als Summe der mittleren Leistung der Realteile und der mittleren Leistung der Imaginärteile.

7.3 Diskrete Fourier–Transformation (DFT)

Die diskrete Fourier–Transformation ist eine eigenständige Transformation, die allerdings in Anlehnung an die kontinuierliche Fourier–Transformation definiert ist.

Die kontinuierliche Fourier–Transformation der Zeitfunktion $s(t)$ lautet nach (4.79)

$$S(f) = \int_{-\infty}^{+\infty} s(t) \cdot e^{-j2\pi ft} \, dt \ . \tag{7.34}$$

Es werde nun der Fall vorausgesetzt, daß die Zeitfunktion $s(t)$ zeitbegrenzt und beschränkt ist.

$$s(t) = \begin{cases} s(t) & \text{für } 0 \le t \le t_g \\ 0 & \text{sonst} \end{cases} \qquad\qquad |s(t)| \le M \ . \tag{7.35}$$

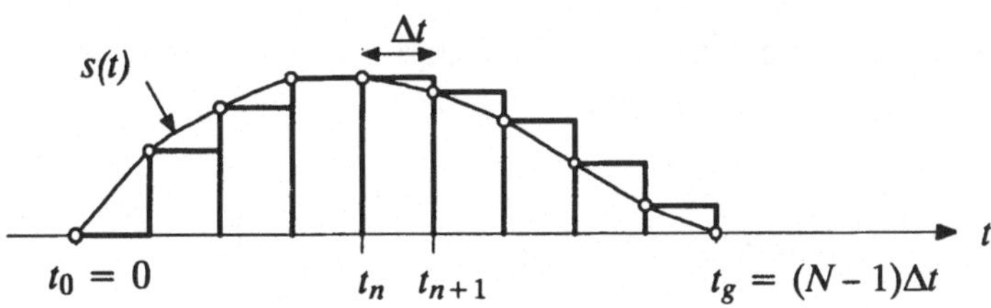

Bild 7.2 Zur numerischen Berechnung des Fourier-Integrals (7.34)

Für die numerische Berechnung von (7.34) liegt es dann nahe, statt der zeitkontinuierlichen Funktion $s(t)$ nur N äquidistante Abtastwerte $s(t_n)$ im Abstand

$$\Delta t = t_{n+1} - t_n = \frac{t_g}{N-1}$$

zu verwenden, siehe Bild 7.2.

Die Verwendung endlich vieler Abtastwerte ist gleichbedeutend mit der Approximation von $s(t)$ durch die im Bild 7.2 dargestellte Treppenkurve. Für diese Treppenkurve berechnet sich der Wert des Fourier–Integrals (7.34) an der festen Stelle $f = f_k$ exakt zu

$$S(f_k) = \sum_{n=0}^{N-1} s(t_n) \cdot e^{-j2\pi f_k t_n} \cdot (t_{n+1} - t_n). \tag{7.36}$$

(7.36) bildet den Ansatzpunkt für die Definition der Diskreten Fourier–Transformation.

7.3.1 Definition und Standardform der DFT

Mit der DFT wird ein endlich langes zeitdiskretes Signal transformiert. Das endlich lange zeitdiskrete Signal sei durch eine endliche Folge von N Gliedern

$$\{s(\nu)\}_0^{N-1} = \{s(0), \ s(1), \ \dots, \ s(N-1)\} \tag{7.37}$$

oder durch einen N–dimensionalen Vektor gegeben. Die Glieder der Folge kann man als Abtastwerte einer zeitbegrenzten zeitkontinuierlichen Funktion $s(t)$, siehe Bild 7.2, ansehen, man muß das aber nicht.

Die Definition der DFT beruht nun auf zwei Vorgaben. Die erste Vorgabe betrifft den zeitlichen Abstand der Funktionswerte. Er wird festgelegt durch

$$T = t_{n+1} - t_n \ ; \quad \text{d. h.} \quad t_n = nT. \tag{7.38}$$

Dieser Abstand muß jetzt keineswegs mehr klein sein wie in (7.36).

Die zweite Vorgabe betrifft die Werte der festen Frequenzen f_k, für die die Transformation durchgeführt wird. Es werden N diskrete Frequenzen festgelegt. Diese sind

$$f_k = \frac{k}{NT} \quad \text{mit} \ \ k = 0, 1, \dots, N\text{--}1. \tag{7.39}$$

Mit (7.38) und (7.39) wird in Anlehnung an (7.36) die diskrete Fourier–Transformation (DFT) der N Folgenglieder $s(nT)$ definiert durch

$$\boxed{S(\frac{k}{NT}) = T \sum_{n=0}^{N-1} s(nT) \cdot e^{-j2\pi kn/N} \ ; \quad k = 0, 1, 2, \ \dots, N-1} \ . \tag{7.40}$$

N diskrete Funktionswerte $s(nT)$; $n = 0, 1, 2, ..., N-1$ ergeben über (7.40) transformierte (Spektral-) Werte $S(\frac{k}{NT})$ an N diskreten Frequenzen $\frac{k}{NT}$; $k = 0, 1, 2, ..., N-1$.

Wie sogleich gezeigt wird, gibt es zu (7.40) eine Umkehrung:

Aus N diskreten Spektralwerten $S(\frac{k}{NT})$; $k = 0, 1, 2, ..., N-1$ lassen sich die N diskreten Funktionswerte $s(nT)$; $n = 0, 1, 2, ..., N-1$ wieder zurückgewinnen mit der Umkehrformel:

$$s(nT) = \frac{1}{NT} \sum_{k=0}^{N-1} S(\frac{k}{NT}) \cdot e^{+j2\pi kn/N} \; ; \quad n = 0, 1, 2, ..., N-1 \qquad (7.41)$$

Die Umkehrformel (7.41) wird auch als inverse diskrete Fourier-Transformation (IDFT) bezeichnet. Weil der Wert von T, der in (7.40) und (7.41) einzusetzen ist, im Prinzip beliebig und ohne Rücksicht auf Bild 7.2 gewählt werden kann, handelt es sich bei der DFT und der zugehörigen IDFT um eine eigenständige Transformation. Die DFT liefert aber sicher dann gleiche Spektralwerte wie die kontinuierliche Fourier-Transformation, wenn der zeitliche Abstand T hinreichend klein ist.

Zum Beweis der Umkehrformel wird die Beziehung (7.41) für $s(nT)$ in (7.40) eingesetzt:

$$S(\frac{k}{NT}) = T \sum_{n=0}^{N-1} \left[\frac{1}{NT} \sum_{m=0}^{N-1} S(\frac{m}{NT}) \cdot e^{+j2\pi mn/N} \right] \cdot e^{-j2\pi kn/N} \qquad (7.42)$$

Durch Vertauschen der Reihenfolge der endlichen Summationen mit Verwendung der Orthogonalitätsbeziehung (7.17) folgt

$$S(\frac{k}{NT}) = \frac{1}{N} \sum_{m=0}^{N-1} S(\frac{m}{NT}) \underbrace{\left[\sum_{n=0}^{N-1} e^{+j2\pi mn/N} \cdot e^{-j2\pi kn/N} \right]}_{} = S(\frac{k}{NT}) . \qquad (7.43)$$

$$= \begin{cases} N & \text{für } m = k \text{ und } N > 1 \\ 0 & \text{für } m \neq k \end{cases}$$

Alle Spektralwerte werden also mit Null multipliziert, außer für $m = k$.
Damit ist die Umkehrformel (7.41) bewiesen.

Bemerkung:

(7.40) wurde für die festen Werte $k = 0, 1, 2, ..., N-1$ ausgewertet. Eine Auswertung für

$k = N$ liefert

$$S(\frac{N}{NT}) = T \sum_{n=0}^{N-1} s(nT) \cdot \underbrace{e^{-j2\pi n}}_{=1} = S(\frac{0}{NT}) \ . \tag{7.44}$$

Und eine Auswertung für $k = m + N$ ergibt

$$S\left(\frac{m+N}{NT}\right) = T \sum_{n=0}^{N-1} s(nT) \cdot \underbrace{e^{-j2\pi[(N+m)/N]\,n}}_{} $$

$$= \underbrace{e^{-j2\pi(N/N)n} \cdot e^{-j2\pi(m/N)n}}_{=1}$$

$$= T \sum_{n=0}^{N-1} s(nT) \cdot e^{-j2\pi mn/N} = S\left(\frac{m}{NT}\right) \ . \tag{7.45}$$

Die Auswertung von (7.40) für $k \geq N$ und für $k < 0$ liefert also eine periodische Fortsetzung bei den berechneten Spektralwerten. Entsprechendes gilt auch für die Auswertung der Umkehrformel (7.41) für $n \geq N$ und $n < 0$.

$$s[(n + N)T] = s(nT) \ . \tag{7.46}$$

Die DFT und die IDFT gelten primär für endliche Folgen oder N–Tupel von Zeitfunktionswerten bzw. Spektralfunktionswerten. Statt dieser endlichen Folgen kann man aber auch die periodisch fortgesetzten Folgen betrachten, wobei aber nur die Glieder einer Periode in den Transformationsformeln (7.40) und (7.41) Verwendung finden. Die periodisch fortgesetzten Folgen nennt man auch *zyklische Folgen*.

Zur Schreibweise der DFT in der *Standardform* wird wie in (6.1) die diskrete Zeit nT durch n ersetzt. Da N eine fest vorgegebene Zahl (meist eine ganzzahlige Potenz von 2) ist, wird statt $S(k/N)$ einfach $S(k)$ geschrieben. Für (7.40) und (7.41) erhält man dann

$$\boxed{\begin{aligned} S(k) &= \sum_{n=0}^{N-1} s(n) \cdot e^{-j2\pi kn/N} \quad ; \qquad k = 0, 1, 2, ..., N{-}1 \\[2em] s(n) &= \frac{1}{N} \sum_{k=0}^{N-1} S(k) \cdot e^{+j2\pi kn/N} \quad ; \qquad n = 0, 1, 2, ..., N{-}1 \end{aligned}}$$

$$\text{(7.47)}$$
$$\text{(7.48)}$$

Durch die DFT wird einem N–Tupel $\{s(n)\}$ von N Zeitfunktionswerten $s(n)$ ein N–Tupel $\{S(k)\}$ von N Spektralfunktionswerten $S(k)$ zugeordnet und umgekehrt. Diese Zuordnung wird symbolisch durch die Schreibweise

$$\{s(n)\}_0^{N-1} \quad \circ\!\!-\!\!\bullet \quad \{S(k)\}_0^{N-1} \tag{7.49}$$

ausgedrückt. Diese Tupel oder Folgen kann man sich für n bzw. $k < 0$ und n bzw. $k \geq N$ periodisch fortgesetzt denken.

7.3.2 Beispiel für die DFT

Normalerweise wird die DFT auf dem Digitalrechner numerisch durchgeführt. Dafür gibt es einen als FFT (Fast Fourier Transform) bezeichneten recheneffizienten Algorithmus, der auf der Ausnutzung von Periodizitäten der Exponentialfunktion beruht. Näheres zur FFT findet man u.a. in [11].

Hier sei nun "per Hand" als Beispiel das diskrete Spektrum der periodisch gezeichneten Rechteck–Impulsfolge von Bild 7.3 berechnet. Die DFT benutzt davon nur die Werte $s(n)$ für $0 \leq n \leq N-1$. Im Bereich $-N/2 \leq n \leq +N/2$ kann man die Werte $s(n)$ als Abtastwerte des zeitkontinuierlichen Rechteckimpulses von Bild 4.14 auffassen.

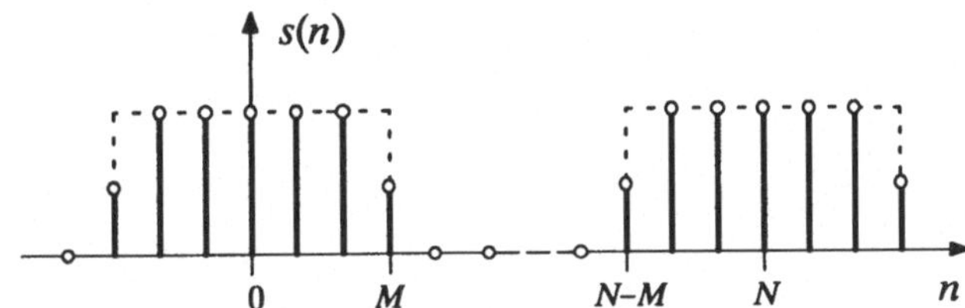

Bild 7.3 Periodisch gezeichnete Abtastwerte eines Rechteckimpulses

Für die Funktionswerte in Bild 7.3 gelte

$$s(n) = \begin{cases} 1 & \text{für } n = 0,\ 1,\ 2,\ ...,\ M-1,\ N-M+1,\ N-M+2,\ ...,\ N-1 \\ 1/2 & \text{für } n = M,\ N-M \\ 0 & \text{für } n = M+1,\ M+2,\ ...,\ N-M-1\ . \end{cases} \tag{7.50}$$

Damit berechnen sich die Spektralwerte (7.47) zu

$$S(k) = \sum_{n=0}^{N-1} s(n) \cdot e^{-j2\pi nk/N}$$

$$= \left[\sum_{n=0}^{M-1} e^{-j2\pi kn/N} + \frac{1}{2} \cdot e^{-j2\pi kM/N} + \frac{1}{2} \cdot e^{-j2\pi k(N-M)/N} + \sum_{n=N-M+1}^{N-1} e^{-j2\pi kn/N} \right] . \quad (7.51)$$

Die beiden mittleren Terme und der letzte Summenausdruck lassen sich wie folgt umformen

$$\frac{1}{2} e^{-j2\pi kM/N} + \frac{1}{2} e^{-j2\pi k(N-M)/N} = \frac{1}{2}(e^{-j2\pi kM/N} + e^{+j2\pi kM/N} \cdot \underbrace{e^{-j2\pi k}}_{=1}) = \cos(2\pi kM/N) \quad (7.52)$$

$$\sum_{n=N-M+1}^{N-1} e^{-j2\pi kn/N} = \sum_{\substack{m=1 \\ \text{Subst.:} \\ m=n-N+M}}^{M-1} e^{-j2\pi k(m+N-M)/N} = \sum_{\substack{n=1 \\ \text{Subst.:} \\ m=n}}^{M-1} e^{-j2\pi kn/N} \cdot e^{+j2\pi kM/N} \quad (7.53)$$

Durch Einsetzen von (7.52) und (7.53) in (7.51) erhält man bei Abspaltung des ersten Terms der linken Summe

$$S(k) = \left[1 + \sum_{n=1}^{M-1} e^{-j2\pi kn/N} + \cos(2\pi kM/N) + \sum_{n=1}^{M-1} e^{-j2\pi kn/N} \cdot e^{+j2\pi kM/N} \right] . \quad (7.54)$$

Mit der allgemeinen Summenformel für die endliche geometrische Reihe

$$\sum_{n=1}^{s} a^n = \frac{a^{s+1}-a}{a-1} \Bigg|_{s=M-1} = \frac{a^M-a}{a-1} \quad (7.55)$$

und mit

$$a = e^{-j2\pi k/N} \quad (7.56)$$

folgt für (7.54)

$$S(k) = \left[1 + \frac{a^M-a}{a-1} + \frac{1}{2}a^M + \frac{1}{2}a^{-M} + \frac{a^M-a}{a-1} \cdot a^{-M} \right]$$

$$= \frac{2(a-1) + 2a^M - 2a + a^M(a-1) + a^{-M}(a-1) + (2a^M - 2a)a^{-M}}{2(a-1)}$$

$$= \frac{a^{M+1} + a^M - a^{-M+1} - a^{-M}}{2(a-1)} = \frac{(a+1) \cdot (a^M - a^{-M})}{2(a-1)} . \quad (7.57)$$

Die Rückersetzung von a liefert für $k \neq 0$

$$S(k) = \frac{(e^{-j2\pi k/N} + 1) \cdot (e^{-j2\pi kM/N} - e^{+j2\pi kM/N})}{2(e^{-j2\pi k/N} - 1)}$$

$$= \frac{e^{-j\pi k/N}(e^{-j\pi k/N} + e^{+j\pi k/N}) \cdot (e^{-j2\pi kM/N} - e^{+j2\pi kM/N})}{2e^{-j\pi k/N}(e^{-j\pi k/N} - e^{+j\pi k/N})}$$

$$= \frac{1}{2}\frac{(e^{+j\pi k/N} + e^{-j\pi k/N}) \cdot (e^{+j2\pi kM/N} - e^{-j2\pi kM/N})}{e^{+j\pi k/N} - e^{-j\pi k/N}}$$

$$= \frac{1}{2}\frac{2 \cdot \cos(\pi k/N) \cdot j2\sin(2\pi kM/N)}{j2 \cdot \sin(\pi k/N)}$$

$$= \cot(\pi k/N) \cdot \sin(2\pi kM/N) . \tag{7.58}$$

Für $k = 0$ folgt direkt aus (7.54) der Wert $S(0) = 2M$. Somit gilt zusammengefaßt

$$S(k) = \begin{cases} \cot(\pi k/N) \cdot \sin(2\pi kM/N) & \text{für } k = 1, \ 2, \ ..., \ N-1 \\ 2M & \text{für } k = 0 \end{cases} \tag{7.59}$$

Bild 7.4 zeigt das Ergebnis für $N = 16$ und $M = 2$.

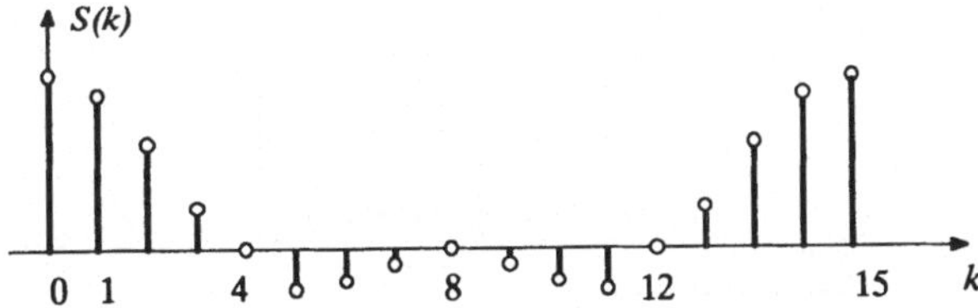

Bild 7.4   Diskretes Fourier-Spektrum für die Rechteckimpuls-Folge in Bild 7.3 bei $N = 16$ und $M = 2$

Das Beispiel von Bild 7.3 liefert nur reelle Spektralwerte $S(k)$, weil die periodisch fortgesetzte Folge der Zeitfunktionswerte gerade ist, d. h. $s(n) = s(-n)$. Im allgemeinen ergeben sich komplexwertige Spektralwerte.

Setzt man die Folge der Spektralwerte im Bild 7.4 periodisch fort, dann erhält man im Intervall $-8 \leq n \leq +8$ mit guter Näherung die gleichen Werte wie beim kontinuierlichen Spektrum in Bild 4.15a.

7.3.3 Matrizen–Schreibweise der DFT

Mit der zur Abkürzung dienenden Substitution

$$e^{+j2\pi/N} = \varepsilon \tag{7.60}$$

läßt sich die DFT–Formel (7.47) auch als folgendes Skalarprodukt zweier Vektoren darstellen.

$$S(k) = \sum_{n=0}^{N-1} s(n) \cdot e^{-j2\pi kn/N} = \sum_{n=0}^{N-1} \varepsilon^{-kn} \cdot s(n)$$

$$= \underline{\left[\varepsilon^{-0}, \ \varepsilon^{-k}, \ \varepsilon^{-2k}, \ \dots, \ \varepsilon^{-(N-1)k} \right]} \cdot \begin{bmatrix} s(0) \\ s(1) \\ s(2) \\ \cdot \\ \cdot \\ \cdot \\ s(N-1) \end{bmatrix} \quad \text{für } 0 \leq k \leq N-1 \ . \tag{7.61}$$

Die horizontal unterstrichenen Potenzen von ε bilden die Komponenten eines Zeilenvektors. Dieser Zeilenvektor multipliziert mit dem bereits in (7.3) eingeführten Spaltenvektor bildet den Spektralwert $S(k)$.

Wenn man für $0 \leq k \leq N-1$ alle Spektralwerte $S(k)$ zu einem Spaltenvektor zusammenfaßt, dann erhält man die Matrizengleichung

$$\underbrace{\begin{bmatrix} S(0) \\ S(1) \\ S(2) \\ \cdot \\ \cdot \\ \cdot \\ S(N-1) \end{bmatrix}}_{S]} = \underbrace{\begin{bmatrix} 1 & 1 & 1 & \cdots & 1 \\ 1 & \varepsilon^{-1} & \varepsilon^{-2} & \cdots & \varepsilon^{-(N-1)} \\ 1 & \varepsilon^{-2} & \varepsilon^{-4} & \cdots & \varepsilon^{-2(N-1)} \\ \cdot & \cdot & \cdot & \cdots & \cdot \\ \cdot & \cdot & \cdot & \cdots & \cdot \\ \cdot & \cdot & \cdot & \cdots & \cdot \\ 1 & \varepsilon^{-(N-1)} & \varepsilon^{-2(N-1)} & \cdots & \varepsilon^{-(N-1)^2} \end{bmatrix}}_{[F]} \cdot \underbrace{\begin{bmatrix} s(1) \\ s(2) \\ s(3) \\ \cdot \\ \cdot \\ \cdot \\ s(N-1) \end{bmatrix}}_{s]} \ . \tag{7.62}$$

Die Matrix $[F]$ heißt Fourier–Matrix. In kompakter Form geschrieben lautet die Matrizengleichung (7.62)

$$\boxed{S] = [F] \cdot s]} \ . \tag{7.63}$$

Die Matrizengleichung bildet einen Vektor $s]$ des originalen Vektorraums als Vektor $S]$ auf einen Bild–Vektorraum ab.

Mit der gleichen Substitution (7.60) läßt sich die IDFT–Formel (7.40) wie folgt als Skalarprodukt zweier Vektoren schreiben

$$s(n) \;=\; \frac{1}{N}\sum_{k=0}^{N-1} S(k)\cdot e^{+j2\pi kn/N} \;=\; \frac{1}{N}\sum_{k=0}^{N-1}\varepsilon^{+kn}\cdot S(k)$$

$$=\; \frac{1}{N}\,\underbrace{\left[\varepsilon^{+0},\;\varepsilon^{+n},\;\varepsilon^{+2n},\;\ldots,\;\varepsilon^{(N-1)n}\right]}\cdot
\begin{bmatrix} S(0) \\ S(1) \\ S(2) \\ . \\ . \\ . \\ S(N-1) \end{bmatrix}
\qquad \text{für } 0 \le n \le N-1\;. \tag{7.64}$$

Durch Zusammenfassen der N Zeitfunktionswerte $s(n)$ zu einem Spaltenvektor erhält man aus (7.64) die Matrizengleichung

$$\underbrace{\begin{bmatrix} s(0) \\ s(1) \\ s(2) \\ . \\ . \\ . \\ s(N-1) \end{bmatrix}}_{s]}
= \frac{1}{N}\,\underbrace{\begin{bmatrix}
1 & 1 & 1 & \cdots & 1 \\
1 & \varepsilon^1 & \varepsilon^2 & \cdots & \varepsilon^{(N-1)} \\
1 & \varepsilon^2 & \varepsilon^4 & \cdots & \varepsilon^{2(N-1)} \\
. & . & . & \cdots & . \\
. & . & . & \cdots & . \\
. & . & . & \cdots & . \\
1 & \varepsilon^{(N-1)} & \varepsilon^{2(N-1)} & \cdots & \varepsilon^{(N-1)^2}
\end{bmatrix}}_{[F]^{-1}}
\underbrace{\begin{bmatrix} S(1) \\ S(2) \\ S(3) \\ . \\ . \\ . \\ S(N-1) \end{bmatrix}}_{s]} \tag{7.65}$$

In kompakter Form geschrieben lautet (7.65)

$$\boxed{\; S] = [F]^{-1}\cdot s] \;} \qquad . \tag{7.66}$$

Da die Matrix $[F]^{-1}$ von der IDFT ausgehend aufgestellt worden ist, muß es sich um die zu $[F]$ inverse Fourier–Matrix handeln. Invers bedeutet dasselbe wie "umgekehrt".

Durch Einsetzen von (7.66) in (7.63) folgt

$$S] \;=\; [F]\cdot s] \;=\; \underbrace{[F]\cdot [F]^{-1}}_{[I]}\cdot S]\;. \tag{7.67}$$

Hierin ist $[I]$ die Einheitsmatrix

$$[I] \;=\; \begin{bmatrix} 1 & 0 & . & . & . & 0 \\ 0 & 1 & . & . & . & 0 \\ . & . & . & . & . & . \\ . & . & . & . & . & . \\ . & . & . & . & . & . \\ 0 & 0 & . & . & . & 1 \end{bmatrix} . \tag{7.68}$$

8 Zeitdiskrete Übertragungssysteme, Teil 2

Mit diesem Kapitel 8 wird die in Kapitel 6 begonnene Theorie zeitdiskreter Systeme fortgesetzt. Dabei wird insbesondere auch die in Kapitel 7 bereitgestellte diskrete Fourier-Transformation (DFT) – siehe (7.40) und (7.41) bzw. (7.47) und (7.48) – zur Anwendung kommen. Die Zusammenhänge sind ähnlich denen der zeitkontinuierlichen Theorie in den Kapiteln 3, 4 und 5.

Wie sich herausstellt, steht die DFT–Formel (7.41) in einem engen Zusammenhang zur komplexen Exponentialfolge. Letztere wiederum erweist sich als Eigenfunktion des zeitdiskreten linearen zeitinvarianten Übertragungssystems. Um das zu zeigen, wird zunächst die Antwort des zeitdiskreten linearen zeitinvarianten Übertragungssystems der reellen Impulsantwort $\{h(v)\} = \{h^{(r)}(v)\}$ auf eine (hypothetische) komplexwertige Folge $\{\underline{s}_1(v)\}$ diskutiert. Man vergleiche hierzu die entsprechende Diskussion zu Bild 5.1.

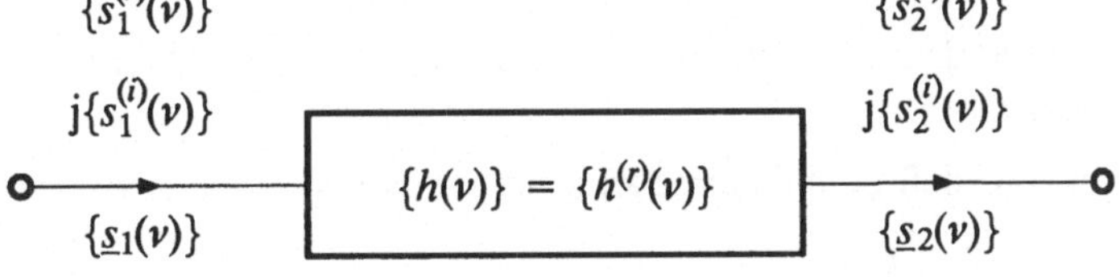

$$\{s_1^{(r)}(v)\} \qquad\qquad\qquad \{s_2^{(r)}(v)\}$$
$$\mathrm{j}\{s_1^{(i)}(v)\} \qquad \boxed{\{h(v)\} = \{h^{(r)}(v)\}} \qquad \mathrm{j}\{s_2^{(i)}(v)\}$$
$$\{\underline{s}_1(v)\} \qquad\qquad\qquad \{\underline{s}_2(v)\}$$

Bild 8.1   Erregung eines reellen linearen zeitinvarianten zeitdiskreten Übertragungssystems mit einer komplexwertigen Folge $\{\underline{s}_1(v)\} = \{s_1^{(r)}(v)\} + \mathrm{j}\{s_1^{(i)}(v)\}$

Nach (6.5) und (6.6) gilt bei komplexwertigen Folgen der reellen Variablen ν allgemein

$$\{\underline{s}_1(\nu)\} = \{\, s_1^{(r)}(\nu) + j\, s_1^{(i)}(\nu)\} = \{\, s_1^{(r)}(\nu)\} + j\{\, s_1^{(i)}(\nu)\}\,. \tag{8.1}$$

Wenn also beim linearen Übertragungssystem für die reellwertigen Folgen die Beziehungen

$$\{s_1^{(r)}(\nu)\} \;\rightarrow\; \{\, s_2^{(r)}(\nu)\} \qquad \text{und} \qquad \{s_1^{(i)}(\nu)\} \;\rightarrow\; \{\, s_2^{(i)}(\nu)\}$$

gelten, dann muß wegen des Überlagerungsprinzips und des Superpositionsprinzips sowie wegen (8.1) auch folgende Beziehung zutreffen

$$\{\underline{s}_1(\nu)\} = \{\, s_1^{(r)}(\nu)\} + j\{s_1^{(i)}(\nu)\} \;\rightarrow\; \{\, s_2^{(r)}(\nu)\} + j\{\, s_2^{(i)}(\nu)\} = \{\underline{s}_2(\nu)\}\,. \tag{8.2}$$

Die Glieder der komplexwertigen Folge $\{\underline{s}_2(\nu)\}$ berechnen sich infolgedessen allgemein mit der diskreten Faltungssumme (6.20) zu

$$\underline{s}_2(\nu) = s_2^{(r)}(\nu) + j\, s_2^{(i)}(\nu) = \sum_{\mu=-\infty}^{+\infty} s_1^{(r)}(\mu)\cdot h(\nu-\mu) + \sum_{\mu=-\infty}^{+\infty} j\, s_1^{(i)}(\mu)\cdot h(\nu-\mu)$$

$$= \sum_{\mu=-\infty}^{+\infty} \underline{s}_1(\mu)\cdot h(\nu-\mu) = \sum_{\mu=-\infty}^{+\infty} h(\mu)\cdot \underline{s}_1(\nu-\mu)\,. \tag{8.3}$$

Durch Umkehrung der in (6.1) vorgenommenen Ersetzungen νT durch ν erhält man die komplexe diskrete Faltungssumme in der ausführlichen Form –siehe auch (6.20a)–

$$\underline{s}_2(\nu T) = \sum_{\mu=-\infty}^{+\infty} h(\mu T)\, \underline{s}_1[(\nu-\mu)T]\,. \tag{8.3a}$$

Selbstverständlich ist die diskrete Faltungssumme auch in dieser komplexen Form kommutativ. Desgleichen gelten bei kausalen Systemen die verkürzten Summen (6.30) und (6.31) sinngemäß auch für komplexe Signale.

8.1 Übertragung der komplexen Exponentialfolge

Die zeitkontinuierliche komplexe Exponentialschwingung $\underline{s}_1(t) = e^{+j2\pi ft}$ erwies sich als Eigenschwingung des zeitkontinuierlichen linearen zeitinvarianten Übertragungssystems, siehe Abschnitt 5.1.

Es wird nun gezeigt, daß dementsprechend die unendlich lange periodische komplexe zeitdiskrete Exponentialfolge

$$[\underline{s}_1(\nu T)]_{-\infty}^{+\infty} \quad \text{mit} \quad \underline{s}_1(\nu T) = e^{j2\pi f\nu T}\;;\quad \nu = 0,\,\pm 1,\,\pm 2,\dots \tag{8.4}$$

Eigenfunktion des zeitdiskreten linearen zeitinvarianten Übertragungssystems ist. In (8.4) bezeichnen f eine feste Frequenz und νT die diskreten Zeitpunkte im Abstand T.

Der Nachweis, daß die Exponentialfolge eine Eigenfunktion ist, erfolgt durch Einsetzen in die ausführliche komplexe diskrete Faltungssumme (8.3a). Das liefert die Glieder der Ausgangsfolge

$$\underline{s}_2(\nu T) = \sum_{\mu=-\infty}^{+\infty} h(\mu T) \cdot \underline{s}_1[(\nu-\mu)T] = \sum_{\mu=-\infty}^{+\infty} h(\mu T) \cdot e^{j2\pi f(\nu-\mu)T}$$

$$= e^{+j2\pi f\nu T} \cdot \sum_{\mu=-\infty}^{+\infty} h(\mu T) \cdot e^{-j2\pi f\mu T} = e^{j2\pi f\nu T} H(e^{j2\pi fT}) \quad . \tag{8.5}$$

Der Faktor $e^{j2\pi f\nu T}$ vor der Summe stimmt mit (8.4) überein. Alle Glieder der Ausgangsfolge sind also proportional den zeitgleichen Gliedern der Eingangsfolge, was bedeutet, daß die Exponentialfolge (8.4) *Eigenfunktion* des zeitdiskreten zeitinvarianten Übertragungssystems ist. Der Summenausdruck, für den in der Literatur, siehe z.B. [8], die Bezeichnung $H(e^{j2\pi fT})$ gebräuchlich ist, heißt *Eigenwert*. f ist ein zunächst fester Parameter.

Es gilt also allgemein die folgende fundamentale Beziehung:

> Bei jedem zeitdiskreten linearen zeitinvarianten Übertragungssystem der Impulsantwortfolge $\{h(\nu)\}$ gilt bei Erregung mit der unendlich langen periodischen komplexen Exponentialfolge
>
> $$\{\underline{s}_1(\nu T)\} = \left\{e^{j2\pi f\nu T}\right\}_{-\infty}^{+\infty} \rightarrow \{\underline{s}_2(\nu T)\} = H(e^{j2\pi fT}) \left\{e^{j2\pi f\nu T}\right\}_{-\infty}^{+\infty} {}^{*)}$$
>
> $$\text{mit} \qquad H(e^{j2\pi fT}) = \sum_{\nu=-\infty}^{+\infty} h(\nu T) e^{-j2\pi f\nu T} \quad .$$

$\tag{8.6}$

[*)]

Neben der Exponentialfolge $\left\{e^{j2\pi f\nu T}\right\}$ gibt es noch andere Folgen, die ebenfalls Eigenfunktionen der zeitdiskreten Faltungssumme sind, so z.B. für $T = 1$ die Folge $\{\underline{s}_1(\nu)\} = \{z^\nu\}$, wobei z komplex sein darf. Das führt im Fall der kausalen Folge der Impulsantwort, d.h. $h(\nu) = 0$ für $\nu < 0$, auf

$$\underline{s}_2(\nu) = \sum_{\mu=-\infty}^{\infty} h(\mu)\underline{s}_1(\nu-\mu) = \sum_{\mu=0}^{\infty} h(\mu)z^{\nu-\mu} = z^\nu \sum_{\mu=0}^{\infty} h(\mu)z^{-\mu} = z^\nu \, Z\{h(\mu)\} .$$

$Z\{h(\mu)\}$ bezeichnet man als einseitige z-Transformierte. Die z-Transformation hat eine große Bedeutung für die Theorie der digitalen Signalverarbeitung.

(8.6) ist das zeitdiskrete Gegenstück zur Beziehung (5.8) bei zeitkontinuierlichen linearen zeitinvarianten Systemen. Die Rolle der Übertragungsfunktion $H(f)$ $\circ\!\!-\!\!\bullet$ $h(t)$ bei zeitkontinuierlichen Systemen wird bei den zeitdiskreten Systemen vom Ausdruck $H(e^{j2\pi fT})$ wahrgenommen, der im nächsten Abschnitt näher erläutert wird.

8.2 Übertragung allgemeiner Folgen

Wie bei den zeitkontinuierlichen Systemen liefert auch bei den zeitdiskreten linearen zeitinvarianten Übertragungssystemen die Betrachtung des Eigenwerts den Weg zu einer Signaltransformation, mit deren Hilfe sich ein einfacher allgemeiner Zusammenhang zwischen Eingangsgröße und Ausgangsgröße ergibt. Zunächst wird deshalb der Eigenwert näher untersucht.

Die auf den ersten Blick seltsam anmutenden Bezeichnung $H(e^{j2\pi fT})$ für den von f abhängigen Eigenwert (8.6) ist insofern praktischer als als die auch hier mögliche einfache Bezeichnung $H(f)$, weil bereits durch das Argument $e^{j2\pi fT}$ ausgedrückt wird, daß $H(e^{j2\pi fT})$ eine *periodische* Funktion von f ist mit der Periode $F_p = 1/T$. Ersetzt man nämlich f durch $f + 1/T$ dann folgt wegen der ganzzahligen ν

$$H(e^{j2\pi(f + 1/T)T}) \;=\; \sum_{\nu = -\infty}^{\infty} h(\nu T)e^{-j2\pi(f + 1/T)\nu T}$$

$$= \sum_{\nu = -\infty}^{\infty} h(\nu T)\,e^{-j2\pi f\nu T}\underbrace{e^{-j2\pi\nu}}_{=1} \;=\; H(e^{j2\pi fT}) \quad . \tag{8.7}$$

Im übrigen hat der Eigenwert die Form der Fourier–Reihe (4.70). Das wird deutlich mit den Ersetzungen

$$\nu = -k \quad ; \quad fT = \frac{x}{X_p} \quad .$$

Damit folgt

$$H(e^{j2\pi fT}) \;=\; \sum_{\nu = -\infty}^{\infty} h(\nu T)e^{-j\nu 2\pi fT} \;=\; \sum_{k = -\infty}^{\infty} h(-kT)e^{+jk2\pi x/X_p} \;=\; f(x) \quad . \tag{8.8}$$

Der Vergleich mit (4.70) zeigt, daß die Glieder $h(-kT)$ der Impulsantwortfolge die Rolle der Fourier–Koeffizienten c_k spielen. Wegen des Minuszeichens bei $h(-kT)$ handelt es sich um eine zeitnegative oder zeitinverse Fourier–Reihe.

Umgekehrt ergeben sich aus $f(x)$ bzw. $H(e^{j2\pi fT})$ mit (4.71) und $dx/X_p = Tdf$ wieder die Fourier–Koeffizienten c_k d.h. die Glieder $h(\nu T)$ der Impulsantwortfolge:

$$c_k = \frac{1}{X_p} \cdot \int_{x=-X_p/2}^{X_p/2} f(x)\, e^{-jk2\pi x/X_p}\, dx = T \int_{f=-1/2T}^{1/2T} H(e^{j2\pi fT})\, e^{-jk2\pi fT} df = h(-kT). \qquad (8.9)$$

Während beim zeitkontinuierlichen System Impulsantwort $h(t)$ und Eigenwert oder Übertragungsfunktion $H(f)$ über die Fourier–Transformation (4.78), (4.79) verknüpft sind

$$H(f) = \int_{t=-\infty}^{\infty} h(t)\, e^{-j2\pi ft} dt \quad ; \qquad h(t) = \int_{f=-\infty}^{\infty} H(f)\, e^{+j2\pi ft} df \; ,$$

sind beim zeitdiskreten System die Impulsantwortfolge $\{h(vT)\}$ und Eigenwert oder Übertragungsfunktion $H(e^{j2\pi fT})$ verknüpft über die zeitinverse Fourier–Reihe

$$H(e^{j2\pi fT}) = \sum_{v=-\infty}^{\infty} h(vT)e^{-j2\pi fvT} \quad ; \qquad\qquad (8.10)$$

$$h(vT) = T \int_{f=-1/2T}^{1/2T} H(e^{j2\pi fT})\, e^{+j2\pi fvT} df \quad , \quad v = 0, \pm 1, \pm 2, \ldots \qquad (8.11)$$

$H(e^{j2\pi fT})$ und $h(vT)$ haben die gleichen physikalischen Dimensionen, wenn sie nicht beide dimensionslos sind. Für die Berechnung des Werts $H(e^{j2\pi fT})$ an einer festen Stelle f werden alle Glieder der Folge $\{h(vT)\}$ benötigt. In der Regel gelingt diese Berechnung in geschlossener Form für beliebige f. Umgekehrt wird zur Berechnung eines einzelnen Folgeglieds $h(vT)$ der Verlauf von $H(e^{j2\pi fT})$ längs einer gesamten Periode benötigt.

Die zeitinverse Fourier–Reihe (8.10), (8.11) transformiert eine zeitdiskrete Funktion (Folge) in eine periodische frequenzkontinuierliche Funktion und umgekehrt. Das wird symbolisch ausgedrückt durch

$$\{h(vT)\}_{-\infty}^{+\infty} \; \circ\!\!-\!\!\bullet \quad H(e^{j2\pi fT}) \; . \qquad\qquad (8.12)$$

Die zeitinverse Fourier–Reihe wird auch als *zeitdiskrete* oder *hybride* Fourier–Transformation [10] bezeichnet. Sie ist ein Mittelding zwischen der kontinuierlichen Fourier–Transformation (4.78), (4.79) einerseits, welche eine zeitkontinuierliche Funktion in eine frequenzkontinuierliche Funktion überführt, und der diskreten Fourier–Transformation (7.40), (7.41) andererseits, welche eine zeitdiskrete Funktion in eine frequenzdiskrete

Funktion überführt. Die zeitdiskrete Fourier–Transformation bildet eine Brücke zwischen kontinuierlichen und diskreten Funktionen, siehe Kapitel 9.

Der Vergleich von (8.11) mit dem Fourier–Integral (4.78) zeigt, daß abgesehen vom Faktor T die Rücktransformation des periodischen Spektrums $H(e^{j2\pi fT})$ für $t = \nu T$ dasselbe Ergebnis liefert wie die Rücktransformation des auf $-1/2T \leq f \leq 1/2T$ bandbegrenzten Fourier–Spektrums $H(f)$, wenn $H(e^{j2\pi fT})$ innerhalb einer Periode den gleichen Verlauf hat wie $H(f)$.

Nach der Untersuchung des Eigenwerts $H(e^{j2\pi fT})$ wird jetzt die Übertragung allgemeiner Folgen in Angriff genommen.

Durch Anwendung der zeitdiskreten Fourier–Transformation (8.12) auf die Ausgangsfolge $\{s_2(\nu T)\}$ und die Eingangsfolge $\{s_1(\nu T)\}$ des zeitdiskreten linearen zeitinvarianten Übertragungssystems erhält man eine Beschreibung des Übertragungsverhaltens im (periodischen) Frequenzbereich.

In Analogie zur Vorgehensweise ab (5.31) im Abschnitt 5.4 wird dazu von der ausführlichen diskreten Faltungssumme (6.20a) ausgegangen.

$$s_2(\nu T) = \sum_{\mu = -\infty}^{\infty} h(\mu T)\, s_1[(\nu - \mu)T]\,, \quad \nu = 0,\, \pm 1,\, \pm 2, \dots \quad .$$

Durch Anwendung der Transformation (8.10) auf beiden Seiten folgt

$$S_2(e^{j2\pi fT}) = \sum_{\nu = -\infty}^{\infty} s_2(\nu T)\, e^{-j2\pi f\nu T} = \sum_{\nu = -\infty}^{\infty} \left[\sum_{\mu = -\infty}^{\infty} h(\mu T) s_1[(\nu - \mu)T] \right] e^{-j2\pi f\nu T} .$$

Setzt man voraus, daß die rechts stehende innere Summe für jedes ν endlich ist und daß auch die äußere Summe endlich bleibt, dann darf die Reihenfolge der unendlichen Summationen vertauscht werden. Damit erhält man

$$S_2(e^{j2\pi fT}) = \sum_{\mu = -\infty}^{\infty} h(\mu T) \left[\sum_{\nu = -\infty}^{\infty} s_1[(\nu - \mu)T]\, e^{-j2\pi f\nu T} \right]. \tag{8.13}$$

Mit der Substitution $\nu - \mu = n$ folgt

$$S_2(e^{j2\pi fT}) = \sum_{\mu = -\infty}^{\infty} h(\mu T) \left[\sum_{n = -\infty}^{\infty} s_1(nT)\, e^{-j2\pi f(n + \mu)T} \right]$$

$$= \sum_{\mu=-\infty}^{\infty} h(\mu T)e^{-j2\pi f\mu T} \cdot \underbrace{\sum_{n=-\infty}^{\infty} s_1(nT)e^{-j2\pi f nT}}_{} \cdot$$
$$\underbrace{}_{H(e^{j2\pi fT})} \qquad \underbrace{}_{S_1(e^{j2\pi fT})}$$

Es ergibt sich also die einfache Beziehung

$$\boxed{S_2(e^{j2\pi fT}) = S_1(e^{j2\pi fT}) \cdot H(e^{j2\pi fT})} \qquad \qquad (8.14)$$

(8.16) ist das für zeitdiskrete Signale geltende Gegenstück zu (5.34).

Das periodische Spektrum der zeitdiskreten Ausgangsfolge ergibt sich als gewöhnliches Produkt des periodischen Spektrums der Eingangsfolge und des periodischen Spektrums der Impulsantwortfolge. Durch Bandbegrenzung auf eine einzige Periode geht (8.14) abgesehen vom Faktor T in (5.34) über, was bereits oben angesprochen wurde. Dieser Zusammenhang wird für den späteren Abschnitt 9.2 wichtig sein.

8.3 Übertragung endlich langer Folgen über kausale FIR–Systeme

Für die praktische Simulation auf dem Rechner ist die Verwendung *endlich* langer Folgen wichtig. Hierbei spielt die in Abschnitt 7.3 eingeführte diskrete Fourier–Transformation (DFT) eine überragende Rolle [11], [12].

Bei der Übertragung endlich langer Folgen über ein System mit endlich langer Impulsantwort (FIR) ist zu berücksichtigen, daß die zeitliche Länge L_2T der Ausgangsfolge $\{s_2(\nu T)\}$ sich nach (6.24) zu

$$L_2T = (L_1 + L_h)T \qquad \qquad (8.15)$$

berechnet. Dabei ist L_1T die zeitliche Länge der Eingangsfolge $\{s_1(\nu T)\}$ und L_hT die zeitliche Länge der Impulsantwortfolge $\{h(\nu T)\}$. Eine endlich lange Eingangsfolge kann daher nie Eigenfunktion eines FIR–Systems mit $L_hT > 0$ sein, weil die Ausgangsfolge dann stets länger als die Eingangsfolge ist und damit nicht proportional zur Eingangsfolge sein kann. Das gilt auch für die zeitbegrenzte Exponentialfolge, etwa für $\left\{e^{j2\pi f\nu T}\right\}_0^{N-1}$. In (8.6) zählt ν jedoch von $-\infty$ bis $+\infty$.

Die Anwendung der DFT zur Berechnung des Übertragungsverhaltens kann daher nur dann einfache Zusammenhänge liefern, wenn man die von den DFT–Beziehungen (7.40) und (7.41) ohnehin mitgelieferten periodischen Fortsetzungen, siehe (7.45) und (7.46), gleich mitberücksichtigt. Das sind dann unendlich lange Folgen und mit diesen ergeben sich in der Tat einfache Zusammenhänge. Das liegt daran, daß man die für alle ganzzahligen n ausgewertete DFT–Beziehung (7.41) als eine Überlagerung von N periodischen Exponentialfolgen $\{e^{+j2\pi fnT}\}_{-\infty}^{+\infty}$ interpretieren kann, wobei die periodischen Exponentialfolgen die diskreten Frequenzen $f = k/NT$; $k = 0, 1, 2, \dots , N{-}1$ haben. Aus (7.41) folgt nämlich mit der Substitution $n = \nu$

$$\{s(\nu T)\}_{-\infty}^{+\infty} = \frac{1}{NT} \sum_{k=0}^{N-1} S(\frac{k}{NT})\{e^{+j2\pi\nu kT/NT}\}_{-\infty}^{+\infty} . \tag{8.16}$$

Jede dieser N mit dem Faktor $S(k/NT)/NT$ gewichteten (unendlich langen) Exponentialfolgen der Frequenz $f = k/NT$ wird bei Übertragung über ein zeitdiskretes lineares zeitinvariantes Übertragungssystem nach (8.6) mit dem Faktor

$$H(e^{+j2\pi kT/NT}) = H(e^{+j2\pi k/N}) = \sum_{\nu=-\infty}^{+\infty} h(\nu T)e^{-j2\pi\nu k/N} \tag{8.17}$$

multipliziert. Bei kausalen FIR–Systemen vereinfacht sich (8.17) auf eine Summation von $\nu = 0$ bis $\nu = L_h$. Als gewichtete Überlagerung periodischer Exponentialfolgen muß in (8.16) auch $\{s(\nu T)\}_{-\infty}^{+\infty}$ periodisch sein und die Periode NT haben.

Die Übertragung einer endlich langen Eingangsfolge $\{s_1(\nu T)\}$ kann nun dadurch gelöst werden, daß die Eingangsfolge durch periodische Fortsetzung zunächst als periodische Folge dargestellt wird. Die periodische Folge wird dann gemäß (8.16) als gewichtete Überlagerung periodischer Exponentialfolgen ausgedrückt, die sich jeweils gemäß (8.6) bzw. (8.17) übertragen.

Da auch die Ausgangsfolge $\{s_2(\nu T)\}$ nach (8.6) periodisch ist, muß für die Periodisierung die Länge der Ausgangsfolge $L_2 T = (L_1 + L_h)T$ zugrunde gelegt werden, weil diese die größte Länge besitzt. Es muß also in (8.16)

$$N - 1 \geq L_2 = L_1 + L_h \tag{8.18}$$

gesetzt werden. Bei Verletzung von (8.18) würden sich bei der Ausgangsfolge Verfälschungen ergeben, die daher rühren, daß die letzten Folgenglieder von den ersten Folgengliedern überlagert werden.

Die periodisch fortgesetzte Eingangsfolge ergibt sich jetzt gemäß (8.16) zu

$$\{s_1(\nu T)\}_{-\infty}^{+\infty} = \frac{1}{NT} \sum_{k=0}^{N-1} S_1(\frac{k}{NT}) \left\{e^{+j2\pi\nu Tk/NT}\right\}_{-\infty}^{+\infty} . \tag{8.19}$$

Mit (8.6) und $f = k/NT$ d.h mit (8.17) folgt daraus für die periodische Ausgangsfolge

$$\{s_2(\nu T)\}_{-\infty}^{+\infty} = \frac{1}{NT} \sum_{k=0}^{N-1} S_1(\frac{k}{NT})H(e^{+j2\pi Tk/NT}) \left\{e^{+j2\pi\nu Tk/NT}\right\}_{-\infty}^{+\infty} . \tag{8.20}$$

Das einzelne Glied dieser periodischen Ausgangsfolge lautet also

$$s_2(vT) \;=\; \frac{1}{NT} \sum_{k=0}^{N-1} S_1(\frac{k}{NT}) H(\mathrm{e}^{+\mathrm{j}2\pi k/N}) \mathrm{e}^{+\mathrm{j}2\pi vk/N} \; . \tag{8.21}$$

Der Eigenwert $H(\cdot)$ läßt sich wegen der Voraussetzung, daß das System ein kausales FIR–System ist, und unter Benutzung der DFT–Formel (7.40) wie folgt umformen:

$$H(\mathrm{e}^{+\mathrm{j}2\pi k/N}) \;=\; \sum_{v=-\infty}^{+\infty} h(vT)\mathrm{e}^{-\mathrm{j}2\pi vk/N} \;=\; \sum_{v=0}^{N-1} h(vT)\mathrm{e}^{-\mathrm{j}2\pi vk/N} \;=\; \frac{1}{T} H(\frac{k}{NT}) \; . \tag{8.22}$$

Durch Einsetzen in (8.21) und Vergleich mit der DFT–Umkehrformel (7.41) erhält man

$$s_2(vT) = \frac{1}{NT} \sum_{k=0}^{N-1} S_1(\frac{k}{NT}) \cdot \frac{1}{T} H(\frac{k}{NT}) \mathrm{e}^{+\mathrm{j}2\pi kv/N} \;=\; \frac{1}{NT} \sum_{k=0}^{N-1} S_2(\frac{k}{NT}) \mathrm{e}^{+\mathrm{j}2\pi kv/N} \; . \tag{8.23}$$

Da die Gleichheit für alle ganzzahligen v zutrifft, resultiert wegen der Umkehrbarkeit der DFT die fundamentale Beziehung

$$\boxed{ \; S_2(\frac{k}{NT}) \;=\; \frac{1}{T} H(\frac{k}{NT}) \cdot S_1(\frac{k}{NT}) \quad ; \quad k = 0, 1, 2, ..., N\text{--}1 \;} \quad . \tag{8.24}$$

Diese Beziehung hat die gleiche Form wie (5.34) und (8.14). Jeder DFT–Spektralwert $S_2(k/NT)$ der Ausgangsfolge $\{s_2(vT)\}$ ergibt sich als gewöhnliches Produkt des DFT–Spektralwerts $S_1(k/NT)$ der Eingangsfolge $\{s_1(vT)\}$ mit dem mit $1/T$ multiplizierten Spektralwert $H(k/NT)$ der Impulsantwortfolge $\{h(vT)\}$. Dieses Ergebnis wurde hergeleitet unter der Voraussetzung, daß die Eingangsfolge und die Ausgangsfolge periodisch fortgesetzt werden mit einer Periode, die mindestens gleich der Länge der nichtperiodischen Ausgangsfolge ist, und unter der zusätzlichen Voraussetzung, daß das FIR–Übertragungssystem kausal ist. Für die Berechnung der Ausgangsfolge $\{s_2(vT)\}$ werden N Spektralwerte benötigt.

Die Faltung der periodisch fortgesetzten Eingangsfolge mit der Impulsantwortfolge wird als *zyklische* Faltung bezeichnet. Wie die gewöhnliche diskrete Faltung ist auch die zyklische diskrete Faltung kommutativ. Statt der periodischen Fortsetzung der Eingangsfolge kann auch die Impulsantwortfolge periodisch fortgesetzt werden. Genau das wurde mit der Erweiterung der Systemmatrix (6.58) bzw. (6.59) zur zyklischen Matrix (6.61) getan.

Die Beziehung (8.24) läßt sich alternativ auch dadurch herleiten, daß in der Formel für die diskrete Faltung (6.20a) die Werte $s_1(vT)$ und $h[(v-\mu)T]$ durch ihre IDFT–Formeln (7.41) ausgedrückt werden. Weil die IDFT–Formeln periodische Fortsetzungen liefern –siehe (7.46) – ist die Faltungssumme ebenfalls nur von $\mu = 0$ bis $\mu = N-1$ zu erstrecken, wobei sich N aus (8.18) bestimmt. Die Umformung der Faltungssumme unter Benutzung der Orthogonalitätsbeziehung (7.17) liefert dann schließlich die IDFT–Formel für $s_2(vT)$, woraus sich dann (8.24) ergibt [12].

Mit der verkürzten Schreibweise der DFT $(T=1)$ gemäß (7.47) und (7.48) gelten zusammenfassend für die Übertragung über ein zeitdiskretes lineares zeitinvariantes System die Beziehungen in Bild 8.2.

$$\{s_1(\nu)\} \qquad \boxed{\begin{array}{c}\text{lineares zeitinvariantes}\\\text{Übertragungssystem}\end{array}} \qquad \{s_2(\nu)\} \quad \text{mit} \quad s_2(\nu) = \sum_{n=-\infty}^{+\infty} s_1(n)\cdot h(\nu-n)$$

$$\{S_1(k)\}_0^{N-1} \qquad\qquad\qquad\qquad \{S_2(k)\}_0^{N-1} \quad \text{mit} \quad S_2(k) = S_1(k)\cdot H(k)$$

Bild 8.2   Zusammenhänge beim zeitdiskreten linearen zeitinvarianten Übertragungssystem

Erfolgt die Berechnung im Zeitbereich mit der diskreten Faltungssumme (siehe obere Hälfte von Bild 8.2), dann können Folgen auch mit unendlich vielen Gliedern zugelassen werden. Wenn die Eingangsfolge $\{s_1(\nu)\}$ die Anzahl von L_1+1 Gliedern und die Impulsantwortfolge $\{h(\nu)\}$ die Anzahl von L_h+1 Gliedern hat, dann hat die Ausgangsfolge die Anzahl von L_2+1 Gliedern, wobei $L_2=L_1+L_h$, vergl. (6.24), und die Länge L mit Bild 6.2 definiert ist.

Erfolgt die Berechnung im Frequenzbereich (siehe untere Hälfte von Bild 8.2), dann sind grundsätzlich nur endlich lange Folgen mit einheitlich N Gliedern zugelassen, damit die DFT durchgeführt werden kann. Dabei gilt $N \geq L_2 + 1 = L_1 + L_h + 1$. Ferner wird ohne Einschränkung der Allgemeinheit das erste Folgenglied bei $\nu=0$ angenommen. Mit den Folgengliedern $s_1(\nu)$ und $h(\nu)$ berechnen sich die Spektralwerte zu

$$S_1(k) = \sum_{\nu=0}^{N-1} s_1(\nu)\cdot e^{-j2\pi k\nu/N} = \sum_{\nu=0}^{L_1} s_1(\nu)\cdot e^{-j2\pi k\nu/N} \quad ; \quad k = 0, 1, \dots, N-1$$

$$(8.25)$$

$$H(k) = \sum_{\nu=0}^{N-1} h(\nu)\cdot e^{-j2\pi k\nu/N} = \sum_{\nu=0}^{L_h} h(\nu)\cdot e^{-j2\pi k\nu/N} \quad ; \quad k = 0, 1, \dots, N-1 .$$

$$(8.26)$$

Hierbei haben $N-1-L_1$ bzw. $N-1-L_h$ Glieder von $s_1(\nu)$ bzw. von $h(\nu)$ den Wert Null. Mit

$$S_1(k)\cdot H(k) = S_2(k) \quad , \quad k = 0, 1, 2, \dots, N-1$$

$$(8.27)$$

erhält man die Spektralwerte am Ausgang, aus denen sich mittels IDFT

$$s_2(\nu) = \frac{1}{N} \sum_{k=0}^{N-1} S_2(k)\cdot e^{+j2\pi k\nu/N} \quad ; \quad \nu = 0, 1, \dots, N-1$$

$$(8.28)$$

die Zeitfunktionswerte der endlichen Ausgangsfolge $\{s_2(\nu)\}_0^{L_2}$ berechnen lassen.

8.4 Verhalten des Transversalfilters im Frequenzbereich

Die im vorigen Abschnitt 8.3 eingeführte diskrete Übertragungsfunktion $H(k)$ sei nun für das Transversalfilter in Bild 6.11b aufgestellt und näher diskutiert. Mit dem Transversalfilter aus endlich vielen Laufzeitgliedern ($L_h < \infty$) läßt sich jedes zeitdiskrete zeitinvariante FIR–System (vergl. Abschnitt 6.6) realisieren.

Durch seine Koeffizientenwerte $h(n)$, $n = 0, 1, \dots, L_h$ ist das Übertragungsverhalten eines FIR–Systems eindeutig festgelegt. Seine diskrete Übertragungsfunktion (8.26)

$$H(k) = \sum_{n=0}^{N-1} h(n) \cdot e^{-j2\pi kn/N} = \sum_{n=0}^{L_h} h(n) \cdot e^{-j2\pi kn/N} \, , \quad k = 0, 1, 2, \dots, N{-}1 \qquad (8.29)$$

ist aber erst dann eindeutig festgelegt, wenn auch der im Exponentialterm auftretende Wert N festliegt. Die Festlegung von N hängt mit der Aufgabenstellung zusammen.

Der Mindestwert von N bestimmt sich mit (8.18) zu

$$N = L_2 + 1 = L_1 + L_h + 1, \qquad (8.30)$$

wobei L_2, L_1 und L_h die Längen der Ausgangs–, Eingangs– und Impulsantwortfolge sind.

Mit $H(k)$ werden über (8.27) die über die DFT berechneten Spektralwerte $S_1(k)$ und $S_2(k)$ der Eingangs– und Ausgangsfolge verknüpft. Damit sich diese Spektralwerte $S_1(k)$ und $S_2(k)$ mit der DFT berechnen lassen, müssen die Folgen endlich sein. Durch Vorgabe der (eventuell maximalen) Länge L_1 und der Gedächnistiefe L_h des FIR–Systems (siehe Bild 6.11a) liegen L_2 und damit $H(k)$ fest.

Das Übertragungsverhalten des Transversalfilters in Bild 6.11b hängt außer von den L_h Koeffizientenwerten auch noch von der Größe der Laufzeit T ab, weshalb jetzt die ausführliche Form von (8.29) betrachtet wird. Diese ergibt sich mit (7.47) und (7.40) zu

$$\frac{1}{T} H\!\left(\frac{k}{NT}\right) = \sum_{n=0}^{N-1} h(nT)\, e^{-j2\pi kn/N} \quad , \qquad (8.29a)$$

wie sie auch für (8.24) benötigt wird.

Zur weiteren Diskussion der Zusammenhänge werden in Bild 6.11b die einzelnen Funktionswerte $s(vT)$ durch die jeweils dort auftretenden Folgen $\{s(vT)\}_0^{N-1}$ ersetzt, siehe Bild 8.3. Das ist zweckmäßig, weil die DFT nicht einzelne Funktionswerte, sondern endliche Folgen, d. h. Zahlentupel, transformiert.

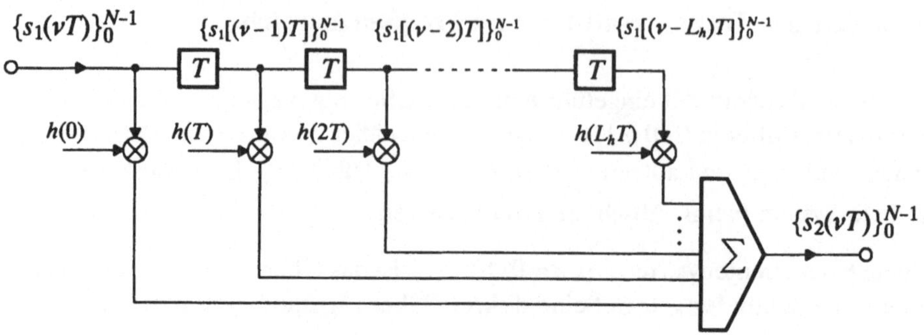

Bild 8.3   Transversalfilter mit eingetragenen Folgen

Damit die DFT einheitlich durchgeführt werden kann, haben alle in Bild 8.3 eingezeichneten Folgen formal die gleiche Pseudolänge $N-1$. Das wird erreicht, indem kürzere Folgen durch Hinzunahme von Gliedern mit dem Wert Null auf die Pseudolänge $N-1$ gebracht werden.

Als Beispiel sei der Fall $L_1 = 1$, $L_h = 2$ betrachtet.

$$\{s_1(\nu T)\}_0^1 = \{s_1(0),\ s_1(T)\}$$

$$\{h(\nu T)\}_0^2 = \{h(0),\ h(T),\ h(2T)\}\ . \tag{8.31}$$

Mit (8.30) ergibt sich

$$L_2 = L_1 + L_h = 3\ ,\quad N = 4\ . \tag{8.32}$$

An die einzelnen Multiplizierer mit den Koeffizientenwerten $h(nT)$ gelangen nun die verlängerten Folgen

$$
\begin{aligned}
\{s_1(\nu T)\}_0^3 &= \{\,s_1(0),\ s_1(T),\quad 0,\qquad 0\} \\
\{s_1[(\nu-1)T]\}_0^3 &= \{\quad 0,\ s_1(0),\ s_1(T),\qquad 0\} \\
\{s_1[(\nu-2)T]\}_0^3 &= \{\quad 0,\qquad 0,\ s_1(0),\ s_1(T)\}
\end{aligned}\ . \tag{8.33}
$$

In den rechts stehenden ausführlich geschriebenen Versionen der Folgen stehen die jeweils zeitgleichen Glieder untereinander.

Wie aus Bild 8.3 hervorgeht, liefert die mit $h(nT)$ gewichtete Überlagerung der Folgen (8.33) die Ausgangsfolge

$$\{s_2(\nu T)\}_0^3 = h(0)\{s_1(\nu T)\}_0^3 + h(T)\{s_1[(\nu-1)T]\}_0^3 + h(2T)\{s_1[(\nu-2)T]\}_0^3\ . \tag{8.34}$$

Durch die Anwendung von (6.5) und (6.6) erhält man für die Glieder der Ausgangsfolge $\{s_2(\nu T)\}_0^3$

$$
\begin{aligned}
s_2(0) &= s_1(0)h(0) \\
s_2(T) &= s_1(T)h(0) + s_1(0)h(T) \\
s_2(2T) &= s_1(T)h(T) + s_1(0)h(2T) \\
s_2(3T) &= s_1(T)h(2T)
\end{aligned}
\qquad , \qquad (8.35)
$$

was sich auch mit der diskreten Faltungssumme ergibt. So weit das Beispiel.

Die diskrete Fourier–Transformation der in Bild 8.3 eingetragenen verschobenen Folgen läßt sich allgemein durchführen mit Hilfe des folgenden Verschiebungssatzes.

Verschiebungssatz:

$$
\text{Wenn} \quad \{s(vT)\}_0^{N-1} \quad \circ\!\!-\!\!\bullet \quad \{S(\tfrac{k}{NT})\}_0^{N-1} \quad ,
$$

$$
\text{dann} \quad \{s[(v-i)T]\}_0^{N-1} \quad \circ\!\!-\!\!\bullet \quad \{S(\tfrac{k}{NT})e^{-j2\pi ik/N}\}_0^{N-1} \qquad . \qquad (8.36)
$$

Beweis:

$$
s[(v-i)T] = \frac{1}{N}T \sum_{k=0}^{N-1} S(\frac{k}{NT}) \cdot e^{+j2\pi(v-i)k/N}
$$

$$
= \frac{1}{NT} \sum_{k=0}^{N-1} \underbrace{S(\frac{k}{NT}) \cdot e^{-j2\pi ik/N}} \cdot e^{+j2\pi vk/N} \qquad . \qquad (8.37)
$$

Der unterklammerte Faktor stellt für $k = 0, 1, \ldots, N-1$ die Spektralwerte der um i Einheiten nach rechts verschobenen zeitlichen Folge $\{s[(v-i)T]\}$ dar, womit (8.36) wegen der eindeutigen Umkehrbarkeit der DFT bewiesen ist.

Es sei bemerkt, daß der Verschiebungssatz für periodische Folgen der Periode N gilt, weil die Auswertung von (8.37) für $k < 0$ und $k \geq N$ eine periodische Fortsetzung liefert, siehe auch (7.46). Bei der Betrachtung endlicher Folgen entspricht das einer zyklischen Verschiebung. Im Beispiel von (8.33) würde eine Verschiebung um 3 Einheiten die Folge

$$
\{s_1[(v-3)T]\}_0^3 = \{s_1(T), \; 0, \; 0, \; s_1(0)\} \qquad (8.38)
$$

ergeben. Das in der Folge $\{s_1[(v-2)T]\}_0^3$ ganz rechts stehende Element $s_1(T)$ wird (im Kreis herum) wieder an den Anfang geschoben. Diese Situation tritt aber bei der Analyse des Transversalfilters mit $N \geq L_1 + L_h + 1$ nicht auf.

Mit dem Verschiebungssatz ergibt sich für die in Bild 8.3 eingezeichneten Folgen allgemein

$$\{s_1(\nu T)\}_0^{N-1} \qquad \circ\!\!-\!\!\bullet \qquad \{S(\frac{k}{NT})\}_0^{N-1}$$

$$\{s_1[(\nu-1)T]\}_0^{N-1} \qquad \circ\!\!-\!\!\bullet \qquad \{\,S_1(\frac{k}{NT})e^{-j2\pi k/N}\,\}_0^{N-1}$$

$$\vdots$$

$$\{s_1[(\nu-L_h)T]\}_0^{N-1} \qquad \circ\!\!-\!\!\bullet \qquad \{\,S_1(\frac{k}{NT})e^{-j2\pi k L_h/N}\,\}_0^{N-1}\;. \tag{8.39}$$

Da die DFT linear ist, resultiert – wie in (8.34) – für die Ausgangsfolge

$$\{s_2(\nu T)\}_0^{N-1}$$

$$\circ\!\!\!\!\!\!\bullet$$

$$\{h(0)S_1(\frac{k}{NT}) + h(T)S_1(\frac{k}{NT})\cdot e^{-j2\pi k/N} + \ldots + h(L_h T)S_1(\frac{k}{NT})\cdot e^{-j2\pi k L_h/N}\}_0^{N-1}$$

$$= \{\sum_{n=0}^{L_h} h(nT)S_1(\frac{k}{NT})\cdot e^{-j2\pi kn/N}\}_0^{N-1}\;. \tag{8.40}$$

Da für die Ausgangsfolge

$$\{s_1(\nu T)\}_0^{N-1} \qquad \circ\!\!-\!\!\bullet \qquad \{S_1(\frac{k}{NT})\}_0^{N-1} \tag{8.41}$$

gelten soll, folgt durch Vergleich von (8.40) und (8.41) für jeden einzelnen Wert von k unter der Berücksichtigung von (8.29a)

$$S_2(\frac{k}{NT}) = S_1(\frac{k}{NT})\sum_{n=0}^{L_h} h(nT)\cdot e^{-j2\pi kn/N} = S_1(\frac{k}{NT})\frac{1}{T}H(\frac{k}{NT})\;. \tag{8.42}$$

Damit ist die Beziehung (8.24) für das Transversalfilter auch auf anderem Weg hergeleitet.

Die Beziehung (8.42) bietet einen einfachen Zugang zum Syntheseproblem. Unter einer Synthese versteht man, daß die Signale am Eingang und am Ausgang des zu synthetisierenden Systems vorgegeben sind. Gesucht sind die Kenngrößen des Systems dergestalt, daß das vorgegebene Eingangssignal in das vorgegebene Ausgangssignal überführt wird.

Bei Vorgabe von Spektralwerten $S_2(k/NT)$ und $S_1(k/NT)$ für $k=0, 1, \ldots, N-1$ erhält man mit (8.42) in einfacher Weise durch Division $N-1$ Werte von $H(k/NT)$. Daraus lassen sich mit der IDFT (7.41) die Glieder $h(\nu T)$ der Impulsantwortfolge berechnen.

Bei der Vorgabe der Glieder $s_1(\nu T)$ und $s_2(\nu T)$ der Eingangs- und Ausgangsfolge im Zeitbereich, erfordert die Berechnung der Glieder $h(\nu T)$ eine Entfaltung, sofern man nicht über den Frequenzbereich geht. Wie mit (6.32) bis (6.34) gezeigt wurde, führt die Entfaltung auf eine rekursive Berechnung der Glieder $h(\nu T)$ aus allen vorhergehenden Werten $h[(\nu-i)T]$ mit $i=1, 2, \ldots$.

Zusammenfassend sei noch einmal festgestellt, daß die DFT die Faltung in ein gewöhnliches Produkt und die Entfaltung in eine gewöhnliche Division überführt.

8.5 Zyklische Übertragungsmatrix im Frequenzbereich

In Abschnitt 6.7.2 wurde eine Darstellung des Übertragungsverhaltens des zeitdiskreten linearen zeitinvarianten Übertragungssystems durch die Matrizen–Gleichung (6.62)

$$s_2] = [\bar{h}] \cdot \bar{s}_1] \tag{8.43}$$

hergeleitet. Hierbei haben der Eingangsvektor $\bar{s}_1]$ und der Ausgangsvektor $s_2]$ je $L_2 + 1$ Komponenten und $[\bar{h}]$ ist die quadratische zyklische Übertragungsmatrix. Die Darstellung benutzt jetzt wieder die mit (6.1) eingeführte verkürzte Schreibweise.

Für das Beispiel – vergl. (8.31) –

$$L_1 = 1, \qquad L_h = 2, \qquad L_2 = L_1 + L_h = N - 1 = 3$$

ergibt sich für (8.43) die folgende Beziehung mit der $N \times N = 4 \times 4$ – Matrix

$$\begin{bmatrix} s_2(0) \\ s_2(1) \\ s_2(2) \\ s_2(3) \end{bmatrix} = \begin{bmatrix} h(0) & 0 & h(2) & h(1) \\ h(1) & h(0) & 0 & h(2) \\ h(2) & h(1) & h(0) & 0 \\ 0 & h(2) & h(1) & h(0) \end{bmatrix} \begin{bmatrix} s_1(0) \\ s_1(1) \\ 0 \\ 0 \end{bmatrix} . \tag{8.44}$$

(8.43) ist in besonderer Weise für die Anwendung der DFT in Matrizenschreibweise geeignet, siehe (7.63). Setzt man

$$L_2 = N - 1,$$

dann folgt zunächst durch die Anwendung der Fourier–Transformation gemäß (7.63) auf (8.43) und anschließende Erweiterung mit der Einheitsmatrix $[I] = [F]^{-1}[F]$

$$S_2] = [F] \cdot s_2] = [F] \cdot [\bar{h}] \cdot \bar{s}_1] = [F] \cdot [\bar{h}] \cdot [F]^{-1} \cdot [F] \cdot \bar{s}_1] .$$

Mit (7.63) folgt weiter

$$S_2] = [F] \cdot [\bar{h}] \cdot [F]^{-1} \cdot S_1] \tag{8.45}$$

oder kurz

$$\boxed{S_2] = [\bar{H}] \cdot S_1]} . \tag{8.46}$$

(8.46) liefert den Zusammenhang zwischen dem Vektor $S_1]$ der Spektralwerte $S_1(k)$ am Eingang und dem Vektor $S_2]$ der Spektralwerte $S_2(k)$ am Ausgang mit $k = 0, 1, 2, \ldots, N-1$.

Da die spektralen Vektoren $S_1]$ und $S_2]$ stets gleich viele Komponenten haben müssen, wird beim spektralen Eingangsvektor die Schlange über S_1 weggelassen.

Die Matrix

$$[\tilde{H}] = [F][\tilde{h}][F]^{-1} \tag{8.47}$$

muß wegen $S_2(k) = H(k) \cdot S_1(k)$, siehe (8.27), eine Diagonalmatrix sein.

$$
\begin{bmatrix} S_2(0) \\ S_2(1) \\ \cdot \\ \cdot \\ S_2(N-1) \end{bmatrix}
=
\underbrace{\begin{bmatrix} H(0) & 0 & \cdots & 0 \\ 0 & H(1) & \cdots & 0 \\ \cdot & \cdot & & \cdot \\ \cdot & \cdot & & \cdot \\ 0 & 0 & \cdots & H(N-1) \end{bmatrix}}_{[\tilde{H}]}
\begin{bmatrix} S_1(0) \\ S_1(1) \\ \cdot \\ \cdot \\ S_1(N-1) \end{bmatrix} . \tag{8.48}
$$

Die zyklische Übertragungsmatrix $[\tilde{h}]$ wird also durch linksseitige Multiplikation mit der Fourier–Matrix $[F]$ und rechtsseitige Multiplikation mit der inversen Fourier–Matrix $[F]^{-1}$ diagonalisiert. Weil das so ist, handelt es sich bei der Matrix $[F]^{-1}$ um die sogenannte Eigenvektor–Matrix. Jede Spalte (i) der Eigenvektor–Matrix $[F]^{-1}$ stellt einen sogenannten Eigenvektor $u]_i$ der Matrix $[\tilde{h}]$ dar. Das bedeutet, daß

$$[\tilde{h}] \cdot u]_i = u]_i \cdot \lambda_i , \tag{8.49}$$

wobei die Konstante λ_i der zum Eigenvektor $u]_i$ gehörende sogenannte Eigenwert der Matrix $[\tilde{h}]$ ist, $i = 0, 1, 2, \ldots, N-1$. Die in der Diagonalen stehenden Werte $H(i)$ der diagonalisierten Matrix müssen gleich diesen Eigenwerten λ_i sein.

Zur Illustration dieser Zusammenhänge wird nun die Beziehung des obigen Beispiels (8.44) gemäß (8.45) in den Frequenzbereich transformiert. Mit (7.62) und (7.65) sowie $N = 4$ folgt

$$
\begin{bmatrix} S_2(0) \\ S_2(1) \\ S_2(2) \\ S_2(3) \end{bmatrix}
=
\underbrace{\begin{bmatrix} 1 & 1 & 1 & 1 \\ 1 & \varepsilon^{-1} & \varepsilon^{-2} & \varepsilon^{-3} \\ 1 & \varepsilon^{-2} & \varepsilon^{-4} & \varepsilon^{-6} \\ 1 & \varepsilon^{-3} & \varepsilon^{-6} & \varepsilon^{-9} \end{bmatrix}}_{[F]}
\cdot
\underbrace{\begin{bmatrix} h(0) & 0 & h(2) & h(1) \\ h(1) & h(0) & 0 & h(2) \\ h(2) & h(1) & h(0) & 0 \\ 0 & h(2) & h(1) & h(0) \end{bmatrix}}_{[\tilde{h}]}
\cdot \frac{1}{4}
\underbrace{\begin{bmatrix} 1 & 1 & 1 & 1 \\ 1 & \varepsilon^{1} & \varepsilon^{2} & \varepsilon^{3} \\ 1 & \varepsilon^{2} & \varepsilon^{4} & \varepsilon^{6} \\ 1 & \varepsilon^{3} & \varepsilon^{6} & \varepsilon^{9} \end{bmatrix}}_{[F]^{-1}}
\begin{bmatrix} S_1(0) \\ S_1(1) \\ S_1(2) \\ S_1(3) \end{bmatrix} \tag{8.50}
$$

Während die Zeitfunktionswerte $s_1(2) = s_1(3) = 0$ sind, sind die Spektralwerte $S_1(2)$ und $S_1(3)$ allgemein von Null verschieden.

Berücksichtigt man ferner, daß im obigen Beispiel

$$\varepsilon = e^{j2\pi/N} = e^{j\pi/2} = j \ , \tag{8.51}$$

dann erhält man für die transformierte zyklische Matrix

$$[\tilde{H}] = [F] \cdot [\tilde{h}] \cdot [F]^{-1}$$

$$= \begin{bmatrix} 1 & 1 & 1 & 1 \\ 1 & -j & -1 & j \\ 1 & -1 & 1 & -1 \\ 1 & j & -1 & -j \end{bmatrix} \cdot \begin{bmatrix} h(0) & 0 & h(2) & h(1) \\ h(1) & h(0) & 0 & h(2) \\ h(2) & h(1) & h(0) & 0 \\ 0 & h(2) & h(1) & h(0) \end{bmatrix} \cdot \frac{1}{4} \begin{bmatrix} 1 & 1 & 1 & 1 \\ 1 & j & -1 & -j \\ 1 & -1 & 1 & -1 \\ 1 & -j & -1 & j \end{bmatrix} \cdot$$

$$\underbrace{\quad u]_0 \quad u]_1 \quad u]_2 \quad u]_3 \quad}_{\text{Eigenvektoren}} \tag{8.52}$$

Die Ausmultiplikation der drei Matrizen liefert schließlich die Diagonalmatrix

$$[\tilde{H}] = \begin{bmatrix} h(0) + h(1) + h(2) & 0 & 0 & 0 \\ 0 & h(0) - jh(1) - h(2) & 0 & 0 \\ 0 & 0 & h(0) - h(1) + h(2) & 0 \\ 0 & 0 & 0 & h(0) + jh(1) - h(2) \end{bmatrix}$$

$$= \begin{bmatrix} H(0) & 0 & 0 & 0 \\ 0 & H(1) & 0 & 0 \\ 0 & 0 & H(2) & 0 \\ 0 & 0 & 0 & H(3) \end{bmatrix} \cdot \tag{8.53}$$

Die in der Diagonalen stehenden Eigenwerte $H(k) = \lambda_k$ müssen sich natürlich auch direkt aus der DFT

$$H(k) = \sum_{n=0}^{3} h(n) \cdot e^{-j2\pi kn/4} = \sum_{n=0}^{3} h(n) \cdot j^{-kn} \tag{8.54}$$

ergeben. So erhält man z. B. für $k=0$ den Eigenwert $\lambda_0 = H(0) = h(0) + h(1) + h(2)$ in Übereinstimmung mit (8.53). Ebenso wird z. B. mit dem Eigenvektor $u]_0$ die Gleichung (8.50) erfüllt:

$$[h] \cdot u]_0 = \begin{bmatrix} h(0) & 0 & h(2) & h(1) \\ h(1) & h(0) & 0 & h(2) \\ h(2) & h(1) & h(0) & 0 \\ 0 & h(2) & h(1) & h(0) \end{bmatrix} \begin{bmatrix} 1 \\ 1 \\ 1 \\ 1 \end{bmatrix} \cdot \frac{1}{4} = \begin{bmatrix} 1 \\ 1 \\ 1 \\ 1 \end{bmatrix} \cdot \frac{1}{4} \cdot \underbrace{[h(0) + h(1) + h(2)]}_{\lambda_0 \; = \; H(0)} \quad .$$

$$(8.55)$$

Die Zusammenhänge würden diese innere Geschlossenheit nicht aufweisen, wenn in Abschnitt 6.7.2 die Matrix $[h]$ in (6.58) nicht zur zyklischen Matrix $[\bar{h}]$ in (6.62) erweitert worden wäre.

8.6 Zustandsmodell des Übertragungssystems, Automatendarstellung

Das zeitdiskrete lineare Übertragungssystem kann auch als diskreter Automat angesehen werden, was für manche Anwendung sehr praktisch ist.

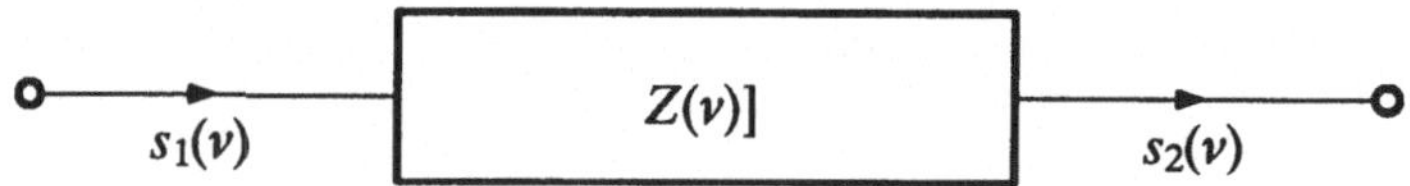

Bild 8.4　Zeitdiskretes lineares zeitinvariantes Übertragungssystem dargestellt als diskreter Automat

Zum Zeitpunkt v ist die Situation gekennzeichnet durch folgende Kennwerte

$s_1(v)$:　　Funktionswert der Eingangsgröße
$Z(v)]$:　　Vektor des inneren Zustands
$s_2(v)$:　　Funktionswert der Ausgangsgröße

Beim sogenannten Mealy–Automaten wird das Verhalten des gesamten Systems durch die folgenden zwei Automatengleichungen beschrieben :

$$\begin{aligned} s_2(v) &= \omega(s_1(v), Z(v)]) \\ Z(v+1)] &= \delta(s_1(v), Z(v)]) \end{aligned} \quad .$$

$$(8.56)$$
$$(8.57)$$

Ausgehend vom momentanen Eingangswert $s_1(v)$ und dem momentanen inneren Zustand $Z(v)]$ des Systems werden über die Funktion $\omega(\ldots)$ der momentane Ausgangswert

$s_2(v)$ und über die Funktion $\delta(\ldots)$ der Folgezustand $Z(v+1)]$ gebildet. Der Zustandsvektor repräsentiert das Gedächtnis des Systems. In jedem Zeitschritt v berechnet sich der neue Zustandsvektor $Z(v+1)]$ rekursiv aus dem aktuellen Zustandsvektor $Z(v)]$ und der aktuellen Eingangsgröße $s_1(v)$. Bei zeitdiskreten linearen zeitinvarianten Übertragungssystemen setzt sich der aktuelle Zustandsvektor $Z(v)]$ aus den L_h vorausgegangenen Funktionswerten der Eingangsgröße zusammen, wobei L_h die Länge der Impulsantwortfolge ist, siehe Bild 6.11.

$$Z(v)] = \begin{bmatrix} Z_1(v) \\ Z_2(v) \\ \vdots \\ Z_{L_h}(v) \end{bmatrix} = \begin{bmatrix} s_1(v-1) \\ s_1(v-2) \\ \vdots \\ s_1(v-L_h) \end{bmatrix} . \tag{8.58}$$

Bei zeitkontinuierlichen Übertragungssystemen würde nach Bild 3.11 der Zustandsvektor $Z(v)]$ im allgemeinen unendlich viele Komponenten haben, weshalb für solche das Automatenmodell unüblich ist.

Die Funktion $\omega(\ldots)$ ist beim zeitdiskreten System durch die diskrete Faltungssumme in der Form (6.40) gegeben

$$s_2(v) = \omega(s_1(v),\ Z(v)]) = \sum_{n=0}^{L_h} h(n) \cdot s_1(v-n) . \tag{8.59}$$

Faßt man die Glieder $h(n)$, $n = 0, 1, \ldots, L_h$ zu einem Zeilenvektor zusammen

$$\underline{h} = \underline{h(0), h(1),\ \ldots, h(L_h)} , \tag{8.60}$$

und ergänzt man den Zustandsvektor $Z(v)]$ durch die Eingangsgröße $s_1(v)$ zum erweiterten Vektor

$$\overline{Z}(v)] = \begin{bmatrix} s_1(v) \\ s_1(v-1) \\ \vdots \\ s_1(v-L_h) \end{bmatrix} , \tag{8.61}$$

dann läßt sich (8.59) auch als inneres Produkt der Vektoren $h]$ und $\overline{Z}(v)]$ darstellen. Das liefert den skalaren Ausgangswert zu

$$s_2(v) = \underline{h}\ \overline{Z}(v)] . \tag{8.62}$$

So viel zur ersten Automatengleichung (8.56). Die zweite Automatengleichung (8.57) für den Folgezustand $Z(v + 1)]$ zum Zeitpunkt $v + 1$ ergibt sich entsprechend (8.58) aus den L_h vorausgegangenen Funktionswerten der Eingangsgröße

$$Z(v + 1)] = \delta\{s_1(v), Z(v)]\} = \begin{array}{c} s_1(v) \\ Z(v)] \end{array} \Bigg] = \begin{bmatrix} s_1(v) \\ Z_1(v) \\ \vdots \\ Z_{L_h-1}(v) \end{bmatrix} = \begin{bmatrix} s_1(v) \\ s_1(v - 1) \\ \vdots \\ s_1(v - L_h + 1) \end{bmatrix} .$$

$$(8.63)$$

Der zuvor älteste Eingangswert $s_1(v - L_h)$ ist nun "vergessen" und im neuen Zustandsvektor nicht mehr enthalten.

Mit (8.56) und (8.57) bzw. (8.62) und (8.63) lassen sich fortlaufend für jeden Zeitschritt v die Ausgangsgröße $s_2(v)$ und der Folgezustand $Z(v+1)]$ berechnen.

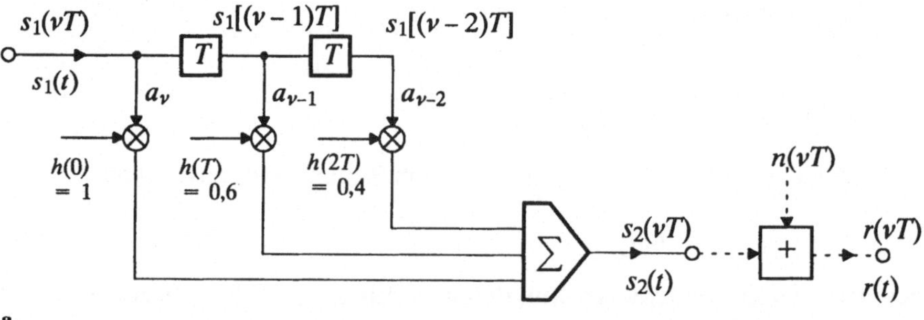

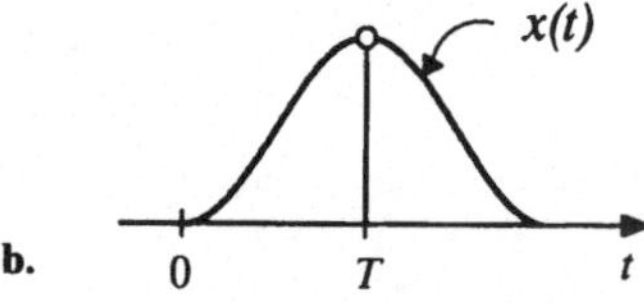

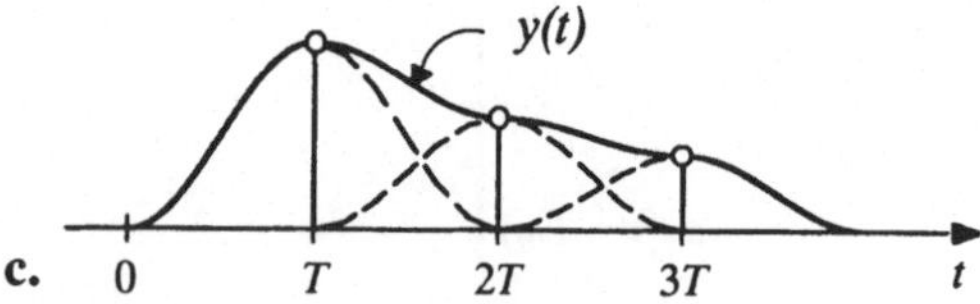

Bild 8.5   Übertragung binärer Signale
    a. Transversalfilter als Modell des Übertragungswegs
    b. Sendesymbol $x(t)$
    c. verzerrtes Empfangssymbol $y(t)$

Die Betrachtung als diskreter Automat ist bei der Übertragung digitaler Signale von besonderem Nutzen. Zur Verdeutlichung sei das Bild einer binären Datenübertragung in Bild 8.5 betrachtet.

Bild 8.5a zeigt ein Transversalfilter, mit dem das Verhalten eines realen Übertragungswegs modelliert wird. In den Eingang wird das zeitkontinuierliche binäre Datensignal

$$s_1(t) = \sum_i a_i\, x(t - iT) \quad ; \quad a_i \in \{+1, -1\} \tag{8.64}$$

eingespeist. Dabei habe das einzelne Datensymbol $x(t)$ die in Bild 8.5b dargestellte Form. Mit den Koeffizienten $h(0) = 1$, $h(T) = 0{,}6$, $h(2T) = 0{,}4$ ergibt sich daraus die Symbolform in Bild 8.5c, die ähnlich aussieht wie die in Bild 3.2b dargestellte.

Das zeitkontinuierliche binäre Datensignal am Transversalfilter–Ausgang

$$s_2(t) = \sum_\nu a_i\, y(t - iT) \tag{8.65}$$

hat dann für die in Bild 3.2c gewählte Folge $\{a_i\}$ eine ähnliche Form wie das Signal $s_2(t)$ in Bild 3.2d.

Weil als Modell des Übertragungswegs ein Transversalfilter benutzt wird (anstelle des allgemein gültigen kontinuierlichen Modells in Bild 3.11), kann das System in Bild 8.5 auch zeitdiskret betrachtet werden. Das ergibt

$$s_1(\nu T) = \sum_i a_i\, x[(\nu - i)T] = a_\nu, \tag{8.66}$$

weil nach Bild 8.5c

$$x[(\nu - i)T] = \begin{cases} 1 \ \text{für} \ i = \nu \\ 0 \ \text{für} \ i \neq \nu \end{cases} . \tag{8.67}$$

Nach (8.56) bzw. (8.60) erhält man zum Zeitpunkt νT den Zustandsvektor $Z(\nu T)]$ bzw. den erweiterten Vektor $\overline{Z}(\nu T)]$

$$Z(\nu T)] = \begin{bmatrix} s_1[(\nu - 1)T] \\ s_1[(\nu - 2)T] \end{bmatrix} = \begin{bmatrix} a_{\nu-1} \\ a_{\nu-2} \end{bmatrix} \tag{8.68}$$

$$\overline{Z}(\nu T)] = \begin{bmatrix} s_1(\nu T) \\ s_1[(\nu - 1)T] \\ s_1[(\nu - 2)T] \end{bmatrix} = \begin{bmatrix} a_\nu \\ a_{\nu-1} \\ a_{\nu-2} \end{bmatrix} . \tag{8.69}$$

Die Zustandskomponenten sind gleich den Signalwerten an den Koeffizientenstellern in Bild 8.5a.

Der Wert der Ausgangsgröße $s_2(vT)$ ergibt sich gemäß (8.62) mit (8.69) zu

$$s_2(vT) \;=\; \underline{h}\; \overline{Z}(vT)] \;=\; \underline{h(0),\;\; h(T),\;\; h(2T)}\;\; \begin{bmatrix} a_v \\ a_{v-1} \\ a_{v-2} \end{bmatrix}$$

$$= \; h(0)a_v + h(T)a_{v-1} + h(2T)a_{v-2} \quad . \tag{8.70}$$

Es sind also 8 verschiedene Werte für $s_2(vT)$ möglich.

Der Folgezustand berechnet sich gemäß (8.63) mit (8.68) zu

$$Z[(v + 1)T]] = \begin{bmatrix} a_v \\ a_{v-1} \end{bmatrix} \quad . \tag{8.71}$$

Der älteste Wert a_{v-2} in (8.68) wird "vergessen".

Bei binärer Übertragung können die Koeffizienten a_i nur die Werte $+1$ und -1 annehmen, siehe (8.64). Deshalb sind mit (8.68) nur vier verschiedene Zustände $Z(vT)]$ möglich. Diese vier Zustände sind in Bild 8.6 für die einzelnen diskreten Zeitpunkte als Kreise senkrecht übereinander gezeichnet. Betrachtet sei der Zeitpunkt vT. In den vier Kreisen senkrecht über vT sind die möglichen Vorzeichenkombinationen (a_{v-1}, a_{v-2}) eingetragen, wie sie auch in Bild 8.5a auftreten. Es sei angenommen, daß sich das System zum Zeitpunkt vT im Zustand (– –) befinde (unterster Kreis). Wenn das aktuelle Bit $a_v = +1$ ist, geht nach (8.71) das System in den Folgezustand (+ –). Dies wird im Bild 8.6 durch den schräg nach oben gerichteten Pfeil ausgedrückt. Ist das aktuelle Bit $a_v = -1$, dann geht das System in den Folgezustand (– –) über, was in Bild 8.6 durch den horizontalen Pfeil ausgedrückt wird. In gleicher Weise sind die Übergänge eingetragen für die Fälle, daß sich das System zum Zeitpunkt vT in einem der anderen möglichen Zustände befindet. Ferner sind in Bild 8.6 die Zustände mit ihren Übergängen für andere diskrete Zeitpunkte iT enthalten. Das ganze Diagramm in Bild 8.6 beginnt links mit dem ersten (willkürlich angenommenen) Zustand (– –) zum Zeitpunkt $iT=2T$, der ausdrückt, daß die ersten beiden Bits zu $a_0 = -1$ und $a_1 = -1$ gewählt worden sind. Das restliche Diagramm enthält alle Möglichkeiten für alle weiteren diskreten Zeitpunkte. Wenn die ersten beiden Bits anders als in Bild 8.6 gewählt werden, dann ist das Diagramm für die Zeitpunkte $iT = 2T$ und $iT=3T$ leicht zu modifizieren.

Das gesamte Diagramm in Bild 8.7 heißt Trellis–Diagramm (vom engl. Wort für Spalier). Es hat eine große Bedeutung für die moderne digitale Empfangstechnik. Jede mögliche Bitfolge $\{a_i\} = \{a(iT)\}$ spiegelt sich eindeutig in einem speziellen Pfad wieder, der von links nach rechts durch das Trellis–Diagramm führt. Der Empfänger hat die Aufgabe, die gesendete spezielle Folge $\{a(iT)\}_{(s)}$ zu detektieren. Das ist eindeutig möglich, wenn der

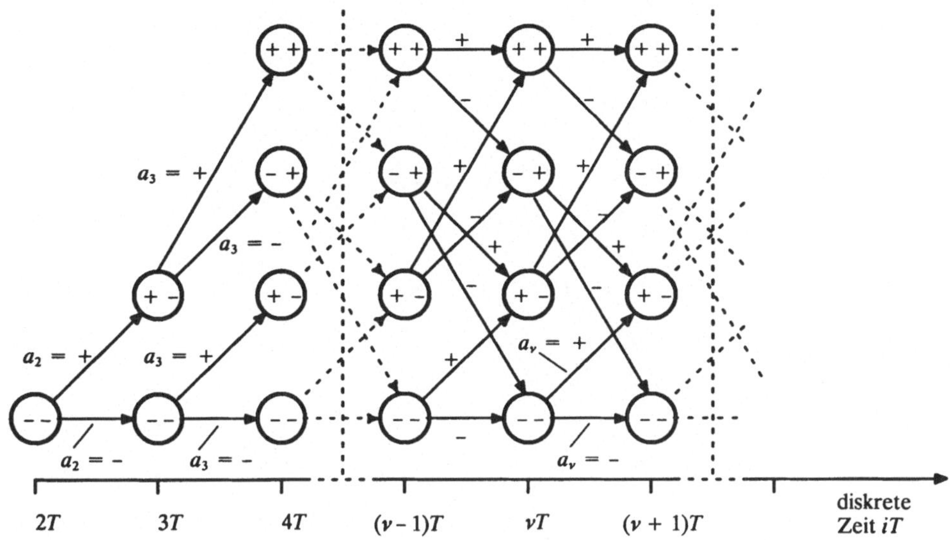

Bild 8.6   Folge von Zuständen oder Trellis–Diagramm

Empfänger den Vektor $\underline{h}$ des Übertragungssystems und die ausgegebenen Werte $s_2(vT)$ kennt. Meistens ist es aber so, daß der Empfänger die Werte $s_2(vT)$ nicht direkt beobachten kann, sondern nur die Werte $r(vT)$, die sich von den Werten $s_2(vT)$ durch überlagerte zufällige Störungen $n(vT)$ unterscheiden, siehe gestrichelt gezeichnete Ergänzung in Bild 8.5a. Beim sogenannten Maximum–Likelihood–Empfänger wird die beobachtete Folge $\{r(vT)\}$ mit allen möglichen Folgen $\{a(vT)\}_{(k)}$ verglichen, die der Sender erzeugt haben könnte. Entschieden wird dann für diejenige Folge $\{a(vT)\}_{(o)}$, welche zur empfangenen Folge $\{r(vT)\}$ die größte Ähnlichkeit besitzt. Diese entschiedene "optimale" Folge ist dann die mutmaßlich gesendete Folge $\{a(vT)\}_{(o)} = \{a(vT)\}_{(s)}$.

Abschließend sei noch bemerkt, daß das Trellis–Diagramm nichts anderes als ein über der diskreten Zeit abgewickelter Automatengraph [6] ist.

9 Zusammenhänge zwischen zeitkontinuierlichen und zeitdiskreten Signalen und Systemen

Dieses Kapitel bildet die Brücke zwischen zeitkontinuierlichen und zeitdiskreten Signalen bei linearen zeitinvarianten Übertragungssystemen.

In den Kapiteln 3 und 5 wurden die zeitkontinuierlichen Systeme und in den Kapiteln 6 und 8 die zeitdiskreten Systeme unabhängig voneinander durch jeweils eigenständige Theorien beschrieben. Die Ergebnisse beider Theorien haben deshalb zunächst nichts miteinander zu tun. Faßt man also beim zeitdiskreten System die Funktionswerte des Eingangssignals und der Impulsantwort als Abtastwerte des zeitkontinuierlichen Eingangssignals und der zeitkontinuierlichen Impulsantwort eines zeitkontinuierlichen Systems auf, dann müssen die mit der diskreten Faltungssumme berechneten zeitdiskreten Ausgangswerte keineswegs mit den Abtastwerten des mit dem Faltungsintegrals berechneten zeitkontinuierlichen Ausgangssignals übereinstimmen, siehe Abschnitt 6.5.

Für den wichtigen Sonderfall, daß beim zeitkontinuierlichen System die Impulsantwort und das Eingangssignal beide bandbegrenzt sind, ergibt sich bei hinreichend kurzem Abtastabstand aber völlige Übereinstimmung bei den mit dem Faltungsintegral und mit der diskreten Faltungssumme berechneten Ergebnissen. In diesem Fall ist mit den Abtastwerten zugleich auch das gesamte zeitkontinuierliche Ausgangssignal vollständig gegeben, was in den Abschnitten 9.1 und 9.2 nachgewiesen wird.

Im Abschnitt 9.3 wird dann gezeigt, daß bei Zeitfunktionen, die sowohl band- als auch zeitbegrenzt sind, die kontinuierliche und die diskrete Fourier-Transformation zu gleichen Ergebnissen führen. Streng genommen gibt es zwar keine Zeitfunktionen, die sowohl band- als auch zeitbegrenzt sind. Dennoch kann man bei den meisten praktischen Signalen eine Band- und Zeitbegrenzung so ansetzen, daß der durch die Begrenzung entstehende Fehler beliebig klein wird, siehe Abschnitt 9.4. Dieser Sachverhalt ist von fundamentaler Wichtigkeit für die Simulation zeitkontinuierlicher Systeme auf dem Computer.

9.1 Abtasttheorem für bandbegrenzte Signale

Man kann zwischen mathematischer Abtastung und physikalisch technischer Signalabtastung unterscheiden. Die mathematische Abtastung überführt ein analoges Signal gemäß Bild 2.1a in ein zeitdiskretes wertkontinuierliches Signal gemäß Bild 2.1b. Sie liefert also nur die zeitdiskreten Abtastwerte ohne Flächen. Die physikalisch technische Abtastung liefert gleich ein Energie– oder Leistungssignal mit Impulsen endlicher Flächen. Hier sei zunächst die mathematische Abtastung von Interesse. Die physikalische Abtastung wird in Abschnitt 9.5 behandelt.

Betrachtet wird ein Signal $s(t)$ mit dem Fourier–Spektrum $S(f)$. Das Signal ist bandbegrenzt auf die Bandbreite f_g, wenn

$$S(f) = 0 \qquad \text{für } |f| > f_g \tag{9.1}$$

gilt, siehe Bild 9.1a. Alle technischen Signale sind, wenn auch nicht streng theoretisch, so aber doch praktisch mit guter Näherung bandbegrenzt.

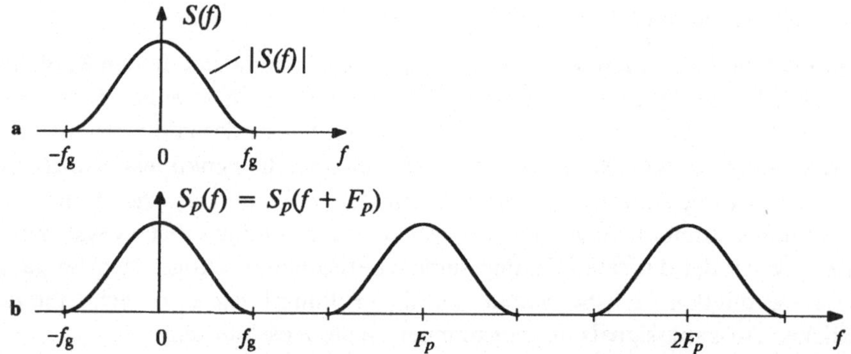

Bild 9.1   **a** Spektrum eines bandbegrenzten Signals **b** Periodisch fortgesetztes Spektrum

Das bandbegrenzte Spektrum werde nun periodisch fortgesetzt mit der Periode

$$F_p \geq 2 \cdot f_g \tag{9.2}$$

siehe Bild 9.1b. Das liefert die periodische Spektralfunktion $S_p(f)$. Zwischen $S_p(f)$ und $S(f)$ gilt der Zusammenhang

$$S(f) = \begin{cases} S_p(f) & \text{für } |f| \leq \dfrac{1}{2}F_p \\ 0 & \text{sonst} \end{cases} \tag{9.3}$$

Die periodische Funktion $S_p(f)$ läßt sich nun als Fourier–Reihe darstellen. Dazu werden die allgemeinen Beziehungen für Fourier–Reihen (4.70) und (4.71) herangezogen.

$$f(x) = f(x + X_p) = \sum_{k=-\infty}^{+\infty} c_k \cdot e^{+j2\pi(k/X_p)x} \tag{9.4}$$

$$c_k = \frac{1}{X_p} \int_{-X_p/2}^{+X_p/2} f(x) \cdot e^{-j2\pi(k/X_p)x}\, \mathrm{d}x \quad . \tag{9.5}$$

Für $x \equiv t$ und $f(x) \equiv s(t)$ sowie ferner mit $X_p \equiv T_p = 1/f_0$ ergeben sich die ursprünglichen Beziehungen (4.62).

Zur Darstellung der periodischen Spektralfunktion $S_p(f)$ wird jetzt aber

$$x \equiv f, \quad f(x) \equiv S_p(f), \quad X_p = F_p \tag{9.6}$$

gesetzt. Damit folgt aus (9.4) die Fourier–Reihe

$$S_p(f) = S_p(f + F_p) = \sum_{k=-\infty}^{+\infty} c_k \cdot e^{+j2\pi(k/F_p)f} \quad . \tag{9.7}$$

Die Fourier–Koeffizienten ergeben sich entsprechend aus (9.6) und (9.5) und unter Berücksichtigung von (9.3) zu

$$c_k = \frac{1}{F_p} \int_{-F_p/2}^{+F_p/2} S_p(f) \cdot e^{-j2\pi(k/F_p)f}\, \mathrm{d}f \; = \; \frac{1}{F_p} \int_{-\infty}^{+\infty} S(f) \cdot e^{+j2\pi(-k/F_p)f}\, \mathrm{d}f . \tag{9.8}$$

Mit dem Fourier–Rückintegral (4.78) folgt hieraus die wichtige Beziehung

$$c_k = \frac{1}{F_p}\, s\!\left(\frac{-k}{F_p}\right), \qquad k = 0, \; \pm 1, \; \pm 2, \; \dots \; . \tag{9.9}$$

Die Fourier–Koeffizienten des periodisch fortgesetzten bandbegrenzten Spektrums sind also gleich den mit $1/F_p$ multiplizierten Abtastwerten der Zeitfunktion $s(t)$ an den Stellen $t = -k/F_p$, siehe Bild 9.2.

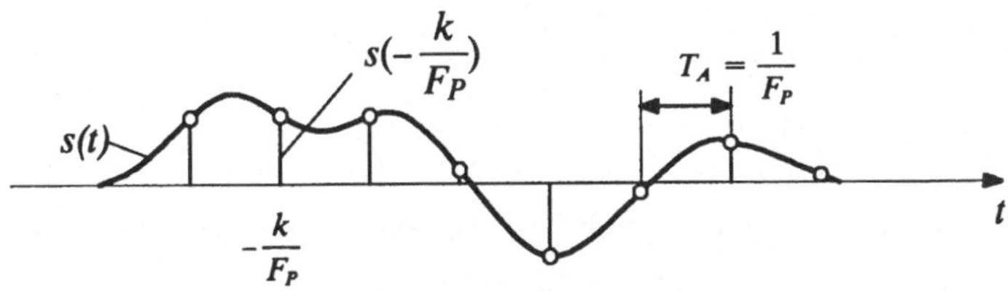

Bild 9.2   Zur Erläuterung des Abtasttheorems

Rückwärts betrachtet gelten also folgende Zusammenhänge:

Aus den Abtastwerten von $s(t)$ folgen über (9.9) die Fourier–Koeffizienten c_k. Diese bestimmen über (9.7) das periodisch fortgesetzte Fourier–Spektrum $S_p(f)$. Mit dem periodisch fortgesetzten Fourier–Spektrum $S_p(f)$ ist über (9.3) auch das Fourier–Spektrum $S(f)$ selbst gegeben, welches über das Fourier–Rückintegral (4.78) die komplette Zeitfunktion $s(t)$ bestimmt.

Zusammengefaßt gilt das folgende zeitliche Abtasttheorem:

Bei bandbegrenzten Signalen $s(t)$ der Grenzfrequenz f_g bestimmen die zeitlichen Abtastwerte $s(k/F_p)$ mit $k = 0,\ \pm 1,\ \pm 2,\ \dots$ die komplette Zeitfunktion $s(t)$, sofern $F_p \geq 2 \cdot f_g$. Für den zeitlichen Abtastabstand gilt

$$T_A = \frac{1}{F_p} \leq \frac{1}{2f_g} \ . \tag{9.10}$$

Ein Gegenstück dazu ist das spektrale Abtasttheorem für zeitbegrenzte Signale mit den zeitlichen Intervallgrenzen $\pm T_g$. Bei diesem bestimmen die Abtastwerte $S(kf_0)$ das gesamte Spektrum $S(f)$, wenn

$$f_0 = \frac{1}{T_p} \leq \frac{1}{2T_g}. \tag{9.11}$$

Dieser Zusammenhang wurde in Abschnitt 4.4 mit Bild 4.11 bereits angesprochen.

9.2 Zeitkontinuierliche und zeitdiskrete Faltung bei bandbegrenzten Signalen

Das zeitkontinuierliche Faltungsintegral führt ausgehend von (5.31) zur Frequenzbereichsbeziehung (5.34)

$$S_2(f) = S_1(f) \cdot H(f) \ . \tag{9.12}$$

Es seien sowohl das Spektrum des Eingangssignals $S_1(f)$ als auch die Übertragungsfunktion $H(f)$ bandbegrenzt

$$S_1(f) = 0 \qquad \text{für} \quad |f| > f_g^{(1)}, \tag{9.13}$$

$$H(f) = 0 \qquad \text{für} \quad |f| > f_g^{(h)}. \tag{9.14}$$

Damit ist auch das Spektrum des Ausgangssignals $S_2(f)$ bandbegrenzt, und zwar auf die kleinere der beiden Bandgrenzen $f_g^{(1)}$ und $f_g^{(h)}$, siehe Bild 9.3.

Die beiden Spektralfunktionen $S_1(f)$ und $H(f)$ werden nun periodisch fortgesetzt mit der Periode

$$\frac{1}{T_A} = F_p > 2 \cdot f_g \; , \tag{9.15}$$

wobei f_g die größere der beiden Grenzfrequenzen $f_g^{(1)}$ und $f_g^{(h)}$ ist. Das Produkt der so entstandenen periodisch fortgesetzten Spektralfunktionen $S_{1p}(f)$ und $H_p(f)$ muß entsprechend (9.12) das periodisch fortgesetzte Ausgangsspektrum $S_{2p}(f)$ liefern

$$S_{2p}(f) = S_{1p}(f) \cdot H_p(f) \; , \tag{9.16}$$

zumal (9.16), abgesehen von einem Faktor T, auch das Produkt der gleichen periodischen Spektren darstellt wie (8.14), wenn $T = T_A$ gesetzt wird.

Durch Unterdrücken der Spektralanteile für $|f| \geq F_p/2$ geht (9.16) wieder in (9.12) über, siehe Bild 9.3.

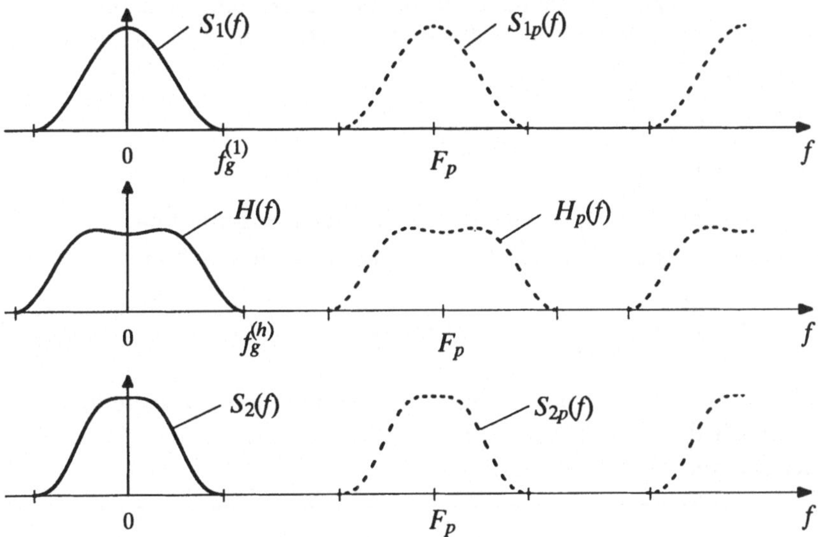

Bild 9.3   Beispiel für die Spektralfunktionen $S_1(f)$, $H(f)$ und $S_2(f)$ (fette Kurven) und ihrer periodischen Fortsetzungen $S_{1p}(f)$, $H_p(f)$ und $S_{2p}(f)$ (gestrichelte Kurven)

Die periodischen Spektralfunktionen $S_{1p}(f)$, $H_p(f)$ und $S_{2p}(f)$ werden nun entsprechend (9.7) und (9.9) als Fourier–Reihen geschrieben.

$$S_{1p}(f) = \sum_{k=-\infty}^{+\infty} c_k^{(1)} \cdot e^{+j2\pi f k/F_p} \qquad \text{mit} \qquad c_k^{(1)} = \frac{1}{F_p}\, s_1(\frac{-k}{F_p}) \tag{9.17}$$

$$H_p(f) = \sum_{n=-\infty}^{+\infty} c_n^{(h)} \cdot e^{+j2\pi f n/F_p} \qquad \text{mit} \qquad c_n^{(h)} = \frac{1}{F_p}\, h(\frac{-n}{F_p}) \tag{9.18}$$

$$S_{2p}(f) = \sum_{m=-\infty}^{+\infty} c_m^{(2)} \cdot e^{+j2\pi f m/F_p} \qquad \text{mit} \qquad c_m^{(2)} = \frac{1}{F_p}\, s_2(\frac{-m}{F_p}) \; . \tag{9.19}$$

Für die rechte Seite von (9.16) ergibt sich unter Verwendung der Substitution $k + n = i$

$$
\begin{aligned}
S_{1p}(f) \cdot H_{1p}(f) \;\; &= \frac{1}{F_p^2} \sum_{k=-\infty}^{+\infty} \sum_{n=-\infty}^{+\infty} s_1(\frac{-k}{F_p})\, h(\frac{-n}{F_p})\, e^{j2\pi f(k+n)/F_p} \\[2mm]
&= \sum_{i=-\infty}^{+\infty} \left[\frac{1}{F_p^2} \sum_{k=-\infty}^{+\infty} s_1(\frac{-k}{F_p})\, h(\frac{k-i}{F_p}) \right] \cdot e^{j2\pi f i/F_p} \; .
\end{aligned}
\tag{9.20}
$$

Der Ausdruck in der eckigen Klammer bildet die Fourier–Koeffizienten c_i einer Fourier–Reihe, die für alle f mit derjenigen in (9.19) übereinstimmen muß. Das ist nur möglich für $i = m$, d. h. wenn

$$\frac{1}{F_p} \sum_{k=-\infty}^{+\infty} s_1(\frac{-k}{F_p}) \cdot h(\frac{k-m}{F_p}) = s_2(\frac{-m}{F_p}) \; . \tag{9.21}$$

Daraus folgt mit $F_p = 1/T_A$, siehe (9.15), und den Substitutionen $-k = \mu$ und $-m = \nu$ die mit T_A multiplizierte diskrete Faltungssumme (6.20a)

$$s_2(\nu T_A) = \sum_{k=-\infty}^{+\infty} s_1(\mu T_A) \cdot h(\nu T_A - \mu T_A) \cdot T_A \; . \tag{9.22}$$

Der Faktor T_A korrespondiert mit dem Term dt im kontinuierlichen Faltungsintegral. T_A muß aber lediglich das Abtasttheorem erfüllen und keineswegs extrem klein sein. Damit ist folgender Sachverhalt nachgewiesen:

Bei bandbegrenzten Funktionen $s_1(t)$ und $h(t)$ liefert das kontinuierliche Faltungsintegral zu den Abtastzeitpunkten νT_A, abgesehen vom konstanten Proportionalitätsfaktor T_A, die gleichen Funktionswerte $s_2(\nu T_A)$, die auch die diskrete Faltungssumme aus den Abtastwerten $s_1(\nu T_A)$ und $h(\nu T_A)$ liefert.

Wichtig ist, daß beide Zeitfunktionen $s_1(t)$ und $h(t)$ bandbegrenzt sein müssen, weil andernfalls (9.16) nicht allgemein gilt, was Bild 9.3 verdeutlicht. Erinnert sei ferner, daß die periodisch fortgesetzten Spektralfunktionen $S_{1p}(f)$, $H_p(f)$, $S_{2p}(f)$ in (9.17) bis (9.19) den periodischen Spektren $S_1\left(e^{j2\pi fT}\right)$, $H\left(e^{j2\pi fT}\right)$ und $S_2\left(e^{j2\pi fT}\right)$ in (8.14) entsprechen. Die mit (8.14) resultierende Beziehung ist nur insofern allgemeiner als (9.20), weil in Abschnitt 8.2 keine Vorgaben über den Abstand T der Folgenglieder $s_1(vT)$, $h(vT)$, $s_2(vT)$ gemacht wurden.

9.3 Äquivalenz diskreter und kontinuierlicher Spektren bei band- und zeitbegrenzten Signalen

Sind das Eingangssignal $s_1(t)$ und die Impulsantwort $h(t)$ bandbegrenzt, dann kann nach den Abschnitten 9.1 und 9.2 statt mit dem zeitkontinuierlichen Faltungsintegral mit der zeitdiskreten Faltungssumme gearbeitet werden. Beide Faltungsoperationen beziehen sich auf den Zeitbereich. Das bedeutet aber noch nicht, daß man auch im Frequenzbereich statt mit der kontinuierlichen Übertragungsfunktion $H(f)$ mit der diskreten Übertragungsfunktion $\{H(k)\}$, siehe Abschnitt 8.3, arbeiten darf. Letzteres ist erst dann erlaubt, wenn neben der Bandbegrenztheit noch zusätzlich eine Zeitbegrenztheit vorliegt.

Frequenzdiskrete Spektren $\{S(k/NT)\}$ und die frequenzdiskrete Übertragungsfunktion $\{H(k/NT)\}/T$ ergeben sich aus den entsprechenden Zeitbereichsfolgen durch Anwendung der diskreten Fourier–Transformation (DFT), siehe Abschnitt 8.3. Die Anwendung der DFT setzt Folgen endlicher Länge, d.h. zeitbegrenzte Zeitfunktionen, voraus.

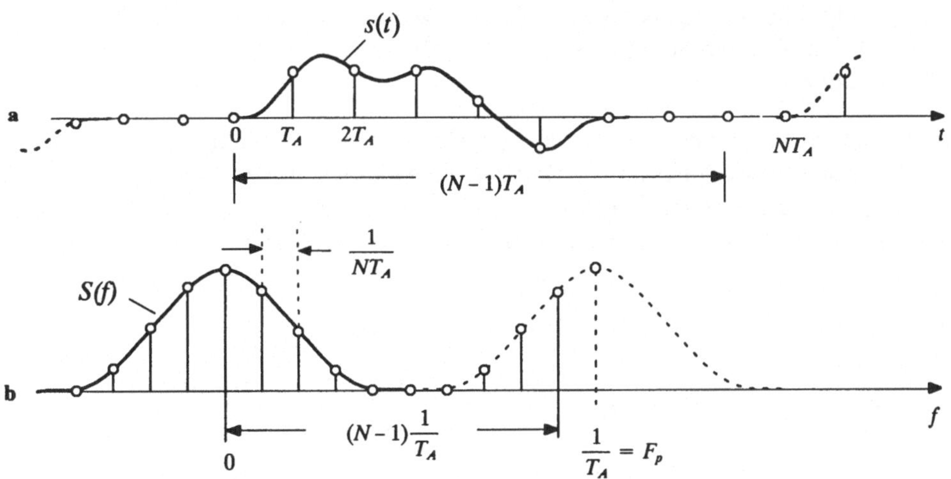

Bild 9.4 **a** Im Abstand T_A abgetastete Zeitfunktion $s(t)$ und deren gestrichelt gezeichnete periodische Fortsetzung

b Im Abstand $1/NT_A$ abgetastetes zugehöriges Spektrum $S(f)$ und deren gestrichelt gezeichnete periodische Fortsetzung

Es wird nun folgende Aussage bewiesen:

Für die zeitkontinuierliche Funktion $s(t)$ liefere die kontinuierliche Fourier–Transformation (KFT) das kontinuierliche Fourier–Spektrum $S(f)$

$$s(t) \quad \circ\!\!-\!\!\overset{\text{KFT}}{-\!\!-\!\!-}\!\!\bullet \quad S(f).$$

(9.23)

Wenn sowohl Zeitbegrenztheit

$$s(t) = 0 \quad \text{für} \quad \begin{cases} t < 0 \\ t \geq NT_A = T_p \end{cases},$$

(9.24)

als auch Bandbegrenztheit

$$S(f) = 0 \quad \text{für} \quad |f| > \frac{1}{2}F_p = \frac{1}{2T_A}$$

(9.25)

vorliegen, dann liefert die diskrete Fourier–Transformation (DFT) aus den Abtastwerten $s(nT_A)$ der kontinuierlichen Funktion $s(t)$ die Abtastwerte $S(k/NT_A)$ des kontinuierlichen Fourier–Spektrums $S(f)$,

$$\{s(nT_A)\} \quad \circ\!\!-\!\!\overset{\text{DFT}}{-\!\!-\!\!-}\!\!\bullet \quad \left\{S\!\left(\frac{k}{NT_A}\right)\right\},$$

(9.26)

sofern die Zahl N mindestens so groß gewählt ist, daß sowohl $s(t)$ als auch $S(f)$ über ihre gesamte Länge abgetastet werden, siehe Bild 9.4.

Umgekehrt liefert dann auch die inverse DFT aus den Abtastwerten $S(k/NT_A)$ des kontinuierlichen Fourier–Spektrums $S(f)$ die Abtastwerte $s(nT_A)$ der kontinuierlichen Zeitfunktion $s(t)$.

Die Bedingung der völligen Überdeckung der zeitbegrenzten Funktion $s(t)$ und des frequenzbandbegrenzten Spektrums $S(f)$ mit der gleichen Anzahl N von Abtastwerten macht es im allgemeinen notwendig, daß entweder im Zeitbereich (wie in Bild 9.4) oder/und im Frequenzbereich auch identisch verschwindende Funktionsabschnitte abgetastet werden.

Zum Beweis obiger Aussage wird die Fourier–Reihe des periodisch fortgesetzten Spektrums $S_p(f)$ betrachtet. Diese ergibt sich aus (9.7) und (9.9) zu

$$S_p(f) = \frac{1}{F_p} \sum_{n=-\infty}^{+\infty} s\!\left(\frac{-n}{F_p}\right) e^{+j2\pi f n/F_p} = \frac{1}{F_p} \sum_{n=-\infty}^{+\infty} s\!\left(\frac{+n}{F_p}\right) e^{-j2\pi f n/F_p}.$$

(9.27)

Mit $F_p = 1/T_A$, siehe (9.25), und der zusätzlichen Voraussetzung der Zeitbegrenztheit (9.24) folgt

$$S_p(f) = T_A \sum_{n=0}^{N-1} s(nT_A)\, e^{-j2\pi f n T_A}.$$

(9.28)

(9.28) erlaubt die Berechnung des periodisch fortgesetzten kontinuierlichen Fourier–Spektrums $S_p(f)$ und damit des bandbegrenzten Spektrums $S(f)$ aus endlich vielen Abtastwerten $s(nT_A)$..

Werden nur die diskreten Frequenzen

$$f = \frac{k}{NT_A} \, , \quad k = 0, 1, 2, \ldots, N-1 \tag{9.29}$$

betrachtet, dann geht (9.28) in die Formel für die DFT (7.40) über

$$S_p(\frac{k}{NT_A}) = T_A \sum_{n=0}^{N-1} s(nT_A)\, e^{-j2\pi kn/N} = S(\frac{k}{NT_A})\,. \tag{9.30}$$

Damit ist gezeigt, daß kontinuierliche und diskrete Fourier–Transformation bei band– und zeitbegrenzten Funktionen auf die gleichen Spektralwerte $S(k/NT_A)$ führen. Wegen der Periodizität der DFT gilt $S(-k/NT_A) = S(1/T_A-k/NT_A)$, wie das auch im Bild 9.4b dargestellt ist. Weil KFT und DFT eindeutig umkehrbar sind, führen die inverse KFT und die inverse DFT auf die gleichen Abtastwerte $s(nT_A)$ im Zeitbereich. Die zu (9.28) korrespondierende Beziehung für die periodisch fortgesetzte Zeitfunktion lautet

$$s_p(t) = \frac{1}{NT_A} \sum_{n=0}^{N-1} S(\frac{k}{NT_A})\, e^{+j2\pi tk/NT_A}\,. \tag{9.31}$$

Sie erlaubt die Berechnung der periodisch fortgesetzten kontinuierlichen Zeitfunktion $s_P(t)$ und damit der zeitbegrenzten Funktion $s(t)$ aus endlich vielen Spektralwerten $S(k/NT_A)$. Für die diskreten Zeitpunkte

$$t = n\,T_A \, , \qquad n = 0, 1, 2, \ldots, N-1 \tag{9.32}$$

geht sie in die Formel für die IDFT (7.41) über,

$$s_p(nT_A) = \frac{1}{NT_A} \sum_{n=0}^{N-1} S(\frac{k}{NT_A})\, e^{+j2\pi kn/N} = s(nT_A)\,. \tag{9.33}$$

Obige Aussagen gelten für beliebige band– und zeitbegrenzte Funktionen, also auch für band– und zeitbegrenzte Impulsantworten $h(t)$. Wenn also bei einem linearen zeitinvarianten Übertragungssystem sowohl das Eingangssignal $s_1(t)$ als auch die Impulsantwort $h(t)$ band– und zeitbegrenzt sind, dann kann im Frequenzbereich statt mit der frequenzkontinuierlichen Beziehung, vergl. (5.34),

$$S_2(f) = S_1(f) \cdot H(f) \tag{9.34}$$

ohne einen Fehler zu begehen auch mit der frequenzdiskreten Beziehung, vergl. (8.24),

$$S_2(\frac{k}{NT_A}) = S_1(\frac{k}{NT_A}) \cdot \frac{1}{T_A} \cdot H(\frac{k}{NT_A}) \quad , \; k = 0, 1, 2, \ldots, N-1 \tag{9.35}$$

gearbeitet werden. Beide Beziehungen führen, abgesehen vom konstanten Faktor $1/T_A$, auf die gleichen Spektralwerte $S_2(k/NT_A)$. Der Faktor $1/T_A$ rührt daher, weil die Größe $d\tau$ im Faltungsintegral (3.27) kein Gegenstück in der Faltungssumme (6.20a) hat.

Bei der Berechnung der Signalübertragung im diskreten Frequenzbereich mit (9.35) ist zu beachteten, daß sich im Zeitbereich die Länge von $s_2(t)$ bzw. $\{s_2(nT_A)\}$ um die Länge der Impulsantwort vergrößert, siehe (3.32) und (6.24). Das muß bei der Wahl von N berücksichtigt werden.

9.4 Aliasing–Fehler bei Abtastung nicht streng bandbegrenzter Signale

Funktionen, welche die im vorigen Abschnitt 9.3 vorausgesetzte Bandbegrenztheit und Zeitbegrenztheit besitzen, gibt es streng genommen nicht. Im Abschnitt 10.4.3 wird gezeigt, daß jede zeitbegrenzte Funktion ein – streng genommen – unendlich ausgedehntes Fourier–Spektrum hat. Aufgrund der Symmetrie der Fourier–Transformation (siehe Abschnitt 10.3) folgt umgekehrt, daß jede bandbegrenzte Funktion eine – streng genommen– unendliche zeitliche Dauer hat.

Eine zugleich vorhandene Band– und Zeitbegrenztheit gibt es aber näherungsweise in dem Sinn, daß zeitbegrenzte und einigermaßen glatt verlaufende Funktionen $s(t)$ ein rasch abklingendes Fourier–Spektrum besitzen, siehe Bild 9.5.

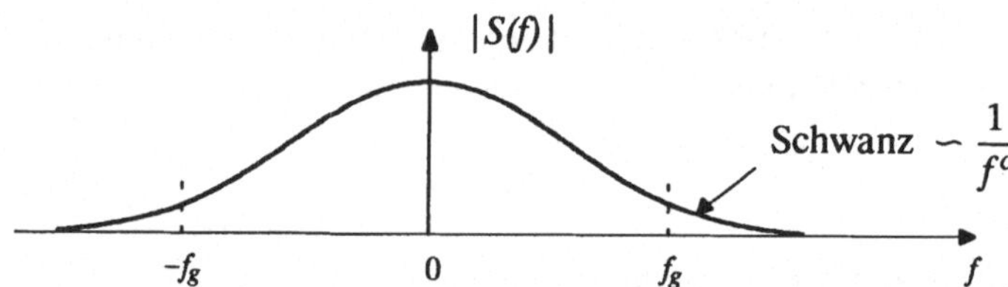

Bild 9.5   Verhalten von Fourier–Spektren $|S(f)|$ bei hohen Frequenzen

Für das Verhalten der kontinuierlichen Fourier–Spektren von Signalen $s(t)$ bei hohen Frequenzen gilt folgende Regel, die in Abschnitt 10.4.1 hergeleitet wird:

$$
\left.
\begin{array}{l}
\text{a)}\ \ \text{unstetiges } s(t) \text{ ergibt } |S(f)| \sim \dfrac{1}{f} \quad \text{für } |f| \to \infty \\[2ex]
\text{b)}\ \ \text{stetiges } s(t),\ \text{unstetiges } \dfrac{ds}{dt} \text{ ergibt } |S(f)| \sim \dfrac{1}{f^2} \quad \text{für } |f| \to \infty \\[2ex]
\text{c)}\ \ \text{stetiges } s(t),\ \dfrac{ds}{dt},\ \text{unstetiges } \dfrac{d^2s}{dt^2} \text{ ergibt } |S(f)| \sim \dfrac{1}{f^3} \quad \text{für } |f| \to \infty .
\end{array}
\right\} \quad (9.36)
$$

Das Zeichen $\sim$ bedeutet "proportional".

Je öfters $s(t)$ stetig differenzierbar ist, d. h. je glatter $s(t)$ ist, desto stärker wird der Abfall des Spektrums $|S(f)|$ bei hohen Frequenzen.

Wird statt des streng bandbegrenzten Spektrums ein nicht streng bandbegrenztes Spektrum wie es Bild 9.5 zeigt periodisch mit $F_p = 2 \cdot f_g$ fortgesetzt, siehe Bild 9.1, dann kommt es wegen der vorhandenen Schwänze zu einer spektralen Überlappung bei $S_p(f)$. Das aus $S_p(f)$ ausgefilterte Teilspektrum

$$\tilde{S}(f) = \begin{cases} S_p(f) & \text{für } |f| \leq f_g \\ 0 & \text{sonst} \end{cases} \tag{9.37}$$

stimmt wegen der für $|f| > f_g$ abgeschnittenen und für $|f| \leq f_g$ hereinragenden Schwanzteile nicht mehr mit dem ursprünglichen Spektrum $S(f)$ überein. Entsprechendes gilt für die zugehörigen Zeitfunktionen.

Wie sogleich gezeigt wird, errechnet sich mit

$$s(t) \; \circ\!\!-\!\!\bullet \; S(f) \;, \quad \tilde{s}(t) \; \circ\!\!-\!\!\bullet \; \tilde{S}(f) \tag{9.38}$$

für den Fehler (sogenannter Aliasing–Fehler) die folgende Ungleichung:

$$\boxed{ \; |e(t)| \; = \; |s(t) - \tilde{s}(t)| \; \leq \; 4 \int\limits_{f_g}^{\infty} |S(f)| \; \mathrm{d}f \; } \quad . \tag{9.39}$$

Mit der Wahl einer genügend hohen Grenzfrequenz f_g kann also erreicht werden, daß das verfälschte Signal $\tilde{s}(t)$ vom ursprünglichen Signal $s(t)$ an jeder beliebig vorgebbaren Stelle t weniger als ein beliebig klein vorgeschriebener Wert ε voneinander abweichen, sofern $s(t)$ stetig ist. Wenn $s(t)$ unstetig ist, dann fällt nach Regel (9.36) der Betrag $|S(f)|$ nur mit $1/f$ ab, was zur Folge hat, daß das Integral (9.39) divergiert.

Es folgt nun die Herleitung des Aliasing–Fehlers (9.39)

Drückt man $s(t)$ und $\tilde{s}(t)$ durch ihre Fourier–Spektren (4.79) aus, dann erhält man wegen (9.37)

$$e(t) = s(t) - \tilde{s}(t) = \int\limits_{-\infty}^{\infty} S(f) \, \mathrm{e}^{\mathrm{j}2\pi ft} \, \mathrm{d}f - \int\limits_{-f_g}^{f_g} \tilde{S}(f) \, \mathrm{e}^{\mathrm{j}2\pi ft} \, \mathrm{d}f$$

$$= \int\limits_{-\infty}^{-f_g} S(f) \, \mathrm{e}^{\mathrm{j}2\pi ft} \, \mathrm{d}f + \int\limits_{+f_g}^{\infty} S(f) \, \mathrm{e}^{\mathrm{j}2\pi ft} \, \mathrm{d}f + \int\limits_{-f_g}^{f_g} [S(f) - \tilde{S}(f)] \, \mathrm{e}^{\mathrm{j}2\pi ft} \, \mathrm{d}f \; . \tag{9.40}$$

Erinnert man sich daran, daß ein Integral der Grenzfall einer Summe ist, dann folgt aus (9.40) mit den für beliebige komplexe a und b geltenden Hilfsformeln

$$|a + b| \leq |a| + |b| \tag{9.41}$$

$$|ab| = |a||b| \tag{9.42}$$

und mit $|b| = |e^{j2\pi ft}| = 1$ der Fehlerbetrag zu

$$|e(t)| \leq \int\limits_{-\infty}^{-f_g} |S(f)|\,df + \int\limits_{f_g}^{\infty} |S(f)|\,df + \int\limits_{-f_g}^{f_g} |S(f) - \tilde{S}(f)|\,df \ . \tag{9.43}$$

Für reelle $s(t)$ folgt mit (4.87b) weiter

$$|e(t)| \leq 2\int\limits_{f_g}^{\infty} |S(f)|\,df + \int\limits_{-f_g}^{f_g} |S(f) - \tilde{S}(f)|\,df \ . \tag{9.44}$$

Wegen der Integralgrenzen bei $\pm f_g$ kann $\tilde{S}(f)$ durch das mit der Periode $2f_g$ periodisch fortgesetzte Spektrum

$$S_p = \sum_{k=-\infty}^{+\infty} S(f - k2f_g) \tag{9.45}$$

ersetzt werden. Das liefert für das zweite Integral in (9.44)

$$\int\limits_{-f_g}^{f_g} |S(f) - \tilde{S}(f)|\,df = \int\limits_{-\infty}^{+\infty} \left| \sum_{\substack{k=-\infty \\ k \neq 0}}^{+\infty} S(f - k2f_g) \right| df \leq \sum_{\substack{k=-\infty \\ k \neq 0}}^{+\infty} \int\limits_{-\infty}^{+\infty} |S(f - k2f_g)|\,df \ . \tag{9.46}$$

Der letzte Ausdruck ergibt sich dadurch, daß man zunächst unter Anwendung von (9.41) die Betragbildung unter der Summe vornimmt und anschließend die Reihenfolge von Summation und Integration vertauscht.

Mit der Substitution

$$f - k2f_g = u \quad ; \quad df = du \tag{9.47}$$

erhält man

$$\int\limits_{-f_g}^{f_g} |S(f) - \tilde{S}(f)|\,df \leq \sum_{\substack{k=-\infty \\ k \neq 0}}^{+\infty} \int\limits_{u=(-1-2k)f_g}^{(1-2k)f_g} |S(u)|\,du \ . \tag{9.48}$$

Mit der neuen Substitution $u = f$; $du = df$ erhält man daraus für z. B. für

$$k = 1: \quad \int\limits_{-3f_g}^{-f_g} |S(f)|\,df \quad ; \quad k = 3: \quad \int\limits_{-5f_g}^{-3f_g} |S(f)|\,df \quad ,$$

also insgesamt

$$\int\limits_{-f_g}^{f_g} |S(f) - \tilde{S}(f)|\,df \;\leq\; 2\int\limits_{f_g}^{\infty} |S(f)|\,df \quad . \tag{9.49}$$

Durch Einsetzen von (9.49) in (9.44) folgt die zu beweisende Beziehung (9.39).

9.5 Physikalisch technische Signalabtastung

Im Unterschied zur mathematischen Abtastung, die ein zeitkontinuierliches Signal in ein zeitdiskretes Signal ohne Fläche, vergl. Bild 2.1, überführt, liefert die physikalisch technische Abtastung ein Signal mit Fläche, siehe Bild 9.6. In der Praxis erfolgt die physikalisch technische Abtastung mit einem (elektronischen) Schalter, mit dem das abzutastende Signal $s(t)$ in periodischen Zeitabständen T_A für die Dauer aT_A kurzzeitig durchgeschaltet wird. $a < 1$ bezeichnet man als Tastverhältnis.

Die Abtastung entspricht der Multiplikation des Signals $s(t)$ mit der Abtastfunktion $A(t)$. Das abgetastete Signal

$$s_A(t) \;=\; s(t) \cdot A(t) \tag{9.50}$$

ist ein Energie– oder Leistungssignal, je nachdem, ob $s(t)$ ein Energie– oder Leistungssignal ist.

Zunächst sei die Fourier–Reihe für die Abtastfunktion $A(t)$ aufgestellt.

Mit

$$T_A \;=\; T_p \;=\; \frac{1}{f_0} \;=\; \frac{1}{f_A} \tag{9.51}$$

lautet die Fourier–Reihe, vergl. (4.62),

$$A(t) \;=\; \sum_{k=-\infty}^{+\infty} c_k e^{+j2\pi k f_0 t} \;=\; \sum_{k=-\infty}^{+\infty} c_k e^{+j2\pi k f_A t} \quad . \tag{9.52}$$

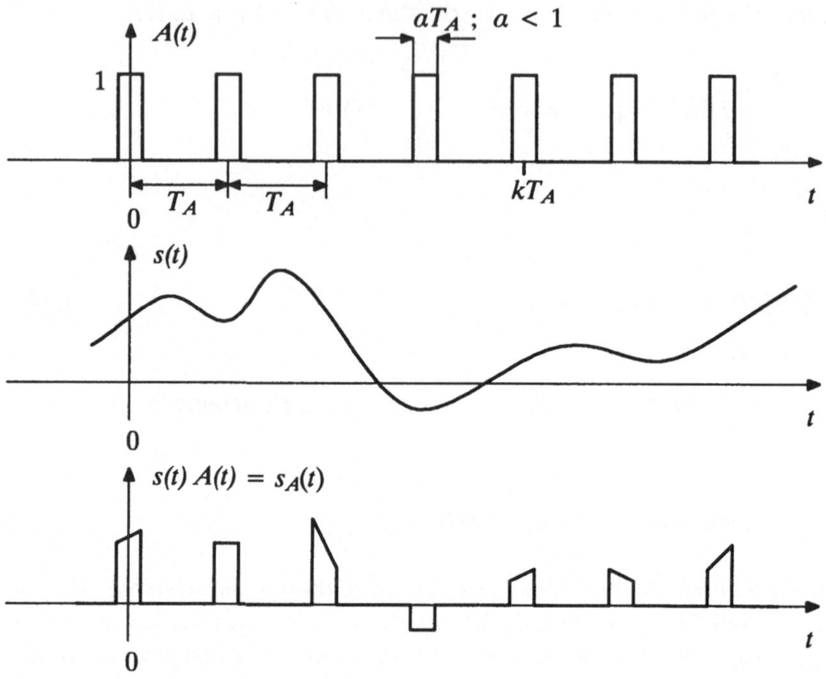

Bild 9.6   Physikalisch technische Abtastung

Die zugehörigen Fourier–Koeffizienten c_k berechnen sich nach (4.62) mit (9.51) zu

$$c_k = \frac{1}{T_p} \int\limits_{-T_p/2}^{T_p/2} A(t) e^{-j2\pi f_0 t}\, dt = \frac{1}{T_A} \int\limits_{-aT_A/2}^{aT_A/2} e^{-j2\pi f_A t}\, dt$$

$$= \frac{2}{T_A} \int\limits_{0}^{aT_A/2} \cos 2\pi k f_A t\, dt = \frac{2}{2\pi k f_A T_A} \sin 2\pi k f_A a T_A/2$$

$$= a \frac{\sin k a \pi}{k a \pi} \qquad\qquad k = \pm 1,\ \pm 2,\ \dots \qquad\qquad . \qquad\qquad (9.53)$$

Mit der Regel von Bernoulli L' Hospital errechnet sich speziell für $k = 0$

$$c_0 = a . \qquad\qquad (9.54)$$

Nun sei angenommen, daß das abzutastende Signal $s(t)$ ein bandbegrenztes Fourier-Spektrum (4.79) besitzt, vergl. Bild 9.7a.

$$S(f) = \int\limits_{-\infty}^{+\infty} s(t)\ e^{-j2\pi ft}\ dt = 0 \quad \text{für} \quad |f| \le f_g \; . \tag{9.55}$$

Das abgetastete Signal $s_A(t)$ hat dann mit (9.50) das Fourier–Spektrum

$$S_A(f) = \int\limits_{-\infty}^{+\infty} s(t) \sum_k c_k\ e^{+j2\pi f k_A t}\ e^{-j2\pi ft}\ dt = \sum_k c_k \int\limits_{-\infty}^{+\infty} s(t)\ e^{-j2\pi(f-kf_A)t}\ dt$$

$$= \sum_{k=-\infty}^{+\infty} c_k\ S(f-kf_A)\ , \quad k = \pm 1,\ \pm 2,\ \dots\ , \tag{9.56}$$

welches in Bild 9.7b dargestellt ist.

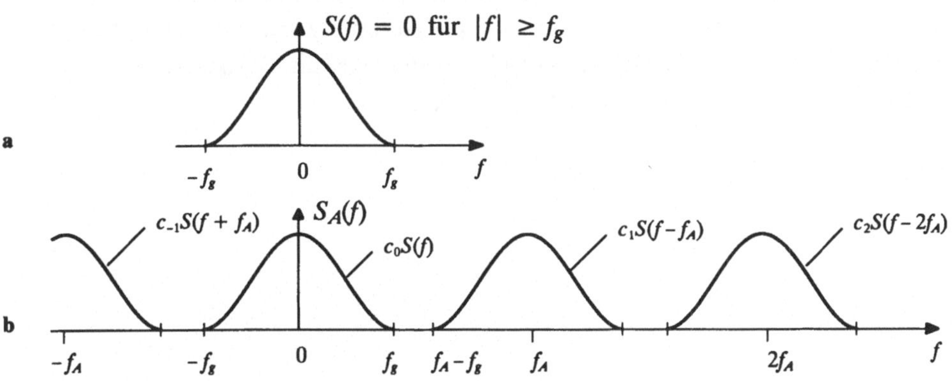

Bild 9.7   **a** Spektrum des abzutastenden Signals $s(t)$

b Spektrum des abgetasteten Signals $s_A(t)$

Die verschobenen und mit c_k gewichteten Teilspektren $S(f-kf_A)$ überlappen sich nicht, wenn $f_A \ge 2f_g$. Mit (9.51) heißt das, wenn

$$T_A = \frac{1}{f_A} \le \frac{1}{2f_g}\ , \tag{9.57}$$

also das Abtasttheorem (9.10) erfüllt ist. In diesem Fall läßt sich das Spektrum $c_0\,S(f)$ aus dem Spektrum $S_A(f)$ mit einem Tiefpaßfilter (TP) herausfiltern. Das Tiefpaßfilter soll im Bereich $|f| \le f_A/2$ alle Spektralanteile ungedämpft durchlassen und im Bereich $|f| > f_A/2$ alle Spektralanteile sperren, siehe Bild 9.8.

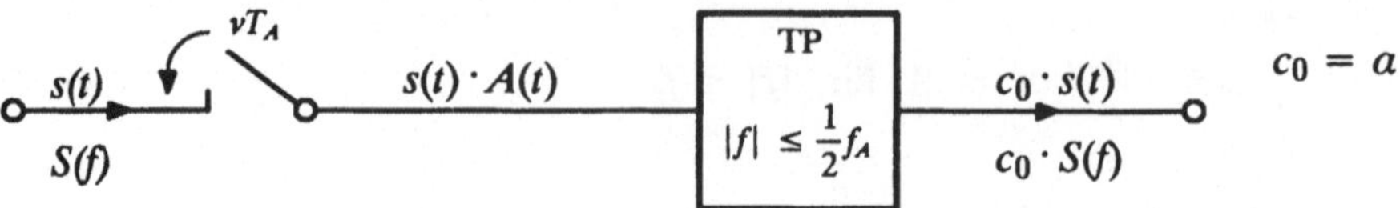

Bild 9.8   Abtastung des Signals $s(t)$ und seine Wiedergewinnung aus den Abtastwerten mittels Tiefpaß

Wenn das Tastverhältnis a sehr klein ist, dann hat wegen (9.54) auch das wiedergewonnene Signal am Tiefpaßausgang eine entsprechend kleine Amplitude.

Für $f_A = F_p$ würde Bild 9.7 mit Bild 9.1 übereinstimmen, wenn $c_k = 1$ für alle k wäre. Mathematisch ist das der Fall dann, wenn $s(t)$ mit einer Folge von Dirac–Impulsen im Abstand T_A abgetastet wird, was physikalisch technisch nicht durchführbar ist. Wie Bild 9.8 zeigt, ist für die Wiedergewinnung wegen des nachfolgenden Tiefpasses nur der Fourier-Koeffizient c_0 von Interesse. Deshalb kann die Abtastung statt mit der Abtastfunktion $A(t)$ in Bild (9.6) mit jeder periodischen Funktion durchgeführt werden, sofern deren Fourier–Reihe einen Fourier–Koeffizient $c_0 \neq 0$ hat.

10 Eigenschaften und Sätze der Fourier-Transformationen

Die Ausführungen in den vorhergehenden Kapiteln haben gezeigt, daß die Fourier-Transformation eine herausragende Bedeutung für die Theorie der Signalübertragung besitzt. In diesem Kapitel werden die bereits erläuterten Zusammenhänge bei den Transformationen noch einmal zusammengestellt und durch weitere Darlegungen wesentlich ergänzt und vertieft.

10.1 Vergleichende Zusammenstellung der Fourier-Transformationen

In den vorangegangenen Kapiteln sind drei Arten von Fourier-Transformationen eingeführt und angewendet worden, nämlich

- a) die Fourier–Reihen–Darstellung
- b) die kontinuierliche Fourier–Transformation
- c) die diskrete Fourier–Transformation.

Nachfolgend werden die Beziehungen dieser Transformationen unter Verwendung der neutralen Variablen x und y bzw. n und k in vergleichbarer Form zusammengestellt. In den meisten Fällen bedeuten x und n die Zeit und y und k die Frequenz.

a) *Fourier–Reihe*

Die Fourier-Reihen-Darstellung, die man als hybride Fourier-Transformation bezeichnen kann, ordnet einer im Intervall $-X_p/2 \leq x \leq X_p/2$ vorgegebenen Originalfunktion $f(x)$ der kontinuierlichen Variablen x eine Bildfunktion oder Bild–Folge $\{c(k)\}$ der diskreten Variablen k zu

$$f(x) \quad \circ\!\!-\!\!\bullet \quad \{c(k)\} \tag{10.1}$$

mit

$$c(k) = c_k = \frac{1}{X_p} \int\limits_{-X_p/2}^{X_p/2} f(x)\mathrm{e}^{-jk2\pi x/X_p}\,\mathrm{d}x \quad , \quad k = 0, \pm 1, \pm 2, \cdots . \tag{10.2}$$

Umgekehrt ergibt sich aus den Folgegliedern c_k die periodische Fourier–Reihe

$$\tilde{f}(x) = \tilde{f}(x + X_p) = \sum_{k=-\infty}^{k=+\infty} c_k\mathrm{e}^{jk2\pi x/X_p} \approx f(x) \quad \text{für} \quad |x| \le \frac{1}{2}X_p \quad , \tag{10.3}$$

die im Intervall $-X_p/2 \le x \le X_p/2$ die Originalfunktion $f(x)$ mit verschwindendem Fehler approximiert, vgl. (4.61).

Die Fourier–Reihe ist aufstellbar, wenn die folgenden hinreichenden drei Bedingungen erfüllt sind:

1.   Die Originalfunktion ist

begrenzt, d.h. $\quad f(x) = 0 \quad$ für $\quad |x| > \dfrac{1}{2}X_p$

oder

periodisch, d.h. $\quad f(x) = f(x + X_p) \quad .$ \hfill (10.4)

2.   Die Originalfunktion besitzt im Intervall $|x| \le X_p/2$ höchstens endlich viele Unstetigkeiten und nur endlich viele Maxima und Minima.

3.   Die Originalfunktion erfüllt die Ungleichung

$$0 \le \int\limits_{-X_p/2}^{X_p/2} |f(x)|^2\,\mathrm{d}x < \infty. \tag{10.5}$$

b) *Kontinuierliche Fourier–Transformation*

Die kontinuierliche Fourier–Transformation ordnet einer im Intervall $-\infty < x < +\infty$ vorgegebenen Originalfunktion $f(x)$ der kontinuierlichen Variablen x eine Bildfunktion $F(y)$ der kontinuierlichen Variablen y zu

$$f(x) \quad \circ\!\!-\!\!\bullet \quad F(y) \tag{10.6}$$

mit

$$F(y) = \int\limits_{-\infty}^{+\infty} f(x)\mathrm{e}^{-\mathrm{j}2\pi yx}\,\mathrm{d}x \quad . \tag{10.7}$$

Umgekehrt ergibt sich aus $F(y)$

$$\tilde{f}(x) = \int\limits_{-\infty}^{+\infty} F(y)\mathrm{e}^{+\mathrm{j}2\pi yx}\,\mathrm{d}y \;\approx\; f(x) \quad , \tag{10.8}$$

welche im Normalfall mit der Originalfunktion $f(x)$ bis auf einen Fehler der Fläche null übereinstimmt. Es kann aber auch passieren, daß mit der mittels (10.7) berechneten Bildfunktion $F(y)$ das Rückintegral (10.8) gar nicht konvergiert. Auf solche Fragen der umkehrbaren Eindeutigkeit der Abbildungen wird im nächsten Abschnitt 10.2 eingegangen.

Das uneigentliche Fourier–Integral (10.7) konvergiert, wenn $f(x)$ entweder quadratintegrabel ist, d. h. wenn

$$\int\limits_{-\infty}^{+\infty} |f(x)|^2\,\mathrm{d}x < \infty \tag{10.9a}$$

oder wenn $f(x)$ absolut integrabel ist, d. h. wenn

$$\int\limits_{-\infty}^{+\infty} |f(x)|\,\mathrm{d}x < \infty \quad . \tag{10.9b}$$

Für eine vorgegebene Funktion $f(x)$ gibt es bezüglich (10.9) vier Möglichkeiten: Sie erfüllt entweder keine oder beide Bedingungen, oder sie erfüllt (10.9a) und nicht (10.9b), oder sie erfüllt (10.9b) und nicht (10.9a). Es läßt sich beweisen, daß, wenn $f(x)$ die Ungleichung (10.9a) erfüllt, auch $F(y)$ stets der folgenden Ungleichung (10.10a) genügt [26]:

$$\int\limits_{-\infty}^{+\infty} |F(y)|^2\,\mathrm{d}y < \infty \quad . \tag{10.10a}$$

Erfüllt $f(x)$ die Bedingung (10.9b), dann erfüllt $F(y)$ nicht notwendigerweise auch die Bedingung

$$\int\limits_{-\infty}^{+\infty} |F(y)|\,\mathrm{d}y < \infty \quad . \tag{10.10b}$$

c) *Diskrete Fourier-Transformation* (DFT)

Die diskrete Fourier-Transformation ordnet einer Original-Folge $\{f(n)\}$ der Länge N–1 eine Bild-Folge $\{F(k)\}$ der Länge N–1 umkehrbar eindeutig zu.

$$\{f(n)\}_0^{N-1} \quad \circ\!\!-\!\!\bullet \quad \{F(k)\}_0^{N-1} \quad . \tag{10.11}$$

Derartige Folgen endlicher Länge werden auch als N-Tupel bezeichnet. Ausgehend von den Gliedern $f(n)$ berechnen sich die Glieder $F(k)$ zu

$$F(k) = \sum_{n=0}^{N-1} f(n)\, e^{-j2\pi kn/N} \quad ; \quad k = 0, 1, 2, \dots, N-1 \quad . \tag{10.12}$$

Eine Auswertung von (10.12) für $k < 0$ und $k \geq N$ liefert eine periodische Fortsetzung

$$F(k + N) = F(k) \quad . \tag{10.13}$$

Umgekehrt ergeben sich aus den Gliedern $F(k)$ wieder exakt die Glieder $f(n)$ der Original-Folge

$$f(n) = \frac{1}{N} \sum_{k=0}^{N-1} F(k)\, e^{+j2\pi kn/N} \quad ; \quad n = 0, 1, 2, \dots, N-1 \quad . \tag{10.14}$$

Die Auswertung von (10.14) für $n < 0$ und $n \geq N$ liefert ebenfalls eine periodische Fortsetzung

$$f(n + N) = f(n) \quad . \tag{10.15}$$

Bei Summen aus endlich vielen Gliedern gibt es normalerweise kein Konvergenzproblem. Soweit die Zusammenstellung.

Die kontinuierliche Fourier-Transformation ist in Abschnitt 4.4 aus der Fourier-Reihe hergeleitet worden. Die diskrete Fourier-Transformation ist in Abschnitt 7.3 als eigenständige Transformation eingeführt worden. Die Theorie der kontinuierlichen Fourier-Transformation ist komplizierter als die der diskreten Fourier-Transformation, weil bei der kontinuierlichen Theorie Stetigkeit und Differenzierbarkeit von Funktionen eine Rolle spielen und Integrale auszurechnen sind, während bei der diskreten Theorie nur Summen von Produkten zu handhaben sind. Dennoch gibt es viele Gemeinsamkeiten und Parallelen bei der kontinuierlichen und der diskreten Fourier-Transformation. Die Fourier-Reihe ist ein Mittelding zwischen der kontinuierlichen und der diskreten Fourier-Transformation. Sie wird deshalb auch als *hybride* Fourier-Transformation bezeichnet. Sie bildet die Brücke zwischen der zeitkontinuierlichen und der zeitdiskreten Signaltheorie.

10.2 Zur umkehrbaren Eindeutigkeit der Abbildungen

In diesem und in den folgenden Abschnitten werden statt der allgemeinen Funktionen $f(x)$ bzw. $\{f(n)\}$ wieder zeitkontinuierliche bzw. zeitdiskrete Signale $s(t)$ bzw. $\{s(n)\}$ betrachtet.

Dementsprechend werden statt der allgemeinen Bild–Funktionen $F(y)$ bzw. $\{F(k)\}$ die frequenzkontinuierlichen bzw. frequenzdiskreten Spektren $S(f)$ bzw. $\{S(n)\}$ diskutiert.

In Abschnitt 4.4 wurde im Zusammenhang mit den Beziehungen (4.78) bis (4.80) gesagt, daß man in der Mathematik unter einer Transformation eine umkehrbar eindeutige Abbildung versteht. Danach sollte folgendes gelten: Gewinnt man aus einer Zeitfunktion $s(t)$ mit der kontinuierlichen Fourier–Transformation das Spektrum $S(f)$, dann müßte sich aus diesem Spektrum $S(f)$ durch Fourier–Rücktransformation wieder die ursprüngliche Zeitfunktion $s(t)$ ergeben. Entsprechendes müßte gelten für die periodische Zeitfunktion und das Linienspektrum bei der Fourier–Reihe und für die zeitdiskrete Funktion und das zeitdiskrete Spektrum bei der Diskreten Fourier–Transformation.

Ohne Ausnahme wird diese Umkehrbarkeit lediglich bei der Diskreten Fourier–Transformation erfüllt. Bei der Fourier–Reihe stimmt die von den Fourier–Koeffizienten abhängige Funktion $\bar{s}(t)$ bis auf eine Fehlerfunktion verschwindender Fläche mit der ursprünglichen Funktion $s(t)$, aus welcher die Fourier–Koeffizienten berechnet wurden, überein, vergl. Abschnitt 4.3. Solche Unterschiede spielen für die Signalübertragung aber keine Rolle, siehe Abschnitt 3.3, Aussage d. Bei der Kontinuierlichen Fourier–Transformation kann es aber, wie im Anschluß an (10.8) bereits erwähnt, zu erheblichen Problemen kommen. Deswegen werden die nachfolgenden Betrachtungen sich auf die Kontinuierliche Fourier–Transformation (KFT) konzentrieren. Die bei ihr gelegentlich auftretenden Unstimmigkeiten spielen entweder keine Rolle oder werden durch Erweiterungen der Theorie behoben.

Als Beispiel werden die verschiedenen Rechteckimpulse in Bild 10.1 betrachtet. Sie unterscheiden sich lediglich in Funktionswerten an endlich vielen Stellen. Diese Unterschiede entsprechen Differenzsignalen

$$\Delta s(t) = s(t) - \bar{s}(t) \quad \text{bzw.} \quad \Delta s(t) = s(t) - \bar{\bar{s}}(t) \tag{10.16}$$

ohne Fläche und ohne Energie. Nach Abschnitt 3.3, Aussage d, spielen solche Unterschiede keine Rolle bei der Übertragung dieser Impulse über ein dynamisches zeitinvariantes Übertragungssystem.

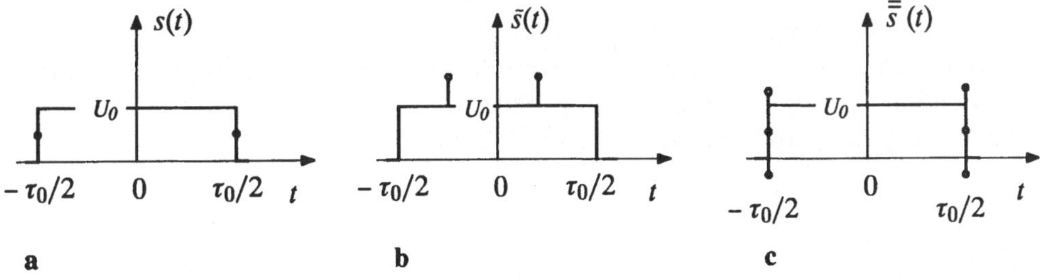

Bild 10.1   Rechteckimpulse, die sich durch ein Differenzsignal ohne Fläche und ohne Energie unterscheiden. Es handelt sich im Sinne der Fourier–Transformation um gleiche Signale

Alle Rechteckimpulse in Bild 10.1 erfüllen sowohl die Ungleichung (10.9a) als auch die Ungleichung (10.9b), sind also garantiert Fourier–transformierbar.

Die verschwindende Differenzfläche der Rechteckimpulse in Bild 10.1 hat aber auch zur Folge, daß alle Rechteckimpulse dasselbe Fourier–Spektrum besitzen, nämlich

$$S(f) = U_0 \tau_0 \frac{\sin \pi f \tau_0}{\pi f \tau_0} \quad , \tag{10.17}$$

siehe hierzu (4.95) in Abschnitt 4.5.

Bemerkenswert ist, daß (10.17) zwar die Ungleichung (10.10a) erfüllt, nicht aber die Ungleichung (10.10b). Wegen (10.10a) soll das in (10.17) gegebene Spektrum $S(f)$ wieder rücktransformierbar sein. Der Versuch zeigt jedoch bald, daß das mit der Beziehung (4.78) oder (10.8) nicht ohne weiteres geht.

Ein erstes Problem, das von vorherein zu erwarten ist, sind die Unstetigkeitsstellen der ursprünglichen Rechteckimpulse an den Stellen $\pm \tau_0/2$. Abgesehen von der verborgenen Stelle bei $f = 0$ ist $S(f)$ nach (10.17) überall stetig, womit auch der Integrand der Rücktransformationsformel (4.78) bezüglich f stetig ist. Da der Integrand auch bezüglich t stetig ist, ist es nur schwer verständlich, wieso die Rücktransformation wieder eine Unstetigkeit bei $t = \pm \tau_0/2$ liefern soll.

Ein zweites Problem bilden die in Bild 10.1 gezeigten Unterschiede bei den einzelnen Rechteckimpulsen. Für solche Unterschiede ohne Fläche gibt es unendlich viele Möglichkeiten, ohne daß das einen Einfluß auf das Spektrum hat. Wenn nun im Prinzip unendlich viele verschiedene Zeitfunktionen dasselbe Spektrum $S(f)$ liefern, dann erhebt sich die Frage, ob die Rücktransformation eindeutig ist und wenn ja, welche der verschiedenen Zeitfunktionen sich durch Rücktransformation von $S(f)$ ergibt, oder ob überhaupt eine der $S(f)$ liefernden Zeitfunktionen herauskommt.

Die bisher betrachteten KFT–Transformationsformeln (4.78), (4.79) bzw. (10.7), (10.8) liefern nach Hin– und anschließender Rücktransformation die ursprünglichen Werte problemlos lediglich dann, wenn die ursprüngliche Funktion keine Unstetigkeitsstellen hat, also überall glatt ist.

Die beiden oben angesprochenen Probleme haben beide mit Unstetigkeitsstellen zu tun. Zur Klärung der Situation ist die Theorie wie folgt erweitert worden: Sofern die ursprüngliche Zeitfunktion $s(t)$, aus welcher $S(f)$ gebildet wurde, die Ungleichung (10.9b) erfüllt, gilt nach [11], [25], [26] an jeder Stelle beschränkter Variation

$$\lim_{a \to \infty} \int_{-a}^{a} S(f) \, e^{j2\pi f t} \, df = \frac{s(t+0) + s(t-0)}{2} \quad . \tag{10.18}$$

Der auf der linken Seite stehende Ausdruck stellt eine Erweiterung von (4.78) bzw. (10.8) dar, weil die untere und obere Integrationsgrenze in gleicher Weise nach unendlich gehen

müssen, während in (4.78) die untere und obere Integrationsgrenze unabhängig voneinander nach unendlich gehen dürfen. Man bezeichnet den Ausdruck auf der linken Seite
von (10.18) als Cauchy–Hauptwert. Wenn das Integral (4.78) existiert, dann liefert die linke Seite von (10.18) stets denselben Wert wie das Integral (4.78). Es gibt aber auch Fälle,
bei denen (4.78) nicht existiert, wohl aber der Cauchy–Hauptwert (10.18).

Die rechte Seite von (10.18) ergibt den Wert $s(t)$ überall dort, wo $s(t)$ stetig ist. Wo $s(t)$ eine
Unstetigkeitsstelle hat, liefert (10.18) den arithmetischen Mittelwert zwischen Sprungun-
tergrenze und Sprungobergrenze. Ein Beispiel hierzu zeigt Bild 10.1a. die Zeitfunktion
$s(t)$ ist in einem endlichen Zeitintervall von beschränkter Variation, wenn sie in diesem
Intervall höchstens endlich viele Sprünge endlicher Höhe besitzt. Der Dirac–Impuls ist
nicht von beschränkter Variation.

Die Rücktransformation des Spektrums (10.17) ist z.B. in [11] in allen Details unter Verwendung von (10.18) durchgeführt. Sie liefert neben dem Mittelwert an den Sprungstellen
bei $t = \pm\ \tau_0/2$, siehe Bild 10.1a, noch zusätzlich ein Überschwingen der Fläche null unmittelbar neben den Sprungstellen, siehe Bild 10.1c. Auf der positiven Zeitachse ist der
Überschwinger positiv bei $\tau_0/2 + 0$ und negativ bei $\tau_0/2 - 0$. Im übrigen ist das Resultat
eine gerade Funktion. Dieses Überschwingen ist als *Gibbsches Phänomen* bekannt und
tritt stets im Zusammenhang mit Unstetigkeitsstellen auf [11], [16], [25].

Anlaß für eine zweite zusätzliche Erweiterung der Theorie der Fourier–Integrale liefert
die Transformation des Dirac–Impulses. Der Dirac–Impuls $\delta(t)$ erfüllt zwar die Bedingung (10.9b) und ist damit auch Fourier–transformierbar. Man erhält

$$S(f) = \int\limits_{-\infty}^{+\infty} \delta(t)\ e^{-j2\pi ft}\ dt = \int\limits_{0^-}^{0^+} \delta(t)\ e^{-j0}\ dt = 1 \qquad \forall f . \tag{10.19}$$

Umgekehrt verletzt das Spektrum $S(f) \equiv 1$ beide Ungleichungen (10.10a) und (10.10b),
womit eine Rücktransformation nicht ohne weiteres möglich ist.

Ein erster Ausweg [19] besteht in der Verwendung einer Konvergenz–erzwingenden
Hilfsfunktion $e^{-a|f|}$, in welcher a ein nichtnegativer Faktor ist. (Für $a = 0$ ist
$e^{-a|f|} = 1$). Statt $S(f)$ wird nun das Produkt $S(f) \cdot e^{-a|f|}$ rücktransformiert. Das liefert
für $S(f) \equiv 1$ und $a > 0$

$$\int\limits_{-\infty}^{+\infty} S(f)\ e^{-a|f|}\ e^{+j2\pi ft}\ df = \ldots = \frac{2a}{a^2 + 4\pi^2 t^2} = s_a(t)\big|_{a \to 0} = \delta(t) . \tag{10.20}$$

Das Ergebnis $s_a(t)$ ist ein glockenförmiger Impuls (sog. Lorentz–Impuls), dessen Maximum bei $t = 0$ liegt und die Höhe $2/a$ besitzt. Die Impulsfläche hat unabhängig von
a den Wert 1. Für $a \to 0$ ergibt sich wieder der Dirac–Impuls $\delta(t)$.

Ein zweiter Ausweg, der ohne Konvergenz–erzwingende Hilfsfunktion auskommt, liegt in der Erweiterung der Theorie der Integration von Funktionen zur sogenannten *Distributionstheorie* [14], [16], [25], [26]. Mit Hilfe der Distributionstheorie läßt sich zeigen, daß die Fourier–Rücktransformation des Dirac–Impuls–Spektrums $S(f) \equiv 1$ wieder den Dirac–Impuls $\delta(t)$ liefert:

$$\int_{-\infty}^{+\infty} S(f)\, e^{+j2\pi ft}\, df \, \Bigg|_{S(f)\,\equiv\,1} \quad \longrightarrow \quad \boxed{\int_{-\infty}^{+\infty} e^{+j2\pi ft}\, df \; = \; \delta(t)} \; . \tag{10.21}$$

Es wird nun versucht, das Ergebnis (10.21) plausibel zu machen. Dazu sei zunächst daran erinnert, daß über das bestimmte Riemann–Integral einer (integrierbaren) Funktion ein Zahlenwert zugeordnet wird. Durch eine Distribution wird einer Funktion ebenfalls ein Zahlenwert zugeordnet, jedoch über eine verallgemeinerte Interpretation eines Integralausdrucks. Die Riemann–Integralbildung in (10.21) liefert für $t = 0$ einen zugeordneten Wert, der größer ist als jeder endliche Wert. Dasselbe gilt auch beim Dirac–Impuls $\delta(t)$ für $t = 0$. Für $t \neq 0$ liefert der Cauchy–Hauptwert von (10.21) hingegen

$$\lim_{F\to\infty} \int_{-F}^{+F} e^{+j2\pi ft}\, df \; = \; \lim_{F\to\infty} \int_{-F}^{+F} \cos(2\pi ft)\, df \, . \tag{10.22}$$

Abhängig von F bewegt sich für ein beliebiges, aber festes $t \neq 0$ der Wert des Integrals zwischen einer positiven und einer negativen Schranke, die gleich der Fläche unter einer Sinushalbwelle ist. Das Riemann–Integral erlaubt für $F \to \infty$ keine eindeutige Bestimmung eines zugeordneten Werts. Diese Unsicherheit wird durch die allgemeinere Distributionstheorie überwunden. Mit ihr ergibt sich für $t \neq 0$ der zugeordnete Wert Null, also das Ergebnis (10.21). In diesem Zusammenhang sei erwähnt, daß die komplexe Exponentialschwingung $e^{j2\pi ft}$ bei $t = \infty$ nicht erklärt ist. Die Funktion e^z, $z = $ komplex (siehe Anhang 1), hat dort eine wesentliche Singularität.

In Kapitel 4 sind die Formeln der Fourier–Transformation (4.78) und (4.79) durch einen Grenzübergang aus den Formeln für die Fourier–Reihe hergeleitet worden. Mit (10.21) läßt sich jetzt ohne Rückgriff auf die Fourier–Reihe zeigen, daß (4.79) die inverse Transformationsformel zu (4.78) darstellt und umgekehrt. Setzt man nämlich (4.79) in (4.78) ein, wobei man in (4.79) die Integrationsvariable zweckmäßiger in τ umbenennt, dann erhält man

$$s(t) \; = \; \int_{-\infty}^{+\infty} S(f)\, e^{+j2\pi ft}\, df \; = \; \int_{f=-\infty}^{+\infty} \int_{\tau=-\infty}^{+\infty} s(\tau)\, e^{-j2\pi f\tau}\, d\tau \; e^{+j2\pi ft}\, df \; .$$

Durch Vertauschung der Integrationsreihenfolge erhält man daraus mit (10.21)

$$s(t) = \int\limits_{\tau=-\infty}^{+\infty} s(\tau) \int\limits_{f=-\infty}^{+\infty} e^{+j2\pi f(t-\tau)}\, df\, d\tau = \int\limits_{\tau=-\infty}^{+\infty} s(\tau)\, \delta(t-\tau)\, d\tau$$

$$= s(t) \int\limits_{-\infty}^{+\infty} \delta(t-\tau)\, d\tau = s(t)\ . \tag{10.23}$$

Damit ist gezeigt, daß (4.79) die zu (4.78) inverse Transformationsformel ist, wenn (10.21) zutrifft. Das Resultat (10.23) unterstreicht die zentrale Bedeutung von (10.21).

Das entsprechende Ergebnis folgt für $S(f)$ durch Einsetzen von (4.78) in (4.79) bei vertauschten Rollen von f und t in (10.21). Alle nachfolgenden durch $\circ\!\!-\!\!\bullet$ ausgedrückten Korrespondenzen gelten deshalb für beide Transformationsrichtungen, auch wenn das nicht immer explizit gesagt wird.

10.3 Symmetrien und einige Sätze

Eine folgenreiche Eigenschaft der Fourier–Transformation ist die Symmetrie zwischen Zeitbereich und Frequenzbereich . Ersetzt man im Fourier–Integral die Frequenz f durch die negative Frequenz $-f$, dann erhält man für Hin– und Rücktransformation formal gleiche Integrale:

$$S(-f) = \int\limits_{-\infty}^{+\infty} s(t) e^{+j2\pi ft}\, dt \qquad \text{und} \qquad s(t) = \int\limits_{-\infty}^{+\infty} S(f) e^{+j2\pi ft}\, df\ . \tag{10.24}$$

Diese Symmetrie ist der Grund für die Gleichartigkeit vieler Sätze, die sich mal auf die Zeitfunktion $s(t)$ und mal auf die Spektralfunktion $S(f)$ beziehen.

Eine entsprechende Symmetrie gibt es auch bei der DFT, wenn man vom Faktor $1/N$ absieht:

$$S(-k) = \sum_{n=0}^{N-1} s(n) e^{+j2\pi kn/N} \qquad \text{und} \qquad s(n) = \frac{1}{N} \sum_{k=0}^{N-1} S(k) e^{+j2\pi kn/N}\ . \tag{10.25}$$

Beschreibt man bei der Fourier–Reihe das Integral für die Fourier–Koeffizienten durch eine approximierende Summe, dann findet man auch dort eine solche Symmetrie.

Nun zu einigen allgemeinen Sätzen.

10.3.1 Verschiebungssätze

Eine häufig auftretende Operation ist die zeitliche Verschiebung von Signalen (d. h. Zeitfunktionen) um eine feste Zeitspanne t_0. Die Zeitverschiebungssätze beschreiben deren Auswirkung auf die zugehörigen Spektren.

Von gleichem Interesse ist die Verschiebung von Spektren um eine feste Frequenz f_0. Die Modulationssätze beschreiben deren Auswirkung auf die zugehörigen Zeitfunktionen.

a. *Verschiebungen bei der kontinuierlicher Fourier-Transformation*

Der Zeitverschiebungssatz lautet

$$\text{Wenn} \qquad s(t) \;\circ\!\!-\!\!\bullet\; S(f) = |S(f)|\,e^{\,j\varphi(f)}$$

$$\text{dann} \qquad s(t-t_0) \;\circ\!\!-\!\!\bullet\; S(f)\,e^{-j2\pi f t_0} = |S(f)|\,e^{\,j[\varphi(f)-2\pi f t_0]} \ . \tag{10.26}$$

Die Verschiebung der Zeitfunktion hat also keinen Einfluß auf das Betragsspektrum $|S(f)|$. Sie verändert lediglich das Phasenspektrum $\varphi(f)$ in $\varphi(f) - 2\pi f t_0$.

Zum Beweis wird das Fourier-Rückintegral in (10.24) für den Zeitparameter $t-t_0$ betrachtet.

$$s(t - t_0) = \int\limits_{-\infty}^{+\infty} S(f)\,e^{\,j2\pi f(t-t_0)}\,df = \int\limits_{-\infty}^{+\infty} \underbrace{S(f)\,e^{-j2\pi f t_0}}\cdot e^{\,j2\pi f t}\,df \ . \tag{10.27}$$

Der unterklammerte Ausdruck muß das Fourier-Spektrum der verschobenen Zeitfunktion $s(t-t_0)$ sein, weil die Fourier-Transformation umkehrbar ist.

Der Frequenzverschiebungssatz (Modulationssatz) lautet:

$$\text{Wenn} \qquad S(f) \;\bullet\!\!-\!\!\circ\; s(t)$$

$$\text{dann} \qquad S(f-f_0) \;\bullet\!\!-\!\!\circ\; s(t)\,e^{+j2\pi f_0 t} \ . \tag{10.28}$$

Der Beweis läßt sich in gleicher Weise wie beim Zeitverschiebungssatz führen. Während bei der Zeitverschiebung das Spektrum $S(f)$ mit $e^{-j2\pi f t_0}$ zu multiplizieren ist, ist bei der Frequenzverschiebung die Zeitfunktion $s(t)$ mit $e^{\,j2\pi f_0 t}$ zu multiplizieren. Die bis auf das unterschiedliche Vorzeichen im Exponenten gleichartige Multiplikation ist eine Folge der Symmetrie (10.24).

b. *Verschiebung bei der diskreten Fourier-Transformation*

Der Verschiebungssatz für die zyklische Zeitverschiebung lautet:

$$\text{Wenn} \qquad \{s(n)\}_0^{N-1} \;\circ\!\!-\!\!\bullet\; \{S(k)\}_0^{N-1} = \{|S(k)|\,e^{\,j\varphi(k)}\}_0^{N-1} \ ,$$

$$\text{dann} \qquad \{s(n-i)\}_0^{N-1} \;\circ\!\!-\!\!\bullet\; \{S(k)\,e^{-j2\pi k i/N}\}_0^{N-1} \ . \tag{10.29}$$

Mit zyklischer Zeitverschiebung ist gemeint, daß die Glieder, die über die obere Folgenbegrenzung bei $N-1$ hinausgeschoben werden, über die untere Folgenbegrenzung bei 0 wieder hineingeschoben werden, siehe Bild 10.2. Dies entspricht der Verschiebung einer periodisch fortgesetzten Folge.

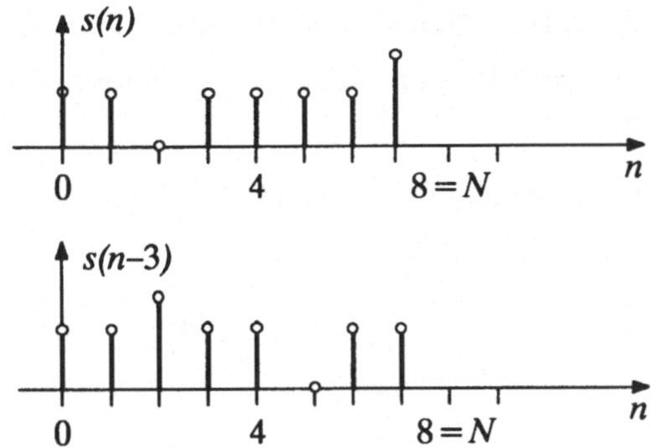

Bild 10.2   Zur Erläuterung der zyklischen Verschiebung

Die zyklische Verschiebung der Folge $\{s(n)\}$ um i Einheiten läßt die Beträge der spektralen Folgenglieder $|S(k)|$ unverändert. Sie verändert nach (10.29) nur die Winkel $\varphi(k)$ der komplexen Folgenglieder.

Der Beweis des Verschiebungssatzes (10.29) resultiert aus der Betrachtung des Folgenglieds $s(n{-}i)$. Mit (10.25) folgt

$$ s(n-i) = \frac{1}{N} \sum_{k=0}^{N-1} S(k)\mathrm{e}^{\,\mathrm{j}2\pi(n-i)k/N} = \frac{1}{N} \sum_{k=0}^{N-1} S(k)\underbrace{\mathrm{e}^{-\mathrm{j}2\pi i k/N} \cdot \mathrm{e}^{\,\mathrm{j}2\pi nk/N}} \quad . \tag{10.30} $$

Der unterklammerte Ausdruck ergibt die Spektralwerte der zyklisch verschobenen Folge $\{s(n{-}i)\}$, weil bei zyklischer Verschiebung in (10.25) keine Argumentwerte $n{-}i$ wegfallen.

Der Verschiebungssatz für die zyklische Frequenzverschiebung lautet:

Wenn $\qquad\qquad \{S(k)\}_0^{N-1} \;\bullet\!\!-\!\!\circ\; \{s(n)\}_0^{N-1}$,

dann $\qquad\qquad \{S(k-i)\}_0^{N-1} \;\bullet\!\!-\!\!\circ\; \{s(n)\mathrm{e}^{+\mathrm{j}2\pi k i/N}\}_0^{N-1}$. $\tag{10.31}$

Der Beweis ist ähnlich wie bei (10.30). Man beachte wieder die Symmetrie zwischen Zeit- und Frequenzbereich, vergl. (10.25).

c. Verschiebung bei der Fourier-Reihe

Der Zeitverschiebungssatz lautet:

Wenn $\qquad\qquad s(t) \;\circ\!\!-\!\!\bullet\; \{c(k)\} = \{c_k\}$,

dann $\qquad\qquad s(t - t_0) \;\circ\!\!-\!\!\bullet\; \{c_k\,\mathrm{e}^{-\mathrm{j}2\pi k f_0 t_0}\}$. $\tag{10.32}$

Hierin bedeuten $c_k = |c_k|\,e^{j\varphi_k}$ die komplexen Fourier–Koeffizienten der (periodischen) Zeitfunktion $s(t)$. Die zeitliche Verschiebung verändert also nur das diskrete Phasenspektrum φ_k, nicht das Betragsspektrum $|c_k|$.

Zum Beweis wird die Fourier–Reihe $s(t)$, vergl. (10.3) oder (4.60), für das Argument $t{-}t_0$ betrachtet.

$$s(t - t_0) = \sum_{k=-\infty}^{+\infty} c_k e^{j2\pi k f_0 (t-t_0)} = \sum_{k=-\infty}^{+\infty} \underbrace{c_k e^{-j2\pi k f_0 t_0}} \cdot e^{j2\pi k f_0 t} \quad . \tag{10.33}$$

Der unterklammerte Ausdruck muß ersichtlich der Fourier–Koeffizient der Fourier–Reihe für die verschobene Zeitfunktion $s(t{-}t_0)$ sein.

Der Frequenzverschiebungssatz lautet:

$$\text{Wenn} \qquad \{c(k)\} \quad \bullet\!\!-\!\!\circ \quad s(t) \quad ,$$

$$\text{dann} \qquad \{c_{k-i}\} \quad \bullet\!\!-\!\!\circ \quad s(t)e^{j2\pi i f_0 t} \quad . \tag{10.34}$$

Das bedeutet, daß die Verschiebung des diskreten Linienspektrums $\{c_k\}$ um die Verschiebungsfrequenz if_0 zu höheren Frequenzen erreicht wird durch Multiplikation des Signals $s(t)$ mit der Exponentialschwingung $e^{j2\pi i f_0 t}$.

Zum Beweis wird die Formel für den $(k{-}i)$–ten Fourier–Koeffizient c_{k-i} betrachtet, vergl. (4.59) bzw. (10.2).

$$c_{k-i} = \frac{1}{T_p} \int_{-T_p/2}^{T_p/2} s(t)\,e^{-j2\pi(k-i)f_0 t}\,\mathrm{d}t = \frac{1}{T_p} \int_{-T_p/2}^{T_p/2} \underbrace{s(t)\,e^{j2\pi i f_0 t}}\, e^{-j2\pi k f_0 t}\mathrm{d}t \tag{10.35}$$

Der unterklammerte Ausdruck kennzeichnet die Zeitfunktion, welche die Folge der Fourier–Koeffizienten $\{c_{k-i}\}$ liefert.

10.3.2 Faltungssätze

Die Faltung spielt eine wichtige Rolle bei der Signalübertragung über lineare zeitinvariante Übertragungssysteme, siehe Kapitel 3 und Kapitel 6.

In diesem Abschnitt werden die Faltungssätze für alle drei Arten der Fourier–Transformation nacheinander behandelt, für die kontinuierliche Fourier–Transformation, für die diskrete Fourier–Transformation und für die Fourier–Reihe. Bei jedem der drei Fälle unterscheidet man zwei Faltungssätze. Der eine betrifft jeweils des Produkt zweier Zeitfunktionen und der andere betrifft jeweils das Produkt zweier Spektralfunktionen.

a. Die *Faltungssätze der kontinuierlichen Fourier–Transformation* (KFT) lauten:

1. Das Produkt zweier Zeitfunktionen wird durch Anwendung der KFT in die Faltung der zugehörigen Spektren überführt. Das heißt:

$$\text{Wenn} \qquad x(t) \circ\!\!-\!\!\bullet\ X(f) \quad \text{und} \quad y(t) \circ\!\!-\!\!\bullet\ Y(f) \ ,$$

$$\text{dann} \qquad x(t) \cdot y(t) \circ\!\!-\!\!\bullet \int_{-\infty}^{+\infty} X(u)Y(f-u)\,\mathrm{d}u = X(f) * Y(f) \ . \qquad (10.36)$$

2. Das Produkt zweier Spektralfunktionen wird durch Anwendung der KFT in die Faltung der zugehörigen Zeitfunktionen überführt. Das heißt:

$$\text{Wenn} \qquad X(f) \bullet\!\!-\!\!\circ\ x(t) \quad \text{und} \quad Y(f) \bullet\!\!-\!\!\circ\ y(t) \ ,$$

$$\text{dann} \qquad X(f) \cdot Y(f) \bullet\!\!-\!\!\circ \int_{-\infty}^{+\infty} x(\tau)y(t-\tau)\,\mathrm{d}\tau = x(t) * y(t) \ . \qquad (10.37)$$

Die Aussage des 2. Satzes wurde bereits in Abschnitt 5.4 in der umgekehrten Richtung bewiesen, indem die Fourier–Transformation des Faltungsintegrals vorgenommen wurde.

Die Aussage gilt wegen der Umkehrbarkeit der Fourier–Transformation aber natürlich auch ausgehend vom Produkt der Spektren, was nachfolgend überprüft wird.

Durch Bildung der Fourier–Rücktransformation des Produktes der Spektren, Ersetzen des Spektrums $X(f)$ durch das Fourier–Integral und anschließendes Vertauschen der Integrationsreihenfolge erhält man in der Tat

$$\int_{-\infty}^{\infty} X(f)\,Y(f)\,\mathrm{e}^{\mathrm{j}2\pi ft}\,\mathrm{d}f = \int_{f=-\infty}^{\infty} \int_{\tau=-\infty}^{\infty} x(\tau)\,\mathrm{e}^{-\mathrm{j}2\pi f\tau}\,\mathrm{d}\tau\ Y(f)\,\mathrm{e}^{+\mathrm{j}2\pi ft}\,\mathrm{d}f =$$

$$= \int_{\tau=-\infty}^{\infty} x(\tau) \underbrace{\int_{f=-\infty}^{\infty} Y(f)\,\mathrm{e}^{+\mathrm{j}2\pi f(t-\tau)}\,\mathrm{d}f}_{y(t-\tau)}\,\mathrm{d}\tau = \int_{\tau=-\infty}^{\infty} x(\tau)\,y(t-\tau)\,\mathrm{d}\tau \ . \qquad (10.38)$$

Die Aussage des 1. Satzes läßt sich in formal gleicher Weise wie die des 2. Satzes beweisen.

Bemerkt sei noch, daß unter der Faltung einer Funktion $x(t)$ mit einer verschobenen Funktion $y(t-T_0)$ bzw. einer zeitinversen Funktion $y(-t)$ die Ausdrücke

$$x(t) * y(t-T_0) = \int_{-\infty}^{+\infty} x(\tau)y(t-T_0-\tau)\,\mathrm{d}\tau \quad \text{bzw.} \quad x(t) * y(-t) = \int_{-\infty}^{+\infty} x(\tau)y(-t+\tau)\,\mathrm{d}\tau \qquad (10.39)$$

verstanden werden. Die linke Beziehung liefert mit (10.38) und (10.26) im Spektralbereich das Produkt $X(f) \cdot Y(f)e^{-j2\pi f T_0}$, die rechte Beziehung das Produkt $X(f) * Y(f)$.

b. Die *Faltungssätze der diskreten Fourier–Transformation* (DFT) lauten:

1. Das Produkt zweier endlicher Folgen im Zeitbereich wird durch Anwendung der DFT in die zyklische Faltung der zugehörigen Spektralfolgen überführt. Das heißt:

$$\text{Wenn} \quad \{x(n)\}_0^{N-1} \;\circ\!\!-\!\!\bullet\; \{X(k)\}_0^{N-1} \quad \text{und} \quad \{y(n)\}_0^{N-1} \;\circ\!\!-\!\!\bullet\; \{Y(k)\}_0^{N-1},$$

$$\text{dann} \quad \{x(n)y(n)\}_0^{N-1} \;\circ\!\!-\!\!\bullet\; \{X(k)\}_0^{N-1} * \{Y(k)\}_0^{N-1} = \{P(k)\}_0^{N-1}$$

$$\text{mit den Gliedern} \quad P(k) = \frac{1}{N}\sum_{i=0}^{N-1} X(i)Y(k-i) \quad . \tag{10.40}$$

2. Das Produkt zweier endlicher Folgen im Spektralbereich wird durch Anwendung der DFT in die zyklische Faltung der zugehörigen Zeitfolgen überführt. Das heißt:

$$\text{Wenn} \quad \{X(k)\}_0^{N-1} \;\bullet\!\!-\!\!\circ\; \{x(n)\}_0^{N-1} \quad \text{und} \quad \{Y(k)\}_0^{N-1} \;\bullet\!\!-\!\!\circ\; \{y(n)\}_0^{N-1},$$

$$\text{dann} \quad \{X(k)Y(k)\}_0^{N-1} \;\bullet\!\!-\!\!\circ\; \{x(n)\}_0^{N-1} * \{y(n)\}_0^{N-1} = \{p(n)\}_0^{N-1}$$

$$\text{mit den Gliedern} \quad p(n) = N\sum_{i=0}^{N-1} x(i)y(n-i) \quad . \tag{10.41}$$

Die Aussage des zweiten Satzes wurde bereits in Abschnitt 8.3 ausgehend von der diskreten Faltungssumme in der umgekehrten Richtung bewiesen, siehe (8.21) ff. Daß die Aussage aber auch ausgehend vom Produkt der Spektralwerte gilt, läßt sich in ähnlicher Weise überprüfen wie bei den kontinuierlichen Fourier–Spektren, siehe (10.37), (10.38). Entsprechendes gilt für den 1. Satz (10.40).

c. Die *Faltungssätze der Fourier–Reihe* lauten:

1. Lassen sich zwei zeitbegrenzte oder periodische Funktionen $x(t)$ und $y(t)$ gleicher Periodendauer $T = 1/f_0$ durch Fourier–Reihen ausdrücken, dann läßt sich auch das Produkt $x(t)y(t)$ durch eine Fourier–Reihe mit gleicher Grundfrequenz f_0 ausdrücken. Die Fourier–Koeffizienten der resultierenden Fourier–Reihe ergeben sich durch diskrete Faltung der Fourier–Koeffizienten der Funktionen $x(t)$ und $y(t)$ d.h.

$$\text{Wenn} \qquad x(t) \circ\!\!-\!\!\bullet\ \{c_k^{(x)}\} \quad \text{und} \quad y(t) \circ\!\!-\!\!\bullet\ \{c_n^{(y)}\}\,,$$

$$\text{dann} \qquad x(t) \cdot y(t) \circ\!\!-\!\!\bullet\ \{c_m\} \quad \text{mit}\ c_m = \sum_{k=-\infty}^{\infty} c_k^{(x)} c_{m-k}^{(y)}\,. \qquad (10.42)$$

2. Wird die zeitbegrenzte Funktion $x(t)$ der Dauer T_1 mit der Zeitfunktion $y(t)$ der Dauer T_h gefaltet, dann hat das Faltungsprodukt nach (3.32) die Dauer $T_2 = T_1 + T_h$. Werden alle Zeitfunktionen, die sämtlich bei $t = 0$ beginnen mögen, durch Fourier–Reihen mit der Grundfrequenz $f_0 = 1/2T_2$ dargestellt, dann gilt:

$$\text{Wenn} \qquad x(t) \circ\!\!-\!\!\bullet\ \{c_k^{(x)}\} \qquad \text{und} \quad y(t) \circ\!\!-\!\!\bullet\ \{c_n^{(y)}\}\,,$$

$$\text{dann} \qquad \int_0^{T_2} x(\tau) \cdot y(t-\tau)\ \mathrm{d}\tau \ \circ\!\!-\!\!\bullet\ T_2\{c_k\}\ \text{mit}\ c_k = c_k^{(x)}\, c_k^{(y)}\,. \qquad (10.43)$$

Das Ergebnis (10.42) ergibt sich direkt aus dem Produkt der Fourier–Reihen für $x(t)$ und $y(t)$ mit $k+n = m$. Für periodische Spektralfunktionen ist diese Berechnung im Abschnitt 9.2 im Anschluß an Bild 9.3 durchgeführt worden, siehe (9.17) ff.

Die Aussage (10.43) folgt durch Einsetzen der Fourier–Reihen in das Faltungsintegral und Berücksichtigung von (4.58). Sie folgt aber auch aus (5.28), wenn man beachtet, daß die Übertragungsfunktion $H(f)$ an $f = kf_0$ sich auch über die Fourier–Reihe für die zeitbegrenzte Impulsantwort $h(t)$ berechnen läßt.

10.4 Eigenschaften und weitere Sätze der kontinuierlichen Fourier–Transformation

In diesem Abschnitt wird beschrieben, wie sich bestimmte Eigenschaften von Zeitfunktionen auf die Form des Spektrums auswirken und umgekehrt.

10.4.1 Verhalten von Fourier–Spektren bei hohen Frequenzen

Zu Beginn dieses Abschnitts seien die kontinuierlichen Fourier–Spektren einiger impulsartiger Signale miteinander verglichen.

Für den unstetigen Rechteckimpuls in Bild 10.3a berechnet sich nach (4.95) das Spektrum zu

$$S(f) = UT \frac{\sin \pi f T}{\pi f T}\ \ . \qquad (10.44)$$

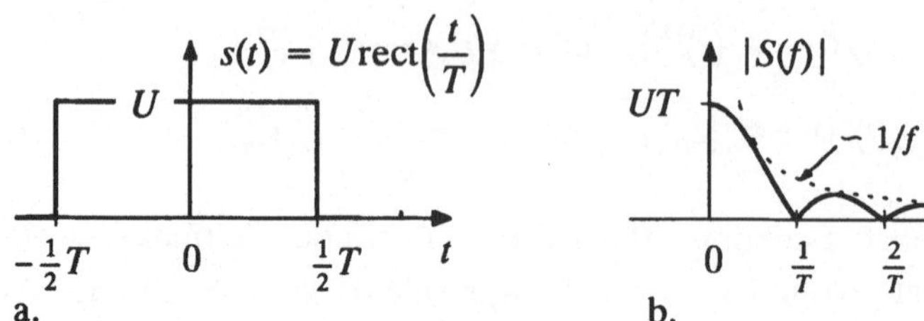

Bild 10.3   Rechteckimpuls (a) und zugehöriges Betragsspektrum (b)

Der Verlauf des Betragsspektrums fällt zu hohen Frequenzen proportional zu $1/f$ ab, was ein vergleichsweise schwacher Abfall ist, wie sich sogleich zeigen wird. Der Verlauf ist in Bild 10.3b für $f \geq 0$ dargestellt.

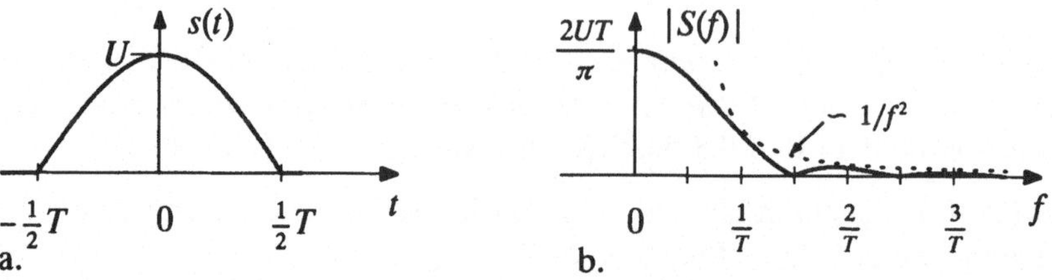

Bild 10.4   Kosinusimpuls (a) und zugehöriges Betragsspektrum (b)

Der Kosinusimpuls in Bild 10.4a ist definiert durch

$$s(t) = \begin{cases} U\cos(\pi t/T) & \text{für } |t| \leq T/2 \\[2mm] 0 & \text{sonst} \end{cases} \qquad . \tag{10.45}$$

Das zugehörige Fourier–Spektrum berechnet sich zu

$$S(f) = U \int\limits_{-T/2}^{T/2} \cos\!\left(\frac{\pi t}{T}\right) e^{-j2\pi f t}\, dt = \;\dots\; = \frac{UT}{\pi} \cdot \frac{\cos \pi f T}{1 - (2fT)^2} \qquad . \tag{10.46}$$

An der Stelle $f = 1/2T$ hat das Spektrum einen endlichen Wert, wie man mit der Regel von Bernoulli L'Hospital nachweisen kann. Der Verlauf des Betrags $|S(f)|$ ist in Bild 10.4b für $f \geq 0$ dargestellt. Er fällt für hohe Frequenzen proportional zu $1/f^2$ ab, also stärker als in Bild 10.3b. Wie sich weiter hinten zeigen wird, hängt das mit dem glatten Verlauf des Kosinusimpulses zusammen, der keine Unstetigkeitsstellen besitzt.

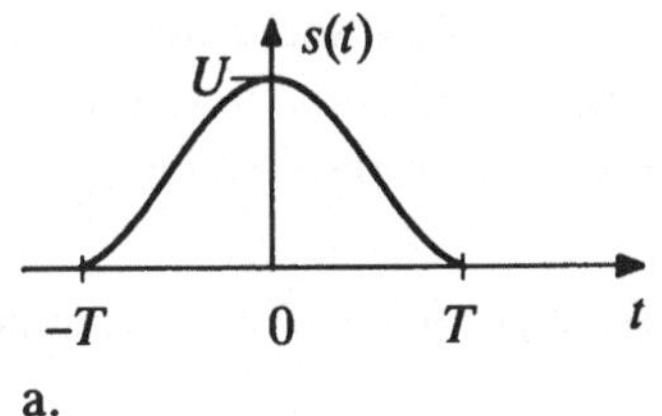
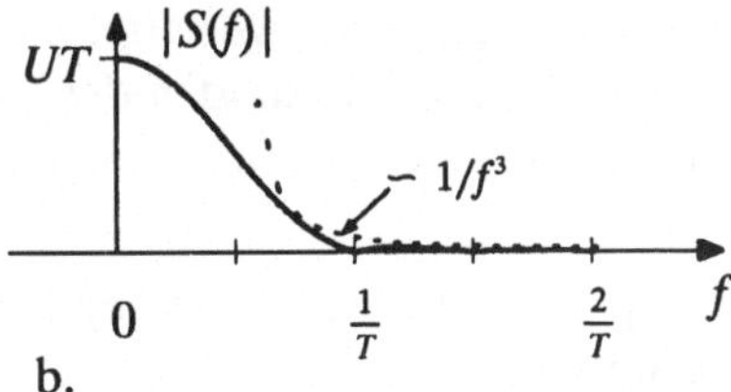

a.   b.

Bild 10.5   Kosinusquadratimpuls (a) und zugehöriges Betragsspektrum (b)

Der Kosinusquadratimpuls in Bild 10.5a ist definiert durch

$$s(t) = \begin{cases} U\cos^2(\pi t/2T) & \text{für } |t| \leq T \\ 0 & \text{sonst} \end{cases} \tag{10.47}$$

Für das zugehörige Fourier-Spektrum erhält man

$$S(f) = U\int_{-T}^{T}\cos^2\left(\frac{\pi t}{T}\right)\,e^{-j2\pi ft}\,dt = \ldots = \frac{UT}{1-(2fT)^2}\cdot\frac{\sin 2\pi fT}{2\pi fT} \ . \tag{10.48}$$

Den Verlauf des Betragsspektrums zeigt Bild 10.5b. Es ist bei $f=1/2T$ endlich und fällt zu hohen Frequenzen proportional $1/f^3$ ab. Das ist noch stärker als der Abfall in Bild 10.4b. Der Grund ist der noch glattere Verlauf der Zeitfunktion, die keinen Knick aufweist.

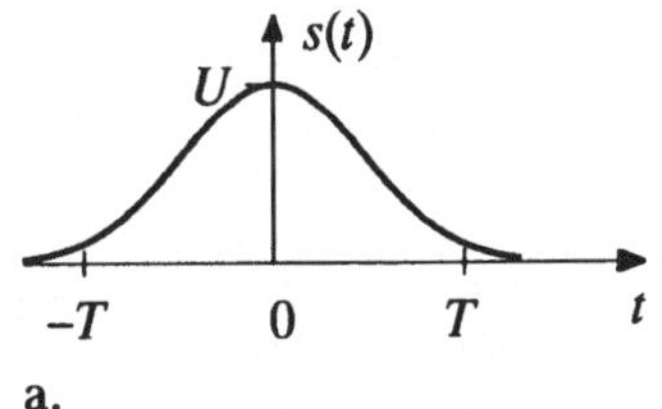
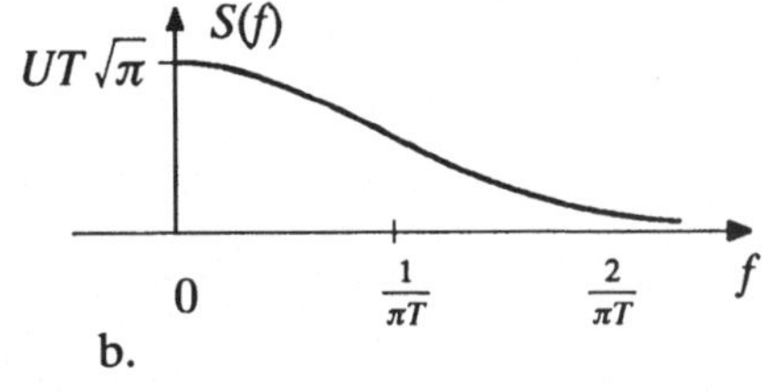

a.   b.

Bild 10.6   Gaußimpuls (a) und zugehöriges Spektrum (b)

Für den beliebig oft stetig differenzierbaren Gauß-Impuls in Bild 10.6a

$$s(t) = U\,e^{-(t/T)^2} \tag{10.49}$$

ergibt sich das reelle Gauß-Spektrum

$$S(f) = UT\sqrt{\pi}\,e^{(-\pi fT)^2} \ . \tag{10.50}$$

Während sich für die Impulsformen in den Bildern 10.4 und 10.5 die Spektren analytisch relativ einfach ausrechnen lassen, indem man die Kosinusfunktionen durch komplexe Exponentialfunktionen ausdrückt, gestaltet sich die Berechnung des Spektrums (10.50) schwieriger. Sie gelingt mit Methoden der Funktionentheorie und einer Integration im Komplexen. Der Abfall des Spektrums zu hohen Frequenzen ist stärker als jede Potenz von $1/f$.

Die obigen Beispiele bestätigen die folgende bereits in Abschnitt 9.4 im Zusammenhang mit Bild 9.5 erwähnte Regel:

a)   unstetiges $s(t)$ ergibt $|S(f)| \sim 1/f$ für $|f| \to \infty$

b)   stetiges $s(t)$, unstetiges ds/dt ergibt $|S(f)| \sim 1/f^2$ für $|f| \to \infty$

c)   stetiges $s(t)$, ds/dt, unstetiges d^2s/dt^2 ergibt $|S(f)| \sim 1/f^3$ für $|f| \to \infty$

$\vdots$

allgemein:

stetiges $s(t)$, ds/dt, ... , $d^{m-1}s/dt^{m-1}$, unstetiges $d^m s/dt^m$

ergibt $|S(f)| \sim 1/f^{m+1}$ für $|f| \to \infty$.   (10.51)

Je glatter die Zeitfunktion, desto stärker ist der spektrale Abfall!

Es folgt nun der allgemeine Beweis der Regel (10.51). Dazu wird eine allgemeine Zeitfunktion $s(t)$ betrachtet, die bei $t = t_0$ unstetig und ansonsten überall stetig ist. Ihr Fourier–Spektrum berechnet sich zu

$$S(f) = \int_{-\infty}^{\infty} s(t)\, e^{-j2\pi ft}\, dt = \int_{-\infty}^{t_0-0} s(t)\, e^{-j2\pi ft}\, dt + \int_{t_0+0}^{\infty} s(t)\, e^{-j2\pi ft}\, dt \ . \qquad (10.52)$$

Mit partieller Integration

$$\int u\, v\, dt \doteq u\, v - \int u'\, v\, dt \qquad (10.53)$$

und

$$u(t) = s(t) \qquad \text{d.h.} \qquad u'(t) = s'(t) \qquad (10.54)$$

$$v'(t) = e^{-j2\pi ft} \qquad \text{d.h.} \qquad v = \frac{1}{(-j2\pi f)} e^{-j2\pi ft} \qquad (10.55)$$

erhält man für (10.52)

$$S(f) = s(t)\frac{e^{-j2\pi ft}}{-j2\pi f}\bigg|_{-\infty}^{t_0-0} - \int_{-\infty}^{t_0-0} s'(t)\frac{e^{-j2\pi ft}}{-j2\pi f}\, dt + s(t)\frac{e^{-j2\pi ft}}{-j2\pi f}\bigg|_{t_0+0}^{\infty} - \int_{t_0+0}^{\infty} s'(t)\frac{e^{-j2\pi ft}}{-j2\pi f}\, dt \ .$$

$$(10.56)$$

Weil bei der Fourier–transformierbaren Zeitfunktion $s(-\infty) = 0$ und $s(\infty) = 0$ gilt, folgt

$$S(f) = \frac{s(t_0 + 0) - s(t_0 - 0)}{j2\pi f} \cdot e^{-j2\pi f t_0} + \underbrace{\frac{1}{j2\pi f} \int\limits_{-\infty}^{t_0-0} s'(t) \cdot e^{-j2\pi f t}\, dt + \frac{1}{j2\pi f} \int\limits_{t_0+0}^{\infty} s'(t) \cdot e^{-j2\pi f t}\, dt}_{}\,.$$

$$\underbrace{\phantom{\frac{s(t_0 + 0) - s(t_0 - 0)}{j2\pi f} \cdot e^{-j2\pi f t_0}}}_{\text{(I)}} \qquad \underbrace{\phantom{\frac{1}{j2\pi f} \int s'(t) dt + \frac{1}{j2\pi f} \int s'(t) dt}}_{\text{(II)}}$$

$$(10.57)$$

Der Ausdruck (I) liefert wegen $|e^{-j2\pi f t_0}| = 1$ einen proportional zu $1/f$ abfallenden Anteil des Betragsspektrums $|S(f)|$, wenn bei t_0 eine Unstetigkeitsstelle $s(t_0 + 0) \neq s(t_0 - 0)$ vorhanden ist. Der Ausdruck (II) läßt sich wie (10.52) durch partielle Integration umformen. Das liefert wegen des Faktors $1/j2\pi f$ einen proportional zu $1/f^2$ abfallenden Anteil, wenn $s(t)$ an der Stelle t_0 stetig ist, d.h. $s(t_0 + 0) = s(t_0 - 0)$, aber die erste Ableitung $s'(t)$ an der Stelle t_0 unstetig ist, d.h. $s'(t_0 + 0) \neq s'(t_0 - 0)$. Durch sukzessive Fortsetzung dieser Entwicklung folgt die allgemeine Gültigkeit der Regel (10.51).

Wegen der Gleichartigkeit der Integrale zur Berechnung des Fourier–Spektrums (10.7) und der Fourier–Koeffizienten (10.2) gilt die Regel (10.51) sinngemäß auch für Linienspektren der Fourier–Reihe:

$$\text{stetiges } s(t)\,, \ ds/dt\,, \dots, \ d^{m-1}s/dt^{m-1}\,, \text{ unstetiges } d^m s/dt^m$$

$$\text{ergibt } |c_k| \sim 1/k^{m+1} \text{ für } |k| \to \infty\,. \qquad (10.58)$$

Aus der in Abschnitt 10.3 diskutierten Symmetrie von Zeit– und Frequenzbereich folgt

a) unstetiges Spektrum $S(f)$ ergibt $|s(t)| \sim 1/t$ für $t \to \infty$,

b) stetiges $S(f)$, unstetiges dS/df ergibt $|s(t)| \sim 1/t^2$ für $t \to \infty$,
usw. $\qquad (10.59)$

Je glatter der spektrale Verlauf ist, und zwar sowohl beim Realteil wie beim Imaginärteil, desto rascher geht die Zeitfunktion gegen Null für große Werte von $|t|$.

10.4.2 Differentiationssatz und Ähnlichkeitssatz

In engem Zusammenhang mit der Regel (10.51) steht der *Differentiationssatz* der Fourier–Transformation. Er lautet

$$\text{Wenn} \quad s(t) \quad \circ\!\!-\!\!\bullet \quad S(f)\,,$$

$$\text{dann} \quad \tau_0 \frac{ds}{dt} \quad \circ\!\!-\!\!\bullet \quad j2\pi f \tau_0\, S(f)\,. \qquad (10.60)$$

τ_0 ist ein beliebiger Faktor der physikalischen Dimension Zeit, der dafür sorgt, daß die durch die Differentiation hervorgerufene Dimensionsänderung aufgehoben wird.

Aus (10.60) geht hervor, daß durch Differentiation der Zeitfunktion das Spektrum bei hohen Frequenzen angehoben wird. Das steht im Einklang mit Regel (10.51). Eine Differentiation ist gleichbedeutend mit einer Aufrauhung: Aus Knickstellen werden Sprünge usw.

Der Beweis des Differentiationssatzes folgt unmittelbar aus dem Fourier–Integral (4.78):

$$\tau_0 \frac{ds}{dt} = \tau_0 \frac{d}{dt} \int\limits_{-\infty}^{\infty} S(f) \, e^{j2\pi ft} \, df = \int\limits_{-\infty}^{\infty} S(f) \, \underbrace{\tau_0 \, j2\pi f} \, e^{j2\pi ft} \, df \; . \tag{10.61}$$

Bei gleichmäßiger Konvergenz (d.h. bei Konvergenz für jeden festen Wert t) darf die Reihenfolge von Integration und Differentiation vertauscht werden. Der unterklammerte Ausdruck im ganz rechts stehenden Integral ist das Spektrum des auf der linken Seite stehenden Differentialquotienten, womit (10.60) bewiesen ist.

Die Umkehrung der Differentiation, die zeitliche Integration, kann Probleme deshalb bereiten, weil das dadurch entstehende Signal nicht mehr garantiert Fourier–transformierbar sein muß. So entsteht z.B. aus dem Rechteckimpuls in Bild 10.3 eine Rampenfunktion, die für $t \geq T/2$ den konstanten Wert UT hat und die Bedingungen (10.9) verletzt. Aus einem Energiesignal ist in diesem Fall ein Leistungssignal entstanden. Die Fourier–Transformation von Leistungssignalen wird später in Abschnitt 10.5 behandelt.

Eine andere mit Regel (10.51) verwandte Aussage liefert der nachfolgende *Ähnlichkeitssatz* der Fourier–Transformation:

$$\text{Wenn} \qquad s(t) \quad \circ\!\!-\!\!\bullet \quad S(f) \; ,$$

$$\text{dann} \qquad s(bt) \quad \circ\!\!-\!\!\bullet \quad \frac{1}{|b|} S\!\left(\frac{f}{b}\right) \; ; \quad b \neq 0, \quad \text{reell} \, . \tag{10.62}$$

Eine Stauchung der Zeitachse um den Faktor $|b| < 1$ hat nach (10.62) eine Dehnung der Frequenzachse zur Folge und umgekehrt. Je "kürzer" die Zeitfunktion, desto "breiter" das Spektrum. Dieser Effekt ist bereits am Beispiel der Bilder 4.14 und 4.15 beobachtet worden. Man spricht in diesem Zusammenhang oft von der Reziprozität von Zeit und Frequenz.

Zum Beweis des Ähnlichkeitssatzes wird die Fourier–Transformation von $s(bt)$ gebildet.

$$s(bt) \quad \circ\!\!-\!\!\bullet \int\limits_{t=-\infty}^{+\infty} s(bt) \, e^{-j2\pi ft} \, dt = \frac{1}{b} \int\limits_{\vartheta=-\infty}^{+\infty} s(\vartheta) \, e^{-j2\pi (f/b)\vartheta} \, dt = \frac{1}{b} S\!\left(\frac{f}{b}\right) . \tag{10.63}$$

$$\text{Subst.} \quad bt = \vartheta \; ; \quad b \, dt = d\vartheta$$

(10.63) gilt für positives b. Für negatives b und positives t wird ϑ negativ. Das liefert dann wegen der Integrationsgrenzen $-S(f/b)/b$ und wegen des negativen b wieder einen positiven Faktor vor $S(f/b)$. Somit ergibt sich allgemein (10.62).

10.4.3 Unmöglichkeit eines exakt zeit– und bandbegrenzten Signals

Ein Signal $s(t)$ ist exakt zeitbegrenzt, wenn es eine endliche Grenzzeit T_g so gibt, daß

$$s(t) = 0 \quad \text{für} \quad |t| \geq T_g. \tag{10.64}$$

Das Signal $s(t)$ ist exakt bandbegrenzt, wenn es eine endliche Grenzfrequenz f_g so gibt, daß

$$s(t) \; \circ\!\!-\!\!\bullet \; S(f) = 0 \quad \text{für} \quad |f| \geq f_g. \tag{10.65}$$

Auf Grund der Betrachtungen in den beiden vorausgegangenen Abschnitten 10.4.1 und 10.4.2 ist der folgende Satz naheliegend:

> Ein Signal $s(t)$ kann nicht zugleich exakt zeitbegrenzt und exakt bandbegrenzt sein.

Die Gültigkeit dieses Satzes läßt sich dadurch nachweisen, daß gezeigt wird, daß die Annahme, es gäbe ein solches zugleich exakt zeit– und bandbegrenztes Signal zu einem Widerspruch führt.

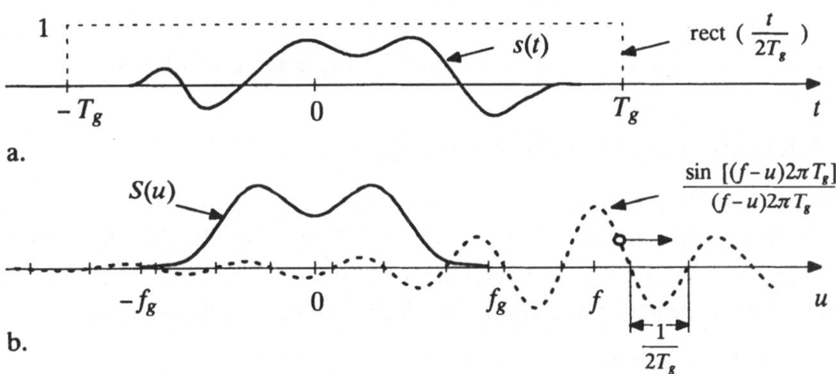

Bild 10.7 a. exakt zeitbegrenztes Signal $s(t)$

b. zugehöriges exakt bandbegrenztes Signalspektrum $S(u)$

Bild 10.7a zeigt ein zeitbegrenztes Signal $s(t)$. Da die gestrichelte Rechteckfunktion die Höhe 1 hat, muß gelten

$$s(t) \cdot \text{rect}\left(\frac{t}{2T_g}\right) = s(t) \; . \tag{10.66}$$

Durch Fourier–Transformation folgt

$$S(f) * 2T_g \frac{\sin 2\pi f T_g}{2\pi f T_g} \;=\; S(f) \;=\; 2T_g \int\limits_{-\infty}^{+\infty} S(u) \frac{\sin[(f-u)2\pi T_g]}{(f-u)2\pi T_g} \; \mathrm{d}u \quad . \tag{10.67}$$

In Bild 10.7b sind für einen festen Wert $f > f_g$ die beiden unter dem Faltungsintegral stehenden Spektren skizziert. Dabei ist angenommen, daß $S(u)$ exakt bandbegrenzt ist ($S(u)$ ist hier als gerade Funktion gezeichnet und mag nur den Realteil darstellen). Für wachsende Werte von f wird die gestrichelte Kurve nach rechts verschoben. Dabei soll nun für jeden Wert $f \geq f_g$ das Integral des Produkts beider Kurven stets null sein. Diese Forderung mag für isolierte Werte von f erfüllt sein. Für jeden beliebigen Wert $f > f_g$ ist diese Forderung aber sicherlich nicht erfüllbar, zumal an der Stelle $+f_g$ größere gestrichelte Funktionswerte herausgeschoben werden als weiter links an der Stelle $-f_g$ hereingeschoben werden. Die Forderung müßte überdies noch für alle Rechteckfunktionen in Bild 10.7a erfüllt werden, deren Dauer $T_g' > T_g$ ist.

10.5 Kontinuierliche Fourier–Transformation einiger Leistungssignale

Leistungssignale gemäß (2.13) oder Abschnitt 2.2.2 und Abschnitt 2.4 sind weder quadratintegrabel noch absolut integrabel, d. h. sie erfüllen weder (10.9a) noch (10.9b). Dennoch läßt sich auch für solche die Fourier–Transformation durchführen, wenn die Theorie entsprechend den in Abschnitt 10.2 angestellten Überlegungen erweitert wird.

10.5.1 Gleichsignal und Sinusschwingungen

Ausgangspunkt der Betrachtungen ist der spektrale Dirac–Impuls der Fläche U_0. Einen solchen Dirac–Impuls kann man sich aus dem in Bild 10.8a dargestellten spektralen Rechteckimpuls der Fläche U_0 entstanden denken, indem man dessen Breite $f_0\Delta$ gegen null schrumpfen läßt, wobei gleichzeitig die Fläche konstant gehalten wird.

In Bild 10.8a ist Δ ein dimensionsloser Zahlenfaktor, der die Impulsbreite und Impulshöhe festlegt. Für $\Delta \to 0$ entsteht der gewichtete spektrale Dirac–Impuls $U_0\delta(f)$. Wenn $S(f)$ die physikalische Dimension Spannung pro Frequenz hat und U_0 die Dimension Spannung, dann hat der ungewichtete spektrale Dirac–Impuls $\delta(f)$ die Dimension (1/Frequenz) und die Fläche 1.

Wie der Vergleich mit (1.58) lehrt hat der Dirac–Impuls $\delta(x)$ allgemein die reziproke Dimension von x .

Wendet man auf den gewichteten spektralen Dirac–Impuls $U_0\delta(f)$ die Fourier–Rücktransformation an, was ohne weiteres möglich ist – man vergleiche hierzu (10.19) – , dann erhält man

$$s(t) = \int\limits_{-\infty}^{+\infty} S(f)\,e^{+j2\pi ft}\,df = U_0 \int\limits_{-\infty}^{+\infty} \delta(f)\,e^{+j2\pi ft}\,df = U_0 \int\limits_{0^-}^{0^+} \delta(f)\,e^{j0}\,df = U_0\,, \quad (10.68)$$

also

$$S(f) = U_0\delta(f) \;\bullet\!\!-\!\!\circ\; s(t) = U_0 \qquad \text{für alle } t. \tag{10.69}$$

Die zugehörige Zeitfunktion ist also das konstante Gleichsignal, ein Leistungssignal.

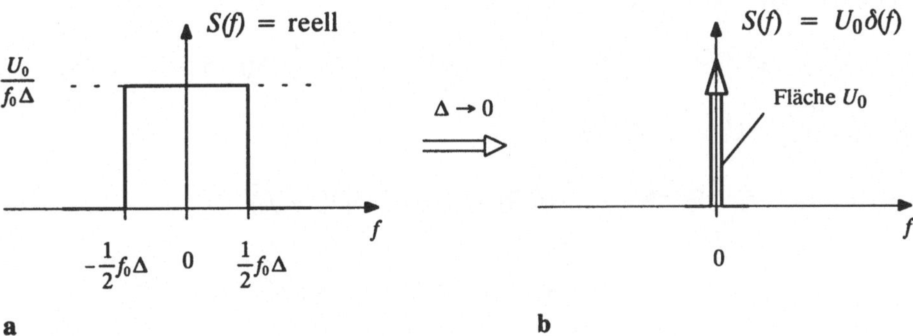

Bild 10.8   **a** Spektraler Rechteckimpuls der Fläche U_0
           b Spektraler Dirac-Impuls der Fläche U_0

Die Fourier–Hintransformation des Gleichsignals führt allerdings auf ein nicht konvergierendes Integral:

$$S(f) = \int\limits_{-\infty}^{+\infty} s(t)\,e^{-j2\pi ft}\,dt = \int\limits_{-\infty}^{+\infty} U_0\,e^{-j2\pi ft}\,dt = U_0 \int\limits_{-\infty}^{+\infty} e^{-j2\pi ft}\,dt \quad . \tag{10.70}$$

Durch eine Erweiterung der Theorie unter Bemühung von Distributionen läßt sich ähnlich wie bei (10.21) aber schließen, daß das ganz rechtsstehende Integral den spektralen Dirac-Impuls $\delta(f)$ liefert. In der Tat wächst für $f=0$ das Integral über jede Grenze wie auch der Dirac-Impuls $\delta(f)$ für $f=0$ größer als jeder endliche Wert ist. Eine genauere Begründung von (10.69) kann hier allerdings nicht geliefert werden. Diesbezüglich wird wieder auf [15], [25], [26] verwiesen.

Dennoch sei nun das Resultat (10.69) für die Herleitung der Fourier–Transformierten für die Kosinus– und Sinusschwingung benutzt.

Wenn $s(t)$ ○——● $S(f)$, dann gilt nach dem Modulationssatz (10.28)

$$s(t)\mathrm{e}^{+\mathrm{j}2\pi f_0 t} \quad ○——● \quad S(f-f_0) \tag{10.71}$$

und damit

$$s(t)\frac{1}{2}[\mathrm{e}^{+\mathrm{j}2\pi f_0 t} + \mathrm{e}^{-\mathrm{j}2\pi f_0 t}] = s(t)\cos 2\pi f_0 t \quad ○——● \quad \frac{1}{2}[S(f-f_0) + S(f+f_0)] \; . \tag{10.72}$$

Mit $s(t) = U_0$ und (10.69) erhält man folglich des Resultat

$$U_0 \cos 2\pi f_0 t \quad ○——● \quad \frac{1}{2}U_0\delta(f-f_0) + \frac{1}{2}U_0\delta(f+f_0) \; . \tag{10.73}$$

Entsprechend folgt mit (10.71)

$$s(t)\frac{1}{2\mathrm{j}}[\mathrm{e}^{+\mathrm{j}2\pi f_0 t} - \mathrm{e}^{-\mathrm{j}2\pi f_0 t}] = s(t)\sin 2\pi f_0 t \quad ○——● \quad \frac{1}{2\mathrm{j}}[S(f-f_0) - S(f+f_0)] \; , \tag{10.74}$$

und mit $s(t) = U_0$ und (10.69)

$$U_0 \sin 2\pi f_0 t \quad ○——● \quad -\mathrm{j}\frac{1}{2}U_0\delta(f-f_0) + \mathrm{j}\frac{1}{2}U_0\delta(f+f_0)$$

$$= \frac{1}{2}U_0\delta(f-f_0)\mathrm{e}^{-\mathrm{j}\pi/2} + \frac{1}{2}U_0\delta(f+f_0)\mathrm{e}^{+\mathrm{j}\pi/2} \; . \tag{10.75}$$

Die Resultate (10.73) und (10.75) können als Korrespondenzen angesehen werden, die in beide Richtungen, d. h. umkehrbar, verwendbar sind.

10.5.2 Signumfunktion und Sprungfunktion

Die Signumfunktion, auch Umpolfunktion genannt, ist definiert durch

$$\operatorname{sgn} t = \begin{cases} -1 & \text{für } t < 0 \\ 0 & \text{für } t = 0 \\ +1 & \text{für } t > 0 \end{cases} \tag{10.76}$$

Den Verlauf von (10.76) zeigt Bild 10.9a. Da die Signumfunktion ein Leistungssignal ist und weder (10.9a) noch (10.9b) erfüllt, wird zunächst die in Bild 10.9b dargestellte approximierende Funktion

$$\bar{s}(t) = \begin{cases} -\mathrm{e}^{at} & \text{für } t < 0 \\ 0 & \text{für } t = 0 \quad ; \quad a > 0 \\ \mathrm{e}^{-at} & \text{für } t > 0 \end{cases} \tag{10.77}$$

betrachtet. Für $a \to 0$ strebt $\bar{s}(t)$ gegen die interessierende Funktion sgn t.

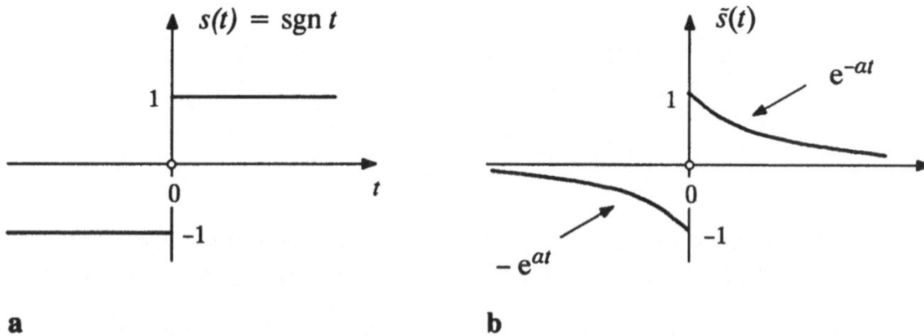

Bild 10.9 **a** Signumfunktion
 b approximierende Funktion

Solange $a > 0$ ist, ist $\bar{s}(t)$ Fourier-transformierbar. Das zugehörige Spektrum berechnet sich zu

$$\bar{S}(f) = \int\limits_{-\infty}^{0^-} -e^{at} \cdot e^{-j2\pi ft}\, dt + \int\limits_{0^+}^{\infty} e^{-at} \cdot e^{-j2\pi ft}\, dt =$$

$$= \frac{e^{-(j2\pi f - a)t}}{j2\pi f - a}\Bigg|_{-\infty}^{0^-} + \frac{e^{-(j2\pi f + a)t}}{j2\pi f + a}\Bigg|_{0^+}^{-\infty} = \frac{1}{j2\pi f - a} + \frac{1}{j2\pi f + a} \quad . \tag{10.78}$$

Das Resultat (10.78) ist richtig, solange $a > 0$. Für sehr kleines a weicht $\bar{s}(t)$ zumindest für nicht zu große t beliebig wenig von $s(t)$ ab. Deswegen schließt man auf

$$s(t) = \text{sgn } t \quad \circ\!\!-\!\!\bullet \quad \frac{1}{j\pi f} = -\frac{j}{\pi f} = S(f) \quad . \tag{10.78a}$$

Eng verwandt mit der Signumfunktion ist die Sprungfunktion, deren Verlauf in Bild 10.10 dargestellt ist.

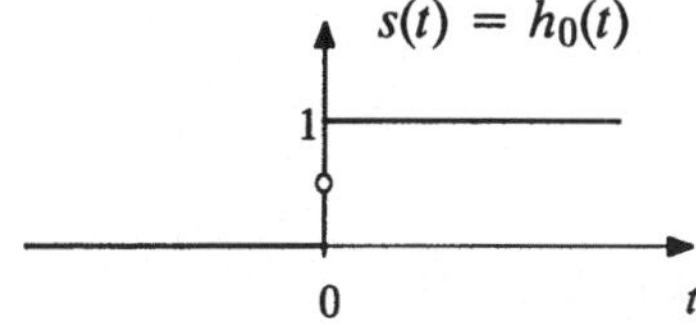

Bild 10.10   Sprungfunktion

Für die Sprungfunktion gilt offensichtlich

$$h_0(t) = \frac{1}{2} + \frac{1}{2}\,\text{sgn}\,t \quad . \tag{10.79}$$

Die gliedweise Fourier–Transformation unter Verwendung von (10.69) und (10.78a) liefert

$$h_0(t) \; \circ\!\!\!-\!\!\!\bullet \; H_0(f) \; = \; \frac{1}{2}\delta(f) - \frac{\mathrm{j}}{2\pi f} \quad . \tag{10.80}$$

10.5.3 Integrationssatz

In Abschnitt 10.4.2 wurde bereits erwähnt, daß die zeitliche Integration von Energiesignalen Leistungssignale liefern kann. Deshalb wird der Integrationssatz erst hier behandelt.

Offensichtlich ist die zeitliche Integration eines Signals $s(t)$ nichts anderes als die Faltung dieses Signals $s(t)$ mit der Sprungfunktion $h_0(t)$. Es gilt nämlich

$$s(t) * h_0(t) \; = \; \int\limits_{-\infty}^{+\infty} s(\tau)h_0(t-\tau)\mathrm{d}\tau \; = \; \int\limits_{-\infty}^{t} s(\tau)\mathrm{d}\tau \quad , \tag{10.81}$$

siehe auch Bild 10.11.

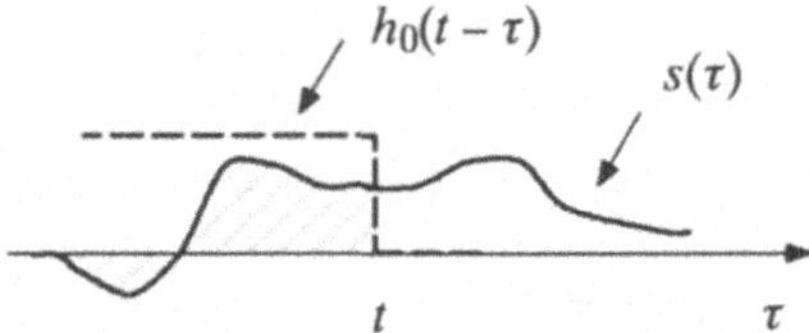

Bild 10.11   Faltung eines Signals $s(t)$ mit der Sprungfunktion $h_0(t)$

Die Faltung der Zeitfunktion $s(t)$ und $h_0(t)$ entspricht dem Produkt ihrer Spektren. Mit (10.80) folgt also

$$s(t) * h_0(t) \; \circ\!\!\!-\!\!\!\bullet \; S(f) \cdot H_0(f) \; = \; S(f)\frac{1}{2}\left[\delta(f) - \frac{\mathrm{j}}{\pi f}\right] \quad . \tag{10.82}$$

Wegen $S(f)\delta(f) = S(0)\delta(f)$ ergibt sich mit (10.81) der *Integrationssatz* zu:

$$\text{Wenn} \qquad s(t) \; \circ\!\!\!-\!\!\!\bullet \; S(f) \quad ,$$

$$\text{dann} \qquad \int\limits_{-\infty}^{t} s(\tau)\mathrm{d}\tau \; \circ\!\!\!-\!\!\!\bullet \; \frac{1}{2}S(0)\delta(f) + \frac{1}{\mathrm{j}2\pi f}S(f) \quad . \tag{10.83}$$

10.5.4 Abtastfunktion und Dirac–Kamm

Die periodische Abtastfunktion in Bild 10.12a besitzt folgende Fourier–Reihe

$$a(t) \;=\; \sum_{k=-\infty}^{+\infty} c_k \cos 2\pi k f_0 t \qquad ; \qquad f_0 = \frac{1}{T} \tag{10.84}$$

$$c_k \;=\; \frac{U_0 \tau_0}{T} \cdot \frac{\sin \pi k f_0 \tau_0 \Delta}{\pi k f_0 \tau_0 \Delta} \qquad , \tag{10.85}$$

wie durch Anpassung der Größen aus (9.42) und (9.43) leicht verifiziert werden kann.

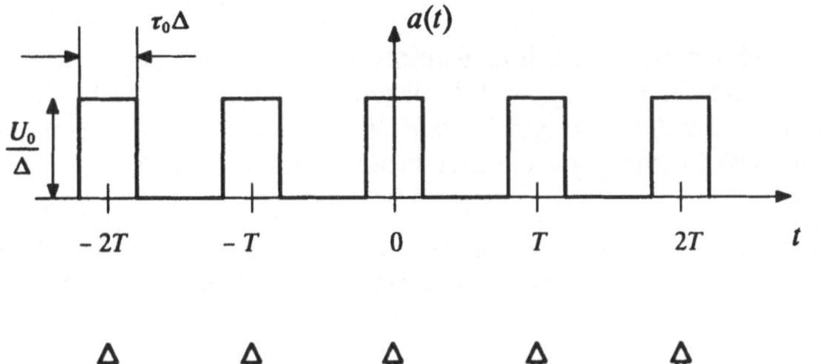

Bild 10.12   **a** Abtastfunktion
  b Dirac–Kamm im Zeitbereich

Für $\Delta \to 0$ geht die Abtastfunktion $a(t)$ in den in Bild 10.12b dargestellten Dirac–Kamm über. Jeder einzelne Dirac–Impuls hat die Fläche $U_0 \tau_0$, die auch jeder Rechteckimpuls der Abtastfunktion besitzt.
Da für $\Delta \to 0$ die Fourier–Koeffizienten in (10.85) die Werte $c_k = U_0 \tau_0 / T$ annehmen, solange $k < \infty$ ist, gilt mit Bild 10.12b und (10.84)

$$U_0 \tau_0 \sum_{\nu=-\infty}^{+\infty} \delta(t - \nu T) \;=\; \frac{U_0 \tau_0}{T} \sum_{k=-\infty}^{+\infty} \cos 2\pi k f_0 t \quad . \tag{10.86}$$

Durch Fourier–Transformation der einzelnen Kosinusterme der rechten Seite erhält man mit (10.69) und (10.73) für

$$k = 0: \qquad\qquad \frac{1}{T} \quad \circ\!\!-\!\!\bullet \quad \frac{1}{T}\delta(f)$$

$$k = -1 \text{ und } k = +1: \qquad \frac{2}{T}\cos 2\pi f_0 t \quad \circ\!\!-\!\!\bullet \quad \frac{1}{T}[\delta(f-f_0) + \delta(f+f_0)]$$

usw.

Insgesamt ergibt sich das interessante Ergebnis

$$\sum_{\nu=-\infty}^{+\infty} \delta(t - \nu T) \quad \circ\!\!-\!\!\bullet \quad \frac{1}{T}\sum_{\mu=-\infty}^{+\infty} \delta(f - \mu f_0) \quad . \tag{10.87}$$

Durch Fourier-Transformation des Dirac-Kamms im Zeitbereich ergibt sich ein Dirac-Kamm im Frequenzbereich. Wegen $f_0 = 1/T$ rücken im Frequenzbereich die Zinken des Kamms um so enger zusammen, je größer der Zinkenabstand im Zeitbereich gewählt wird. Dies ist die gleiche Erscheinung, die bereits beim Ähnlichkeitssatz (10.62) diskutiert wurde.

Während der einzelne Dirac-Impuls ein konstantes Spektrum hat, siehe (10.19), ergibt sich beim Dirac-Kamm ein nichtkonstantes Spektrum, nämlich wieder ein Kamm.

11 Korrelationsfunktionen, Energiedichten und Leistungsdichten

Bei der Überlagerung zweier Energiesignale errechnet sich nach Abschnitt 4.1.1 die Energie der Signalsumme aus den Energien der einzelnen Signale und dem Korrelationsfaktor ϱ , siehe (4.7). Ähnliches gilt bei Leistungssignalen.

Bei der Überlagerung zweier sinusförmiger Leistungssignale gleicher Frequenz erweist sich der Korrelationsfaktor als $\varrho = \cos\phi$, wobei ϕ die Phasendifferenz zwischen beiden Sinusschwingungen ist, siehe (4.32). Der Korrelationsfaktor hängt damit von der zeitlichen Verschiebung beider Signale zueinander ab.

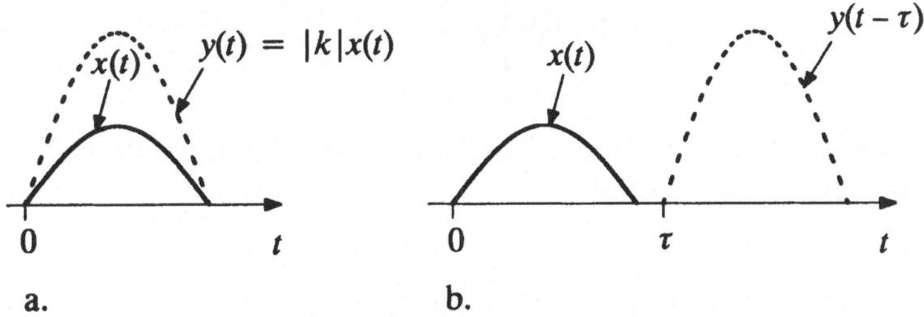

Bild 11.1   Zur Abhängigkeit des Korrelationsfaktors von der zeitlichen Verschiebung
a. maximal korreliert $\varrho = 1$, b. unkorreliert $\varrho = 0$

Die zeitliche Verschiebung beeinflußt auch den Korrelationsfaktor bei Energiesignalen, wie mit Bild 11.1 verdeutlicht wird. Im Fall von Bild 11.1a ist wegen der zueinander proportionalen Verläufe von $x(t)$ und $y(t)$ der Korrelationsfaktor $\varrho = +1$, vergl. Bild 4.3a. Im Fall von Bild 11.1b ist trotz unveränderter Signalformen der Korrelationsfaktor $\varrho = 0$, weil das Produkt $x(t)y(t-\tau)$ null wird und damit auch die Kreuzenergie.

Zur qualitativen Erfassung der Verschiebungsabhängigkeit des Korrelations*faktors* oder (einfacher ausgedrückt) der Kreuzenergie werden nun Korrelations*funktionen* eingeführt.

11.1 Korrelationsfunktionen zeitkontinuierlicher Energiesignale

Bei den Korrelationsfunktionen unterscheidet man zwischen *Kreuzkorrelationsfunktionen* und *Autokorrelationsfunktionen*. Letztere kann man als Sonderfall der ersteren ansehen.

11.1.1 Kreuzkorrelationsfunktionen

Die Kreuzkorrelationsfunktion zweier nicht notwendig zeitbegrenzter Energiesignale $x(t)$ und $y(t)$ ist definiert durch

$$\varphi^{(E)}_{xy}(\tau) = \int\limits_{-\infty}^{+\infty} x(t)y(t+\tau)\,\mathrm{d}t \quad . \tag{11.1}$$

τ kennzeichnet eine feste zeitliche Verschiebung. Für die Verschiebung $\tau = 0$ ergibt sich der Ausdruck für die Kreuzenergie in der Form (4.3), d. h.

$$\varphi^{(E)}_{xy}(0) = \varrho \sqrt{E_x E_y} = E_{xy} \quad . \tag{11.2}$$

(11.1) hat große Ähnlichkeit mit dem Faltungsintegral. Drückt man in (11.1) die verschobene Zeitfunktion $y(t+\tau)$ durch das Fourier–Integral aus, dann erhält man

$$\varphi^{(E)}_{xy}(\tau) = \int\limits_{t=-\infty}^{+\infty} x(t)\left[\int\limits_{f=-\infty}^{+\infty} Y(f)\mathrm{e}^{\mathrm{j}2\pi f(t+\tau)}\mathrm{d}f\right]\mathrm{d}t \quad . \tag{11.3}$$

Unter der Voraussetzung der gleichmäßigen Konvergenz darf die Reihenfolge der Integrationen vertauscht werden. Dies liefert

$$\varphi^{(E)}_{xy}(\tau) = \int\limits_{f=-\infty}^{+\infty} Y(f)\mathrm{e}^{\mathrm{j}2\pi f\tau}\underbrace{\left[\int\limits_{f=-\infty}^{+\infty} x(t)\mathrm{e}^{+\mathrm{j}2\pi ft}\mathrm{d}t\right]}_{X(-f)}\mathrm{d}f \quad . \tag{11.4}$$

Der Ausdruck in der eckigen Klammer ist das Fourier–Integral bei einer mit -1 multiplizierten Frequenz.

Für den Fall, daß $x(t)$ reell ist, gilt mit (4.87)

$$X(-f) = X^*(f) \quad , \tag{11.5}$$

wobei der Stern "konjugiert komplex" bedeutet.
Hiermit erhält man für die Kreuzkorrelationsfunktion

$$\varphi_{xy}^{(E)}(\tau) = \int\limits_{=-\infty}^{+\infty} X^*(f)\, Y(f)\, e^{j2\pi f\tau}\, df \quad . \tag{11.6}$$

Da (11.6) ein Fourier–Rückintegral ist, gilt die Korrespondenz

$$\varphi_{xy}^{(E)}(\tau) \quad \circ\!\!-\!\!\bullet \quad X^*(f)\, Y(f) \quad . \tag{11.7}$$

Speziell für $\tau = 0$ ergibt sich aus (11.6) sowie aus (11.1) und (11.2)

$$\varphi_{xy}^{(E)}(0) = \int\limits_{-\infty}^{+\infty} x(t) y(t)\, dt = \int\limits_{-\infty}^{+\infty} X^*(f)\, Y(f)\, df = \varrho \sqrt{E_x E_y} \quad . \tag{11.8}$$

Die Gleichheit der beiden mittleren Integrale in (11.8) wird als "Parseval–Gleichung" bezeichnet. Sie besagt, daß man die Kreuzenergie in einfacher Weise sowohl aus den Zeitfunktionen $x(t)$ und $y(t)$ als auch aus deren Fourier–Spektren $X(f)$ und $Y(f)$ berechnen kann.

11.1.2 Autokorrelationsfunktion und Energiedichtespektrum

Die Energieautokorrelationsfunktion (AKF) eines nicht notwendig zeitbegrenzten Energiesignals $x(t)$ ist definiert durch

$$\varphi_{xx}^{(E)}(\tau) = \varphi^{(E)}(\tau) = \int\limits_{-\infty}^{+\infty} x(t) x(t + \tau)\, dt \quad . \tag{11.9}$$

Die Energie–AKF (11.9) beschreibt eine verallgemeinerte Energie und liefert für $\tau = 0$ die Signalenergie E_x.

$$\varphi_{xx}^{(E)}(0) = \int\limits_{-\infty}^{+\infty} x^2(t)\, dt = E_x \quad . \tag{11.10}$$

Die AKF ist stets eine gerade Funktion, d. h.

$$\varphi_{xx}^{(E)}(\tau) = \varphi_{xx}^{(E)}(-\tau) \quad , \tag{11.11}$$

was man durch Bildung von $\varphi_{xx}^{(E)}(-\tau)$ und anschließender Substitution $t - \tau = x$ leicht nachweisen kann.

Die Energie-AKF (11.9) kann als Sonderfall von (11.1) angesehen werden mit $y(t) = x(t)$ bzw. $Y(f) = X(f)$. Hiermit folgt aus (11.7)

$$\varphi^{(E)}_{xx}(\tau) = \varphi^{(E)}(\tau) \;\circ\!\!-\!\!\bullet\; X^*(f)\,X(f) = |X(f)|^2 \;. \tag{11.12}$$

Die AKF hat also die interessante Eigenschaft, daß sie nur vom Betragspektrum $|X(f)|$ abhängt, nicht vom Phasenspektrum. Das quadrierte Betragspektrum $|X(f)|^2$ wird als *Energiedichtespektrum* bezeichnet. Dieses beschreibt, wie die Energie des Signals $x(t)$ sich längs der Frequenzachse verteilt, siehe Bild 11.2.

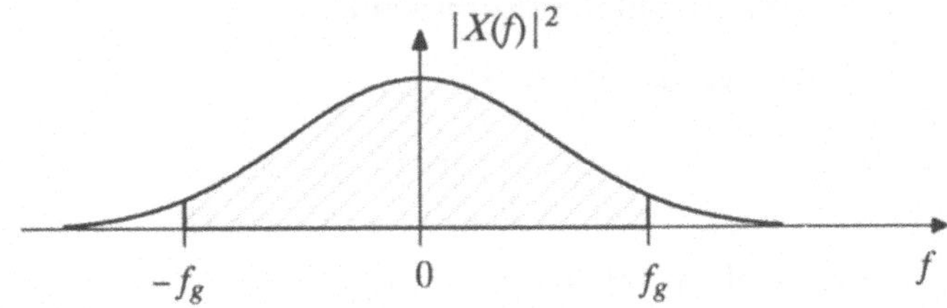

Bild 11.2   Typischer Verlauf eines Energiedichtespektrums. Die Grenzfrequenz f_g ist dadurch festgelegt, daß die schraffierte Fläche z. B. 99% der Gesamtfläche umfaßt

Die Gesamtenergie des Signals $x(t)$ ergibt sich nämlich gemäß der Parseval–Gleichung (11.8) für $\tau = 0$ zu

$$\varphi^{(E)}_{xx}(0) = E_x = \int\limits_{-\infty}^{+\infty} x^2(t)\;\mathrm{d}t = \int\limits_{-\infty}^{+\infty} |X(f)|^2\;\mathrm{d}f\;, \tag{11.13}$$

also aus der Gesamtfläche des Energiedichtespektrums. Weil sich die zu verschiedenen Frequenzen gehörenden Energieanteile addieren, müssen die zugehörigen Signalanteile unkorreliert sein.

Die Betrachtung des Energiedichtespektrums $|X(f)|^2$ erlaubt auch die Aussage, welcher Energieanteil z. B. durch Bandbegrenzung des Signals $x(t)$ verloren geht. Die Signalbandbreite f_g wird manchmal dadurch definiert, daß der Frequenzbereich $|f| \leq f_g$ z. B. 99% der Gesamtenergie erfaßt.

Während das quadrierte Betragspektrum $|X(f)|^2$ eine Aussage über die Energie liefert, kann mit dem Betragspektrum $|X(f)|$ der Spitzenwert (oder zeitliche Maximalwert) des Signals $x(t)$ abgeschätzt werden. Es gilt nämlich die Ungleichung

$$|x(t)| \leq \int\limits_{-\infty}^{+\infty} |X(f)|\;\mathrm{d}f \quad \text{für alle } t. \tag{11.14}$$

(11.14) folgt mit der Dreiecksungleichung

$$|a_1 + a_2 + \cdots + a_n| \leq |a_1| + |a_2| + \cdots + |a_n| \tag{11.15}$$

aus dem Rückintegral, wenn man sich erinnert, daß das Integral der Grenzwert einer Summe ist:

$$|x(t)| = \left| \int\limits_{-\infty}^{+\infty} X(f)\mathrm{e}^{\mathrm{j}2\pi ft}\,\mathrm{d}f \right| \leq \int\limits_{-\infty}^{+\infty} \left| X(f)\mathrm{e}^{\mathrm{j}2\pi ft} \right|\,\mathrm{d}f = \int\limits_{-\infty}^{+\infty} | X(f) |\,\mathrm{d}f \ . \tag{11.16}$$

Nachfolgend sei jetzt noch die Frage untersucht, wie sich bei einer Signalüberlagerung

$$s(t) = x(t) + y(t) \tag{11.17}$$

die AKF und die Energiedichte beim resultierenden Signal $s(t)$ zusammensetzen.

Für die resultierende AKF gilt

$$\varphi_{ss}^{(E)} (\tau) = \int\limits_{-\infty}^{+\infty} s(t)s(t + \tau)\,\mathrm{d}t = \int\limits_{-\infty}^{+\infty} [x(t) + y(t)][x(t + \tau) + y(t + \tau)]\,\mathrm{d}t =$$

$$\underbrace{\int\limits_{-\infty}^{+\infty} x(t)x(t + \tau)\,\mathrm{d}t}_{\varphi_{xx}^{(E)} (\tau)} + \underbrace{\int\limits_{-\infty}^{+\infty} y(t)y(t + \tau)\,\mathrm{d}t}_{\varphi_{yy}^{(E)} (\tau)} + \underbrace{\int\limits_{-\infty}^{+\infty} x(t)y(t + \tau)\,\mathrm{d}t}_{\varphi_{xy}^{(E)} (\tau)} + \underbrace{\int\limits_{-\infty}^{+\infty} y(t)x(t + \tau)\,\mathrm{d}t}_{\varphi_{yx}^{(E)} (\tau)} \ . \tag{11.18}$$

Die Werte der Kreuzkorrelationsfunktionen $\varphi_{xy}^{(E)} (\tau)$ und $\varphi_{yx}^{(E)} (\tau)$ sind im allgemeinen verschieden, weil eine Verschiebung der zwei Funktionen gegeneinander um τ nach links nicht dieselbe Kreuzenergie liefern muß wie eine Verschiebung um τ nach rechts.

Zusammengefaßt gilt

$$\varphi_{ss}^{(E)} (\tau) = \varphi_{xx}^{(E)} (\tau) + \varphi_{yy}^{(E)} (\tau) + \varphi_{xy}^{(E)} (\tau) + \varphi_{yx}^{(E)} (\tau) \ . \tag{11.19}$$

Durch Fourier–Transformation erhält man daraus die Summe der entsprechenden Energiedichtespektren, vergl. (11.7) und (11.12),

$$|S(f)|^2 = |X(f)|^2 + |Y(f)|^2 + X^*(f)\,Y(f) + Y^*(f)\,X(f) \ . \tag{11.20}$$

Die beiden Kreuzenergiedichtespektren sind zueinander konjugiert komplex und ergeben in der Summe eine reelle Funktion, die aber auch negative Werte haben kann.

Bei der Addition unkorrelierter Signale sind die Kreuzenergien null und man erhält die einfachen Beziehungen

$$\varphi^{(E)}_{ss}(\tau) = \varphi^{(E)}_{xx}(\tau) + \varphi^{(E)}_{yy}(\tau) \ , \tag{11.21}$$

$$|S(f)|^2 = |X(f)|^2 + |Y(f)|^2 \quad . \tag{11.22}$$

11.2 Korrelationsfunktionen zeitkontinuierlicher Leistungssignale

Die Kreuzkorrelationsfunktion eines zeitkontinuierlichen Leistungssignals ist definiert durch

$$\varphi^{(P)}_{xy}(\tau) = \lim_{\vartheta \to \infty} \frac{1}{2\vartheta} \int_{-\vartheta}^{+\vartheta} x(t)y(t + \tau)\, \mathrm{d}t \quad . \tag{11.23}$$

Sie stellt eine verallgemeinerte mittlere Kreuzleistung dar. Für $\tau = 0$ ergibt sich die Kreuzleistung gemäß (4.18). Für $y(t) \equiv x(t)$ erhält man die Leistungs–Autokorrelationsfunktion $\varphi^{(P)}_{xx}(\tau)$, kurz Leistungs–AKF, die wiederum für $\tau = 0$ die mittlere Signalleistung P_x ergibt.

Im übrigen erhält man völlig gleichartige Beziehungen wie bei den Energie–Korrelationsfunktionen.

Bemerkenswert ist, daß die Leistungskorrelationsfunktionen von Leistungssignalen nicht unbedingt wieder Leistungssignale sein müssen. Es gibt wichtige Fälle – besonders in der Theorie zufälliger Signale – bei denen die Leistungs–Korrelationsfunktionen von Leistungssignalen die Eigenschaft von Energiesignalen besitzen. Derartige Leistungs–Korrelationsfunktionen sind garantiert Fourier–transformierbar. Die Fourier–Transformierten von Leistungs–Korrelationsfunktionen heißen *Leistungsdichtespektren* und werden oft mit $\phi_{ik}(f)$ bezeichnet.

Das konstante Gleichsignal

$$x(t) \equiv U = \mu_x \tag{11.24}$$

hat sie konstante Leistungs–AKF

$$\varphi^{(P)}_{xx}(\tau) = U^2 \ \text{für alle}\, \tau \ . \tag{11.25}$$

Weil dies so ist, werden die Korrelationsfunktionen von $x(t)$ und $y(t)$ oft nur für deren Wechselanteile $x(t) - \mu_x$ und $y(t) - \mu_y$ gebildet. Diese Funktionen heißen dann *Kovarianzfunktionen*, im Fall von $y(t) \equiv x(t)$ heißt die Funktion Autokovarianzfunktion.

Eine Besonderheit bilden die Korrelationsfunktionen periodischer Leistungssignale, die im nachfolgenden Unterabschnitt eingehender behandelt werden.

11.2.1 Korrelationsfunktionen periodischer Leistungssignale

Die Leistungs–Kreuzkorrelationsfunktion zweier periodischer Leistungssignale gleicher Periodendauer T ist gegeben durch

$$\varphi^{(P)}_{xy}(\tau) = \frac{1}{T} \int_{-T/2}^{T/2} x(t)y(t+\tau)\,\mathrm{d}t \quad . \tag{11.26}$$

Wegen der Periodizität von $x(t)$ und $y(t)$ genügt jetzt eine Zeitmittelung über nur eine einzige Periode.

Die beiden periodischen Signale seien durch folgende Fourier–Reihen gegeben

$$x(t) = \sum_{k=-\infty}^{+\infty} c_k^{(x)}\,\mathrm{e}^{\mathrm{j}2\pi kf_0 t} \qquad ; f_0 = \frac{1}{T} \quad , \tag{11.27}$$

$$y(t) = \sum_{k=-\infty}^{+\infty} c_k^{(y)}\,\mathrm{e}^{\mathrm{j}2\pi kf_0 t} \quad . \tag{11.28}$$

Es wird nun eine gleichartige Berechnung wie bei (11.3)ff durchgeführt, die zu gleichartigen Ergebnissen führt. Durch Einsetzen von (11.28) in (11.26) und anschließendes Vertauschen der Reihenfolge von Integration und Summation folgt

$$\varphi^{(P)}_{xy}(\tau) = \frac{1}{T} \int_{-T/2}^{T/2} x(t) \sum_{k=-\infty}^{+\infty} c_k^{(y)}\,\mathrm{e}^{\mathrm{j}2\pi kf_0(t+\tau)}\,\mathrm{d}t =$$

$$= \sum_{k=-\infty}^{+\infty} c_k^{(y)}\,\mathrm{e}^{\mathrm{j}2\pi kf_0\tau}\; \underbrace{\frac{1}{T} \int_{-T/2}^{T/2} x(t)\,\mathrm{e}^{\mathrm{j}2\pi kf_0 t}\,\mathrm{d}t}_{c_{-k}^{(x)}} \quad , \tag{11.29}$$

also mit (4.62)

$$\varphi^{(P)}_{xy}(\tau) = \sum_{k=-\infty}^{+\infty} c_{-k}^{(x)}\, c_k^{(y)}\,\mathrm{e}^{\mathrm{j}2\pi kf_0\tau} \quad . \tag{11.30}$$

(11.30) bildet das frequenzdiskrete Gegenstück zu (11.6). Der Summenausdruck stellt wieder eine Fourier–Reihe dar. Die Kreuzkorrelationsfunktion ist also ebenfalls periodisch und hat die gleiche Periodendauer T wie die Signale $x(t)$ und $y(t)$.

Aus (11.30) folgt für $y(t) = x(t)$ und reelles $x(t)$, d. h. nach (4.63) $c_{-k} = c_k^*$, die Leistungs–AKF von $x(t)$ zu

$$\varphi^{(P)}_{xx}(\tau) = \sum_{k=-\infty}^{+\infty} |c_k|^2 \, e^{j2\pi k f_0 \tau} \quad . \tag{11.31}$$

(11.31) stellt ebenfalls eine Fourier–Reihe dar mit der Periode T. Die reellen nichtnegativen Fourier–Koeffizienten $|c_k|^2$ bilden das frequenzdiskrete Leistungsspektrum des periodischen Leistungssignals $x(t)$. Das Phasenspektrum $\varphi^{(x)}_k$ der Fourier–Reihe (11.27), vergl. (4.64), hat keine Bedeutung für das Leistungsspektrum.

Die mittlere Gesamtleistung ergibt sich aus (11.31) für $\tau = 0$. Sie lautet

$$\varphi^{(P)}_{xx}(0) = \frac{1}{T} \int_{-T/2}^{T/2} x^2(t) \, dt = \sum_{k=-\infty}^{+\infty} \left| c_k^{(x)} \right|^2. \tag{11.32}$$

oder, da c_0 reell und $|c_{-k}| = |c_k^*| = |c_k|$,

$$P_x = \frac{1}{T} \int_{-T/2}^{T/2} x^2(t) \, dt = c_0^2 + 2 \sum_{k=1}^{\infty} \left| c_k^{(x)} \right|^2 \quad . \tag{11.33}$$

Wenn man statt (11.27) die Fourier–Reihe in der Form

$$x(t) = U_0 + \sum_{k=1}^{\infty} U_k \cos(2\pi k f_0 t + \varphi_k) \tag{11.34}$$

schreibt, bei welcher nur positive Frequenzen $k f_0 > 0$ verwendet werden, dann gelten

$$U_0 = c_0^{(x)} \quad ; \quad U_k = 2|c_k^{(x)}| \tag{11.35}$$

und

$$P_x = U_0^2 + \sum_{k=1}^{\infty} \left(\frac{U_k}{\sqrt{2}} \right)^2 \quad . \tag{11.36}$$

$U_k/\sqrt{2}$ ist der Effektivwert der k–ten Oberschwingung.

11.3 Korrelationsfunktionen zeitdiskreter Signale

Die Betrachtungen beschränken sich hier auf solche zeitdiskreten Signale, die sich durch die Diskrete Fourier–Transformation DFT darstellen lassen. Das sind entweder periodische Signale oder Signale endlicher Dauer, die man sich auch periodisch fortgesetzt denken kann, vergl. Abschnitt 7.3. Unter Benutzung der DFT ergeben sich wieder völlig gleichartige Beziehungen wie in den Abschnitten 11.1 und 11.2.

Die Kreuzkorrelationsfunktion $\{\phi_{xy}(\tau)\}$ zeitdiskreter Signale $\{x(n)\}$ und $\{y(n)\}$ hat die Glieder

$$\varphi_{xy}(i) = \sum_{n=0}^{N-1} x(n)\, y(n+i)\;. \tag{11.37}$$

Die Zusammenhänge werden einfach, wenn man periodische Folgen voraussetzt, wenn also $y(n+i+N) = y(n+i)$, weil dann die DFT–Beziehungen (7.47) und (7.48) problemlos einsetzbar sind. Mit

$$y(n+i) = \frac{1}{N} \sum_{k=0}^{N-1} Y(k)\; e^{+j2\pi(n+i)k/N} \tag{11.38}$$

erhält man für (11.37)

$$\varphi_{xy}(i) = \sum_{n=0}^{N-1} x(n)\frac{1}{N} \sum_{k=0}^{N-1} Y(k)\; e^{+j2\pi(n+i)k/N}$$

$$= \frac{1}{N} \sum_{k=0}^{N-1} Y(k)\; e^{+j2\pi ik/N} \sum_{n=0}^{N-1} x(n)\; e^{+j2\pi nk/N}\;. \tag{11.39}$$

Die letzte rechts stehende Summe liefert nach (7.47) die DFT–Spektralwerte $X(-k)$. Werden reelle $x(n)$ vorausgesetzt, für die $X(-k) = X^*(k)$ gilt, dann folgt für (11.37)

$$\varphi_{xy}(i) = \sum_{n=0}^{N-1} x(n)\, y(n+i) = \frac{1}{N} \sum_{k=0}^{N-1} X^*(k)\, Y(k)\; e^{+j2\pi ik/N}\;. \tag{11.40}$$

Speziell für $i = 0$ ergibt sich aus (10.40) die Parseval–Gleichung

$$\sum_{n=0}^{N-1} x(n)\, y(n) = \frac{1}{N} \sum_{k=0}^{N-1} X^*(k)\, Y(k)\;. \tag{11.41}$$

Für $y(n) \equiv x(n)$ erhält man aus (11.40) die Glieder der Autokorrelationsfunktion $\{\phi_{xx}(i)\}$ zu

$$\varphi_{xx}(i) = \sum_{n=0}^{N-1} x(n)\, x(n+i) = \frac{1}{N} \sum_{k=0}^{N-1} |X(k)|^2 e^{+j2\pi ik/N} \tag{11.42}$$

und daraus für $i=0$ die Energie des Signals $\{x(n)\}$

$$\varphi_{xx}(0) = \sum_{n=0}^{N-1} x^2(n) = \frac{1}{N} \sum_{k=0}^{N-1} |X(k)|^2\;. \tag{11.43}$$

Die linke Summe, welche die Form von (7.4) hat, entspricht in (11.13) dem linken Integral. Die rechts stehende Summe entspricht in (11.13) dem rechts stehenden Integral über das

Energiedichtespektrum $|X(f)|^2$. Die Terme $|X(k)|^2/N$ beschreiben damit die Verteilung der Energie auf der diskreten Frequenzachse.

Wegen der uneingeschränkten Anwendung von DFT-Formeln handelt es sich bei den obigen Korrelationsfunktionen um zyklische Korrelationsfunktionen. Bezüglich der Verschiebungen von Folgegliedern um i Zeiteinheiten gelten hier die gleichen Überlegungen wie in Abschnitt 8.3 bei der zyklischen Faltung.

12 Hilbert-Transformation und analytisches Signal

In Abschnitt 5.5 wurde hergeleitet, daß die Impulsantwort $h(t)$ des idealen Rechteck–Tiefpasses in Bild 5.10 nicht kausal ist. Auf einen Dirac–Impuls $\delta(t)$, der zum Zeitpunkt $t=0$ auf den Tiefpaß–Eingang gelangt, antwortet der Tiefpaß der Grenzfrequenz f_g mit

$$h(t) = 2f_g\frac{\sin 2\pi f_g t}{2\pi f_g t} \neq 0 \quad\text{für } t < 0\,, \tag{12.1}$$

also schon bevor die Erregung stattfindet. Da alle realen Systeme kausal sein müssen, kann es keinen idealen Tiefpaß geben. Die Frage, welche Eigenschaften eine vorgeschriebene Übertragungsfunktion $H(f)$ besitzen muß, damit das zugehörige Übertragungssystem garantiert kausal ist, führt zwangsläufig auf die sogenannte Hilbert–Transformation.

12.1 Hilbert–Transformation als Kausalitätsforderung

Eine kausale Impulsantwort $h_k(t)$ ist dadurch definiert, daß

$$h_k(t) = 0 \quad\text{für } t < 0 \tag{12.2}$$

gilt, siehe Bild 12.1

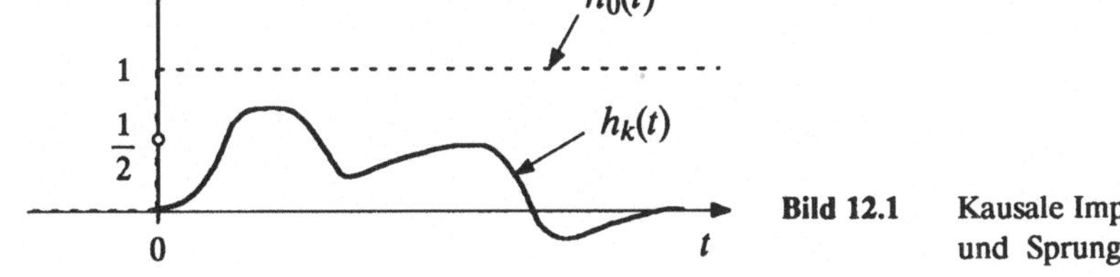

Bild 12.1   Kausale Impulsantwort $h_k(t)$ und Sprungfunktion $h_0(t)$

Multipliziert man $h_k(t)$ mit der in Bild 12.1 gestrichelt gezeichneten Sprungfunktion (siehe auch Bild 10.10)

$$h_0(t) = \begin{cases} 1 \text{ für } t > 0 \\ 0 \text{ für } t < 0 \end{cases}, \tag{12.3}$$

dann muß sich notwendigerweise wieder die Funktion $h_k(t)$ ergeben,

$$h_k(t) = h_0(t) \cdot h_k(t) \quad . \tag{12.4}$$

Der Einfachheit halber sei vorausgesetzt, daß $h_k(0) = 0$ ist, was bei allen dynamischen physikalischen Systemen zutrifft.

Durch Anwendung der Fourier–Transformation auf (12.4) erhält man mit (10.80)

$$H_k(f) = H_0(f) * H_k(f) = \left[\frac{1}{2}\delta(f) - \frac{j}{2\pi f}\right] * H_k(f)$$

$$= \underbrace{\frac{1}{2} \int\limits_{-\infty}^{+\infty} H_k(u)\delta(f-u) \, du}_{\frac{1}{2}H_k(f)} - \frac{j}{2\pi} \int\limits_{-\infty}^{+\infty} \frac{H_k(u)}{f-u} \, du \quad . \tag{12.5}$$

Mit dem linken Integral wird $H_k(u)$ an der Stelle $u = f$ ausgesiebt. Man erhält somit nach Multiplikation beider Gleichungsseiten mit 2

$$H_k(f) = -\frac{j}{\pi} \int\limits_{-\infty}^{+\infty} \frac{H_k(u)}{f-u} \, du = -\frac{j}{\pi} \lim_{\epsilon \to 0} \left\{ \int\limits_{-\infty}^{f-\epsilon} \frac{H_k(u)}{f-u} \, du + \int\limits_{f+\epsilon}^{\infty} \frac{H_k(u)}{f-u} \, du \right\} . \tag{12.6}$$

Beim rechten Integral von (12.5) ist im Integrationsintervall bei $u = f$ eine Unendlichkeitsstelle. Man erhält im Normalfall dennoch ein endliches Integral durch Bildung des Cauchy–Hauptwerts gemäß der rechten Seite von (12.6). Dabei ist wichtig, daß ϵ in beiden Teilintegralen in gleicher Weise gegen Null geht. Bei allen nachfolgenden Integralen von der Art wie in (12.6) werde stets der Cauchy–Hauptwert verstanden, ohne daß das besonders gekennzeichnet wird.

$H_k(f)$ ist normalerweise eine komplexwertige Übertragungsfunktion. Durch Auftrennen in Real– und Imaginärteil ergibt sich

$$H_k(f) = \text{Re}\, H_k(f) + j\,\text{Im}\, H_k(f) = -\frac{j}{\pi} \int\limits_{-\infty}^{+\infty} \frac{\text{Re}\, H_k(u)}{f-u} \, du + \frac{1}{\pi} \int\limits_{-\infty}^{+\infty} \frac{\text{Im}\, H_k(u)}{f-u} \, du ,$$

$$\tag{12.7}$$

und durch Gleichsetzen einerseits der Realteile und andererseits der Imaginärteile

$$\operatorname{Im} H_k(f) = -\frac{1}{\pi} \int\limits_{-\infty}^{+\infty} \frac{\operatorname{Re} H_k(u)}{f-u} \, du = -\mathcal{H}\left\{\operatorname{Re} H_k(f)\right\} \tag{12.8}$$

$$\operatorname{Re} H_k(f) = +\frac{1}{\pi} \int\limits_{-\infty}^{+\infty} \frac{\operatorname{Im} H_k(u)}{f-u} \, du = +\mathcal{H}\left\{\operatorname{Im} H_k(f)\right\} \; . \tag{12.9}$$

Bei einer kausalen Impulsantwort $h_k(t)$ sind also Realteil und Imaginärteil der zugehörigen Übertragungsfunktion $H_k(f)$ nicht unabhängig voneinander. Aus dem Realteil $\operatorname{Re} H_k(f)$ ergibt sich über (12.8) der Imaginärteil $\operatorname{Im} H_k(f)$. Aus dem Imaginärteil $\operatorname{Im} H_k(f)$ ergibt sich über (12.9) der Realteil $\operatorname{Re} H_k(f)$. Diese Zusammenhänge stellen *notwendige* Bedingungen dar, die eine Übertragungsfunktion erfüllen muß, wenn das zugehörige Übertragungssystem kausal sein soll.

Die Beziehung (12.9) heißt Hilbert–Transformation $\mathcal{H}\{...\}$, während die Beziehung (12.8) sich als inverse Hilbert–Transformation $\mathcal{H}^{-1}\{...\}$ erweist. Bei der Hilbert–Transformation ist die inverse Transformation dasselbe wie die negative Transformation. Daß es sich bei der Hilbert–Transformation tatsächlich um eine mathematische Transformation handelt, wird im nächsten Abschnitt dadurch nachgewiesen, daß gezeigt wird, daß die Rücktransformation einer Hilbert–transformierten Funktion wieder auf die ursprüngliche Funktion führt.

12.2 Diskussion der Hilbert–Transformation

Die Hilbert–Transformation einer reellen Funktion $R(f)$ der reellen Frequenz f ist definiert als

$$\hat{R}(f) := +\frac{1}{\pi} \int\limits_{-\infty}^{+\infty} \frac{R(u)}{f-u} \, du = \mathcal{H}\{R(f)\} \; . \tag{12.10}$$

Dieses Integral (12.10) ist ein Faltungsintegral. Somit ist die Hilbert–Transformation der reellen Frequenzfunktion $R(f)$ offenbar dasselbe wie die Faltung von $R(f)$ mit $1/\pi f$,

$$\hat{R}(f) = R(f) * \frac{1}{\pi f} = \mathcal{H}\{R(f)\} \; . \tag{12.11}$$

Zum zweiten Faltungsterm $1/\pi f$ gehört nach (10.78a) über die Fourier–Rücktransformation die mit $-j$ multiplizierte zeitliche Signumfunktion

$$-\mathrm{j}\ \mathrm{sgn}\,t \quad \circ\!\!-\!\!\bullet \quad \frac{1}{\pi f} \quad . \tag{12.12}$$

Nachfolgend wird allgemein gezeigt, daß sich mit der negativen Hilbert–Transformation von $\hat{R}(f)$ tatsächlich wieder die ursprüngliche Funktion $R(f)$ ergibt. Das bedeutet, daß die negative Hilbert–Transformation gleich der inversen Hilbert–Transformation ist. Behauptung:

$$\mathcal{H}^{-1}\{\hat{R}(f)\} = -\mathcal{H}\{\hat{R}(f)\} = R(f) \quad . \tag{12.13}$$

Den nun folgenden Nachweis der Gültigkeit von (12.13) für eine allgemeine reelle Funktion $R(f)$ verdankt der Verfasser seinem früheren Mitarbeiter W. Lang. Bei diesem Nachweis wird die Fourier–Transformierte einer Funktion allgemein durch $\mathcal{F}\{\ldots\}$ und die inverse Fourier–Transformierte allgemein durch $\mathcal{F}^{-1}\{\ldots\}$ ausgedrückt.

$$R(f) = \mathcal{H}^{-1}\{\mathcal{H}\{R(f)\}\} \ \overset{?}{=}\ -\frac{1}{\pi f} * [R(f) * \frac{1}{\pi f}] =$$

$$= R(f) * [-\frac{1}{\pi f} * \frac{1}{\pi f}] = R(f) * \mathcal{F}\{-\mathcal{F}^{-1}(\frac{1}{\pi f} * \frac{1}{\pi f})\}$$

$$= R(f) * \mathcal{F}\{-\mathcal{F}^{-1}(\frac{1}{\pi f}) \cdot \mathcal{F}^{-1}(\frac{1}{\pi f})\} \quad . \tag{12.14}$$

Da nach (12.12) (außer bei $t = 0$)

$$-\mathcal{F}^{-1}(\frac{1}{\pi f}) \cdot \mathcal{F}^{-1}(\frac{1}{\pi f}) = +\mathrm{j}\ \mathrm{sgn}\,t \cdot [-\mathrm{j}\ \mathrm{sgn}\,t] = \mathrm{sgn}^2 t = 1 \tag{12.15}$$

ist, und da nach (10.69) für $s(t) \equiv 1$

$$\mathcal{F}(1) = \delta(f) \tag{12.16}$$

ist, ergibt sich aus (12.14) die behauptete Identität

$$R(f) = R(f) * \delta(f) = R(f) \quad , \tag{12.17}$$

womit der Nachweis erbracht ist. Die bei (12.15) ausgenommene Stelle bei $t = 0$, wo die Signumfunktion selbst null ist, hat keine Auswirkungen auf die Integrationen.

Nun werden noch zwei für den nächsten Abschnitt wichtige Korrespondenzen der Hilbert–Transformation hergeleitet. Ausgehend von der für $t_0 > 0$ kausalen Impulsantwort

$$h_k(t) = \delta(t - t_0) \quad \circ\!\!-\!\!\bullet \quad \mathrm{e}^{-\mathrm{j}2\pi f t_0} = H_k(f) \tag{12.18}$$

erhält man mit (12.6)

$$\mathrm{e}^{-\mathrm{j}2\pi f t_0} = -\frac{\mathrm{j}}{\pi} \int\limits_{-\infty}^{+\infty} \frac{\mathrm{e}^{-\mathrm{j}2\pi u t_0}}{f - u}\ \mathrm{d}u \quad \text{mit } t_0 > 0 \ . \tag{12.19}$$

Die Gleichsetzung der Realteile einerseits und der Imaginärteile andererseits liefert

$$\cos 2\pi f t_0 = -\frac{1}{\pi} \int\limits_{-\infty}^{+\infty} \frac{\sin 2\pi u t_0}{f-u}\, du = -\mathcal{H}\{\sin 2\pi f t_0\} \tag{12.20}$$

$$-j \sin 2\pi f t_0 = -\frac{j}{\pi} \int\limits_{-\infty}^{+\infty} \frac{\cos 2\pi u t_0}{f-u}\, du = -j\mathcal{H}\{\cos 2\pi f t_0\} \quad . \tag{12.21}$$

Es ergeben sich also die in Tab. 12.1 für $t_0 > 0$ aufgeführten Korrespondenzen. Für $t_0 < 0$ ergeben sich die Korrespondenzen, indem man in (12.8) von der Impulsantwort $\delta(t + t_0)$ ausgeht, die für $t_0 < 0$ kausal ist. Weitere Korrespondenzen findet man in [19] und [27].

Tab.12.1

$R(f)$	$\hat{R}(f) = \mathcal{H}\{R(f)\}$
$\cos 2\pi f t_0$	$+ \sin 2\pi f t_0 \quad$ für $t_0 > 0$ $- \sin 2\pi f t_0 \quad$ für $t_0 < 0$
$\sin 2\pi f t_0$	$- \cos 2\pi f t_0 \quad$ für $t_0 > 0$ $+ \cos 2\pi f t_0 \quad$ für $t_0 < 0$

12.3 Notwendige und hinreichende Kausalitätsbedingung

In Abschnitt 12.1 wurde gezeigt, daß Real– und Imaginärteil der Übertragungsfunktion $H_k(f)$ eines kausalen Systems notwendigerweise über die Hilbert–Transformation miteinander verknüpft sein müssen. In diesem Abschnitt wird gezeigt, daß die Hilbert–Transformation umgekehrt auch eine hinreichende Bedingung für die Kausalität eines reellen Übertragungssystems ist.

Für die Impulsantwort eines Übertragungssystems gilt allgemein

$$h(t) = \int\limits_{-\infty}^{+\infty} H(f) e^{j2\pi ft}\, df = \int\limits_{-\infty}^{+\infty} [\mathrm{Re}\,H(f) + j\,\mathrm{Im}\,H(f)][\cos 2\pi ft + j \sin 2\pi ft]\, df \quad . \tag{12.22}$$

Bei einer reellen Impulsantwort ist $\mathrm{Re}\,H(f)$ gerade und $\mathrm{Im}\,H(f)$ ungerade. Weil die Integrale über die ungeraden Produkte Null ergeben, verbleibt

$$h(t) = \int\limits_{-\infty}^{+\infty} \mathrm{Re}\,\{H(f)\} \cos 2\pi ft\, df - \int\limits_{-\infty}^{+\infty} \mathrm{Im}\,\{H(f)\} \sin 2\pi ft\, df = h_g(t) + h_u(t) \quad . \tag{12.23}$$

Das linke Integral liefert den in t geraden Anteil $h_g(t)$ und das rechte Integral den in t ungeraden Anteil $h_u(t)$.

Drückt man im rechten Integral den Imaginärteil Im $H(f)$ durch das negative Hilbert–Integral (12.8) aus, dann ergibt sich bei anschließender Vertauschung der Integrationsreihenfolge

$$h_u(t) = - \int\limits_{f=-\infty}^{+\infty} \left[-\frac{1}{\pi} \int\limits_{u=-\infty}^{+\infty} \frac{\mathrm{Re}\,H(u)}{f-u}\ \mathrm{d}u \right] \sin 2\pi f t\ \mathrm{d}f =$$

$$= - \int\limits_{u=-\infty}^{+\infty} \mathrm{Re}\,H(u) \left[\frac{1}{\pi} \int\limits_{f=-\infty}^{+\infty} \frac{\sin 2\pi f t}{u-f}\ \mathrm{d}f \right] \mathrm{d}u\ . \tag{12.24}$$

In der eckigen Klammer des letzten Ausdrucks steht jetzt das Hilbert–Transformationsintegral (mit vertauschten Rollen von u und f) für die Sinusfunktion. Durch Benutzung des Transformationsergebnisses in Tab. 12.1 folgt unter Beachtung von (12.23)

$$h_u(t) = \pm \int\limits_{-\infty}^{+\infty} \mathrm{Re}\,\{H(u)\} \cos 2\pi u t\ \mathrm{d}u = \pm\, h_g(t) \quad \text{für } t \begin{cases} > 0 \\ < 0 \end{cases}. \tag{12.25}$$

Wie mit Bild 12.2 veranschaulicht wird, heben sich wegen (12.25) die nichtkausalen Anteile, d. h. die Anteile bei $t < 0$, der Impulsantwort $h(t)$ weg.

Es gilt also der folgende Satz

> Notwendig und hinreichend für die Kausalität eines linearen zeitinvarianten Übertragungssystems ist, daß Realteil und Imaginärteil der Übertragungsfunktion über die Hilbert–Transformation miteinander verknüpft sind, d. h.
>
> $$\mathrm{Re}\,H(f) = \mathcal{H}\{\,\mathrm{Im}\,H(f)\}\ , \tag{12.26}$$
>
> $$\mathrm{Im}\,H(f) = -\mathcal{H}\{\,\mathrm{Re}\,H(f)\}\ . \tag{12.27}$$

Wie man durch eine gleichartige Rechnung zeigen kann, gilt dieser Satz auch für imaginäre Impulsantworten und damit auch für komplexwertige Impulsantworten.

12.4 Analytische Signale

In den vorangegangenen Abschnitten wurden kausale Impulsantworten oder Zeitfunktionen betrachtet. Eine kausale Zeitfunktion ist dadurch definiert, daß sie für negative Zeiten den Wert Null hat.

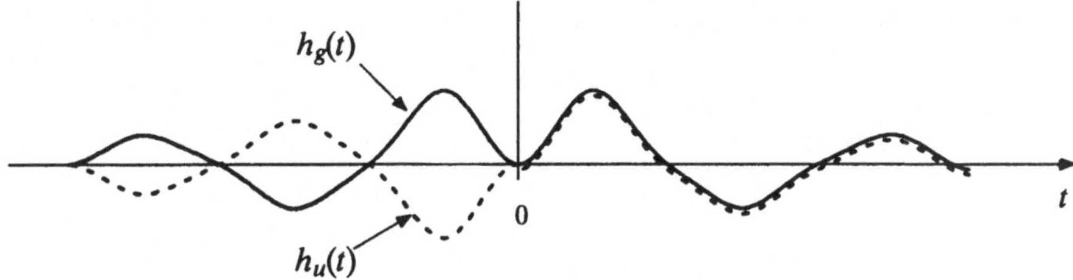

Bild 12.2   Zur Illustration der Beziehung (12.25)

In diesem Abschnitt 12.4 werden sogenannte *analytische* Signale oder *analytische* Zeitfunktionen betrachtet. Ein analytisches Signal ist dadurch definiert, daß sein Fourier–Spektrum für negative Frequenzen den Wert Null hat.

Da ein reellwertiges Signal $s(t)$ ein Fourier–Spektrum hat, das stets Spektralanteile auch bei negativen Frequenzen besitzt, kann ein analytisches Signal nur komplexwertig sein, d. h.

$$\underline{s}(t) = s^{(r)}(t) + j\,s^{(i)}(t) \; . \tag{12.28}$$

Für das analytische Signal gilt nun definitionsgemäß

$$\underline{s}(t) \; \circ\!\!-\!\!\bullet \; \underline{S}(f) = 0 \quad \text{für } f < 0 \; . \tag{12.29}$$

Wie sich zeigen wird, sind bei einem analytischen Signal $\underline{s}(t)$ der Realteil $s^{(r)}(t)$ und der Imaginärteil $s^{(i)}(t)$ über die Hilbert–Transformation miteinander verknüpft. Das heißt im einzelnen

$$s^{(i)}(t) = \hat{s}(t) = \frac{1}{\pi} \int\limits_{-\infty}^{+\infty} \frac{s(\tau)}{t-\tau}\, d\tau = + \mathcal{H}\{s(t)\} \quad \text{mit } s(t) = s^{(r)}(t) \, , \tag{12.30}$$

$$s^{(r)}(t) = s(t) = -\frac{1}{\pi} \int\limits_{-\infty}^{+\infty} \frac{\hat{s}(\tau)}{t-\tau}\, d\tau = - \mathcal{H}\{\hat{s}(t)\} \quad \text{mit } \hat{s}(t) = s^{(i)}(t) \; . \tag{12.31}$$

Man beachte den Vorzeichenunterschied gegenüber (12.8) und (12.9). Dieser hängt mit dem Unterschied zwischen der Fourier–Hin– und Fourier–Rücktransformation zusammen.

Die Herleitung von (12.30) und (12.31) erfolgt analog zur Herleitung der Beziehungen (12.8) und (12.9). Für das Spektrum des analytischen Signals muß gelten, vergl. (12.4),

$$\underline{S}(f) = \underline{S}(f) \cdot \underline{H}_0(f) \; . \tag{12.32}$$

Hierbei sei $S(0) = 0$. Die Funktion $\underline{H}_0(f)$ ist die reellwertige spektrale Sprungfunktion

$$\underline{H}_0(f) = \begin{cases} 1 \ \text{für} \ f > 0 \\ 0 \ \text{für} \ f < 0 \ . \end{cases} \tag{12.33}$$

Für die zugehörige Zeitfunktion gilt

$$\underline{H}_0(f) \ \bullet\!\!-\!\!\circ \ \underline{h}_0(t) = \frac{1}{2}\delta(t) + \frac{j}{2\pi t} \quad . \tag{12.34}$$

Durch Transformation von (12.32) in den Zeitbereich erhält man mit (12.34) die zu (12.6) korrespondierende Beziehung

$$\underline{s}(t) = +\frac{j}{\pi} \int\limits_{-\infty}^{+\infty} \frac{\underline{s}(\tau)}{t-\tau} \ d\tau \ \circ\!\!-\!\!\bullet \ \underline{S}(f) = 0 \quad \text{für} \ f < 0 \ . \tag{12.35}$$

Durch Auftrennung von (12.35) in seine Real- und Imaginärteile ergeben sich die Beziehungen (12.30) und (12.31).

(12.35) kann auch zur Herleitung von Korrespondenzen bei Zeitfunktionen benutzt werden. Mit der gleichen Vorgehensweise wie bei (12.18)ff erhält man die Ergebnisse in Tab. 12.2, die mit denen in Tab 12.1 sinngemäß übereinstimmen.

Tab.12.2	$s(t)$	$\hat{s}(t) = \mathcal{H}\{s(t)\}$
	$\cos 2\pi f_0 t$	$+ \sin 2\pi f_0 t \quad \text{für} \ f_0 > 0$ $- \sin 2\pi f_0 t \quad \text{für} \ f_0 < 0$
	$\sin 2\pi f_0 t$	$- \cos 2\pi f_0 t \quad \text{für} \ f_0 > 0$ $+ \cos 2\pi f_0 t \quad \text{für} \ f_0 < 0$

So ergeben sich z. B. die in Tab. 12.2 für $f_0 > 0$ aufgeführten Korrespondenzen ausgehend vom spektralen Dirac-Impuls $\delta(f - f_0)$, der für $f_0 > 0$ bei negativen Frequenzen sicherlich keine Spektralanteile besitzt. Die zugehörige Zeitfunktion ist die komplexe Exponentialschwingung [vergl. (10.71) und (10.69)].

$$\delta(f - f_0) \ \bullet\!\!-\!\!\circ \ e^{+j2\pi f_0 t} \ ; \quad f_0 > 0 \ . \tag{12.36}$$

Durch Einsetzen der komplexen Exponentialschwingung $e^{+j2\pi f_0 t}$ in (12.35) findet man den folgenden von vornherein bekannten Zusammenhang bestätigt

$$s(t) + j\hat{s}(t) = \underline{s}(t) = e^{j2\pi f_0 t} = \cos 2\pi f_0 t + j\sin 2\pi f_0 t \quad \text{für} \ f_0 > 0 \ . \tag{12.37}$$

Die berühmte komplexe Exponentialschwingung, die in Abschnitt 5.1 sich als Eigenschwingung des linearen zeitinvarianten Übertragungssystems erwies, ist also zugleich auch ein wichtiges Beispiel eines analytischen Signals.

Die Hilbert–Transformation (12.30) stellt die Faltung des Signals $s(t)$ mit $1/\pi t$ dar, die auch wie folgt geschrieben werden kann

$$\hat{s}(t) = s(t) * \frac{1}{\pi t} \ . \qquad (12.38)$$

Durch Fourier–Transformation von (12.38) ergibt sich

$$\hat{S}(f) = S(f)\cdot[-\mathrm{j}\,\mathrm{sgn}f] = S(f)H_H(f) \ , \qquad (12.39)$$

wie man mit den in Abschnitt 10.5.2 dargestellten Überlegungen leicht verifizieren kann.

Man kann also die Hilbert–Transformation $\hat{s}(t)$ eines reellen Signals $s(t)$ mit einem Hilbert–Transformator bilden, der ein lineares zeitinvariantes Übertragungssystem ist mit der Übertragungsfunktion

$$H_H(f) = -\mathrm{j}\,\mathrm{sgn}f \ . \qquad (12.40)$$

Die Zusammenhänge zeigt Bild 12.3.

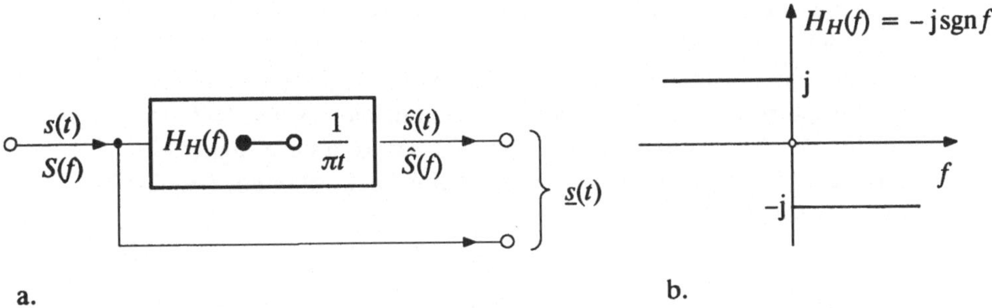

Bild 12.3   a. Hilbert–Transformator und Bildung eines analytischen Signals $\underline{s}(t)$

                 b. Übertragungsfunktion des Hilbert–Transformators

Im Unterschied zum reellen Signal $s(t)$, das Spektralanteile auch bei negativen Frequenzen aufweist, besitzt das komplexe analytische Signal

$$\underline{s}(t) = s(t) + \mathrm{j}\hat{s}(t)$$

$$\underline{S}(f) = S(f) + \mathrm{j}\hat{S}(f) = 0 \quad \text{für } f < 0 \qquad (12.41)$$

keine Spektralanteile bei negativen Frequenzen.

Während das reelle Signal nur eine einzige Leitung beansprucht, beansprucht das analytische Signal zwei Leitungen, eine für die Realteilfunktion $s(t)$, die andere für die Imaginärteilfunktion $\hat{s}(t)$. Daß jedes komplexwertige Signal $\underline{s}(t)$ sinnvoller Weise zwei getrennte Leitungen benötigt, ist bereits in den Abschnitten 2.4 und 4.1.3 im Anschluß an (4.35) sowie später mit Bild 5.1 diskutiert worden.

Auf jeder der beiden Leitungen eines analytischen Signals bewegt sich ein reelles Signal, auf der einen $s(t)$ auf der anderen $\hat{s}(t)$. Jedes einzelne dieser beiden Signale weist zwar Spektralanteile auch bei negativen Frequenzen auf. In der Summe (12.41), bei welcher $\hat{s}(t)$ noch mit j zu multiplizieren ist, heben sich aber die Spektralanteile bei negativen Frequenzen heraus.

Bis hierher wurde gezeigt, daß die Forderung "keine Spektralanteile bei negativen Frequenzen" dazu führt, daß Realteil und Imaginärteil der komplexen Zeitfunktion über die Hilbert–Transformation miteinander verknüpft sein müssen. Mit einer gleichartigen Herleitung, wie sie in Abschnitt 12.3 durchgeführt wurde, läßt sich umgekehrt zeigen, daß ein komplexes Signal, bei dem Real– und Imaginärteil über die Hilbert–Transformation verknüpft sind, keine Spektralanteile bei negativen Frequenzen besitzt. Es gilt also der Satz

> Beim analytischen Signal ist der Imaginärteil die Hilbert–Transformierte des Realteils und der Realteil die inverse Hilbert–Transformierte des Imaginärteils.
>
> Ist umgekehrt der Imaginärteil eines komplexen Signals die Hilbert–Transformierte des Realteils und der Realteil die inverse Hilbert–Transformierte des Imaginärteils, dann ist das komplexe Signal ein analytisches Signal. Das heißt: es besitzt keine Spektralanteile bei negativen Frequenzen.

12.5 Modulation als technische Anwendung analytischer Signale

Analytische Signale muten wie alle komplexwertige Zeitfunktionen auf den ersten Blick rein akademisch an. Sie sind das aber keineswegs. Im Gegenteil, sie besitzen seit Jahrzehnten eine große praktische Bedeutung.

Betrachtet seien zwei reelle Signale $a^{(r)}(t)$ und $a^{(i)}(t)$, die nichts miteinander zu tun haben müssen. Sie dürfen aus zwei voneinander völlig unabhängigen Quellen stammen. Rein formal kann man diese beiden Signalfunktionen zu einem komplexen Signal

$$\underline{a}(t) = a^{(r)}(t) + j a^{(i)}(t) \tag{12.42}$$

zusammenfassen. Physikalisch besagt der Faktor j lediglich, daß zwei Leitungen unterschieden werden; auf der durch j gekennzeichneten Leitung bewegt sich $a^{(i)}(t)$, auf der anderen Leitung $a^{(r)}(t)$. Würde in (12.42) das j fehlen, könnte man $a^{(r)}(t)$ und $a^{(i)}(t)$ mathematisch nicht mehr voneinander trennen.

Das komplexe Signal $\underline{a}(t)$ in (12.42) ist normalerweise *nicht* analytisch. Wenn aber beide Signale bandbegrenzt sind, dann läßt sich aus $\underline{a}(t)$ leicht ein analytisches Signal $\underline{m}(t)$ erzeugen, wie nun gezeigt wird.

Es wird also angenommen, daß

$$a^{(r)}(t) \circ\!\!-\!\!\bullet \quad A^{(r)}(f) = 0 \quad \text{für } |f| > f_g, \tag{12.43}$$

$$a^{(i)}(t) \circ\!\!-\!\!\bullet \quad A^{(i)}(f) = 0 \quad \text{für } |f| > f_g. \tag{12.44}$$

Damit ist auch

$$\underline{a}(t) = a^{(r)}(t) + ja^{(i)}(t) \circ\!\!-\!\!\bullet \quad A^{(r)}(f) + jA^{(i)}(f) = \underline{A}(f) = 0 \quad \text{für } |f| > f_g \tag{12.45}$$

bandbegrenzt.

An dieser Stelle sei bemerkt, daß sich auch $\underline{A}(f)$ wieder eindeutig in $A^{(r)}(f)$ und $A^{(i)}(f)$ zerlegen läßt, ohne daß eine Rücktransformation in den Zeitbereich nötig ist. Weil $a^{(r)}(t)$ reell ist, hat $A^{(r)}(f)$ einen geraden Realteil und einen ungeraden Imaginärteil. Weil $ja^{(i)}(t)$ imaginär ist, hat $jA^{(i)}(f)$ einen ungeraden Realteil und einen geraden Imaginärteil. Der gerade Anteil von $\operatorname{Re}\underline{A}(f)$ ist also $A^{(r)}(f)$ und der ungerade Anteil von $\operatorname{Re}\underline{A}(f)$ ist also $jA^{(i)}(f)$ zuzuordnen. Ferner ist der ungerade Anteil von $j\operatorname{Im}\underline{A}(f)$ bzw. der gerade Anteil von $j\operatorname{Im}\underline{A}(f)$ entsprechend $A^{(r)}(f)$ bzw. $jA^{(i)}(f)$ zuzuordnen.

Durch Multiplikation des komplexen Signals $\underline{a}(t)$ der Bandgrenze f_g mit einer Exponentialschwingung der Frequenz $f_0 > f_g$ erhält man mit dem Modulationssatz (10.30)

$$\underline{m}(t) = \underline{a}(t)e^{+j2\pi f_0 t} \circ\!\!-\!\!\bullet \quad \underline{A}(f-f_0) = \underline{M}(f) = 0 \quad \text{für } f < 0, \tag{12.46}$$

siehe Bild 12.4.

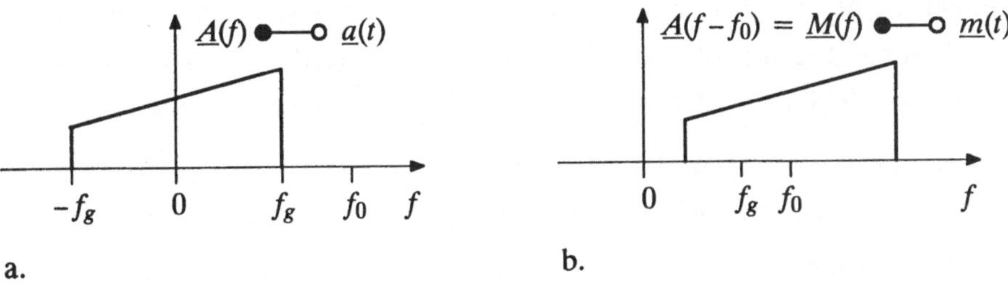

Bild 12.4   a. Spektrum $\underline{A}(f)$ des Basisbandsignals $\underline{a}(t)$

b. Spektrum $\underline{M}(f)$ der modulierten Schwingung $\underline{m}(t)$

Das Signal $\underline{m}(t)$, dessen Spektrum $\underline{M}(f)$ bei der höheren Frequenz f_0 liegt, heißt (komplexe) *modulierte Schwingung*, während das primäre Signal $\underline{a}(t)$, dessen Spektrum $\underline{A}(f)$ im Bereich der Frequenz null liegt, als (komplexes) *Basisbandsignal* bezeichnet wird.

Weil $f_0 > f_g$ ist, hat $\underline{M}(f)$ keine spektralen Anteile bei negativen Frequenzen. Die modulierte Schwingung $\underline{m}(t)$ muß also ein analytisches Signal sein, dessen Realteil und Imaginärteil über die Hilbert–Transformation miteinander verknüpft sind.

Mit der Kenntnis des Realteils $\mathrm{Re}\,\underline{m}(t) = m(t)$ ist über die Hilbert–Transformation auch der Imaginärteil $\mathrm{Im}\,\underline{m}(t) = \hat{m}(t)$ bekannt. Er kann mit (12.30) berechnet oder über einen Hilbert–Transformator gemäß Bild 12.3a gebildet werden. Für eine Übertragung genügt daher allein die Übertragung z. B. des Realteils $m(t)$, wofür nur eine Leitung benötigt wird. Am Empfangsort wird dann der zugehörige Imaginärteil mit Hilfe der Hilbert–Transformation gebildet, womit wieder das komplette analytische Signal $\underline{m}(t)$ zur Verfügung steht. Aus $\underline{m}(t)$ gewinnt man dann vermittels

$$\underline{m}(t)\,\mathrm{e}^{-\mathrm{j}2\pi f_0 t} = \underline{a}(t) \; \circ\!\!-\!\!\bullet \;\; \underline{A}(f) = M(f + f_0) \tag{12.47}$$

wieder das ursprüngliche Basisbandsignal $\underline{a}(t)$. Auf diese Weise läßt sich das komplexe Signal $\underline{a}(t)$, das in Wirklichkeit zwei unabhängige Signale $a^{(r)}(t)$ und $a^{(i)}(t)$ darstellt, über eine einzige Leitung übertragen, indem man lediglich den Realteil $m(t)$ des analytischen Signals $\underline{m}(t)$ überträgt.

Die Bildung von $\underline{m}(t)$ gemäß (12.46) wird als Modulation, die Rückgewinnung von $\underline{a}(t)$ gemäß (12.47) als Demodulation bezeichnet.

Die im Block (12.48) zusammengefaßten Beziehungen bilden den Kern der gesamten Theorie der Modulation von Sinusträgern. Jedes technische Modulationsverfahren, bei dem ein Basisbandsignal $s(t)$ einem Sinusträger aufmoduliert wird, sei es die Amplitudenmodulation, Frequenzmodulation oder sonst ein Verfahren, läßt sich dadurch beschreiben, daß die Basisbandsignale $a^{(r)}(t)$ und $a^{(i)}(t)$ in geeigneter Weise (eventuell durch nichtlineare Operationen) aus dem primären Basisbandsignal $s(t)$ [eventuell aus zwei primären Basisbandsignalen $s^{(1)}(t)$ und $s^{(2)}(t)$] hergeleitet werden [7]. Dabei ist der Fall, daß eines der beiden Signale $a^{(r)}(t)$ und $a^{(i)}(t)$ identisch null sein kann, mit eingeschlossen.

Auf der Empfangsseite kann aus $a^{(r)}(t)$ und $a^{(i)}(t)$ durch eine inverse (eventuell nichtlineare) Operation wieder das primäre Basisbandsignal $s(t)$ zurückgewonnen werden.

Die Abbildungen $s(t) \rightarrow \underline{a}(t)$ auf der Sendeseite und $\underline{a}(t) \rightarrow s(t)$ auf der Empfangsseite betreffen niederfrequente Signale. Sie lassen sich deshalb in technischen Geräten oft mit Hilfe von Mitteln der digitalen Signalverarbeitung ausführen. Hochfrequent sind lediglich der Kosinus– und Sinusträger der Frequenz f_0 und die modulierte Schwingung $\underline{m}(t)$.

Zusammenfassung

Reelle Basisbandsignale:

$$a^{(r)}(t) \quad \circ\!\!-\!\!\bullet \quad A^{(r)}(f) = 0 \quad \text{für } |f| > f_g \quad \text{bandbegrenzt}$$

$$a^{(i)}(t) \quad \circ\!\!-\!\!\bullet \quad A^{(i)}(f) = 0 \quad \text{für } |f| > f_g \quad \text{bandbegrenzt}$$

Komplexes Basisbandsignal:

$$\underline{a}(t) = a^{(r)}(t) + \mathrm{j}a^{(i)}(t) \quad \circ\!\!-\!\!\bullet \quad \underline{A}(f) = A^{(r)}(f) + \mathrm{j}A^{(i)}(f)$$

Modulation:

$$\underline{m}(t) = \underline{a}(t)\, \mathrm{e}^{+\mathrm{j}2\pi f_0 t} \quad \circ\!\!-\!\!\bullet \quad \underline{M}(f) = \underline{A}(f - f_0)$$
$$\text{analytisches Signal für } f_0 > f_g$$

$$\underline{m}(t) = m(t) + \mathrm{j}\hat{m}(t) \quad ; \quad \hat{m}(t) = \mathcal{H}\{m(t)\}$$

Demodulation:

$$\underline{a}(t) = \underline{m}(t)\, \mathrm{e}^{-\mathrm{j}2\pi f_0 t} = a^{(r)}(t) + \mathrm{j}a^{(i)}(t)$$

(12.48)

12.6 Übertragung komplexwertiger Signale

Übertragungssysteme mit Modulation, dazu gehören unter anderem alle Systeme mit drahtloser Funkübertragung, lassen sich sehr effizient beschreiben, wenn komplexwertige Signale verwendet werden. Vorausgesetzt werden dabei bandbegrenzte Basisbandsignale der oberen Grenzfrequenz f_g und eine Trägerfrequenz $f_0 > f_g$, siehe (12.48), sodaß sich als modulierte Schwingung stets ein analytisches Signal ergibt. Zunächst seien die komplexen Multiplikationen näher betrachtet.

Für die Modulation (12.46) gilt ausführlich

$$\underline{a}(t)\mathrm{e}^{+\mathrm{j}2\pi f_0 t} = [a^{(r)}(t) + \mathrm{j}a^{(i)}(t)][\cos 2\pi f_0 t + \mathrm{j} \sin 2\pi f_0 t] = m(t) + \mathrm{j}\hat{m}(t). \quad (12.49)$$

Man erhält

$$m(t) = a^{(r)}(t)\cos 2\pi f_0 t - a^{(i)}(t)\sin 2\pi f_0 t , \tag{12.50}$$

$$\hat{m}(t) = a^{(r)}(t)\sin 2\pi f_0 t + a^{(i)}(t)\cos 2\pi f_0 t . \tag{12.51}$$

Bild 12.5 zeigt die Bildung der komplexen Modulation im Detail. Der Imaginärteil $\hat{m}(t)$ wird für die Übertragung nicht benötigt, da dieser die Hilbert–Transformierte des Realteils $m(t)$ ist. Die betreffenden Schaltungsteile könnten eigentlich entfallen, sie werden aber aus Gründen einer systematischeren Darstellung mitgeführt.

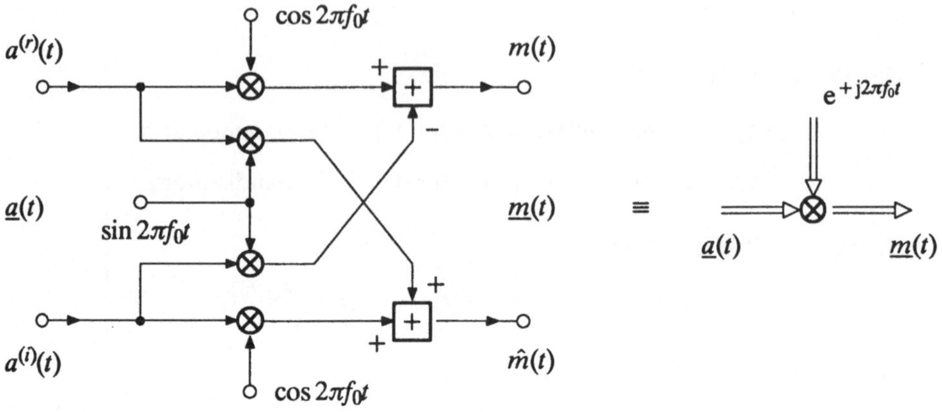

Bild 12.5   Realisierung der komplexen Multiplikation $\underline{a}(t)\,\mathrm{e}^{+\mathrm{j}2\pi f_0 t} = \underline{m}(t)$

Für die Demodulation (12.47) gilt ausführlich

$$\underline{m}(t)\,\mathrm{e}^{-\mathrm{j}2\pi f_0 t} = [m(t) + \mathrm{j}\hat{m}(t)][\cos 2\pi f_0 t - \mathrm{j}\sin 2\pi f_0 t] = a^{(r)}(t) + \mathrm{j}a^{(i)}(t) \ . \qquad (12.52)$$

Man erhält

$$a^{(r)}(t) = \quad m(t)\cos 2\pi f_0 t + \hat{m}(t)\sin 2\pi f_0 t \ , \qquad (12.53)$$

$$a^{(i)}(t) = -m(t)\sin 2\pi f_0 t + \hat{m}(t)\cos 2\pi f_0 t \ . \qquad (12.54)$$

Bild 12.6 zeigt die Bildung der komplexen Demodulation im Detail. Der Imaginärteil $\hat{m}(t)$ kann über einen Hilbert–Transformator aus dem Realteil gebildet werden.

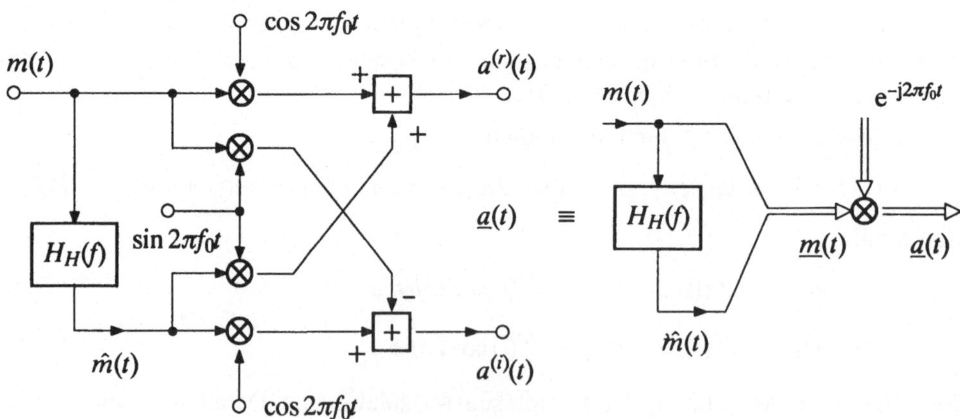

Bild 12.6   Realisierung der komplexen Multiplikation $m(t)\,\mathrm{e}^{-\mathrm{j}2\pi f_0 t} = a(t)$,
wobei nur $\mathrm{Re}\,\underline{m}(t) = m(t)$ angeliefert wird

In Bild 12.7a ist die Übertragung eines komplexen Signals $\underline{m}_1(t)$ über einen reellen linearen zeitinvarianten Übertragungsweg der (reellen) Impulsantwort $h_{\ddot{u}}(t)$ dargestellt. Es werden also Realteil $m_1(t)$ und Imaginärteil $\hat{m}_1(t)$ über dasselbe System übertragen, das infolgedessen zweimal gezeichnet ist (man vergleiche hierzu auch Bild 5.1). Die Signale am Sendeort, d. h. am Eingang des Übertragungswegs, werden mit dem Index 1, die Signale am Empfangsort, d. h. am Ausgang des Übertragungswegs, werden mit dem Index 2 gekennzeichnet. Wenn $\underline{m}_1(t)$ ein analytisches Signal ist, dann ist sein Imaginärteil $\hat{m}_1(t)$ die Hilbert–Transformierte des Realteils $m_1(t)$. Somit ergibt sich aus $m_1(t)$ der Imaginärteil $\hat{m}_2(t)$ am Ausgang des Übertragungswegs durch die Kettenschaltung von Hilbert–Transformator und Übertragungsweg. Da bei einer Kettenschaltung von linearen Systemen die Reihenfolge vertauscht werden darf, erhält man als eine äquivalente Schaltung die in Bild 12.7b.

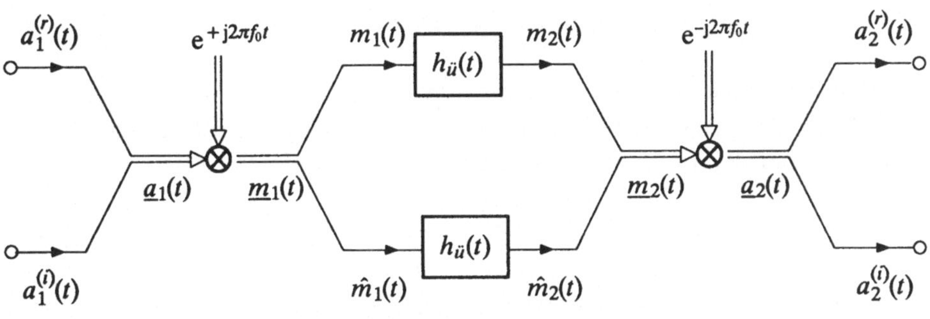

a.

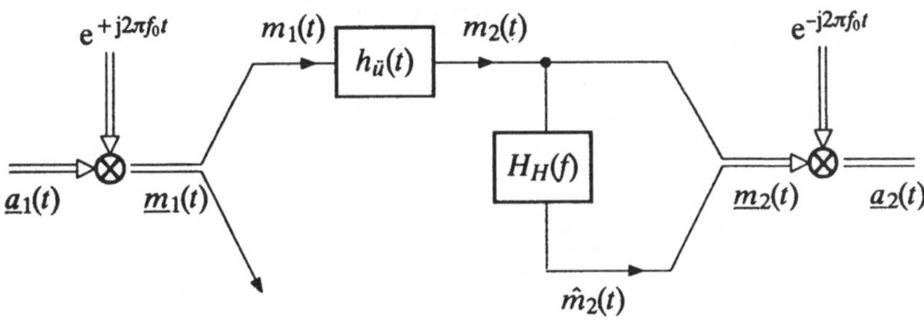

b.

Bild 12.7 Übertragung eines komplexen Signals über ein System mit Modulation
a. ausführliche Schaltung
b. äquivalente Schaltung, wenn $\underline{m}_1(t)$ ein analytisches Signal ist

Der Zusammenhang zwischen der komplexen modulierten Eingangsschwingung $\underline{m}_1(t) \;\circ\!\!-\!\!\bullet\; \underline{M}_1(f)$ und der komplexen modulierten Ausgangsschwingung $\underline{m}_2(t) \;\circ\!\!-\!\!\bullet\; \underline{M}_2(f)$ lautet

$$\underline{m}_2(t) = \underline{m}_1(t) * h_{\ddot{u}}(t) = [m_1(t) + j\hat{m}_1(t)] * h_{\ddot{u}}(t) \quad , \tag{12.55}$$

$$\underline{M}_2(f) = \underline{M}_1(f) \cdot H_{\ddot{u}}(f) \quad . \tag{12.56}$$

Hierbei ist $H_{\ddot{u}}(f) \bullet\!\!-\!\!\circ h_{\ddot{u}}(t)$ die Übertragungsfunktion des reellen Übertragungswegs. Beachtet man, daß sich $\underline{m}_1(t)$ durch Modulation aus $\underline{a}_1(t)$ ergibt, dann folgt durch Anwendung der Modulationsformel (12.46) auf (12.56)

$$\underline{M}_2(f) = \underline{A}_1(f - f_0)\, H_{\ddot{u}}(f) \quad . \tag{12.57}$$

Beachtet man weiter, daß sich $\underline{a}_2(t)$ durch Demodulation aus $\underline{m}_2(t)$ ergibt, dann folgt durch Anwendung der Demodulationsformel (12.47) auf (12.57)

$$\underline{A}_2(f) = \underline{M}_2(f + f_0) = \underline{A}_1(f) \cdot H_{\ddot{u}}(f + f_0) \quad . \tag{12.58}$$

Man erhält also auch zwischen dem Spektrum $\underline{A}_1(f)$ des komplexen Basisbandsignals $\underline{a}_1(t)$ und dem Spektrum $\underline{A}_2(f)$ des komplexen Basisbandsignals $\underline{a}_2(t)$ einen sehr einfachen Zusammenhang. Im Zeitbereich bedeutet (12.58) wegen (10.30)

$$\underline{a}_2(t) = \underline{a}_1(t) * h_{\ddot{u}}(t)\,e^{-j2\pi f_0 t} \quad . \tag{12.59}$$

Das komplexe Basisband–Ausgangssignal $\underline{a}_2(t)$ ergibt sich also durch Faltung des komplexen Basisband–Eingangssignals $\underline{a}_1(t)$ mit der Impulsantwort $h_{\ddot{u}}(t)\,e^{-j2\pi f_0 t}$, die ebenfalls im allgemeinen komplex ist. Der Zusammenhang (12.59) bzw. (12.58) wird als *äquivalente Basisbandübertragung* bezeichnet.

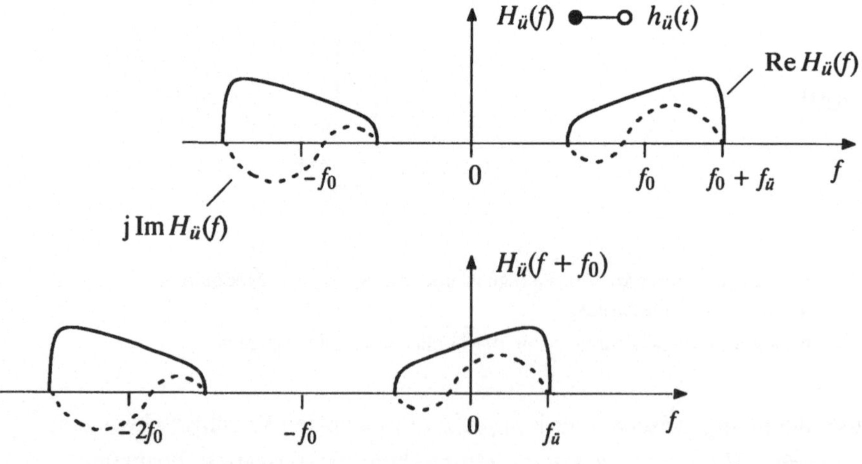

Bild 12.8   Verlauf einer Bandpaß-Übertragungsfunktion $H_{\ddot{u}}(f)$

Wenn $H_{\ddot{u}}(f)$ einen *Bandpaß–Kanal* beschreibt, was oft der Fall ist, dann kann sich unter bestimmten Umständen auch für die äquivalente Basisbandübertragung eine reelle Impulsantwort ergeben. Um das zu zeigen, wird der Verlauf von $H_{\ddot{u}}(f)$ in Bild 12.8 betrachtet.

Der Bandpaß–Kanal kann bei positiven Frequenzen nur im Bereich $f_0 \pm f_{\ddot{u}}$ übertragen. Normalerweise ist $f_0 \gg f_{\ddot{u}} > f_g$, wobei f_g die Bandgrenze des Basisbandspektrums $\underline{A}_1(f)$ ist. Da der Anteil von $H_{\ddot{u}}(f + f_0)$ im Bereich um die Frequenz $-2f_0$ für die Übertragung des Spektrums $\underline{A}_1(f)$ völlig unerheblich ist, liegt die Einführung der folgenden Definition nahe:

$$\underline{H}_T(f) := \begin{cases} H_{\ddot{u}}(f + f_0) & \text{für} \quad |f| \le f_{\ddot{u}} \;, \quad f_{\ddot{u}} < f_0 \\ 0 & \text{sonst} \;, \end{cases} \tag{12.60}$$

$$\underline{H}_T(f) \;\bullet\!\!-\!\!\circ\; \underline{h}_T(t) = h_T^{(r)}(t) + j\, h_T^{(i)}(t) \;. \tag{12.61}$$

Hiermit ergibt sich an Stelle von (12.58) und (12.59)

$$\boxed{\begin{aligned} \underline{A}_2(f) &= \underline{A}_1(f) \cdot \underline{H}_T(f) \;, \\[2mm] \underline{a}_2(t) &= \underline{a}_1(t) * \underline{h}_T(t) \;. \end{aligned}} \qquad \begin{aligned} &(12.62) \\[2mm] &(12.63) \end{aligned}$$

Auch die Impulsantwort $\underline{h}_T(t)$ in (12.61) bzw. (12.63) ist im allgemeinen komplexwertig. Nur im Sonderfall, daß $H_{\ddot{u}}(f)$ auch im Bereich um die Frequenz f_0 einen geraden Realteil und einen ungeraden Imaginärteil besitzt, was im Bild 12.8 nicht der Fall ist, wäre auch $\underline{h}_T(t)$ reellwertig. $\underline{H}_T(f)$ ist die Übertragungsfunktion des Basisbandsystems.

Die Faltung in (12.63) liefert ausführlich geschrieben

$$a_2^{(r)}(t) + j\, a_2^{(i)}(t) = [a_1^{(r)}(t) + j\, a_1^{(i)}(t)] * [h_T^{(r)}(t) + j\, h_T^{(i)}(t)] \;. \tag{12.64}$$

Daraus erhält man für den Real– und Imaginärteil

$$a_2^{(r)}(t) = a_1^{(r)}(t) * h_T^{(r)}(t) - a_1^{(i)}(t) * h_T^{(i)}(t) \;, \tag{12.65}$$

$$a_2^{(i)}(t) = a_1^{(r)}(t) * h_T^{(i)}(t) + a_1^{(i)}(t) * h_T^{(r)}(t) \;. \tag{12.66}$$

Die Umsetzung von (12.65) und (12.66) ergibt das in Bild 12.9 gezeigte kreuzgekoppelte Übertragungssystem.

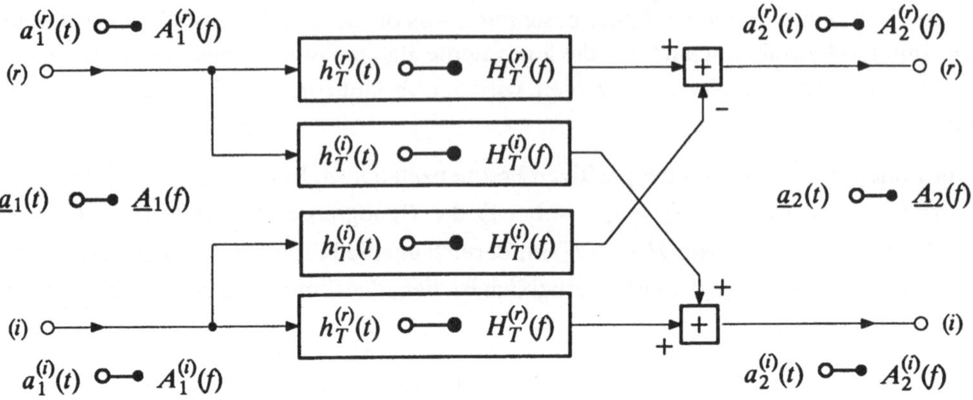

Bild 12.9   Übertragung eines komplexen Signals über ein System mit komplexer Impulsantwort

Der Imaginärteil $h_T^{(i)}(t)$ der komplexwertigen Impulsantwort $\underline{h}_T(t)$ hat also ein Überkoppeln vom Realteilpfad auf den Imaginärteilpfad zur Folge und umgekehrt. Für einen verschwindenden Imaginärteil $h_T^{(i)}(t) \equiv 0$ reduziert sich die Struktur in Bild 12.9 zu derjenigen in Bild 5.1. Auch in Bild 12.7a sind wegen der Reellwertigkeit der Bandpaß–Impulsantwort $h_{ü}(t)$ keine überkoppelnde Diagonalzweige vorhanden.

Wie aus Bild 12.9 hervorgeht, ist die komplexe Impulsantwort $\underline{h}_T(t)$ die Antwort auf einen *reellen* Dirac–Impuls $\delta(t) = \delta^{(r)}(t)$, der auf den (r)–Eingang gegeben wird, während das Signal am (i)–Eingang identisch null ist.

$$\delta^{(r)}(t) \;\rightarrow\; \underline{h}_T(t) = h_T^{(r)}(t) + j\, h_T^{(i)}(t) \qquad \text{bei } a_1^{(i)}(t) \equiv 0\,. \qquad \text{cd(12.67)}$$

Der Realteil $h_T^{(r)}(t)$ erscheint am (r)–Ausgang, der Imaginärteil $h_T^{(i)}(t)$ am (i)–Ausgang.

In entsprechender Weise liefert die Erregung mit dem imaginären Dirac–Impuls $j\delta(t) = j\delta^{(i)}(t)$ am (i)–Eingang die Antwort $j\underline{h}_T(t)$, wenn $a_1^{(r)}(t) \equiv 0$. Infolgedessen gilt bei Anregung mit dem in Abschnitt 2.5 eingeführten komplexen Dirac–Impuls

$$\underline{\delta}(t) = \delta(t) + j\delta(t) \;\rightarrow\; \underline{h}_T(t) + j\,\underline{h}_T(t) = \underline{\delta}(t) * \underline{h}_T(t)\,. \qquad (12.68)$$

Zu den (r)–Klemmen gehören stets die Realteile, zu den (i)–Klemmen die Imaginärteile.

Die Struktur in Bild 12.9 ist insbesondere für numerische Simulationsrechnungen auf dem Computer sehr praktisch, weil für die Abtastraten bei den beteiligten Zeitfunktionen die Basisbandbreiten f_g bzw. $f_ü$ maßgebend sind (siehe Kapitel 9) und nicht etwa die höchste Übertragungsfrequenz $f_0 + f_ü$.

13 Lineare zeitvariante Übertragungssysteme

Bei linearen zeitvarianten Übertragungssystemen gelten zwar weiterhin das Superpositionsprinzip und das Proportionalitätsprinzip, siehe Abschnitte 3.1 und 6.2. Die Zeitinvarianz ist aber jetzt nicht mehr gegeben. Wie sich zeigen wird, hat das beim zeitkontinuierlichen System zur Folge, daß das System auf eine Sinusschwingung am Eingang nicht mehr mit einer Sinusschwingung gleicher Frequenz am Ausgang antwortet.

In der technischen Praxis tritt Zeitvarianz u. a. dadurch auf, daß sich die Übertragungseigenschaften z.B. von Leitungen durch jahreszeitliche Temperaturschwankungen oder von Funkstrecken durch mobile Sender und Empfänger ändern. Die auf Grund von Zeitvarianz entstehenden Effekte werden aber auch z.B. bei der Modulation dazu benutzt, um Signalspektren in gewünschte Frequenzlagen zu verschieben.

Zeitvariante Übertragungssysteme sind allgemeiner als zeitinvariante Übertragungssysteme. Ihre Theorie ist deshalb komplizierter und umfangreicher [21]. Sie enthält die Theorie der zeitinvarianten Systeme als Sonderfall. Hier können aber nur die einfachsten Phänomene und Zusammenhänge beschrieben werden.

In diesem Kapitel werden zunächst statische lineare zeitvariante Übertragungssysteme, danach dynamische zeitvariante Übertragungssysteme behandelt. Statische Systeme sind solche, die kein flüchtiges Gedächtnis, und damit kein zeitabhängiges Ein- oder Ausschwingen (d.h. transientes Verhalten) zeigen, welches dynamische Systeme kennzeichnet.

Bei statischen Systemen wird ausschließlich der gegenwärtige Wert des Eingangssignals zur Bildung des gegenwärtigen Werts des Ausgangssignals berücksichtigt. Im Unterschied dazu werden bei kausalen dynamischen Systemen auch vergangene Werte des Eingangssignals zur Bildung des gegenwärtigen Ausgangssignalwerts herangezogen. Bei zeitvarianten Systemen ist die Vorschrift zur Bildung des momentanen Ausgangswerts noch vom momentanen Zeitpunkt abhängig.

Ein einfacher Zugang zu linearen zeitvarianten Übertragungssystemen resultiert aus einer Verallgemeinerung von kausalen linearen zeitinvarianten Übertragungssystemen, wenn man das Konzept des Zustandsmodells zugrundelegt, siehe Abschnitte 8.6 und 3.4. Beim Zustandsmodell wird die gesamte Vorgeschichte, soweit sie für die Bildung des gegenwärtigen Wertes des Ausgangssignals von Belang ist, durch den "inneren Zustand" in Form eines Vektors oder in Form einer kontinuierlichen Zeitfunktion berücksichtigt.

13.1 Statische lineare zeitvariante Übertragungssysteme

Beim statischen linearen zeitvarianten Übertragungssystem wird der momentane Wert des Ausgangssignals $s_2(t)$ dadurch gebildet, daß der momentane Wert des Eingangssignals $s_1(t)$ mit einem vom momentanen Zeitpunkt t abhängigen Faktor $g(t)$ multipliziert wird, siehe Bild 13.1.

Das Ausgangssignal ergibt sich also zu

$$s_2(t) \; = \; s_1(t) \cdot g(t) \, . \tag{13.1}$$

Bei statischen linearen zeitinvarianten Übertragungssystemen ist g ein konstanter Faktor. Das zugehörige System in Bild 13.1 wäre für $g > 1$ ein idealer Verstärker.

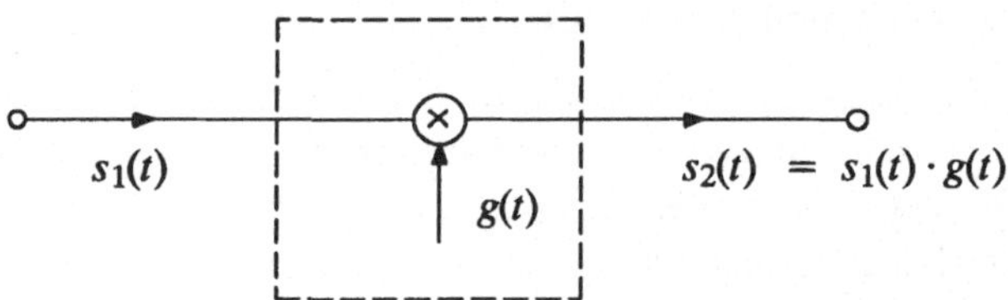

Bild 13.1 Allgemeines statisches lineares zeitvariantes Übertragungssystem

Die Beziehung (13.1) ist linear, denn sie erfüllt sowohl das Superpositionsprinzip als auch das Proportionalitätsprinzip:

$$[a \cdot s_1^{(a)}(t) + b \cdot s_1^{(b)}(t)] \cdot g(t) \; = \; a \cdot s_1^{(a)}(t) \cdot g(t) + b \cdot s_1^{(b)}(t) \cdot g(t) \, . \tag{13.2}$$

$s_1^{(a)}(t)$ und $s_1^{(b)}(t)$ sind beliebige Eingangssignale und a und b beliebige Konstanten.

Das statische lineare zeitvariante Übertragungssystem wird durch seine Antwort auf das Gleichsignal vollständig charakterisiert

$$s_1(t) \; = \; 1 \quad \longrightarrow \quad s_2(t) \; = \; g(t) \, . \tag{13.3}$$

Durch Fourier–Transformation geht (13.1) nach (10.38) in die Faltung der zugehörigen Spektren über

$$S_2(f) = S_1(f) * G(f) = \int\limits_{-\infty}^{+\infty} S_1(u)\,G(f-u)\;\mathrm{d}u \; . \tag{13.4}$$

Wenn das Eingangssignal $s_1(t)\,\circ\!\!-\!\!\bullet\;S_1(f)$ bandbegrenzt ist auf $|f| \le f_1$ und wenn ebenfalls der zeitabhängige Faktor $g(t)\,\circ\!\!-\!\!\bullet\;G(f)$ bandbegrenzt ist auf $|f| \le f_g$, dann hat in Analogie zu (3.32) das Ausgangssignal $s_2(t)\,\circ\!\!-\!\!\bullet\;S_2(f)$ die höhere Bandgrenze

$$f_2 = f_1 + f_g \; . \tag{13.5}$$

Damit läßt sich folgendes Phänomen konstatieren:

> Im Unterschied zu linearen zeitinvarianten Systemen, welche die Bandbreite der übertragenen Signale höchstens verkleinern (z.B. durch Tiefpaß–Filterung), nach (5.34) niemals aber vergrößern können, tritt bei zeitvarianten Übertragungssystemen in der Regel eine Bandbreite*vergrößerung* auf. Bei dynamischen Systemen kann diese Bandbreitevergrößerung durch zusätzliche Filterung aufgehoben sein.

Als spezielles Beispiel sei nun die Übertragung einer Kosinusschwingung betrachtet.

$$s_1(t) = \cos[2\pi f_0 t + \phi] \;\circ\!\!-\!\!\bullet\; \frac{1}{2}e^{j\phi}\delta(f-f_0) + \frac{1}{2}e^{-j\phi}\delta(f + f_0) \; . \tag{13.6}$$

Hierfür erhält man mit (13.1)

$$s_2(t) = s_1(t)\cdot g(t) = \cos[2\pi f_0 t + \phi]\cdot g(t)$$

$$= \frac{1}{2}\cdot\{e^{j\phi}\cdot e^{+j2\pi f_0 t} + e^{-j\phi}\cdot e^{-j2\pi f_0 t}\}\cdot g(t) \tag{13.7}$$

und Durchführung der Fourier–Transformation das Ausgangsspektrum

$$S_2(f) = \int\limits_{-\infty}^{+\infty} s_2(t)\cdot e^{-j2\pi ft}\;\mathrm{d}t$$

$$= \frac{1}{2}\cdot e^{j\phi}\int\limits_{-\infty}^{+\infty} g(t)\cdot e^{-j2\pi(f-f_0)t}\;\mathrm{d}t \;+\; \frac{1}{2}\cdot e^{-j\phi}\int\limits_{-\infty}^{+\infty} g(t)\cdot e^{-j2\pi(f+f_0)t}\;\mathrm{d}t$$

$$= \frac{1}{2}\cdot e^{j\phi}\cdot G(f-f_0) \;+\; \frac{1}{2}\cdot e^{-j\phi}\cdot G(f + f_0) \; . \tag{13.8}$$

Aus den schmalen Spektrallinien $\delta(f \pm f_0)$ der Kosinusschwingung (13.6) am Systemeingang sind am Ausgang aufgespreizte kontinuierliche Spektren $G(f \pm f_0)$ entstanden, deren Form vom zeitabhängigen Faktor $g(t)$ bestimmt wird.

Bei vertauschten Rollen von $s_1(t)$ und $g(t)$, d.h. bei sinusförmiger Änderung des zeitabhängigen Faktors $g(t)$, bildet das statische lineare zeitvariante Übertragungssystem einen

Modulator, der das Spektrum $S_1(f)$ des Eingangssignals $s_1(t)$ in die höhere Frequenzlage $S_1(f \pm f_0)$ verschiebt, vergl. Abschnitt 12.5.

13.2 Der Doppler–Effekt

Der Doppler–Effekt ist eine typische Erscheinung bei Mobilfunkkanälen. Die Mobilfunkstrecke ist ein wichtiges technisches Beispiel für ein zeitvariantes Übertragungssystem, siehe Bild 13.2. Darin bezeichnen F eine ortsfeste Basisstation und M eine ortsveränderliche Mobilstation.

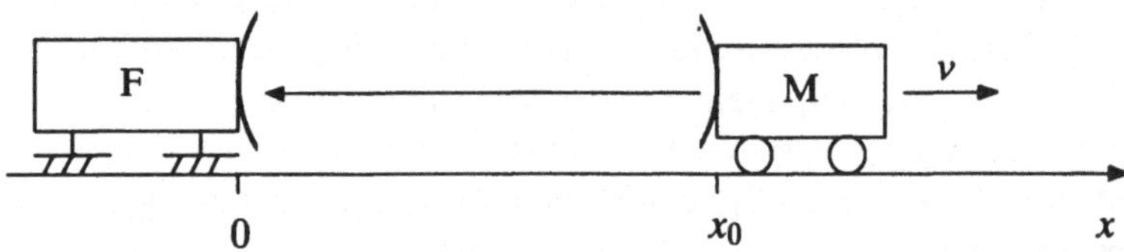

Bild 13.2   Mobilfunkverbindung zwischen der Mobilfunkstation M und der ortsfesten Basisstation F

Die Mobilstation sende die Schwingung

$$m_1(t) = \cos 2\pi f_0 t \ . \tag{13.9}$$

Wenn sich die Mobilstation nicht bewegt, dann haben M und F den festen Abstand x_0. In diesem Fall kann der Funkkanal als zeitinvariant angenommen werden. Die von der Basisstation empfangene Schwingung ist dann

$$m_2(t) = A_0 \cos[2\pi f_0 t - \varphi_0] = A_0 \cos[2\pi f_0 (t - T_0)] \ . \tag{13.10}$$

Hierbei kennzeichnen A_0 einen Abschwächungs– oder Dämpfungsfaktor und $-\varphi_0$ eine Nullphase, die auf Grund der endlichen Ausbreitungsgeschwindigkeit c der Funkwelle zustande kommt. Es ist

$$\varphi_0 = 2\pi f_0 T_0 = \frac{2\pi f_0 x_0}{c} \ , \tag{13.11}$$

da $T_0 = x_0/c$ die Laufzeit ist, die z.B. ein Wellenmaximum benötigt, um die Strecke x_0 zu durchlaufen.

Wenn sich die Mobilfunkstation bewegt, dann ändert sich der Abstand der Stationen voneinander und der Funkkanal wird zeitvariant. Falls sich die Mobilstation von der Basisstation wegbewegt, haben von der Mobilstation später ausgesendete Wellenmaxima eine größere Strecke bis zum Empfänger zu durchlaufen als früher ausgesendete Wellenmaxima. Der zeitliche Abstand zwischen benachbarten Wellenmaxima ist daher am Empfangsort größer als am Sendeort, das heißt, die Empfangsfrequenz ist niedriger als die Sendefrequenz.

Bewegt sich der Sender mit der konstanten Geschwindigkeit v vom Empfänger weg, dann wächst der Abstand gemäß $x = x_0 + vt$ und im gleichen Maß wächst auch der Betrag des Nullphasenwinkels φ in (13.11)

$$\varphi = \frac{2\pi f_0(x_0 + vt)}{c} = \varphi_0 + 2\pi f_0 tv/c \ . \tag{13.12}$$

Statt des Signals (13.10) empfängt die Basisstation nun die Schwingung

$$m_2(t) = A_0 \cos[2\pi(f_0 - f_0\frac{v}{c})t - \varphi_0] = A_0 \cos[2\pi(f_0 - f_D)t - \varphi_0] \ . \tag{13.13}$$

Die Differenzfrequenz

$$f_D = \frac{v}{c}f_0 \tag{13.14}$$

heißt Doppler-Frequenz. Die von der Bewegung hervorgerufene Frequenzänderung bezeichnet man als *Doppler-Effekt*.

Der Wert der Amplitude A_0 in (13.13) gilt für den Fall, daß sich die Mobilstation gerade am Ort x_0 befindet und ist derselbe wie in (13.10). Für die Empfangsfrequenz hingegen macht es einen Unterschied, ob sich die Mobilstation am Ort x_0 in Ruhe befindet oder mit der Geschwindigkeit v bewegt. Auch die Bewegungsrichtung ist wichtig. Bewegt sich die Mobilstation auf den Empfänger zu, dann ist die Doppler-Frequenz negativ und damit die Empfangsfrequenz höher als die Sendefrequenz.

Bildet die Bewegungsrichtung der Mobilstation mit der Verbindungslinie Basisstation-Mobilstation den Winkel a, dann bestimmt sich die Doppler-Frequenz zu

$$f_D = f_0 \frac{v \cos a}{c} \ , \tag{13.15}$$

wobei a so gemessen wird, daß für $a = 0$ die Mobilstation sich radial von der Basisstation wegbewegt, vergl. (13.14), und für $a = \pi$ die Mobilstation sich direkt auf die Basisstation zubewegt.

Bewegt sich die Mobilstation mit zeitlich ändernder Geschwindigkeit $v(t)$ und ändernder Richtung $a(t)$, dann ist die empfangene Schwingung ein phasenmoduliertes Signal

$$m_2(t) = A(t) \cos\left[2\pi f_0 t - \varphi_0 - 2\pi f_0 \frac{v(t) \, \cos a(t)}{c}\right], \tag{13.16}$$

das überdies auch amplitudenmoduliert ist, weil sich auch der Abstand zum Empfänger ändert. Die Amplitudenmodulation wird durch $A(t)$ ausgedrückt. Bei praktischen Anwendungen ist der Doppler-Effekt aber meistens das größere technische Problem.

Nachfolgend wird der Doppler–Effekt für den einfachen Fall von (13.13) näher betrachtet. Während der zeitinvariante Zusammenhang zwischen (13.9) und (13.10) im Zeit– und Frequenzbereich mit dem Faltungsintegral (3.27) und der Impulsantwort

$$h(t) \; = \; A_0\,\delta(t - T_0) \tag{13.17}$$

bzw. mit der Übertragungsfunktion

$$H(f) \; = \; A_0\mathrm{e}^{-\mathrm{j}2\pi f_0 T_0} \tag{13.18}$$

beschrieben werden kann [vergl. hierzu (10.28) und (10.69) oder (5.9) und (5.14)], läßt sich der zeitvariante Zusammenhang zwischen (13.9) und (13.13) nicht mehr mit einer gewöhnlichen Übertragungsfunktion $H(f)$ beschreiben.

Die Beschreibung der den Doppler–Effekt in (13.13) hervorrufenden Zeitvarianz erfordert einen multiplikativen Term, der in Erweiterung von (13.1) zweckmäßigerweise komplexwertig ist. Dazu ergänzt man die Sendeschwingung (13.9) durch Hinzufügen ihrer Hilbert–Transformierten (siehe Abschnitt 12.4) zum analytischen Signal

$$\underline{m}_1(t) \; = \; m_1(t) + \hat{m}_1(t) \; = \; \cos 2\pi f_0 t + \mathrm{j}\sin 2\pi f_0 t \; = \; \mathrm{e}^{\mathrm{j}2\pi f_0 t} \; . \tag{13.19}$$

Die Multiplikation von (13.19) mit

$$\underline{g}(t) \; = \; A_0\mathrm{e}^{-\mathrm{j}\varphi_0} \cdot \mathrm{e}^{-\mathrm{j}2\pi f_D t} \tag{13.20}$$

liefert

$$\underline{m}_2(t) \; = \; \underline{m}_1(t) \cdot \underline{g}(t) \; = \; A_0\mathrm{e}^{\mathrm{j}[2\pi(f_0 - f_D)t - \varphi_0]} \; , \tag{13.21}$$

woraus sich durch Realteilbildung die Beziehung (13.13) ergibt. Da der Mobilfunkkanal ein reelles lineares Übertragungssystem ist, kann der Realteil der Antwort nur vom Realteil der Erregung abhängen. Bild 13.3 zeigt das Modell zur Nachbildung des Doppler–Effekts. $H_H(f)$ bedeutet Hilbert–Transformation und T_0 eine Laufzeit. Zur komplexen Multiplikation siehe Bild 12.6.

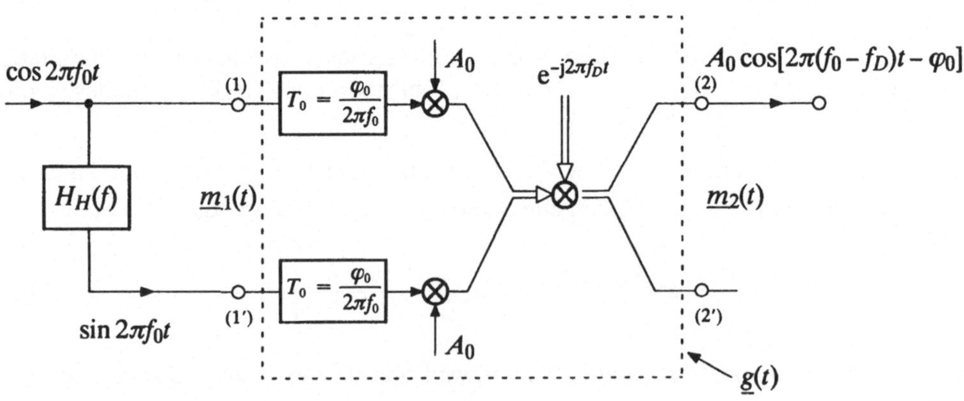

Bild 13.3   Modellierung des Doppler-Effekts in (13.3)

Es sei angemerkt, daß der in (13.13) auftretende Doppler–Effekt nicht durch eine einfache Multiplikation mit einer reellen Zeitfunktion $g(t)$ gemäß (13.1) beschrieben werden kann, und zwar auch dann nicht, wenn die Laufzeit $T_0 = 0$ ist. Die Multiplikation mit einer reellen Zeitfunktion $g(t)$ liefert stets zwei Spektralterme bei positiven Frequenzen, einen unterhalb von f_0 und einen oberhalb von f_0. Der Doppler–Effekt liefert in (13.13) aber allein den Spektralterm unterhalb von f_0 nämlich bei $f_0 - f_D$, wenn $f_D > 0$.

Physikalisch kann der Doppler–Effekt nur dann auftreten, wenn die Funkwelle eine endliche Ausbreitungsgeschwindigkeit $c < \infty$ besitzt. Bei einer unendlichen Ausbreitungsgeschwindigkeit, bei welcher $T_0 = 0$ für $x_0 \neq 0$ wäre, würde nach (13.14) auch die Doppler–Frequenz $f_D = 0$ sein.

13.3 Ein einfaches Mobilfunk–Kanalmodell

Die reine Kosinusschwingung (13.9) stellt den Realteil der allgemeinen modulierten Schwingung (12.46) dar für den Sonderfall $a_1^{(r)} \equiv 1$ und $a_1^{(i)} \equiv 0$. Die Beziehung (13.21) gilt aber nicht nur für diesen Sonderfall, sondern auch allgemein, sofern die Laufzeit T_0 frequenzunabhängig ist und damit für alle Spektralkomponenten der allgemeinen modulierten Schwingung

$$\underline{m}_1(t) = \underline{a}_1(t) e^{+j2\pi f_0 t} \tag{13.22}$$

gleich ist, und sofern die Frequenz $f_0 - f_D$ groß genug ist, so daß auch

$$\underline{m}_2(t) = \underline{a}_2(t) e^{+j2\pi f_0 t} = \underline{m}_1(t) \cdot \underline{g}(t) = \underline{a}_1(t) \cdot A_0 e^{j[2\pi(f_0 - f_D)t - \varphi_0]} \tag{13.23}$$

weiterhin ein analytisches Signal ist, d.h. keine Spektralkomponente bei negativen Frequenzen hat. Diese Voraussetzungen sind in der Praxis stets gegeben.

Durch Multiplikation beider Seiten von (13.22) und (13.23) mit $e^{-j2\pi f_0 t}$ erhält man als Zusammenhang im äquivalenten Basisband

$$\underline{a}_2(t) = \underline{a}_1(t) A_0 e^{-j(2\pi f_D t + \varphi_0)} = \underline{a}_1(t) A_0 e^{-j2\pi(f_D t + f_0 T_0)} \ . \tag{13.24}$$

Das Model in Bild 13.3 zwischen den Klemmenpaaren (1) – (1') und (2) – (2') gilt also unter den oben genannten Voraussetzungen auch für die äquivalente Basisbandübertragung.

Eine reale Funkverbindung ist in der Regel durch eine Mehrwegeausbreitung charakterisiert, wie sie in Bild 13.4a dargestellt ist. Das von der Station M ausgesendete Funksignal erreicht die Station F über verschieden lange Wege mit im allgemeinen verschiedenen Laufzeiten T_i, verschiedenen Dämpfungsfaktoren A_i und im Mobilfunkfall mit verschiedenen Dopplerverschiebungen f_{Di}. Am Empfangsort findet eine lineare Überlagerung der über die verschiedenen Wege eintreffenden Signalanteile statt. Somit ergibt sich das

Mobilfunk–Kanalmodell in Bild 13.4b. Der Signalpfad über T_0 entspricht dem gestrichelt eingerahmten Teil in Bild 13.3.

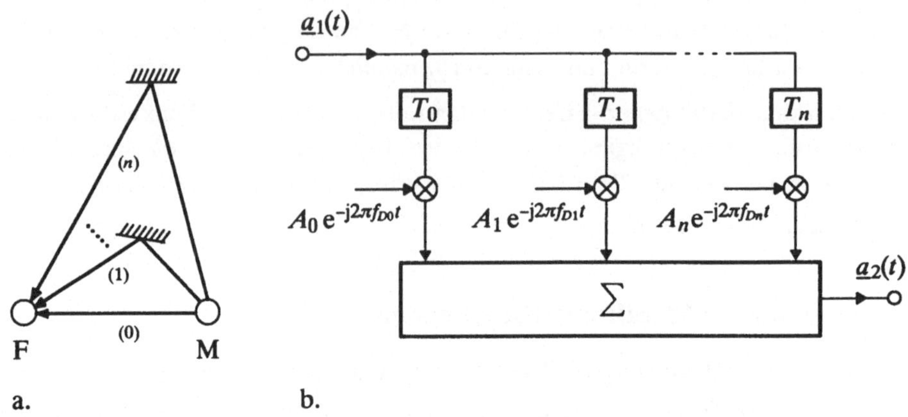

Bild 13.4 a. Mehrwege–Ausbreitung
b. einfaches Mobilfunk–Kanalmodell für äquivalente Basisbandübertragung

Das Ersatzbild 13.4b gilt für eine momentane örtliche Lage der Stationen F und M und für eine konstante momentane Geschwindigkeit. Bei sich ändernden Geschwindigkeiten sind die komplexen Multiplikationen entsprechend (13.16) sinngemäß zu modifizieren. Bei manchen Mobilfunk–Kanalmodellen werden an Stelle der multiplikativen Exponentialschwingungen auch Zufallsfunktionen verwendet, die nach einem besonderen Verfahren erzeugt werden. Zum Zweck der Simulation von Mobilfunkverbindungen auf dem Computer haben internationale Organisationen Kanalmodelle für typische Standardsituationen (u. a. hügeliges Gelände, innerstädtisches Gelände, usw.) definiert, um die Leistungsfähigkeit verschiedener Übertragungsverfahren vergleichen zu können.

Abschließend sei noch die Zusammensetzung der empfangenen Signalleistungen diskutiert, wenn der mobile Sender eine reine Sinusschwingung der festen Frequenz f_0 und der konstanten Amplitude Eins aussendet. Die ausgesendete Sinusschwingung spaltet sich in zahlreiche Anteile auf, die mit unterschiedlichen Signalverzögerungen τ und unterschiedlichen Dopplerverschiebungen f_D zum Empfänger gelangen. Weil dabei benachbarte Signalpfade beliebig dicht nebeneinander liegen können, sind τ und f_D als kontinuierlich veränderliche Größen anzusehen. Jedes Wertepaar (τ,f_D) kennzeichnet also einen Pfad für einen empfangenen Signalanteil. Die Intensität dieses Signalanteils hängt dabei von der Pfadlage (τ,f_D) und der Pfaddicke $d\tau\,df_D$ ab. Signalanteile mit unterschiedlichen Dopplerverschiebungen f_D sind stets unkorreliert, weshalb sich deren mittlere Leistungen addieren, vgl. (4.30). In vielen Fällen ist es gerechtfertigt, auch die mit verschiedenen Verzögerungen τ eintreffenden Signalanteile als unkorreliert anzusehen, selbst wenn deren Dopplerfrequenzen f_D gleich sind. In solchen Fällen spricht man von unkorrelierten Streuanteilen (uncorrelated scattering). Sie erlauben das Aufstellen einer von τ und f_D abhängigen Leistungsdichtefunktion, die als *Scatter*–Funktion $S(\tau, f_D)$ bezeichnet wird [22]. Das Volumen, welches die über der (τ, f_D) –Ebene aufgetragene Funktion $S(\tau, f_D)$ einschließt, ergibt die empfangene Gesamtleistung P.

$$P = \int\limits_{f_D=-\infty}^{+\infty} \int\limits_{\tau=-\infty}^{+\infty} S(\tau, f_D) \, d\tau \, df_D \quad . \tag{13.25}$$

Integriert man die Scatter–Funktion lediglich über alle τ, dann erhält man das von f_D abhängige sogenannte *Doppler–Leistungsdichtespektrum*

$$\phi_D(f_D) = \int\limits_{\tau=-\infty}^{+\infty} S(\tau, f_D) \, d\tau \quad . \tag{13.26}$$

Das Doppler–Leistungsdichtespektrum gibt Aufschluß darüber, wie sich die empfangene Gesamtleistung (egal, mit welchen Verzögerungen die einzelnen Signalanteile zum Empfänger gelangen) auf die kontinuierlichen Doppler-Frequenzwerte f_D verteilt, vergleiche hierzu Bild 11.2.

Integriert man die Scatter–Funktion lediglich über alle f_D, dann erhält man das von τ abhängige sogenannte *Verzögerungs–Leistungsdichtespektrum*

$$\phi_V(\tau) = \int\limits_{f_D=-\infty}^{+\infty} S(\tau, f_D) \, df_D \quad . \tag{13.27}$$

Das Verzögerungs–Leistungsdichtespektrum gibt Aufschluß darüber, wie sich die empfangene Gesamtleistung auf unterschiedliche Laufzeiten zum Empfänger verteilt (egal, welche Doppler–Verschiebungen die einzelnen Signalanteile dabei erfahren) .

13.4 Dynamische zeitdiskrete lineare zeitvariante Übertragungssysteme

Während das in Abschnitt 13.2 mit der Beziehung (13.21) bzw. Bild 13.3 beschriebene Doppler–System noch als statisches System (mit Verzögerung) angesehen werden kann, weil zur Bildung des gegenwärtigen Ausgangswerts nicht verschieden weit zurückliegende Eingangswerte beitragen, ist das in Bild 13.4b dargestellte Mobilfunk–Kanalmodell sicher ein dynamisches System.

In diesem Abschnitt wird die Theorie linearer zeitvarianter Übertragungssysteme in einer allgemeineren Weise angegangen. Aus Gründen der Einfachheit wird dazu der Fall des zeitdiskreten Systems betrachtet unter zusätzlicher Voraussetzung, daß die für die Zeitvarianz verantwortliche Multiplikation mit reellwertigen Größen erfolgt.

Wie eingangs dieses Kapitels gesagt wurde, werden beim dynamischen Übertragungssystem auch vergangene Werte des Eingangssignals zur Bildung des augenblicklichen Wertes des Ausgangssignals herangezogen. Betrachtet wird zunächst der Fall des FIR–Systems. Sein Gedächtnis oder innerer Zustand ist wie beim zeitinvarianten Transversalfilter durch L_h vergangene Funktionswerte $s_1(\nu - \mu)$ mit $\mu = 1, 2, \ldots, L_h$ gegeben, siehe Bild 13.5 und Bild 6.11b.

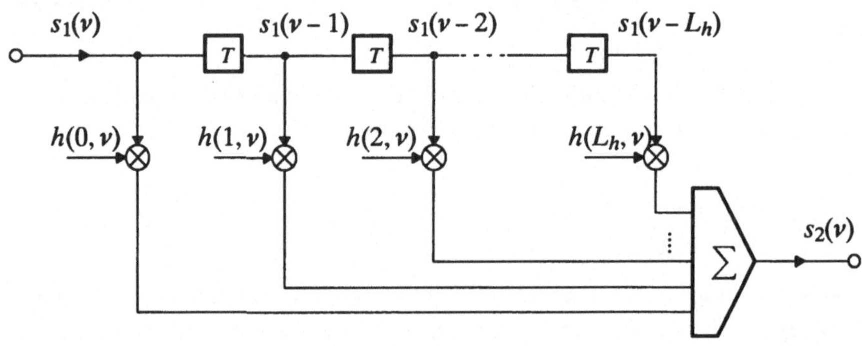

Bild 13.5 Lineares zeitvariantes Transversalfilter mit $T = 1$

Mit ν wird der Zeitpunkt bezeichnet, an dem der Wert des Ausgangssignals $s_2(\nu)$ gerade betrachtet wird. Dieser wird durch eine Linearkombination des gegenwärtigen Werts und der vergangenen Werte des Eingangssignals $s_1(\nu - \mu)$; $\mu = 1, 2, \ldots, L_h$ gebildet. Dabei hängen die Gewichtsfaktoren $h(\mu, \nu)$ jetzt aber auch noch von dem Betrachtungszeitpunkt ν ab. Das ergibt

$$s_2(\nu) = \sum_{\mu=0}^{L_h} s_1(\nu - \mu) \cdot h(\mu, \nu) \tag{13.28}$$

Sind für $\mu \neq 0$ alle Gewichtsfaktoren $h(\mu, \nu) = 0$, dann geht das zeitvariante Transversalfilter von Bild 13.5 in das statische Übertragungssystem von Bild 13.1 über. Es verbleibt als einziger Faktor $h(0, \nu) = g(\nu)$.

Ist bei allen Gewichtsfaktoren $h(\mu, \nu)$ die Abhängigkeit vom Betrachtungszeitpunkt ν gleich, d.h.

$$h(\mu, \nu) = h(\mu) \cdot g(\nu) \tag{13.29}$$

dann kann der zeitabhängige Faktor $g(\nu)$ auch als gemeinsamer Faktor vor die Summe (13.28) gezogen werden:

$$s_2(\nu) \; = \; g(\nu) \cdot \sum_{\mu=0}^{L_h} s_1(\nu - \mu) \cdot h(\mu) \,. \tag{13.30}$$

Das bedeutet, daß das lineare zeitvariante Transversalfilter von Bild 13.5 durch eine Hintereinanderschaltung (Kettenschaltung) eines statischen linearen zeitvarianten Übertragungssystems gemäß Bild 13.1 und eines (dynamischen) zeitinvarianten Transversalfilters gemäß Bild 6.11.b dargestellt werden kann.

Der allgemeine Fall eines linearen zeitvarianten Übertragungssystems gemäß (13.28) sei nun zunächst anhand eines Beispiels mit den willkürlich gewählten Gewichtsfaktoren in Tabelle 13.1 näher diskutiert.

Tab. 13.1 Gewichtsfaktoren $h(\mu, \nu)$ eines zeitvarianten Transversalfilters
der Länge $L_h = 2$

$h(\mu,\nu)$		ν						
	-2	-1	0	1	2	3	4	5
0	0	0	1	0.5	1	-0.5	0	0
μ 1	0	0	0.5	1	-0.5	0	0	0
2	0	0	1	0.5	0.5	1	0	0

Auf den Eingang des Systems in Bild 13.5 werde nun zum Zeitpunkt $\nu = 0$ ein Eins–Impuls (Kronecker–Delta) $\{\delta(\nu)\}$ gegeben. Wie man aus dem Bild direkt ablesen kann, erzeugt dieser am Ausgang zum Zeitpunkt $\nu = 0$ den Wert $h(0,0)$, zum Zeitpunkt $\nu = 1$ den Wert $h(1,1)$, zum Zeitpunkt $\nu = 2$ den Wert $h(2,2)$ usw. Es gilt also mit Tabelle 13.1

$$\{\delta(\nu)\} \longrightarrow \{h(\nu,\nu)\}_0^{L_h} = \{h(0,0) = 1, \; h(1,1) = 1, \; h(2,2) = 0.5 \}\,. \tag{13.31}$$

Der eine Zeiteinheit später auf den Eingang gegebene Eins–Impuls $\{\delta(\nu - 1)\}$ liefert die verschobene und veränderte Antwort

$$\{\delta(\nu - 1)\} \longrightarrow \{h(\nu - 1,\nu)\}_0^{1+L_h} = \{h(0,1) = 0.5, \; h(1,2) = -0.5, \; h(2,3) = 1\}.$$
$$\tag{13.32}$$

Die zeitrichtige Überlagerung der zeitvarianten Impulsantwort (13.31) und (13.32) muß wegen der Linearität dasselbe Resultat ergeben wie die auf den Eingang gegebene Folge

$$\{s_1(\nu)\}_0^1 = \{ s_1(0) = 1, \; s_1(1) = 1\}\,. \tag{13.33}$$

Zur Kontrolle werden nun mit der zeitvarianten diskreten Faltungssumme (13.28) die Glieder $s_2(\nu)$ der Ausgangsfolge $\{s_2(\nu)\}$ bei Erregung mit der Eingangsfolge (13.33) berechnet.

$$s_2(0) = \sum_{\mu=0}^{2} s_1(0-\mu) \cdot h(\mu,0) = 1 \; ,$$

$$s_2(1) = \sum_{\mu=0}^{2} s_1(1-\mu) \cdot h(\mu,1) = 0.5 + 1 = 1.5 \; ,$$

$$s_2(2) = \sum_{\mu=0}^{2} s_1(2-\mu) \cdot h(\mu,2) = -0.5 + 0.5 = 0 \; ,$$

$$s_2(3) = \sum_{\mu=0}^{2} s_1(3-\mu) \cdot h(\mu,3) = 1 \; .$$

Damit ergibt sich zusammengefaßt

$$\{s_1(v)\}_0^1 \longrightarrow \{s_2(v)\}_0^3 = \{1, \; 1.5, \; 0, \; 1\} \; , \tag{13.34}$$

also das gleiche Resultat wie die zeitgerechte Überlagerung der zeitvarianten Impulsantworten (13.31) und (13.32). So viel zur Diskussion des Übertragungsverhaltens anhand des Beispiels von Tabelle 13.1.

Allgemein gilt, daß bei kausalen Übertragungssystemen, zu denen auch die Struktur in Bild 13.5 zählt, die obere Grenze der diskreten Faltungssumme (13.28) durch den (gegenwärtigen) Betrachtungszeitpunkt v ersetzt werden kann.

$$s_2(v) = \sum_{\mu=0}^{v} s_1(v-\mu) \cdot h(\mu,v) \; . \tag{13.35}$$

Substituiert man zunächst $v-\mu = n$ und anschließend $n = \mu$, dann folgt aus (13.35)

$$s_2(v) = \sum_{n=v}^{0} s_1(n) \cdot h(v-n,v) = \sum_{n=0}^{v} s_1(n) \cdot h(v-n,v) = \sum_{\mu=0}^{v} s_1(\mu) \cdot h(v-\mu,v) \; .$$

$$\tag{13.36}$$

Damit ist gezeigt, daß auch die zeitvariante diskrete Faltungssumme (13.35) *kommutativ* ist.

Das lineare zeitinvariante IIR–System kann gedanklich durch ein zeitinvariantes Transversalfilter mit unendlich vielen Gewichtsfaktoren $h(\mu)$ dargestellt werden. Im zeitvarianten Fall werden daraus entsprechend unendlich viele Faktoren $h(\mu,v)$. Deshalb gilt für den allgemeinen Fall die unendliche diskrete Faltungssumme

$$\boxed{\; s_2(v) = \sum_{\mu=-\infty}^{+\infty} s_1(v-\mu) \cdot h(\mu,v) = \sum_{\mu=-\infty}^{+\infty} s_1(\mu) \cdot h(v-\mu,v) \;} \; , \tag{13.37}$$

die – wie dargestellt – ebenfalls kommutativ ist.

13.5 Dynamische zeitkontinuierliche lineare zeitvariante Übertragungssysteme

Ausgangspunkt der folgenden Betrachtung ist die Gleichartigkeit des zeitkontinuierlichen Gedächtnismodells in Bild 3.11 und des zeitdiskreten Gedächtnismodells in Bild 6.11a. In beiden Modellen repräsentieren die Funktionswerte über dem fett gezeichneten Intervall der Zeitachse den inneren Zustand des Systems. Weil Bild 6.11a unmittelbar mit Bild 6.11b korrespondiert und aus Bild 6.11b die zeitvariante Version in Bild 13.5 folgt, läßt sich auch das zu Bild 3.11 gehörende zeitinvariante Faltungsintegral (3.41) zum folgenden zeitvarianten Faltungsintegral verallgemeinern:

$$s_2(t) \; = \; \int\limits_0^{T_h} s_1(t-\tau) \cdot h(\tau,t) \; \mathrm{d}\tau \; . \tag{13.38}$$

(13.38) ist das zeitkontinuierliche Gegenstück zur zeitdiskreten zeitvarianten Faltungssumme (13.28). Die Funktion $h(\tau,t)$ ist eine zweidimensionale Gewichtsfunktion, mit der für einen festen Wert von t die von der Variablen τ abhängigen Funktionswerte $s_1(t-\tau)$ gewichtet werden. Ein Beispiel zeigt Bild 13.6.

$h(\tau,t_0)$ ist nicht eine zum Zeitpunkt t_0 geltende Impulsantwort. Ist nämlich das Eingangssignal ein Dirac–Impuls zum Zeitpunkt $t = 0$, also

$$s_1(t) \; = \; \delta(t), \tag{13.39}$$

dann folgt mit (13.38) als Ausgangssignal die Impulsantwort

$$s_2(t) \; = \; \int\limits_0^{T_h} \delta(t-\tau) \cdot h(\tau,t) \; \mathrm{d}\tau \; = \; h(t,t) \; , \tag{13.40}$$

d.h.

$$\boxed{\; \delta(t) \; \longrightarrow \; h(t,t) \;} \; . \tag{13.41}$$

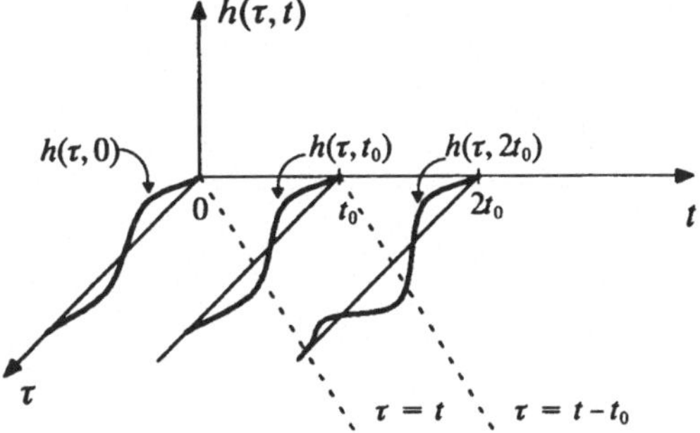

Bild 13.6 Beispiel für eine zweidimensionale Gewichtsfunktion [Die Funktionsverläufe $h(\tau,t_i)$ sind willkürlich gewählt]

(13.41) entspricht der zeitdiskreten Beziehung (13.31). Die Antwort auf den Dirac–Impuls $\delta(t)$ folgt somit dem Verlauf der zweidimensionalen Fläche $h(\tau,t)$ über der Linie $\tau = t$, siehe Bild 13.6.

Wird auf den Eingang der zeitlich verschobene Dirac–Impuls

$$s_1(t) \;=\; \delta(t - t_0) \tag{13.42}$$

gegeben, dann folgt mit (13.38)

$$s_2(t) \;=\; \int\limits_{0}^{T_h} \delta(t - t_0 - \tau) \cdot h(\tau,t)\; \mathrm{d}\tau \;=\; h(t - t_0, t), \tag{13.43}$$

d.h.

$$\delta(t - t_0) \longrightarrow h(t - t_0, t)\;. \tag{13.44}$$

Die Antwort auf den verschobenen Dirac–Impuls $\delta(t - t_0)$ folgt dem Verlauf der Fläche über der Linie $\tau = t - t_0$, siehe Bild 13.6.

Beim kausalen System kann in (13.38) die obere Integrationsgrenze durch t ersetzt werden.

$$s_2(t) \;=\; \int\limits_{\tau=0}^{t} s_1(t - \tau) \cdot h(\tau,t)\; \mathrm{d}t\;. \tag{13.45}$$

Substituiert man zunächst $t - \tau = x$ und anschließend $x = \tau$, dann folgt aus (13.45)

$$s_2(t) \;=\; -\int\limits_{x=t}^{0} s_1(x) \cdot h(t - x, t)\; \mathrm{d}x \;=\; \int\limits_{\tau=0}^{t} s_1(\tau) \cdot h(t - \tau, t)\; \mathrm{d}\tau\;. \tag{13.46}$$

Damit ist gezeigt, daß auch das zeitvariante Faltungsintegral (13.45) kommutativ ist.

Bis hierher sind zeitkontinuierliche Systeme mit nur endlich großer Gedächtnistiefe betrachtet worden. Zeitvariante Systeme mit beliebig großer Gedächtnistiefe werden durch das allgemeine zeitvariante Faltungsintegral

$$\boxed{\; s_2(t) \;=\; \int\limits_{-\infty}^{+\infty} s_1(t - \tau) \cdot h(\tau,t)\; \mathrm{d}\tau \;=\; \int\limits_{-\infty}^{+\infty} s_1(\tau) \cdot h(t - \tau, t)\; \mathrm{d}\tau \;} \tag{13.47}$$

beschrieben, das ebenfalls kommutativ ist.

Im Sonderfall, daß die Zeitabhängigkeit gegeben ist durch

$$h(\tau,t) \;=\; h(\tau) \cdot g(t), \tag{13.48}$$

läßt sich der Faktor $g(t)$ vor das linke Integral (13.47) ziehen. Dann geht das dynamische lineare zeitvariante Übertragungssystem in die Kettenschaltung eines statischen linearen zeitvarianten Übertragungssystems und eines linearen zeitinvarianten Übertragungssystems über.

13.6 Signalübertragung im Frequenzbereich bei zeitvarianten Übertragungssystemen

Bei linearen zeitinvarianten Übertragungssystemen wird das Übertragungsverhalten in Frequenzbereich durch die Übertragungsfunktion $H(f)$ beschrieben, vergl. Abschnitt 5.4, insbesondere (5.34).

Auch bei linearen zeitvarianten Übertragungssystemen läßt sich eine Übertragungsfunktion $H(f, t)$ aufstellen, die aber jetzt noch vom Zeitpunkt t abhängt, an welchem das Ausgangssignal betrachtet wird.

Ausgangspunkt der Überlegungen ist das in (13.47) links stehende zeitvariante Faltungsintegral

$$s_2(t) = \int_{-\infty}^{+\infty} s_1(t - \tau) \cdot h(\tau, t) \; d\tau \,. \tag{13.49}$$

Durch Einsetzen des Fourier–Integrals

$$s_1(t - \tau) = \int_{-\infty}^{\infty} S_1(f) \; e^{+j2\pi f(t-\tau)} \; df = \int_{-\infty}^{\infty} S_1(f) \; e^{+j2\pi ft} \cdot e^{-j2\pi f\tau} \; df \tag{13.50}$$

in (13.49) folgt mit anschließender Vertauschung der Integrationsreihenfolge

$$
\begin{aligned}
s_2(t) &= \int_{\tau=-\infty}^{\infty} \left[\int_{f=-\infty}^{\infty} S_1(f) \; e^{+j2\pi ft} \; e^{-j2\pi f\tau} \; df \right] h(\tau, t) \; d\tau \\[2mm]
&= \int_{f=-\infty}^{\infty} S_1(f) \; e^{+j2\pi ft} \left[\int_{\tau=-\infty}^{\infty} h(\tau, t) \; e^{-j2\pi f\tau} \; d\tau \right] df \,.
\end{aligned} \tag{13.51}
$$

Das in der letzten eckigen Klammer stehende Integral liefert die Übertragungsfunktion des linearen zeitvarianten Übertragungssystems

$$H(f, t) = \int_{-\infty}^{\infty} h(\tau, t) \; e^{-j2\pi f\tau} \; d\tau \,. \tag{13.52}$$

Multipliziert mit dem Spektrum $S_1(f)$ des Eingangssignals $s_1(t)$ ergibt sich ein vom (festen) Betrachtungszeitpunkt t abhängiges Spektrum

$$\boxed{S_2(f,t) = H(f,t)\, S_1(f)} \;.$$

$$(13.53)$$

Die Fourier–Rücktransformation dieses Spektrums $S_2(f,t)$ liefert nach (13.51) ersichtlich die Ausgangszeitfunktion

$$s_2(t) = \int\limits_{-\infty}^{\infty} S_2(f,t)\; e^{+j2\pi ft}\; df = \int\limits_{-\infty}^{\infty} H(f,t)\, S_1(f)\; e^{+j2\pi ft}\; df\;.$$

$$(13.54)$$

Die Beziehung (13.53) ist die Verallgemeinerung von (5.34) auf zeitvariante Systeme.

In ähnlicher Weise lassen sich auch bei zeitdiskreten Übertragungssystemen die für lineare zeitinvariante Systeme geltenden Beziehungen (8.14) und (8.24) auf lineare zeitvariante Systeme verallgemeinern.

14 Nichtlineare Übertragungssysteme

Nichtlineare Übertragungssysteme sind dadurch gekennzeichnet, daß bei ihnen das Superpositionsprinzip und/oder das Proportionalitätsprinzip nicht mehr gelten.

Nichtlineare Übertragungssysteme können zeitinvariant oder zeitvariant sein. Hier werden nur zeitinvariante nichtlineare Übertragungssysteme betrachtet.

Bei den nichtlinearen Übertragungssystemen lassen sich (wie bei den linearen zeitinvarianten Systemen) statische und dynamische Systeme unterscheiden. Im Unterschied zu den dynamischen Systemen können bei den statischen Systemen keine flüchtigen transienten Vorgänge auftreten. Dennoch können auch statische nichtlineare Übertragungssysteme (im Unterschied zu den statischen linearen zeitvarianten Systemen) ein Gedächtnis besitzen. Gemeinsam ist allen zeitinvarianten statischen Systemen, daß ihr Verhalten durch *Kennlinien* beschreibbar ist.

14.1 Statische nichtlineare Übertragungssysteme ohne Gedächtnis

Beim statischen nichtlinearen Übertragungssystem ist die Ausgangsgröße s_2 eine von der Zeit unabhängige Funktion der Eingangsgröße s_1.

$$s_2 = g(s_1) \tag{14.1}$$

Dieser funktionelle Zusammenhang gilt unabhängig davon, ob die Eingangsgröße s_1 konstant oder zeitlich veränderlich ist, und ob $s_1(t)$ sich in Abhängigkeit von der Zeit t rasch oder langsam ändert.

Bild 14.1 zeigt typische Beispiele für Kennlinien, die den Zusammenhang zwischen Eingangsgröße s_1 und Ausgangsgröße s_2 beschreiben.

Man nennt ein System *Offset*-behaftet, wenn seine Kennlinie nicht durch den Ursprung geht. Mit Offset bezeichnet man denjenigen Wert s_{1off} der konstanten Eingangsgröße s_1, für den die Ausgangsgröße $s_2 = 0$ wird.

$$s_2 = 0 \quad \text{für} \quad s_1 = s_{1off} \lessgtr 0 \,. \tag{14.2}$$

Der Offset kann positiv oder negativ sein.

Jedes Offset–behaftete Übertragungssystem ist nichtlinear, auch wenn der Zusammenhang zwischen s_1 und s_2 ansonsten durch eine Gerade beschrieben wird wie in Bild 14.1c. Die Beziehung von Bild 14.1c wird beschrieben durch

$$s_2 = V \cdot (s_1 - s_{1off}) \,, \qquad V = \text{konst.} \tag{14.3}$$

Bei $s_{1off} \neq 0$ erfüllt (14.3) weder das Proportionalitätsprinzip noch das Superpositionsprinzip. Ist $a \neq 0$ eine Konstante, dann wird wegen

$$a \cdot s_2 \neq V \cdot (a s_1 - s_{1off}) \tag{14.4}$$

das Proportionalitätsprinzip verletzt.

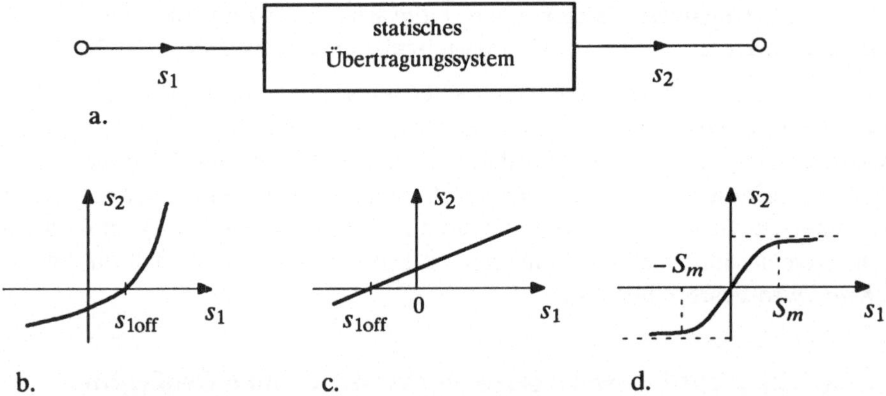

Bild 14.1 Typische funktionale Zusammenhänge bei statischen nichtlinearen Übertragungssystemen ohne Gedächtnis

Allgemein läßt sich eine gekrümmte Kennlinie, wie sie Bild 14.1b zeigt, durch eine Potenzreihe beschreiben

$$s_2 = g_0 + g_1 s_1 + g_2 s_1^2 + g_3 s_1^3 + \dots$$

$$= \sum_{i=1}^{\infty} g_i s_1^i \,. \tag{14.5}$$

g_i sind konstante Koeffizienten, die beim zeitvarianten System zeitabhängig wären. Jeder einzelne Koeffizient g_i charakterisiert eines der Teilsysteme, aus denen man sich das statische Gesamtsystem zusammengesetzt denken kann. Im einzelnen beschreibt

g_0 : Teilsystem 0. Ordnung
g_1 : Teilsystem 1. Ordnung
g_2 : Teilsystem 2. Ordnung
usw.

Dies führt auf die Blockstruktur von Bild 14.2, die später auf dynamische Übertragungssysteme verallgemeinert wird.

Das Teilsystem i–ter Ordnung liefert den Beitrag

$$y_i = g_i s_1^i \, . \tag{14.6}$$

Die resultierende Ausgangsgröße s_2 ist die ungewichtete Summe aller y_i, $i = 0, 1, 2, \ldots$

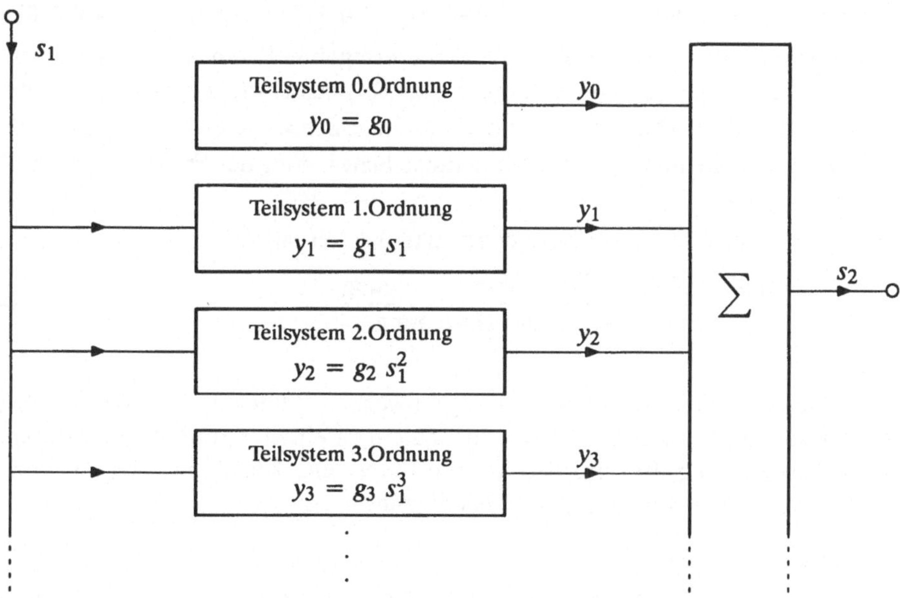

Bild 14.2 Blockstruktur eines statischen nichtlinearen Übertragungssystems ohne Gedächtnis

Charakteristisch ist die Antwort eines jeden Teilsystems auf eine Kosinusschwingung. Für das Teilsystem k–ter Ordnung gilt allgemein

$$s_1(t) = \cos 2\pi f_0 t = \cos \omega_0 t \;\rightarrow\; y_k(t) = g_k \cdot s_1^k(t) = g_k \cdot \cos^k \omega_0 t \, . \tag{14.7}$$

Bei $k = 0$ antwortet das Teilsystem mit der vom Eingangssignal unabhängigen Konstanten $y_0 = g_0$.

Bei $k = 1$ ist das Teilsystem linear. Es antwortet mit der Kosinusschwingung gleicher Frequenz.

Bei $k = 2$ ist das Teilsystem quadratisch. Seine Antwort enthält eine Kosinusschwingung der doppelten Frequenz.

$$y_2(t) = g_2 \cdot \cos^2 \omega_0 t = g_2 \left[\frac{1}{2} + \frac{1}{2} \cdot \cos 2\omega_0 t \right]. \tag{14.8}$$

Bei $k = 3$ ist das Teilsystem kubisch. Seine Antwort enthält eine Kosinusschwingung der dreifachen Frequenz

$$y_3(t) = g_3 \cdot \cos^3 \omega_0 t = g_3 \left[\frac{3}{4} \cdot \cos \omega_0 t + \frac{1}{4} \cdot \cos 3\omega_0 t \right]. \tag{14.9}$$

Allgemein enthält die Antwort des Teilsystems n–ter Ordnung eine Kosinusschwingung der Frequenz $n\omega_0$, wenn es mit einer Kosinusschwingung der Frequenz ω_0 erregt wird.

Die Antwort $s_2(t)$ des Gesamtsystems auf eine erregende Kosinusschwingung der Frequenz ω_0 ist also eine gewichtete Summe von Kosinusschwingungen der Frequenzen $k\omega_0$ mit $k = 0, 1, 2, \ldots$. Die in der Antwort enthaltene Schwingung der Frequenz ω_0 heißt *Grundschwingung*, die in der Antwort enthaltene Schwingung der Frequenz $k\omega_0$ heißt k–te *Oberschwingung*.

Als Klirrfaktor der Ordnung ν bezeichnet man das Verhältnis

$$k_\nu = \frac{\text{Amplitude der } \nu - \text{ten Oberschwingung}}{\text{Amplitude der Grundschwingung}}. \tag{14.10}$$

Der Klirrfaktor ist ein Maß zur Beurteilung schwach nichtlinearer Systeme. Ein Beispiel für ein schwach nichtlineares Übertragungssystem ist ein elektronischer Verstärker bei geringer Aussteuerung. Er wird beschrieben durch eine Kennlinie nach Art von Bild 14.1d. Bei geringer Aussteuerung, d.h. bei Signalwerten

$$-S_m \leq s_1(t) \leq S_m \tag{14.11}$$

ist der Zusammenhang quasilinear. Bei großen Signalwerten tritt eine starke Nichtlinearität durch Begrenzung ein. Die Aussteuerungsgrenzen $\pm S_m$ können beispielsweise durch den maximal zulässigen Klirrfaktor festgelegt werden.

Wird ein statisches nichtlineares Übertragungssystem mit einem Mischsignal aus zwei Kosinusschwingungen unterschiedlicher Frequenz erregt,

$$s_1(t) = \hat{S}_a \cdot \cos \omega_a t + \hat{S}_b \cdot \cos \omega_b t, \tag{14.12}$$

dann antwortet das Gesamtsystem mit einer gewichteten Summe von Kosinusschwingungen der Frequenzen

$$\pm m\omega_a \pm n\omega_b \ , \quad m = 0, 1, 2, \dots \ , \quad n = 0, 1, 2, \dots \ . \tag{14.13}$$

Es treten also nicht nur die Frequenzen von Oberschwingungen auf, sondern auch Differenzfrequenzen und Summenfrequenzen. Dies sei am Beispiel des quadratischen Teilsystems verdeutlicht. Sein Beitrag errechnet sich mit (14.12) zu

$$s_2 = g_2 \, s_1^2(t) = g_2\big[\hat{S}_a \cdot \cos \omega_a t + \hat{S}_b \cdot \cos \omega_b t\big]^2 =$$

$$= g_2\big[\hat{S}_a^2 \cdot \cos^2 \omega_a t + 2 \cdot \hat{S}_a \cdot \hat{S}_b \cos \omega_a t \cdot \cos \omega_b t + \hat{S}_b^2 \cdot \cos^2 \omega_b t\big] \ . \tag{14.14}$$

Der in (14.14) enthaltene Mischterm

$$2 \cdot \hat{S}_a \cdot \hat{S}_b \cdot \cos \omega_a t \cdot \cos \omega_b t = \hat{S}_a \cdot \hat{S}_b \cdot \cos(\omega_a + \omega_b)t + \hat{S}_a \cdot \hat{S}_b \cdot \cos(\omega_a - \omega_b)t \tag{14.15}$$

enthält also die Summen- und Differenzfrequenz $(\omega_a \pm \omega_b)$.

Zur Beurteilung schwach nichtlinearer Übertragungssysteme wird neben dem Klirrfaktor auch ein sogenannter Differenzfaktor benutzt. Dieser ist das Verhältnis der Amplitude der Schwingung mit der Differenzfrequenz $(\omega_a - \omega_b)$ zur Amplitude $\hat{S}_a = \hat{S}_b$ des erregenden Mischsignals (14.12).

14.2 Statische nichtlineare Übertragungssysteme mit Gedächtnis

Es gibt statische nichtlineare Übertragungssysteme, die durch Kennlinien beschrieben werden, wie es Bild 14.3 zeigt. Die Besonderheit dieser Kennlinien liegt darin, daß es für den gleichen Wert von s_1 verschiedene Werte für s_2 geben kann. Welcher Wert für s_2 ausgegeben wird, hängt davon ab, welche Werte s_1 und s_2 zuvor hatten. Deshalb sind die Kurven mit Pfeilen versehen.

Weil es für denselben Wert s_1 verschiedene Werte s_2 geben kann, lassen sich die Kennlinien von Bild 14.3 nicht durch Potenzreihen gemäß (14.5) beschreiben.

Bei der sogenannten *Hysteresekurve* in Bild 14.3a wird der untere Ast durchfahren, wenn s_1 ausgehend von S_{min} vergrößert wird. Hingegen wird der obere Ast durchfahren, wenn s_1 ausgehend von S_{max} verkleinert wird. Der bei $s_1 = S_m$ angenommene Wert s_2 hängt also von der Vorgeschichte ab, weshalb dieses System, obgleich statisch, ein Gedächtnis besitzt.

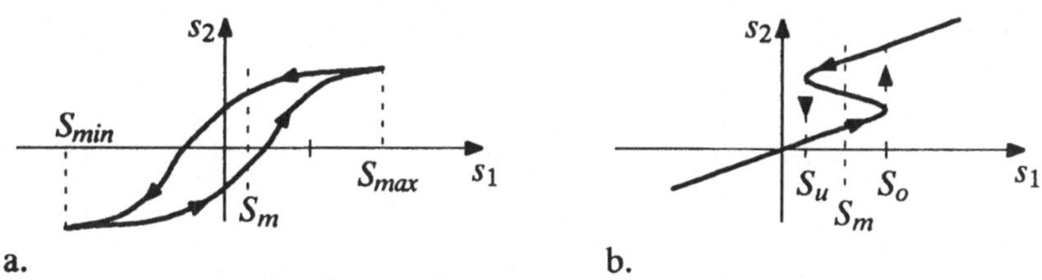

Bild 14.3 Beispiele für Kennlinien nichtlinearer Übertragungssysteme mit Gedächtnis

Komplizierter sind die Verhältnisse in Bild 14.3b. Der Wert s_1 läßt sich von negativen Werten kommend bis $s_1 = S_0$ vergrößern, ohne daß sich s_2 unstetig ändert. Sowie aber die Grenze S_0 überschritten wird, ändert sich s_2 unstetig. Wird hingegen, nachdem der Wert $s_1 = S_0$ von unten her erreicht aber noch nicht überschritten ist, der Wert s_1 wieder verkleinert, dann steigt s_2 trotzdem weiter an bis man zur Stelle $s_1 = S_u$ gelangt. Sowie dann die Grenze $s_1 = S_u$ unterschritten wird, springt s_2 unstetig auf den Wert des darunter verlaufenden Kurvenastes. Entsprechendes gilt, wenn der Wert von s_1 von sehr großen positiven Werten kommend verkleinert wird.

14.3 Zeitdiskrete dynamische nichtlineare Systeme

Bei dynamischen nichtlinearen Übertragungssystemen werden für die Bildung des Ausgangswertes $s_2(v)$ zum momentan betrachteten Zeitpunkt $m = v$ der gleichzeitige Wert des Eingangssignals $s_1(v)$ und vergangene Werte des Eingangssignals $s_1(v-\mu)$, $\mu = 1$, $2, 3, ..., L_h$ miteinander nichtlinear kombiniert. Die Werte $s_1(v-\mu)$, $\mu = 1, 2, 3, ..., L_h$ repräsentieren dabei den zum Zeitpunkt v geltenden inneren Zustand, vergl. Abschnitt 8.6. Die nichtlineare Kombination wird durch separate Teilsysteme k–ter Ordnung, $k = 0, 1, 2, ...$ verwirklicht. Das führt auf die Struktur in Bild 14.4, die eine Verallgemeinerung einerseits des Transversalfilters von Bild 6.11b und andererseits des statischen Übertragungssystems in Bild 14.2 darstellt.

Im statischen Gedächtnis–freien Fall wird die Ausgangsgröße $s_2(v)$ nur vom gleichzeitigen Wert der Eingangsgröße $s_1(v)$ gebildet, nicht von vorausgegangenen Werten $s_1(v-\mu)$. In diesem Fall geht die Struktur von Bild 14.4 in diejenige von Bild 14.2 über.

Im linearen Fall reduziert sich Bild 14.4 auf das Teilsystem 1. Ordnung. Es besteht außer der Laufzeitkette nur noch allein aus dem Block zur Bildung der Linearkombination der $s_1(v-\mu)$. Alle übrigen Blöcke entfallen.

Der Wert des Ausgangssignals $s_2(v)$ zum Betrachtungszeitpunkt v wird entsprechend Bild 14.4 durch folgende Beziehung gebildet

$$s_2(v) = \sum_{n=0}^{\infty} y_n(v) , \tag{14.16}$$

$$y_0(v) = h_0 , \tag{14.17}$$

$$y_1(v) = \sum_{\mu_1=0}^{L_h} s_1(v-\mu_1) \cdot h_1(\mu_1) , \tag{14.18}$$

$$y_2(v) = \sum_{\mu_1=0}^{L_h} \sum_{\mu_2=0}^{L_h} s_1(v-\mu_1) \cdot s_1(v-\mu_2) \cdot h_2(\mu_1 , \mu_2) , \tag{14.19}$$

$$y_3(v) = \sum_{\mu_1=0}^{L_h} \sum_{\mu_2=0}^{L_h} \sum_{\mu_3=0}^{L_h} s_1(v-\mu_1) \cdot s_1(v-\mu_2) \cdot s_1(v-\mu_3) \cdot h_3(\mu_1 , \mu_2 , \mu_3) , \tag{14.20}$$

$$y_i(v) = \sum_{\mu_1=0}^{L_h} \dots \sum_{\mu_i=0}^{L_h} \prod_{k=1}^{i} s_1(v-\mu_k) \cdot h_i(\mu_1, \mu_2, \dots, \mu_i) . \qquad (14.21)$$

Der Ausdruck (14.16) mit den Formeln (14.17) bis (14.21) heißt diskrete "Volterra–Wiener–Reihe".

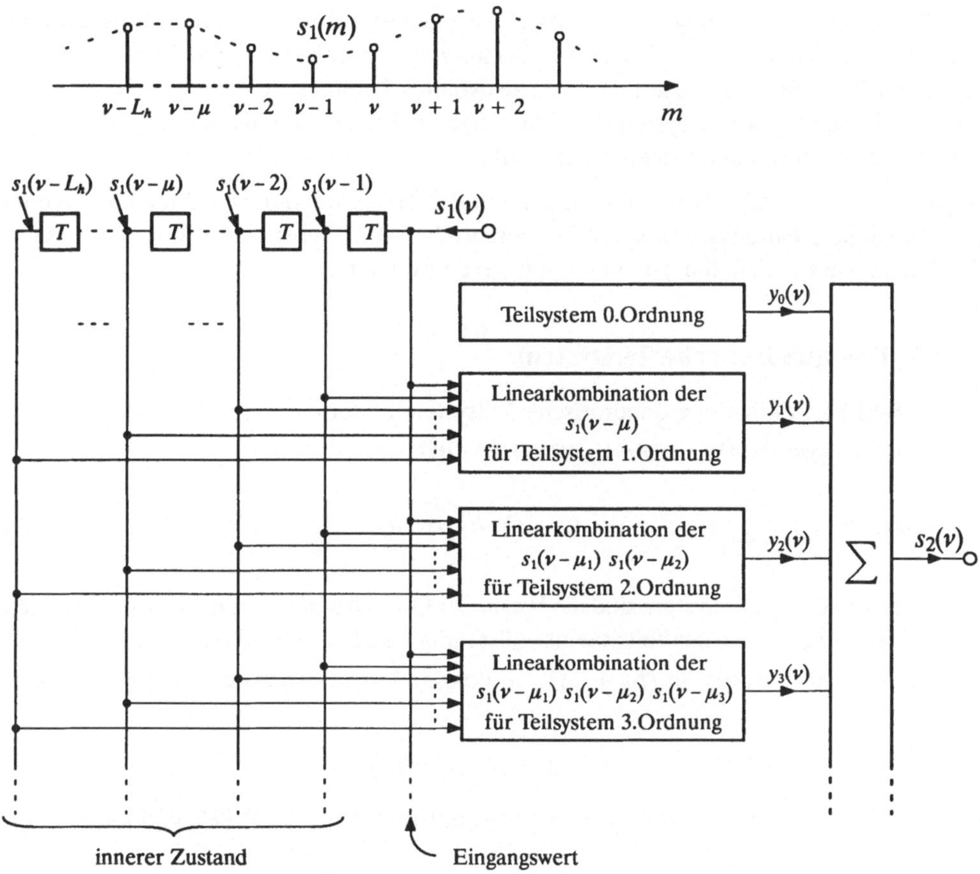

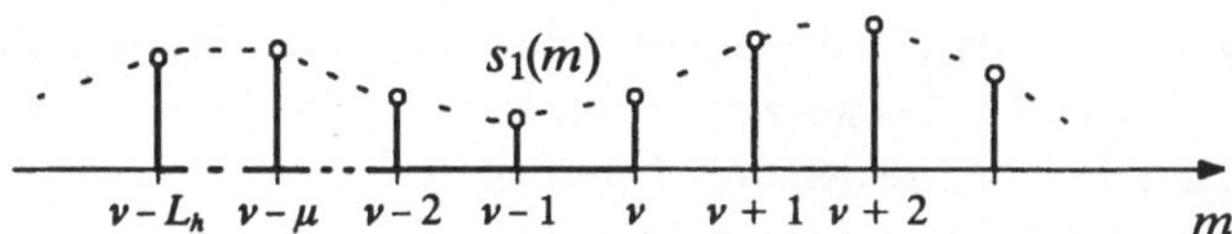

Bild 14.4 Modell des zeitdiskreten dynamischen nichtlinearen zeitinvarianten Übertragungssystems, $T = 1$

Das Gesamtsystem setzt sich additiv aus Teilsystemen zusammen. (14.17) bildet das Teilsystem 0. Ordnung, (14.18) das Teilsystem 1. Ordnung, (14.19) das Teilsystem 2. Ordnung usw.

Das Teilsystem 1. Ordnung wird durch die gewöhnliche diskrete Faltungssumme charakterisiert, vergl. auch Abschnitt 6.3. Die zugehörige Schaltung führt auf das Transversalfilter in Bild 6.11b.

Das Teilsystem 2. Ordnung wird durch die zweidimensionale diskrete Faltungssumme (14.19) charakterisiert. Die Theorie derartiger quadratischer Systeme ist umfangreicher als die Theorie der linearen Systeme, in deren Mittelpunkt die eindimensionale Faltungssumme steht. Große Teile der Theorie quadratischer Systeme können aber auf die Theorie der dynamischen linearen Systeme und auf die Theorie statischer nichtlinearer Systeme 2. Ordnung zurückgeführt werden, siehe Abschnitt 14.3.1.

Das Teilsystem 3. Ordnung wird durch die dreidimensionale diskrete Faltungssumme (14.20) beschrieben. Wie in Abschnitt 14.3.2 kurz diskutiert werden wird, lassen sich auch hier große Teile der Theorie auf die Theorie dynamischer linearer Systeme und die Theorie statischer nichtlinearer Systeme 3. Ordnung zurückführen, ähnlich wie das bei den dynamischen quadratischen Systemen der Fall ist.

In ganz entsprechender Weise wird allgemein das Teilsystem n–ter Ordnung durch eine n–dimensionale Faltungssumme (14.21) beschrieben. Bei dieser gelten ähnliche Zusammenhänge wie bei den Teilsystemen niedrigere Ordnung.

14.3.1 Das quadratische Teilsystem

Das in Bild 14.4 enthaltene quadratische Teilsystem bildet die Linearkombination aller Produkte aus zwei Werten $s_1(\nu - \mu_1)$ und $s_1(\nu - \mu_2)$,

$$y_2(\nu) \;=\; \sum_{\mu_1=0}^{L_h} \sum_{\mu_2=0}^{L_h} s_1(\nu - \mu_1) \cdot s_1(\nu - \mu_2) \cdot h_2(\mu_1 , \mu_2) \,. \tag{14.22}$$

Charakteristisch für das System sind die Werte der Gewichtsfaktoren $h_2(\mu_1,\mu_2)$. Sie legen das Übertragungssystem des Teilsystems vollständig fest. Die Anzahl der in (14.22) auftretenden Gewichtsfaktoren ist $(L_h + 1)^2$. Von diesen lassen sich aber diejenigen mit den Termen

$$s_1(\nu - i) \cdot s_1(\nu - j) \cdot h(i,j) + s_1(\nu - j) \cdot s_1(\nu - i) \cdot h(j,i)$$

für $i \neq j$ zusammenfassen. Nach der Theorie der Kombinatorik [9], [26] verbleiben dann

$$N_2 \;=\; \binom{L_h + 2}{2} \tag{14.23}$$

unabhängige Faktoren oder Freiheitsgrade.

Durch Einschränkung der Möglichkeiten für die Faktoren $h_2(\mu_1,\mu_2)$ läßt sich die Theorie erheblich vereinfachen.

Besonders einfach wird die Situation für den Fall, daß die von den Zeitpunkten μ_1 und μ_2 abhängigen Gewichtsfaktoren separierbar sind. Das soll heißen, daß

$$h_2(\mu_1,\mu_2) = h_1(\mu_1) \cdot h_1(\mu_2) \quad \text{für alle } \mu_1,\mu_2 . \tag{14.24}$$

Hiermit folgt aus (14.22)

$$y_2(\nu) = \sum_{\mu_1=0}^{L_h} s_1(\nu - \mu_1) \cdot h_1(\mu_1) \cdot \sum_{\mu_2=0}^{L_h} s_1(\nu - \mu_2) \cdot h_1(\mu_2)$$

$$= \left[\sum_{\mu=0}^{L_h} s_1(\nu - \mu) \cdot h_1(\mu) \right]^2 . \tag{14.25}$$

Da die in der Klammer stehende Faltungssumme ein lineares System darstellt, kann im Fall von (14.24) das dynamische quadratische Teilsystem durch die Kettenschaltung eines dynamischen linearen Systems gefolgt von einem statischen nichtlinearen System 2. Ordnung dargestellt werden. Das dynamische lineare System ist z.B. ein Transversalfilter gemäß Bild 6.11b, das statische nichtlineare System 2. Ordnung ist der Quadrierblock in Bild 14.2. Es ergibt sich somit die einfache Schaltung in Bild 14.5. Sie besitzt statt N_2 unabhängige Koeffizienten gemäß (14.23) nur noch $L_h + 1$ unabhängige Koeffizienten.

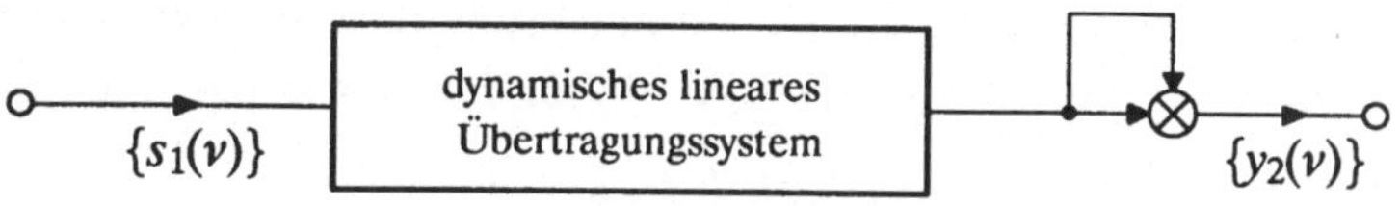

Bild 14.5 Darstellung des quadratischen Teilsystems im Fall von (14.24)

Eine weniger einschränkende Vorgabe besteht darin, daß die Gewichtsfaktoren $h_2(\mu_1,\mu_2)$ wie folgt als Produkt geschrieben werden können

$$h_2(\mu_1,\mu_2) = h_{11}(\mu_1) \cdot h_{12}(\mu_2) \quad \text{für alle } \mu_1,\mu_2 . \tag{14.26}$$

Im Unterschied zu (14.24) sind jetzt die Faktoren $h_{11}(x)$ und $h_{12}(x)$ im allgemeinen verschieden. Der rechten Seite von (14.26) entsprechend verbleiben von den ursprünglich N_2 unabhängig voneinander einstellbaren Koeffizienten oder Gewichtsfaktoren jetzt noch $2 \cdot (L_h + 1)$ unabhängig einstellbaren Koeffizienten übrig. Das sind aber doppelt so viel Freiheitsgrade wie im Fall von (14.24).

Bei Gültigkeit von (14.26) folgt aus (14.22)

$$y_2(\nu) = \sum_{\mu_1=0}^{L_h} s_1(\nu - \mu_1) \cdot h_{11}(\mu_1) \cdot \sum_{\mu_2=0}^{L_h} s_1(\nu - \mu_2) \cdot h_{12}(\mu_2) . \tag{14.27}$$

Es resultiert also ein Produkt zweier gewöhnlicher Faltungssummen. Das führt auf die in Bild 14.6 dargestellte Struktur aus zwei dynamischen linearen Systemen, deren Ausgangsgrößen miteinander gedächtnislos multipliziert werden.

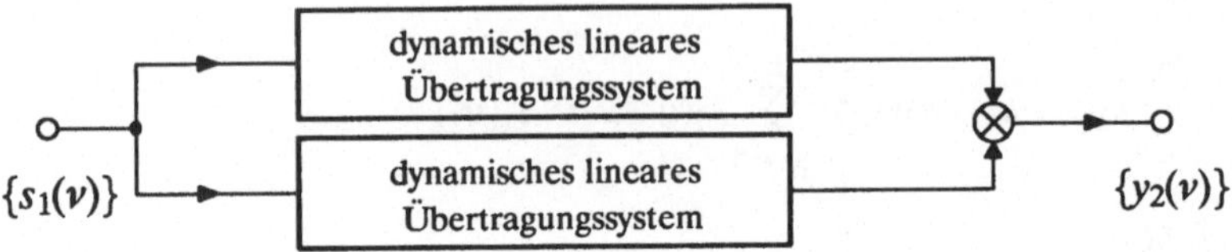

Bild 14.6   Darstellung des quadratischen Teilsystems im Fall von (14.26)

14.3.2 Das kubische Teilsystem

Das in Bild 14.4 enthaltene kubische Teilsystem bildet die Linearkombination aller Produkte aus drei Werten $s_1(\nu - \mu_1)$, $s_1(\nu - \mu_2)$ und $s_1(\nu - \mu_3)$

$$y_2(\nu) \; = \; \sum_{\mu_1=0}^{L_h} \sum_{\mu_2=0}^{L_h} \sum_{\mu_3=0}^{L_h} s_1(\nu - \mu_1) \cdot s_1(\nu - \mu_2) \cdot s_1(\nu - \mu_3) \cdot h_3(\mu_1, \mu_2, \mu_3) \, . \qquad (14.28)$$

Von den $(L_h + 1)^3$ gewichteten Gliedern der Dreifachsumme können wegen der Kommutativität des Produktes $s_1(\nu - i) \cdot s_1(\nu - j) \cdot s_1(\nu - k)$ für $i \neq j \neq k$ die Koeffizienten

$$h_3(i, j, k), \quad h_3(i, k, j), \quad h_3(j, i, k), \quad h_3(j, k, i), \quad h_3(k, i, j), \quad h_3(k, j, i) \qquad (14.29)$$

zusammengefaßt werden. Ferner lassen sich noch Koeffizienten mit jeweils zwei unterschiedlichen Argumentwerten zusammenfassen. Damit reduziert sich auf die Anzahl der Freiheitsgrade von $(L_h + 1)^3$ auf

$$N_3 \; = \; \binom{L_h + 3}{3} \, , \qquad (14.30)$$

wie sich mit Hilfe der Kombinatorik [9], [26] bequem nachweisen läßt.

Schränkt man die Zahl dieser Möglichkeiten ein, dann resultieren wie im Fall des quadratischen Teilsystems einfachere Zusammenhänge und Realisierungsmöglichkeiten.

Im Fall, daß für die Gewichtsfaktoren

$$h_3(\mu_1, \mu_2, \mu_3) \; = \; h_1(\mu_1) \cdot h_1(\mu_2) \cdot h_1(\mu_3) \qquad (14.31)$$

geschrieben werden kann, folgt aus (14.28)

$$y_2(\nu) \; = \; \left[\sum_{\mu=0}^{L_h} s_1(\nu - \mu) \cdot h_1(\mu) \right]^3 \, . \qquad (14.32)$$

Das bedeutet, daß das kubische Teilsystem durch die Kettenschaltung eines linearen dynamischen Systems gefolgt von einem statischen nichtlinearen System 3. Ordnung dargestellt werden kann. Dies entspricht dem Fall in Bild 14.5 beim quadratischen Teilsystem.

Wenn die Gewichtsfaktoren in der Form

$$h_3(\mu_1,\mu_2,\mu_3) \;=\; h_{11}(\mu_1)\cdot h_{12}(\mu_2)\cdot h_{13}(\mu_3) \tag{14.33}$$

geschrieben werden können, was mit weit weniger Einschränkungen möglich ist, dann ergibt sich das kubische Teilsystem aus drei linearen Systemen, deren Eingänge parallel geschaltet sind, und deren Ausgangsgrößen miteinander multipliziert werden. Dies entspricht dem Fall in Bild 14.6 beim quadratischen System.

In der gleichen Weise wie das quadratische und das kubische Teilsystem lassen sich auch die Teilsysteme höherer Ordnung einfacher darstellen, wenn man bestimmte Einschränkungen bezüglich der Freiheitsgrade in Kauf nimmt.

14.4 Zeitkontinuierliche dynamische nichtlineare Übertragungssysteme

Die im vorigen Abschnitt 14.3 für den zeitdiskreten Fall dargestellten Zusammenhänge lassen sich vollständig auf zeitkontinuierliche Systeme übertragen. Statt von der in Bild 14.4 oben eingezeichneten diskreten Zeitachse, die gleich derjenigen in Bild 6.11a ist, muß jetzt von der in Bild 3.11 dargestellten kontinuierlichen Zeitachse ausgegangen werden. Den Linearkombinationsblöcken in Bild 14.4 sind jetzt die Flächenwerte von Streifen der Breite Δt zuzuführen. Damit werden dann folgende Beziehungen für den Funktionswert des Ausgangssignals zum festen Zeitpunkt t gebildet.

$$s_2(t) \;=\; \sum_{n=0}^{\infty} y_n(t)\;, \tag{14.34}$$

$$y_0(t) \;=\; h_0\;, \tag{14.35}$$

$$y_1(t) \;=\; \int_0^{T_h} s_1(t-\tau)\cdot h_1(\tau)\;\mathrm{d}\tau\;, \tag{14.36}$$

$$y_2(t) \;=\; \int_{\tau_1=0}^{T_h}\int_{\tau_2=0}^{T_h} s_1(t-\tau_1)\cdot s_1(t-\tau_2)\cdot h_2(\tau_1,\tau_2)\;\mathrm{d}\tau_1\mathrm{d}\tau_2\;, \tag{14.37}$$

$$y_3(t) = \int_{\tau_1=0}^{T_h}\int_{\tau_2=0}^{T_h}\int_{\tau_3=0}^{T_h} s_1(t-\tau_1)\cdot s_1(t-\tau_2)\cdot s_1(t-\tau_3)\cdot h_2(\tau_1,\tau_2,\tau_3)\;\mathrm{d}\tau_1\mathrm{d}\tau_2\mathrm{d}\tau_3 \tag{14.38}$$

usw.

Statt der n–dimensionalen Faltungssummen sind jetzt n–dimensionale Faltungsintegrale zu bilden $n = 0, 1, 2, \ldots$ .Macht man entsprechende einschränkende Voraussetzungen bei den Gewichtsfunktionen $h_n(\ldots)$, dann lassen sich die mehrdimensionalen Faltungsintegrale als Produkte eindimensionaler Faltungsintegrale schreiben.

14.5 Frequenzverhalten dynamischer nichtlinearer Übertragungssysteme

In Abschnitt 5.4 wurde gezeigt, daß die eindimensionale Faltung zweier Zeitfunktionen $s_1(t)$ und $h(t)$ in das Produkt der zugehörigen (eindimensionalen) Fourier–Spektren $S_1(f)$ und $H(f)$ übergeht, siehe (5.34).

Es läßt sich zeigen, daß entsprechende Zusammenhänge auch für mehrdimensionale Faltungen gelten: Die zweidimensionale Faltung geht über in das Produkt zweier zweidimensionaler Fourier–Spektren, die dreidimensionale Faltung in das Produkt zweier dreidimensionaler Fourier–Spektren, usw.

Dieser Zusammenhang sei für den zweidimensionalen Fall kurz skizziert. Zunächst wird das quadratische Eingangssignal (vergl. Bilder 14.2 und 14.4) in Umkehrung der Einschränkung (14.26) als allgemeinere zweidimensionale Funktion der Variablen t_1 und t_2 geschrieben, aus welcher für $t_1 = t_2 = t$ wieder die ursprüngliche quadratische Funktion entsteht.

$$f_1(t_1, t_2) = s_1(t_1)\, s_1(t_2)\big|_{t_1 = t_2 = t} = s_1^2(t) \; . \tag{14.39}$$

Für die zweidimensionale Faltung von $f(t_1, t_2)$ mit $h(t_1, t_2)$ gilt allgemein die Korrespondenz

$$\int\limits_{-\infty}^{\infty} \int\limits_{-\infty}^{\infty} f_1(t_1 - \tau_1,\, t_2 - \tau_2) \cdot h(\tau_1, \tau_2)\, d\tau_1\, d\tau_2 \;\circ\!\!-\!\!\bullet\; F_1(f_1, f_2) \cdot H(f_1, f_2) \; . \tag{14.40}$$

Die rechts stehenden zweidimensionalen Spektralfunktionen ergeben sich mit der zweidimensionalen Fourier–Transformation. Diese lautet z.B. für $f_1(t_1, t_2)$

$$\int\limits_{-\infty}^{\infty} \int\limits_{-\infty}^{\infty} f_1(t_1, t_2) \cdot e^{-j2\pi f_1 t_1} \cdot e^{-j2\pi f_2 t_2}\, dt_1\, dt_2 = F_1(f_1, f_2) \; . \tag{14.41}$$

Umgekehrt ergibt sich aus $F_1(f_1, f_2)$ wieder $f_1(t_1, t_2)$ mit der Rücktransformation

$$\int\limits_{-\infty}^{\infty} \int\limits_{-\infty}^{\infty} F_1(f_1, f_2) \cdot e^{+j2\pi f_1 t_1} \cdot e^{+j2\pi f_2 t_2}\, df_1\, df_2 = f_1(t_1, t_2) \; . \tag{14.42}$$

Die höherdimensionalen Faltungen lassen sich völlig entsprechend behandeln. Für die zeitdiskreten Beziehungen gilt gleichartiges.

Anhang

1. Eulersche Formel

In der Funktionentheorie werden komplexwertige Funktionen $w = f(z)$ der komplexwertigen Variablen z betrachtet:

$$z = x + jy \quad ; \quad j = \sqrt{-1} \; , \tag{A 1.1}$$

$$w = f(z) = u + jv . \tag{A 1.2}$$

Werte von z stellen Punkte der Gauß'schen (x,y)–Zahlenebene, kurz z–Ebene dar, und Werte von w stellen Punkte der Gauß'schen (u,v)–Zahlenebene, kurz w–Ebene, dar. Durch $w = f(z)$ werden Punkte der z–Ebene auf Punkte der w–Ebene abgebildet. Der Betrag einer komplexen Zahl berechnet sich zu

$$|z| = \sqrt{(x + jy)(x - jy)} = \sqrt{x^2 + y^2} \; . \tag{A 1.3}$$

Transzendente Funktionen werden in der Funktionentheorie durch unendliche Reihen definiert. Für *alle* z gelten z. B.

$$e^z = 1 + z + \frac{z^2}{2!} + \frac{z^3}{3!} + \ldots = \sum_{k=0}^{\infty} \frac{z^k}{k!} \; , \tag{A 1.4}$$

$$\cos z = 1 - \frac{z^2}{2!} + \frac{z^4}{4!} - \frac{z^6}{6!} + \ldots = \sum_{k=0}^{\infty} (-1)^k \frac{z^{2k}}{(2k)!} \; , \tag{A 1.5}$$

$$\sin z = z - \frac{z^3}{3!} + \frac{z^5}{5!} - \frac{z^7}{7!} + \ldots = \sum_{k=0}^{\infty} (-1)^k \frac{z^{2k+1}}{(2k+1)!} \; . \tag{A 1.6}$$

Diese Reihen sind so definiert, daß sie für endliche Werte von $|z|$ mit den betreffenden Taylor–Reihen reeller Funktionen reeller Variablen übereinstimmen.

Speziell für $z = jx$ erhält man für die e–Funktion (A 1.4)

$$e^{jx} = 1 + jx - \frac{x^2}{2!} - j\frac{x^3}{3!} + \frac{x^4}{4!} + j\frac{x^5}{5!} - \ldots \tag{A 1.7}$$

Durch Vergleich mit den reellen Reihen für $\cos x$ und $\sin x$, die sich aus (A 1.5) und (A 1.6) für $z = x$ ergeben, folgt die berühmte Eulersche Formel

$$\boxed{e^{jx} = \cos x + j \sin x \quad ; \quad -\infty < x < +\infty \; .} \tag{A 1.8}$$

Sie gilt für endliche x, weil die reellen Reihen nur für $|x| < \infty$ gelten.

Für $x = 2\pi ft$ erhält man die berühmte Exponentialschwingung. Sie ist wie $\cos 2\pi ft$ und $\sin 2\pi ft$ periodisch in t und hat die feste Periode $T = 1/f$.

$$e^{+j2\pi ft} = \cos 2\pi ft + j\sin 2\pi ft \; ; \quad -\infty < t < +\infty \; . \qquad (A\,1.9)$$

Mit der Ersetzung von f durch $-f$ folgt

$$e^{-j2\pi ft} = \cos 2\pi ft - j\sin 2\pi ft \; . \qquad (A\,1.10)$$

Durch Addition bzw. Subtraktion von (A 1.9) und (A 1.10) folgen die nützlichen Formeln

$$\cos 2\pi ft = \frac{1}{2}\left(e^{+j2\pi ft} + e^{-j2\pi ft}\right) , \qquad (A\,1.11)$$

$$\sin 2\pi ft = \frac{1}{2j}\left(e^{+j2\pi ft} - e^{-j2\pi ft}\right) . \qquad (A\,1.12)$$

2. Schwarz–Ungleichungen

a) Für zwei beliebige Vektoren (der hochgestellte Index T bedeutet transponiert)

$$\vec{x} = (x_1, x_2, \ldots , x_n)^T , \qquad (A\,2.1)$$
$$\vec{y} = (y_1, y_2, \ldots , y_n)^T \qquad (A\,2.2)$$

der reellen oder komplexen Komponenten x_i bzw. y_i gilt die Schwarz–Ungleichung in der Form

$$\left|\langle\vec{x},\vec{y}\rangle\right|^2 = \left|\sum_{i=1}^{n} x_i y_i^{*}\right|^2 \leq \sum_{i=1}^{n} |x_i|^2 \cdot \sum_{i=1}^{n} |y_i|^2 = \langle\vec{x},\vec{x}\rangle \cdot \langle\vec{y},\vec{y}\rangle \; . \qquad (A\,2.3)$$

Darin bedeutet $\langle\vec{x},\vec{y}\rangle$ das Skalarprodukt der Vektoren $\vec{x}$ und $\vec{y}$ und der Stern * die Bildung des konjugiert komplexen Werts.

Die Ungleichung (A 2.3) wird genau dann mit dem Gleichheitszeichen erfüllt, wenn

$$\vec{y} = k\vec{x} = (kx_1, kx_2, \ldots, kx_n)^T \; , \qquad (A\,2.4)$$

wobei k eine beliebige reelle oder komplexe Konstante ist.

Zum Beweis der Schwarz–Ungleichung wird das folgende Skalarprodukt betrachtet, das für beliebige Werte der Konstanten k nichtnegativ ist

$$\langle\vec{x} + k\vec{y},\vec{x} + k\vec{y}\rangle = \sum_{i=1}^{n}(x_i + ky_i)(x_i^{*} + k^{*} y_i^{*}) \geq 0 \; . \qquad (A\,2.5)$$

Durch weitere Ausrechnung folgt

$$0 \le \sum_i x_i x_i^* + k^* \sum_i x_i y_i^* + k \sum_i y_i x_i^* + k k^* \sum_i y_i y_i^* \ . \tag{A 2.6}$$

Da diese Ungleichung insbesondere auch für den Wert

$$k = -\frac{\sum_i x_i y_i^*}{\sum_i y_i y_i^*} \tag{A 2.7}$$

erfüllt sein muß, gilt

$$0 \le \sum_i x_i x_i^* - \frac{\sum_i x_i^* y_i \cdot \sum_i x_i y_i^*}{\sum_i y_i y_i^*} - \underbrace{\frac{\sum_i x_i y_i^* \cdot \sum_i y_i x_i^*}{\sum_i y_i y_i^*}} + \underbrace{\frac{\sum_i x_i y_i^* \cdot \sum_i x_i^* y_i}{\sum_i y_i y_i^*}} \tag{A 2.8}$$

Die unterklammerten Ausdrücke heben sich weg. Mit

$$\sum_i x_i^* y_i = \left(\sum_i x_i y_i^* \right)^* \tag{A 2.9}$$

folgt aus (A 2.8) nach Multiplikation mit $\sum_i y_i y_i^*$ die zu beweisende Ungleichung (A 2.3).

b) In der Analysis lautet die Schwarz–Ungleichung

$$\left| \int_a^b x(t) y^*(t) \, \mathrm{d}t \right|^2 \le \int_a^b |x(t)|^2 \, \mathrm{d}t \cdot \int_a^b |y(t)|^2 \, \mathrm{d}t \ . \tag{A 2.10}$$

Die Ungleichung wird genau dann mit dem Gleichheitszeichen erfüllt, wenn

$$x(t) = k y(t) \ , \tag{A 2.11}$$

wobei k eine beliebige reelle oder komplexe Konstante ist.

Zum Beweis der Schwarz–Ungleichung (A 2.10) wird der folgende Ausdruck betrachtet, der für beliebige Werte der Konstanten k nichtnegativ ist

$$\int_a^b [x(t) + k y(t)][x^*(t) + k^* y^*(t)] \, \mathrm{d}t \ge 0 \ . \tag{A 2.12}$$

Durch weiteres Ausrechnen der linken Seite in analoger Weise wie bei (A 2.5) folgt die zu beweisende Beziehung (A 2.10).

Literaturverzeichnis

[1]   Steinbuch, K.; Rupprecht, W.: Nachrichtentechnik, Bd II, 3. Aufl. Springer–Verlag, Berlin, Heidelberg, New–York 1982

[2]   Neunzert, H. (Hrsg.): Analysis 1, Springer–Verlag, Berlin, Heidelberg, New–York 1980

[3]   Lüke, H. D.: Signalübertragung, 3. erweiterte Aufl. Springer–Verlag, Berlin, Heidelberg, New–York 1985

[4]   Mikusinski, J.: Operatorenrechnung, VEB Deutscher Verlag der Wissenschaften, Berlin 1957

[5]   Zadeh, L. A.; Desoer, C.A.: Linear System Theory, Mc Graw–Hill, New–York, San Fransisco, Toronto, London 1963

[6]   Wendt, S.: Nichtphysikalische Grundlagen der Informationstechnik, Springer–Verlag, Berlin, Heidelberg, New–York 1989

[7]   Rupprecht, W.: Orthogonalfilter und adaptive Datensignalentzerrung, Oldenbourg Verlag, München, Wien 1987

[8]   Oppenheim, A.V.; Schafer, R. W.: Digital System Processing, Prentice–Hall, Inc. Englewood Cliffs, New Jersey 1975

[9]   Korn, G. A.; Korn, T. M.: Mathematical Handbook for Scientists and Engineers, Mc Graw–Hill. New–York, San Fransisco, Toronto, London 1968

[10] Kammeyer, K. D.; Kroschel, K.: Digitale Signalverarbeitung, B. G. Teubner, Stuttgart 1989

[11] Achilles, D.: Die Fourier–Transformation in der Signalverarbeitung, Springer–Verlag, Berlin, Heidelberg, New–York 1978

[12] Brigham, O. E.: FFT, Schnelle Fourier–Transformation, R. Oldenbourg–Verlag, München, Wien 1982

[13] Schüßler, H. W.: Netzwerke, Signale und Systeme 1 und 2, 3. Aufl. Springer–Verlag, Berlin, Heidelberg, New–York 1991

[14] Unbehauen, R.: Systemtheorie, 5. Aufl. Oldenbourg–Verlag München 1990

[15] Fettweis, A.: Elemente nachrichtentechnischer Systeme, B. G. Teubner Stuttgart 1990

[16] Fliege, N.: Systemtheorie, B. G. Teubner, Stuttgart 1991

[17] Courant, R.: Vorlesungen über Differential– und Integralrechnung 1. Band, 3. Aufl. Springer–Verlag, Berlin, Göttingen, Heidelberg 1961

[18] Klein, W.: Finite Systemtheorie, B. G. Teubner, Stuttgart 1976

[19] Marko, H.: Methoden der Systemtheorie, Springer–Verlag, Berlin, Heidelberg, New–York 1977

[20] Küpfmüller, K.: Die Systemtheorie der Elektrischen Nachrichtenübertragung, S. Hirzel–Verlag, Stuttgart 1949

[21] Bello, P. A.: Characterisation of Randomly Time Variant Linear Channels, IEEE Trans. Comm. Syst. Band CS-11, S. 360-393, Dez. 1983

[22] Stein, S.: Fading Channel Issue in System Engineering, IEEE Journ. Select. Areas Comm. Band SAC-5, S. 68-89, Feb. 1987

[23] Gellert, W. et al. (Hrsg.): Großes Handbuch der Mathematik, Buch und Zeit Verlagsges. M.B.H. Köln 1969

[24] Zurmühl, R.: Matrizen, 2.Aufl., Springer-Verlag, Berlin, Göttingen, Heidelberg 1958

[25] Papoulis, A.: The Fourier Integral and its Applications, Mc Graw-Hill, New-York, San Fransisco 1962

[26] Sauer, R.; Szabo, L. (Hrsg.): Mathematische Hilfsmittel des Ingenieurs, Springer-Verlag, Berlin, Heidelberg, New-York 1968

[27] Kammeyer, K. D.: Nachrichtenübertragung, B. G. Teubner Stuttgart 1992

[28] Rupprecht, W.: Elektrische Informationstechnik als neuer Studiengang, Nachrichtentechn. Z. Band 45, S. 684-687, Heft 9, 1992

Springer-Verlag und Umwelt

Als internationaler wissenschaftlicher Verlag sind wir uns unserer besonderen Verpflichtung der Umwelt gegenüber bewußt und beziehen umweltorientierte Grundsätze in Unternehmensentscheidungen mit ein.

Von unseren Geschäftspartnern (Druckereien, Papierfabriken, Verpackungsherstellern usw.) verlangen wir, daß sie sowohl beim Herstellungsprozeß selbst als auch beim Einsatz der zur Verwendung kommenden Materialien ökologische Gesichtspunkte berücksichtigen.

Das für dieses Buch verwendete Papier ist aus chlorfrei bzw. chlorarm hergestelltem Zellstoff gefertigt und im ph-Wert neutral.